JN222684

〈増補・新装版〉

水俣病にたいする
企業の責任

——チッソの不法行為——

水俣病研究会［著］

執筆者

石牟礼道子・岡本達明

富樫貞夫・原田正純 ほか

石風社

装幀　毛利一枝
写真　芥川　仁

表紙カバー（表）　不知火海・チッソ水俣工場沖から御所浦島を望む　１９７９年撮影

表紙カバー（裏）　ゴチ網を曳く津奈木町福浜の漁師父子　１９７９年撮影

〈増補・新装版〉

水俣病にたいする

企業の責任

―チッソの不法行為―

水俣病研究会[著]

石風社

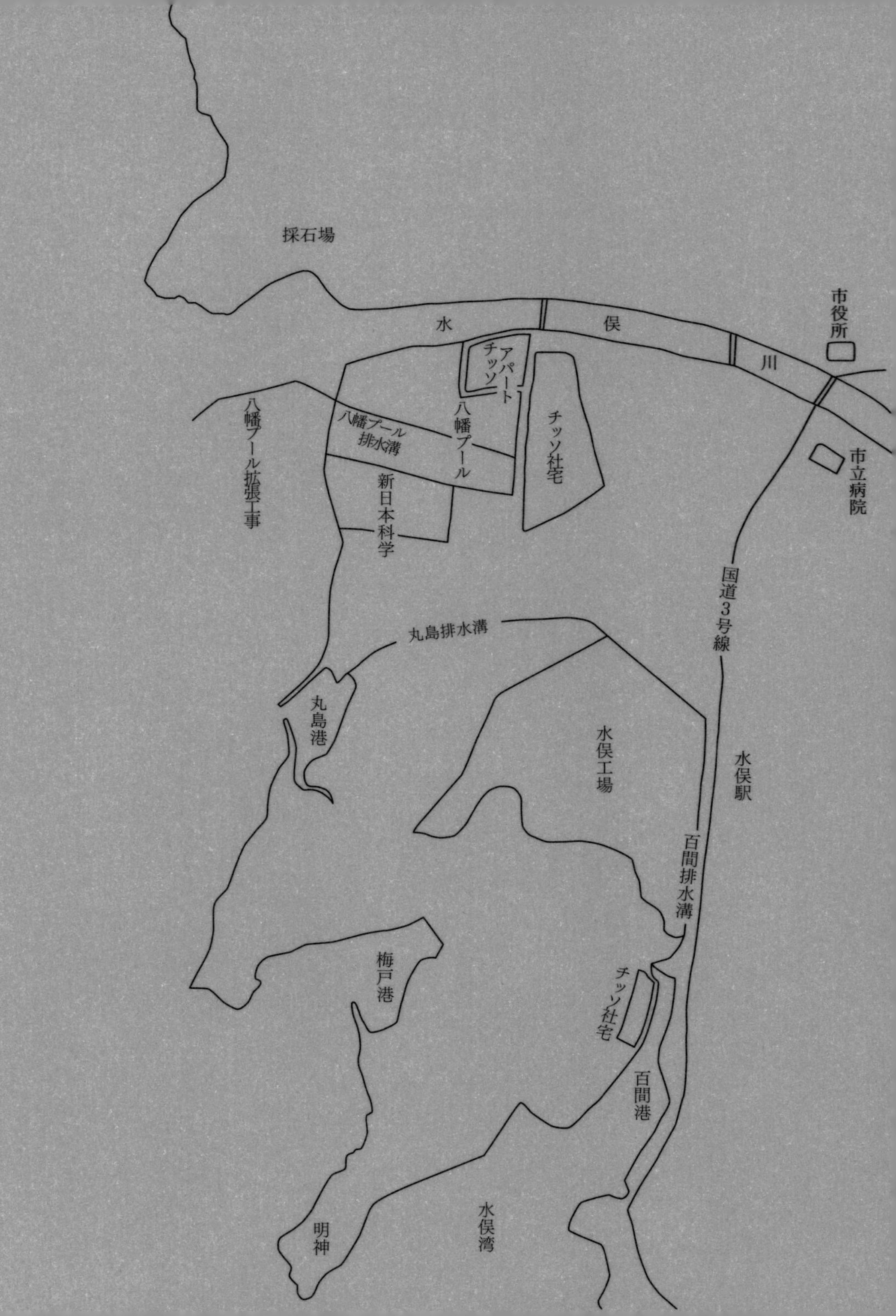
採石場
水俣川
市役所
チッソアパート
八幡プール拡張工事
八幡プール排水溝
八幡プール
チッソ社宅
市立病院
新日本科学
国道3号線
丸島排水溝
丸島港
水俣工場
水俣駅
百間排水溝
梅戸港
チッソ社宅
百間港
明神
水俣湾

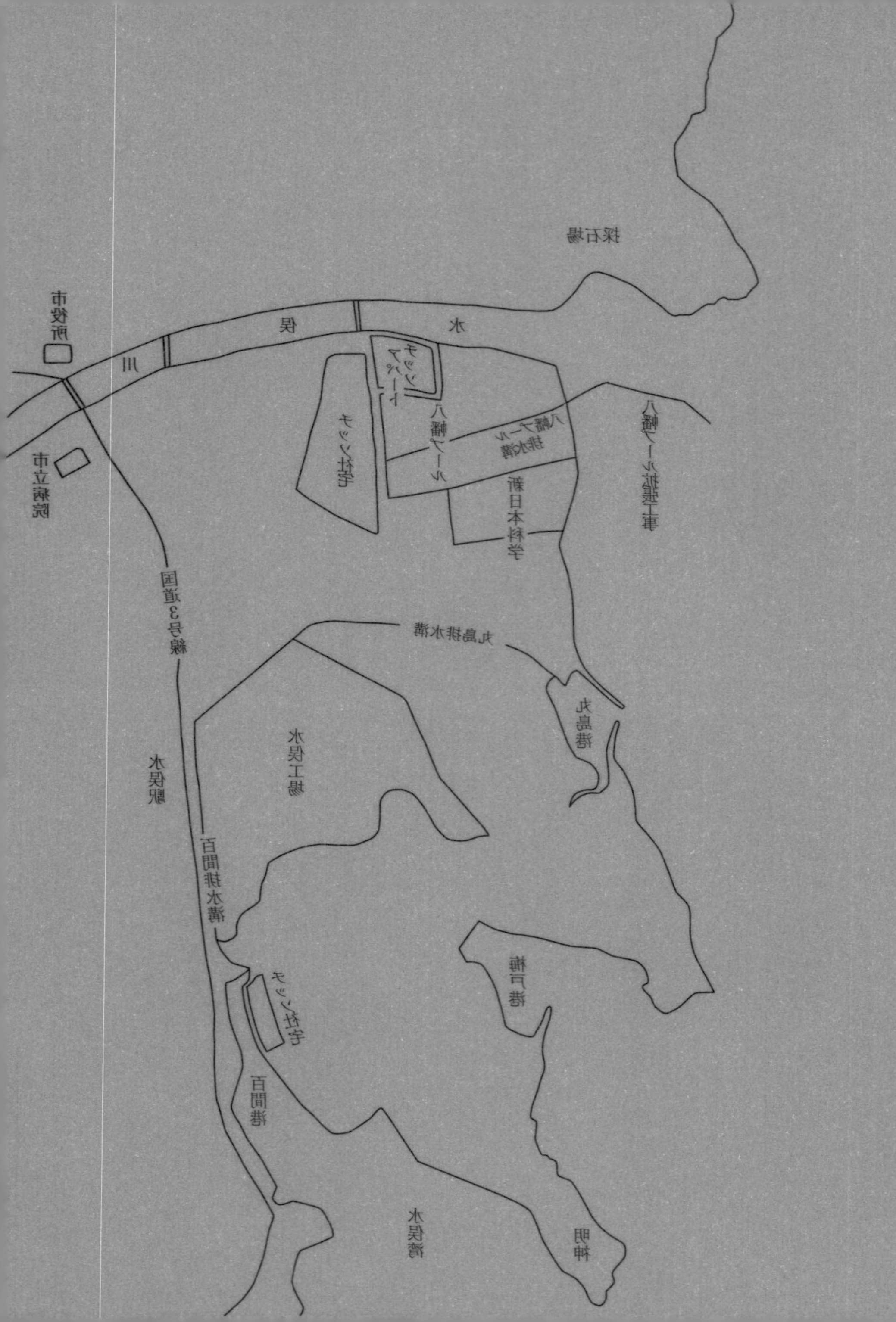
採石場
市役所
水
俣
川
市立病院
八幡プール
八幡プール排水溝
新日本科学
八幡プール堤防工事
チッソ社宅
国道3号線
丸島排水溝
丸島港
水俣工場
水俣駅
百間排水溝
梅戸港
チッソ社宅
百間港
水俣湾
明神

不知火海とその周辺

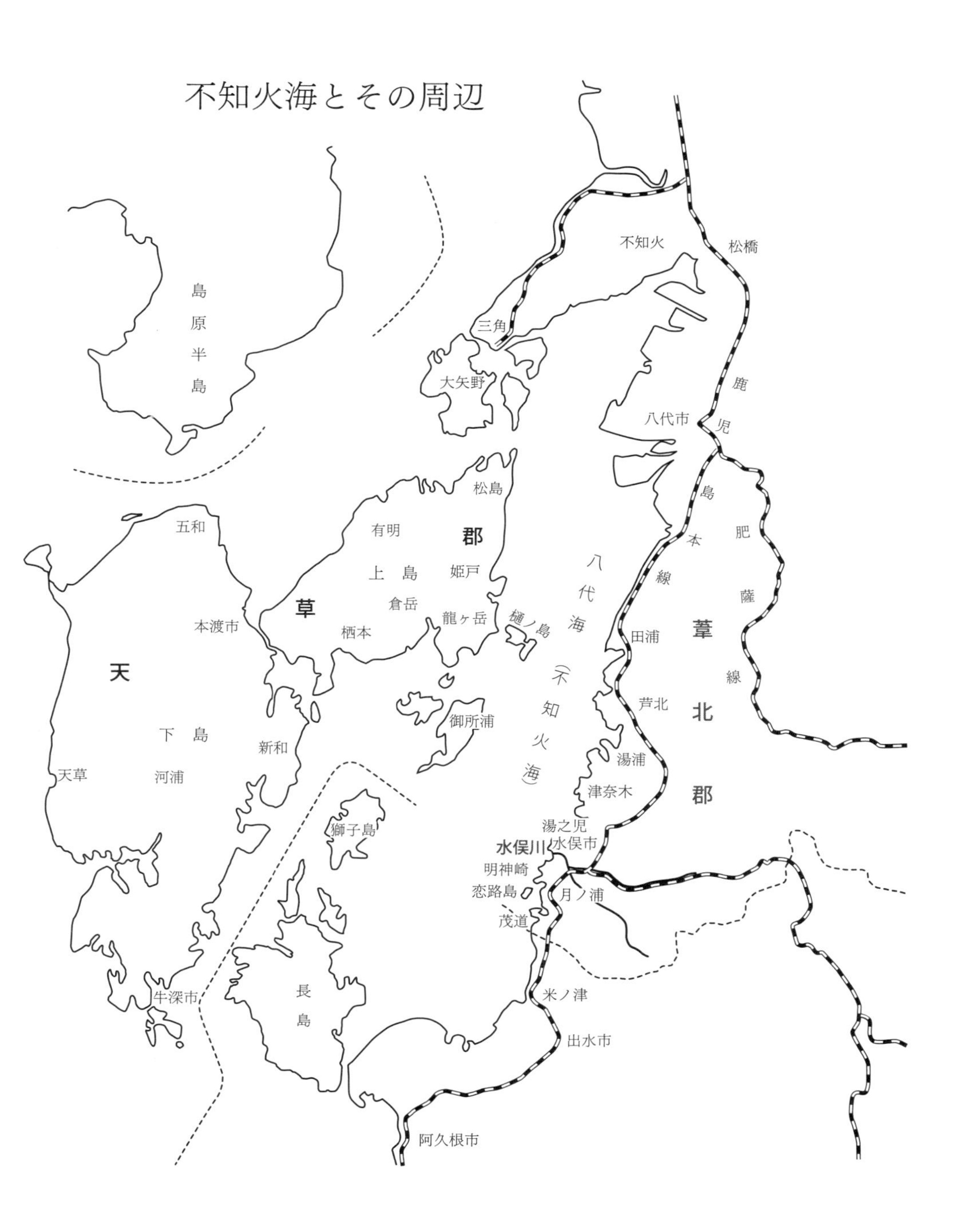

島原半島
不知火
松橋
三角
大矢野
鹿児島本線
八代市
松島
有明
郡
上島
姫戸
草
倉岳
龍ヶ岳
樋ノ島
栖本
本渡市
五和
天
下島
新和
天草
河浦
御所浦
八代海
(不知火海)
田浦
芦北
湯浦
津奈木
葦北郡
肥薩線
獅子島
湯之児
水俣川
水俣市
明神崎
恋路島
月ノ浦
茂道
牛深市
長島
米ノ津
出水市
阿久根市

凡例

1)　増補・新装版での注記について

『水俣病にたいする企業の責任―チッソの不法行為』(以下「本書」)の初版本では注を「＊」で示しているため、増補・新装版の編集注は「†」(ダガー)で示した。ただし、巻末資料の年表末尾には別途注を付し、こちらは「＊」で示した。

1970年の初版刊行後、現在までの間に判明した事実については、編集注で補足した。本文での日付や数値の誤記も、上付きで「ママ」を付して編集注で補足している。巻末資料の年表の誤記は、本文編集注で補った内容を反映して直接訂正し、訂正内容と補足説明を年表注として記した。

2)　表記の見直しについて

増補・新装版では初版本の表現を尊重しつつ、読みやすさを考慮して、一部の表記を以下のように改めた。

①　仮名遣いと送り仮名は原則として現代仮名遣いを用いた(引用および資料を除く)。なお、当て字、繰り返し符号(「まゝ」など)の表現は、初版本のままとした。
②　当て字、難読漢字(地名、専門用語など)には、適宜ルビを付した。
③　各章内での用語表記の揺れは適宜統一した(「サイクレータ」「水俣川川口」など)。
④　確認できた引用誤りは訂正した。なお、執筆者による(　)を用いた補足説明は、初版本のままとした(たとえば元素記号「Cu(銅)」など)。
⑤　明らかな誤字・脱字は訂正した。
⑥　上記のほか、約物、文字間隔、数値、単位記号、図表見出し、文献表記について、体裁を整えた。

3)　〈水俣病〉の表記について

この増補・新装版で書き下ろした解題と編集注では、水俣地域を中心に起きたメチル水銀中毒事件を〈水俣病〉と括弧書きで表記している。〈水俣病〉が「環境汚染を基盤にしたメチル水銀中毒」であることは1960年代から周知であるが、その実態は疫学に依らず、初期の重症例から構築された病像に基づいて議論されてきた。「水俣奇病」の言い換えである「水俣病」は、「どのような症状があれば水俣病か」という不毛な症候論へと思考を誘導する。〈水俣病〉の表記は、この陥穽を括弧で示すことによって「環境汚染を基盤にしたメチル水銀中毒」という事件の本質から問いを立ち上げようとする試みである。詳細については有馬澄雄「チッソ社内研究と細川一」(水俣病研究会編『〈水俣病〉事件の発生・拡大は防止できた』弦書房2022)の注１を参照されたい。

4)　「正式発見」「公式発見」等の表記について

本書では随所に〈水俣病〉の「正式発見」や「公式発見」という表記を用いている。初版本の出版時にはこうした表現についての検討はなされなかった。これらの表記は、増補・新装版でもそのままとした。現在は、1956年５月１日を〈水俣病〉の「公式確認」の日と呼んでいる。なお、松本勉の調査によると、「公式確認」という表現は、有馬澄雄編『水俣病－20年の研究と今後の課題』(1979)の「水俣病年表」で初めて使われた。

5)　患者及び患者家族の実名表記について

本書は患者及び患者家族の実名を記載している。昨今はプライバシー保護を理由に実名表記を避ける傾向にあることから、水俣病研究会では増補・新装版での実名表記の是非を検討した。その主要な論点は以下の通りである。

・本書に記録された最初期の111名の患者及びその家族は、重篤な健康被害と生業の破壊、さらに差別・偏見を受けながら、被害の封じ込めに対し実名で闘ってきた。この人々を匿名にすることは、被害者の名乗りを歴史から隠すことになる。また、被害者一人一人の名を消すことは、本書刊行の趣旨にも反する。

・本書は公共の図書館にも配架され、1970年の刊行以来読み継がれている。既に歴史的資料であり、匿名化を施した増補・新装版を刊行しても読者の理解を得られない。

これらの議論を踏まえ、新装版でも実名表記に変更を加えないこととした。

6)「北鮮」「痴愚」などの表記について

編集注でも一部補足しているが、本書では「北鮮」「痴愚」「正常人」などの表現が用いられている。これらは執筆者による表現を尊重し、初版本のままとした。

7)「チッソ付属病院」の表記について

本書では巻末に収録した訴訟資料も含めて「チッソ付属病院」と表記している。当時の正式な表記は「チッソ附属病院」であるが、資料との整合性も考慮し、増補・新装版での追記以外は初版本のままとした。

8)　地名表記の揺れについて

本書には「月の浦」(第2章、第9章、第10章)、「月之浦」(第2章・水俣病患者一覧表)、「月ノ浦」(第8章、資料・水俣病年表)、「月浦」(第8章・表、資料・水俣病認定患者名簿)の表記があるが、これらはいずれも同じ地名を表す。なお、「つぼ壇」(第8章・Ⅲ–31表)は「坪段」、「壷谷」(第9章)は「坪谷」とも表記するが、本書にはこれらの用例はない。月浦、坪段、坪谷については、岡本達明『水俣病の民衆史 第1巻』(日本評論社2015)第1部で詳述されている。

9)「魚介」と「魚貝」の表記について

本書では「魚介」と「魚貝」の表記が混在している。「魚介」は水産動物の総称であり、「魚貝」のほかエビ、カニ、イカ、タコなどを含む。両者の使い分けは初版本のままとした。

10)「原因物質」と「病因物質」について

本書ではメチル水銀を〈水俣病〉の「原因物質」と表記している。この表記は熊本大学研究班なども当初から用いているが、食中毒を起こす毒物は「病因物質」であり、その解明に優先して摂食を規制すべきは「原因食品」であることから、津田敏秀は「原因物質」の用語を食中毒事件の本質隠しであると指摘する(津田敏秀『医学者は公害事件で何をしてきたのか』岩波書店2004ほか)。本書ではそのまま記載し、津田が指摘する以前の慣例的記載に従っている。

ま　え　が　き

水俣病にたいする企業の責任は、水俣病発見以来15年近い年月が経過するというのに、法的にはもとより行政的にもまだ一度も問われたことがない。水俣病補償処理委員会もついに企業の責任を問うことなく終った。

本書は、市民の手によって、水俣病にたいするチッソ[†1]の責任(不法行為責任)を究明したものである。われわれは、及ぶかぎり広く事実データを収集し、その分析の上に立って加害企業の責任を明らかにするように努めた。また、われわれは、資本の論理にたいして安全の論理を対置し、これを基礎として従来の法律論を再検討し、チッソの企業体質にまで遡ってその責任を追及した。以上の二点が本書の特色といえるであろう。

水俣病にたいする企業の責任を問う場合に、まず最初に水俣病の実態が明らかにされなければならない。そこで、第Ⅰ部では、まず医学的研究により解明されたかぎりにおいてこの恐るべき人間破壊の実態を簡潔に要約し、つぎに角度をかえて、患者・家族の生活実態の一端を描き出した。ついで、第Ⅱ部ではこのような惨害をもたらした原因とその追究過程を明らかにしたが、水俣病の原因物質がメチル水銀化合物であり、それがチッソ水俣工場のアセトアルデヒド設備廃水に由来するものであることは、もはや争う余地のない明白な事実である。水俣病の原因究明の歩みは、それ自体一つの苦渋にみちた歴史をなしているが、ここでは、その苦闘のあとを今後に生かされるべき貴重な遺産として振り返っておくことにした。以上の因果関係をふまえて、第Ⅲ部においては、つぎのようにチッソの責任を究明する。まず、われわれは、チッソ技術の分析を通してチッソが安全無視型企業の一つの典型であることを明らかにし、このような企業体質から水俣病はまさに起るべくして起きたことを実証した。われわれは、過失とは安全確保義務を怠ることであると考えるが、チッソは安全確保のために必要不可欠な研究・調査をまったく怠り、安全性不明の廃水を無処理のまま放出し、そこから生じる危険な結果を考えようともしなかったのである。以上の点でチッソの過失は十分明らかであると考える。最後に、第Ⅳ部では、加害企業の行動様式、とくに水俣病正式発見後において原因究明を怠りそれを妨害さえしたチッソの態度は許すべからざるものであることを明らかにした。

本書の内容を資料面から補足するものとして、水俣病年表・水俣工場関係資料・訴訟関係資料・参考文献などを巻末に収録した。工場関係の資料は一般にはまだ知られていないものが少なくないし、年表は本書のために新たに作成したものである。また、参考文献として、水俣病に関する主要な文献はほぼ網羅的にあげたつもりである。

以上の内容は、十数年に及ぶ水俣病研究の成果を土台としており、それに負うところがきわめて大きい。とくに熊本大学医学部の多年にわたる医学研究と水俣病の全体像をとらえようとする宇井純氏の一連の研究がなければ、このような形で企業責任論をまとめることは到底不可能であったであろう。しかしこの研究レポートを作成するにあたって、われわれの間にけっして困難がなかったわけではない。その主なものをあげてみれば、まず第１に、水俣病および汚染の全貌を解明するには、既成の水俣病の概念ははなはだ不十分なものであり、われわれの視点から新しい概念を構想しなければならなかった。第２に、これまでの研究で明らかになった水俣病の実態はまだ氷山の一角にすぎず、その社会的実態を含めて水俣病の全貌を明らかにすることは、今後の疫学的調査や社会科学的な調査にまたなければならない。第３に、企業論についても、本書では安全の観点からする技術分析をなしえたにとどまり、それもまだ満足すべきものではない。チッソ資本の社会経済学的分析は今回は見送るほかはなかった。第４に、安全性の考え方に裏打ちされた過失理論は、従来の法律学のなかに見出すことができず、自然科学の研究を手掛りにしつつ新しく考え直さなければならなかった。これらの点はいずれもなお今後に残された課題であり、その意味で本書は一つの問題提起の書であるということもできるであろう。

ところで、本書は水俣病研究会の研究報告第１報として刊行される。水俣病研究会は、水俣病を告発する運動の一翼をになう市民・労働者および研究者の有志からなる研究組織として、昨年９月に発足した。本書は、この研究会における数十回に及ぶ共同討議の所産にほかならない。われわれは、水俣病患者の存在を人間である自己への告発として受けとめ、その思いにつき動かされてこの企業告発の書を作成した。なお、本書の執筆にあたったのは以下の会員である。

（五十音順）

有馬　澄雄　　石牟礼道子　　小山　和夫　　谷　　共義[†2]
田村　　俊[†2]　　富樫　貞夫　　永岡　達也[†2]　　中山　善紀[†2]
原田　正純　　半田　　隆　　二塚　　信　　本田　啓吉
丸山　定巳　　宮澤　信雄

この研究レポート作成の過程で、われわれは全国の医学・工学・法律の専門家から多くの貴重な批判と示唆をいただいた。とくに、終始、適切な助言を与えてくれた宇井純氏をはじめ、懇切なご教示をいただいた喜田村正次・宮本憲一・甲斐文朗・近藤完一・阿部徹・田中久智の各氏にたいして、心から感謝の意を表したいと思う。また、新潟でともに水俣病をたたかう仲間から受けた有形無形の励ましをも忘れることができない。図面のトレースを手伝ってくれた古川保・豊永信博両氏のグループと表紙デザインについて援助していただいた西邦子氏にたいしても厚くお礼申しあげる。最後に、本書の印刷・出版にさいして、かもめ印刷の宮崎端氏から特別のご尽力をいただいた。ここに記して感謝の意を表する。

1970年７月
水俣病研究会

目次

第Ⅱ部　水俣病発生の因果関係

第III部　水俣病におけるチッソの過失

第Ⅳ部　加害者チッソの行動様式

資　料

第Ｉ部　水俣病の恐るべき実態

胎児性水俣病患者：44年11月11日死亡、13才。体重は13.5kg
３才児並しかなかった。

第１章　水俣病とはなにか
―その医学的実態―

１　水俣病の医学的な定義[†3]

水俣病とは、工場廃液に由来するメチル水銀によって汚染された魚貝類を、多量に摂取することによっておこった、中毒性脳症(Encephalopathia toxica)である。病理学的には、中枢神経系の選択的な障害、なかでも小脳顆粒細胞層および大脳皮質鳥距野の障害と末梢神経の障害[†4]が、臨床的には運動失調、構音障害、求心性視野狭窄、難聴、知覚障害、知能障害などが多くみられる特徴をもつ疾患である。胎児性(先天性)水俣病とは、母親が、メチル水銀で汚染された魚貝類を摂取することによって胎盤を通じて起こるメチル水銀中毒性脳症で、病理学的には白質の変化、脳の発育障害が著しく、臨床的には高度知能障害、原始反射、小脳症状、姿態変形、構音障害、発育制止などを来たす疾患である。

２　水俣病の重大性

水俣病が、社会的にも医学的にも重大な問題をひきおこしたのには、いくつかの理由がある。その第一には、水俣病が人体に与える障害が非常に重く、恐るべく苛酷な実態を示していることである。苛酷な実態であるというのは、次の理由による。すなわち、

⑴ 患者が多数発生したこと。

⑵ 死亡率(致死率)が、極めて高いこと。

⑶ 症状が重篤で、死をまぬがれた場合でも、重篤な後遺症が認められ、日常生活が著しく障害されていること。

⑷ 胎盤を経由して胎児に重篤な障害を与えること。

⑸ 有効な治療法がないこと。

⑹ 遺伝学的に、染色体に影響を与えることが実験的に証明され、今後に

なお重大な問題を残していること。

(7)一度放出された有機水銀が自然界に蓄積され、現在なお汚染は持続していること。

などがあげられる。

3　発生率

水俣病患者は、1970年７月現在、認定されたもの121名、うち胎児性(先天性)23名の多数にのぼる(I–1表)。

I–1表　水俣病認定患者年次別発生数

年(昭和)	後天性	先天性	計
28	1	0	1
29	12	0	12
30	9	5	14
31	46	7	53
32	2	6	8
33	4	2	6
34	20	3	23
35	4	0	4
計	98	23	121

(註) 後天性：小児、大人の水俣病で、直接魚貝類を摂取したことによる。
先天性：胎盤経由の中毒で胎児性とも呼ばれる。

昭和31年(1956年)当時の患者発生地区の総人口を10,119人として、昭和29年、30年、31年の罹患率(ある疾病に罹患する人の全人口比、水俣病の場合発生率)は、人口１万に対して51.3、とくに漁村地区に限定してみると人口１万に対して、102となる(喜田村の計算による[1])。

この数字は罹患率としてはきわめて高率である。たとえば、人々に恐れられる日本脳炎についてみれば、昭和33年の厚生省の統計(厚生省大臣官房統計調査部)によると、人口10万に対して4.5の罹患率にすぎない。(水俣病が中枢神経を障害し、死亡率が高く、重篤な神経精神症状を後遺症とすることなどから、比較対照に日本脳炎を選んだ)。

さらに、この発生率について重要なことは、この発生率を算出する根拠にした患者数は、あくまで、水俣病審査会で水俣病と認定されたものに限定していることである。患者の実数はこの数倍から10倍以上に及ぶものと推定されるのである。その根拠は、

(1) 審査会の診断基準が、ハンター・ラッセル症候群[註)]を重視したために重症例だけが認定されて、軽症例や非典型型をしめ出した可能性があること。それは、新潟水俣病との臨床医学的比較や、熊本水俣病患者の症状が驚くほどよくそろっていることなどから、裏付けられる(後述５項の３、臨床症状参照)。

(2) 水俣在住の水俣病非認定者に、水俣病と同一の脳病変が証明されたこと(武内による不顕性水俣病の発見・1969)。

(3) 胎児性水俣病患者の母親や、水俣地区における精神薄弱の調査中に、水俣病および不全型と考えられる症例が発見された(原田1962[2)])こと。なお、胎児性水俣病の母親の１人は1969年になって水俣病と認定された。

(4) 有機水銀中毒の初期、あるいは軽症例において、水俣病には必ずあると考えられた小脳・大脳の病変なしに、末梢神経のみを障害する場合[†4]もあるということが、実験的にも証明された(松本[3)]、宮川[4)])。なお、1970年２月、武内は軽症例において、末梢神経の生検が診断の手がかりになると発表した。また実際に、水俣病多発以前(昭和28年)に、末梢神経症状だけの患者の発生がみられたことが勝木によって報告されている[5)]。

(5) 1970年６月現在、種々の神経症状をもっており水俣病認定を申請しているが、水俣病と認定されなかったものが27人いる。

これらの事実からしても、有機水銀中毒の実態は医学的にもなお、明らかに

しつくされておらず、実際にどのくらいの患者が発生したのか、推定することさえ困難である。

(註) ハンター・ラッセル症候群[6) 7)]

1940年に英国のメチル水銀化合物工場(CH_3HgI、CH_3HgNO_3、$(CH_3Hg)_3HPO_4$)の労働者4名が重篤な神経疾患に罹患した。これらの患者の症状はきわめて特徴的で、失調、求心性視野狭窄、構音障害、難聴、知覚障害などが認められた。ハンター、ボンボード、ラッセルはラット、サルにメチル水銀化合物を投与して同様に神経障害をおこすことを確かめて、これらの患者をメチル水銀化合物による中毒であると診断し、加えてこれらの症状がメチル水銀中毒の重要な症状であるとした。その後、1954年にその1人が死亡し、解剖によってさらに病理学的所見をも明らかにした。したがって、これらの症状群を、ハンター・ラッセル症候群としてメチル水銀化合物中毒の診断基準としたのである。

4　死亡率(致死率)

昭和40年現在、水俣病の致死率は36.9%、胎児性を除いて算出すれば44.3%の高率になる(野村の計算[8)])。

45年7月現在では、患者数121人、死亡者46人で、死亡率は38.0%である。この数字はきわめて高率で、たとえば日本脳炎の場合は、流行年によっていくらか差はあるが、16〜33%(立津1965[9)])である。さらに、きわめて致死率の高いコレラが50〜60%、ペストは3.5〜7%であるが、この2つの疾病はわが国ではみられない。腸チフスは2〜20%である(冲中内科書による)。これらの疾病が非常に恐れられ、法定伝染病としてその予防や対策にどのように力が入れられているかを考えてみるとき、水俣病がいかに恐るべき疾病であるか明らかである。

5　臨床症状―その悲惨な実態

(1)　急性期の症状

発病１年以内の死亡は、３ヵ月以内16例、６ヵ月以内４例、12ヵ月以内１例の計21例で、きわめて急激に死に至ることを示している。経過によっていくつかの病型に分けることができるが、症状の重要な部分は共通なところがみられる（徳臣は急性劇症型、慢性刺激型、慢性強直型、普通型の4型に分類している[10) 11)]）。

〔症例；松○、28歳、女〕

昭和31年７月13日、両手の人さし、中、薬指にしびれ感をおぼえたが、さらに２日めには口唇がしびれ、耳が遠くなり音がきこえにくくなった。５日めには身体がふらついて歩行がぎこちなくなり、草履をはくのも思うようにならず、言葉がもつれて話が不明瞭となり、手指がブルブルふるえるようになった。さらに、ときどき、自分の意志に関係なく、踊るような奇妙な運動がおこり、急にとびあがったり、肩や腕をゆり動かしたりする。２週間めにはそれらの症状は強くなり、歩けなくなる。３週間めに入院した。

入院の翌日から、身体をはげしくゆすり、手足をばたばた叩きつけ、首を振り、言語はまったく意味がわからず、犬がほえるような声を出し「ウオーウオー」と叫び、夜も昼もなくもがきあばれる。このような状態が続いて食事もとることができないため、全身が衰弱し、熱が高くなり、発病後１ヵ月半めに大学病院に転院する。

その時の様子は栄養不良と非常なやせがあきらかである。１分間隔で顔をゆがめ、苦悶するように強直させ、口を大きくあけて「ウオーウオー」と叫び声をあげる。その際、全身・四肢にも強直性のけいれんが見られ、頭で突っ張って全身を弓なりに強直させ、顔を真赤にする。周囲に対して反応もなく、家人や医師もわからない。検査もできないほどの狂躁状態である。食事がとれないので、鼻から管を通し、流動物を直接胃に流し込む。

このような状態が50日以上続いたため次第に衰弱し、反応もなく動きも少なくなって９月２日に死亡する。手足のしびれを感じてから50日目である。

〔症例：浜○、57才、男〕

昭和31年８月17日朝、上唇のしびれに気付く。18日、19日には激しい頭痛がして、24日には両手の指がしびれているのに気付いた。その後も漁に出ていた。

９月14日（初発症状から約１ヵ月め）に少し多量に酒を飲んだところ、翌朝から言葉が不明瞭になり、何を言っているかほとんどわからない。身体はふらつき、歩行は困難になり、耳もきこえなくなった。

４日めには、手・頭・身体のふるえが強くなり、物をつかもうとすると、さらにふるえはひどくなる。食事も自分ではできず、症状はいよいよ悪くなるので、８（ママ）月20日†5、熊大病院に入院する。

気分的には発揚状態で、絶えずしゃべっているが、何を言っているのか意味がわからない。身体のふるえがひどく、手を自分の口や鼻にもっていくことができない、歩こうとしても動揺がはげしく、支えてやらないと歩けない。

入院３日めには、手足の踊るような不随意運動が出はじめ、言葉も「あーあー、うーうー」というだけで、聾唖の状態にひとしくなる。入院中４日めには、まったく歩けなくなる。翌日頃から怒りっぽく精神病的状態。ものを飲み下すことができなく（嚥下麻痺）なって、水にもむせるようになる。

入院後８日め、痴呆状となり反応もにぶく、周囲を理解せず、意識が混濁。尿をもらす。よだれを流し、理由もなく興奮し、意味不明の声をあげて激しく狂うときと、１日中うとうと眠っているときとが交互にあらわれる。ときに、頭を後ろに強くそらし、全身を弓なりにする強直性のけいれんがみられる。

入院後10日めには、まったく意識がなくなり、手足をバタバタもがくように動かし、奇声を発し、肺炎を併発する。昏睡状態におちいり、入院後、15日めに死亡する。

〔症例：川○、42才、女〕

31年５月８日から両指先にしびれ感を覚えるようになるが、しびれは次第に前腕から唇にひろがっていく。

６月になると、手がふるえて、仕事がうまくできなくなり、７月には言葉がもつれて、長くひっぱる甘えたような不明瞭な話し方になる。歩くのもよろけるようになる。

８月10日にはまったく歩けなくなり、19日頃からは泣き叫んだり、怒ったりする。気分の変化が激しく、興奮がひどく精神病的状態を示した。20日からは人の見分けがつかなくなり、絶えずものにつかれたように、踊りをおどるみたいに、あるいは震えるみたいに、手足を動かし続けた。尿ももらし、おむつを当てておく状態となる。

８月30日に大学病院に入院。その後も寝たきりで、絶えず手足を踊るようにあるいはもがくように動かし、犬のほえるような「ウオーウオー」という叫び声をあげ、不安、苦悶状で夜昼となく泣き続ける。

入院後１週間たつと意識が回復して、ベッドに座ることができるようになり、急性期を脱した。しかし歩行動揺はやまず、手指によるこまかい動作は震えのためできない。言語はもつれ、どもって、不明瞭。

(註) 45年７月現在この人は生存しているが、歩行障害・言語障害・震え・視野狭窄があり、けいれんが頻発し、精神症状が強いため精神病院で入院治療中である。

〔症例：松○、５年10ヵ月、女児〕

昭和31年６月８日頃から、１週間めには、よだれがひどく出るのに気付く。上肢と手指の運動がうまくできなくなるのに気付く。さらに10日めには手指の震えがめだち、倒れやすく歩行困難となる。さらに言葉がもつれ、よだれを流し、何を言っているのかわからなくなった。次第に症状が悪くなり、12日めに日窒附属病院に入院する。

入院後、嘔吐があり、25日めにはまったく歩けなくなる。頭がふるえるようになって、１ヵ月めには眼が見えなくなり、親もわからず、いっさいの反応がなくなった。

(註) 昭和45年7月現在、生存している。物音にわずかに反応するが、言語、表情はなく、自ら動くこともなく、いつものどに痰がからむが、吐き出す力もない。手足は極度に屈曲変形し、時に全身をはげしいけいれんが襲い、よだれを流し「アーアー」と叫び声をあげる。全身はやせて骨ばっている。植物的にただ生きているというだけの状態である(除脳状態に近い)。

以上は昭和32年刊行の熊本医学会雑誌31巻から具体的に引用したものである。[12) 13)]

これでわかるように急性期の症状はきわめて苛酷なものである。

すなわち、患者は、全身倦怠・四肢および口唇のしびれ感・聴力障害・構音障害・失調・振戦・知覚障害などにはじまり、これらの症状がそろうと、ある者はヒヨレア、アテトーゼ、バリスムスなどの不随意運動、四肢麻痺、意識混濁、精神錯乱、けいれんなどがみられ、嚥下障害、肺炎などのために死亡する。

急性期を脱しても、四肢麻痺、けいれん、四肢変形など重篤な症状のまま固定する場合が多い。

またある者は、急性期の症状が一過性に消退した後、慢性期の症状に移行する。さらにある者は、症状はゆるやかに進行して、慢性期の症状を完成させる。

(2) 後遺症状(発病後10年〜16年めの症状)[14)]

1) 各症状の出現頻度

後天性水俣病48例、胎児性21例ともに神経症状と精神症状の両者がみられるが、慢性期の特徴として、精神症状の占める割合が大きくなってきている。

神経症状としては、失調・共同運動障害・求心性視野狭窄・難聴・構音障害・自律神経症状・知覚障害・錐体外路症状などが、それぞれ68〜98%の高率にみられる。

精神症状は、知能障害が96%にみられる。

各症状の出現頻度は、それぞれ驚くほど高率である。つまり、どの症例をとっても、おたがいによく似ており、症状がそろっているということである。

2)　各症状の程度

神経症状では最重症１例の場合、まったく自動運動が出来ず、原始反射や姿態の変形等の症状が認められ、植物的ともいえる状態である。

重症は、共同運動障害・失調・錐体外路症状がいちじるしく、歩行・食事・用便などができないか非常に困難なもの11例がみられる。

中等度は、運動失調・運動過多(振戦・ヒヨレアなど錐体外路の症状)をともない、掃除・炊事などが困難なもの８例がある。

軽度は、動作が拙劣・緩慢であるが、日常生活は一応きわだった障害がなく行えるもので、人によっては軽作業に従事し、稼業能力を持つ場合もある。これに該当するのは28例である。

精神症状のうち、知能障害の重症の場合は、まったく反応がなく精神的表出が失われ、植物的なもの１例。言葉がなく、身体の部位の２・３をかろうじて指示できる程度のもの３例。普通の生活、就職が困難なもの24例。一般に思考力・判断力が低く、作業も単純なものならばできるもの18例。正常なもの２例。

性格障害でも、まったく反応がなく植物的なもの１例。反抗・拒絶・孤独のため通常の社会生活が不可能な程度のもの８例。積極性減弱のために、対人関係や社会生活に支障のあるもの18例。水準を下げて一応社会適応可能なもの17例。

これらの数字が示すように発病後10～16年を経た現在、なお神経症状と精神症状のために、社会生活がいちじるしく障害されている。

日本脳炎の場合、致死率16～33%、重篤な神経・精神の後遺症17～27%(立津[9])と比較すると、いかに水俣病の後遺症が重篤であるかが明らかであろう。

3)　胎児性(先天性)水俣病[2)15)16)]

胎児性水俣病の場合はさらに知能障害の程度がひどく、後天性にみられる視野狭窄・共同運動障害・知覚障害などについても検査不能なものが多い。

原始反射・四肢の変形・不随意運動・身体発育制止・自律神経症状などもはるかに強い。

神経症状の程度は、最重度４例、重度11例、中等度４例、軽度１例。

知能障害は、最重度１例、重度の重いもの６例、重度の軽いもの４例、中等度６例、軽度３例、にわけられる。

最も軽いものでも痴愚の重症である。

4) 全体の症度

各々の神経・精神症状はお互いに合併している。これらの症状で総合された症度、すなわち社会生活の適応度は次表のようになる。

I-2表　社会適応度(症度)

<table>
<tr><th colspan="2"></th><th>後天性</th><th>先天性</th></tr>
<tr><td colspan="2">死　亡</td><td>42</td><td>3</td></tr>
<tr><td rowspan="2">常に厳重な介助を必要とする
(医学的処置不可欠)</td><td>植物的</td><td>1</td><td>1</td></tr>
<tr><td>重症の重</td><td></td><td>3</td></tr>
<tr><td colspan="2">常に他人の介助を必要とする(重症)</td><td>12</td><td>8</td></tr>
<tr><td colspan="2">日常、身のまわりのことはできるが常に介補、指導が必要(中等症)</td><td>21</td><td>8</td></tr>
<tr><td colspan="2">独自で日常生活はできるが精神症状のため平均以下(中等症の軽)</td><td>10</td><td>0</td></tr>
<tr><td colspan="2">何らかの後遺症が認められるもの</td><td>3</td><td>0</td></tr>
</table>

(3) 臨床症状における新潟水俣病との相違、その意味について

昭和39年から40年にかけて、阿賀野川下流沿岸に、新潟水俣病[†3]と呼ばれる有機水銀中毒が発生した[17) 18)]。

新潟の患者の臨床症状と、水俣の患者のそれとを比較することによって、一

I-3表　各症例による臨床症状

	１９６０年	１９６５年	１９６５年
	水俣成人(徳臣)[11]	水俣成人(立津)[14]	新潟(椿)[17]
知覚障害・表在	100%	63%	93%
知覚障害・深部	100%	54%	88%
指鼻・踵膝試験・拙劣	80.6%	96%	65%
聴力障害	85.3%	78%	63%
筋力低下	――	41%	40%
求心性視野狭窄	100%	94%	37%
言語障害	88.2%	79%	37%
振戦	75.8%	56%	35%
歩行障害	――	67%	30%
関節痛	――	――	72%
深部反射(±～－)	8.8%	37%	41%
指趾拘縮	――	25%	32%

I-4表　診断基準の比較

水俣	新潟
１）臨床症状の特徴 求心性視野狭窄、難聴 運動失調、振戦、言語障害 表在および深部知覚障害	１）入院検査により他の疾患を除外する
２）一般検査正常	２）臨床症状の特徴 ａ）知覚障害部位の特異性 ｂ）知覚障害のみを主徴とするものでも軽快しにくいこと ｃ）多くの例は小脳症状、聴力障害など、知覚障害以外の症状をもつこと
３）昭和28年以降の発病？	
４）毛髪水銀量 （註）無症状の住民の中にも高値の人がいて、きめ手にならないとされた	３）毛髪中水銀量高値
	４）川魚摂取と発症期の関係

層その特徴を明らかにすることができる(I-3表)。

以上の比較から、水俣の場合がより重症で、症状がそろっていることがわかる。それは10年の経過を経ても同様である。これらの臨床症状の差について、次のようなことが考えられる。

1) メチル水銀による汚染そのものが、水俣の場合は程度がひどく、その汚染範囲もきわめて広範であったこと。[19)]

2) 水俣の場合、海産の魚介類を日常多量に摂取していたため、メチル水銀が比較的短期間に多量に人体内にとり込まれたこと。新潟の場合は淡水魚であり、摂取量は水俣より少なかったこと。

3) さらに、重要なのは、診断基準に差があることである。このことについては、椿も指摘しているが、[20)]水俣と新潟の診断基準をくらべてみれば明らかになる(I-4表)。

すなわち、水俣において水俣病といわれているものは、ハンター・ラッセル症候群という基準に照らして認定されたものであって、その全貌をつくしてはいない。

6 病理学的所見について

(1) 病理学的特異性

水俣病の急性ないし慢性脳病変について、武内らは次のように要約している。[21) 22) 23)]

1) 大脳皮質障害：大脳皮質の神経細胞が全般的に障害されるが、その中でも後頭葉鳥距野(視覚中枢)、中心回領域(運動および知覚中枢)及び側頭葉横側頭回領域は、とくに好発的に障害される。急性期には皮質領域の神経細胞に急性腫張、断血性変化、融解、崩壊などの退行性病変がみられ、経過と共にそれらの神経細胞の消失、脱落がみられ、ついには、グリア細胞が増殖し障害が強いと海綿状態を呈するに至る。髄質の障害は軽い。

2)　小脳皮質障害：小脳皮質細胞障害は特徴的で、中心性顆粒細胞型萎縮の像をとる。すなわち、プルキンエ細胞が残存し、それ以下の顆粒細胞が融解、崩壊してその層は希薄となり、髄質歯状核の障害は僅少である。

3)　大脳核、脳幹、脊髄の病変は比較的軽い。

4)　末梢神経にも病変がある[†4]。すなわち、その障害は強く他の疾患にみられないほどに、きわめて特徴的な所見を示している。

⑵　胎児性(先天性)水俣病の病理学的所見

小脳症、髄質の全般的形成不全、脳梁形成不全、錐体路形成不全など脳の発育障害が著しく、加えて、後天性水俣病に特有な小脳の顆粒細胞層および皮質における所見がおなじく認められる。すなわち成人あるいは子供にみられるメチル水銀中毒の変化像に加えて、胎盤経由(胎児期)中毒を裏付ける脳発育障害が認められる[34)]。

⑶　その後の研究における問題点

1)　末梢神経の所見の再評価

水俣病の初発が、手指、口唇などからのしびれ感に始まる知覚障害であること(徳臣)[10) 12)]、新潟ではその臨床像の特徴のひとつとして、特有な末梢神経障害をあげていることなどから[17)]、当然末梢神経の所見が重視されねばならなかったにもかかわらず、あまり重視されていなかった。水俣病に重大な影響を与えた1954年のハンターらの剖検例で末梢神経は正常であったと報告されていたこと[7)]や、中枢神経系におけるあまりにも特徴的、重篤な障害に目を見張り、末梢神経の詳細な追求がなされなかったといえる。しかし1940年のハンターらの論文では(動物実験)末梢神経に変化を証明しているし[6)]、最近の松本[3)]、宮川[4)]の研究によって、初期において、あるいは軽症例において、末梢神経の障害のみが出現することが明らかにされ、武内は未認定患者の末梢神経の生検において障

害を見いだしており、水俣病の病理学的所見として極めて重要であることが指摘されている。[†4]

2)　慢性例における脳病変の変化

長期にわたって生存した例の脳においては、水俣病に特徴的な小脳および大脳皮質における障害に加えて、髄質の広範な髄鞘性脱落像と、神経細胞の著明な萎縮硬化など2次的に惹起された病変が著明に認められ[24)]、さらに組織化学的研究によって10年以上経過しても、脳内には水銀が相当量蓄積されていることが証明された。[25)] この2次的病変の進行や脳内水銀量の高値は、臨床症状の変化と関係あるものと考えられ、注目すべき所見である。

3)　潜在性患者の脳病変

臨床的に水俣病の症状を必ずしも示さなかった水俣地方在住の人の剖検例で、水俣病特有の大脳及び小脳皮質の障害が認められた。このことは、メチル水銀の汚染がきわめて広範囲にわたり、しかも一見健康とみられる人の脳に一定の障害を起こしているという点で、きわめて重要な所見である。[40) 41)]

7　胎盤経由の中毒発生

水俣病の実態をさらに深刻にしたのは、胎盤経由の中毒の発生である。水俣病多発地区に、昭和30年頃より生れつきの重症精神神経障害児が多発していることが注目されていた。[26) 27) 28)] その後の研究によって、これらは胎盤を経由したメチル水銀の中毒であることが証明された。[2) 15)]

(1) 地理的にも時期的にも水俣病の発生と関係があり、家族内に水俣病が発生している率が高い。母親が水俣湾産の魚貝を多量に摂取している。[2)]
(2) その発生は一般の脳性麻痺と異なり著しく高率で、特殊な疾患が疑われる。[2)]

⑶ これらの患者の臨床症状は相互に共通しており、同一原因による同一疾患と推定された。他の脳性麻痺群との臨床症状比較によって、その特徴は一層明らかにされた。[2]

⑷ これらの母親たちに、失調や共同運動障害・視野狭窄など水俣病の不全型を思わす症状が見出された。[2] さらに、これらの母親たちの毛髪から大量の水銀が証明された(30～190ppm)。[15]

⑸ その中の2例の剖検によって、水俣病に特有な所見が証明され、さらに脳発育障害の所見が認められ、胎児期に起ったメチル水銀中毒であると断定された。[29]

⑹ 動物実験において、胎盤を経由して胎児にメチル水銀中毒が発生することが、病理学的にも、ラジオアイソトープを用いた実験でも証明された。[30～33] さらに母乳を通じても中毒が起ることが証明された。[34,35,36]

⑺ 昭和45年３月７日、新潟においても胎児性水俣病が１例認定された。

8　治療―きめ手になる治療法は期待できない

メチル水銀によって破壊された神経細胞の修復は不可能であり、治療に関する研究論文は少ない。治療法として次のことが考えられるが、まだ充分な効果を期待することが出来ないのが現状である。[11,37]

⑴ 対症療法:痙攣に対して抗痙攣剤投与、感染に対する抗生物質投与、栄養補給といったもの。

⑵ 体内の水銀の排泄をうながすもの：BAL、EDTA-Ca、Penicillamine、gultathione、thiola、など。

⑶ 神経の修復機転を促進させるもの:ビタミンの大量投与、とくにB_1はじめＢ複合体、細胞賦活および代謝促進剤、循環改善剤など。

⑷ 理学療法、機能回復訓練:胎児性水俣病などで比較的効果がみられているが、なお限界がある。

9　新しい型のメチル水銀中毒発生の可能性

スウェーデンなどで行われた最近の研究によると、メチル水銀処理によって、植物・キイロショウジョウバエ・マウスなどの細胞分裂に障害を起し、染色体に異常をきたすことが証明された。今後、人間の染色体における影響も考えられ、重大な問題となっている。[38) 39)] 細胞分裂期におけるメチル水銀の障害は、新生物(癌)などの発生とも関係がある現象で、今後の早急な研究の必要がある。このような新しい型のメチル水銀中毒の発現の可能性がある。

10　メチル水銀汚染は終っていない

一度、水銀で汚染された水域では、水銀の流入が止まっても、その水域の生物中の水銀はなかなか減少しない。水銀を物理的に除去するかあるいは、微生物が水銀を取りこまない状態にしない限り、水銀汚染の影響は10〜100年後まで残ると推定される。[39)]

水銀はごく微量であっても、食物連鎖を通じて濃縮をくりかえす可能性がある以上、人体に障害を与える可能性をもつ。現に、昭和45年４月第40回日本衛生学会で藤木は、湾内の泥土から189.86ppmの水銀と11.85ppmのメチル水銀を検出したと発表している(藤木)。

11　水俣病の概念について[†6]

最近になって、ますます世界中の研究者が、医学者のみならず、水俣病に注目してきている。それは単に、狭義(医学的)の病気として、あるいは一つの悲惨な事件として注目しているのではない。そこには水俣病が提起したきわめて多くの問題が含まれているからである。この章の冒頭に、われわれは水俣病の医学的定義をのべたが、そこに書きつくせない問題が水俣病の中に含まれており、むしろ書きつくせないことがより重要な問題を含んでいるとさえ考えられる。すなわち、水俣病は単に人体の問題としてのみとどまることなく、工場排水によって惹き起こされた巨大な環境汚染の問題としてとらえられねばならない。したがって、人体における個々の問題、すなわち、臨床症状、病理学的所見、メチル水銀化合物の体内における挙動といった問題は、巨大なメチル水銀化合物による環境汚染の一部にすぎないのである。そこには、環境汚染によってもたらされる環境内の生物系のバランスの破壊、食物連鎖系の破壊など生物生態学的な視点からも、さらには人間生態学あるいは社会学的視点からもとらえられなくてはならない。今迄の水俣病の概念はそういった視点からとらえられたことはなかったし、発生機序の特異性が指摘されながらも、臨床症状や病理学的所見に払われたと同様の重要さで注意が向けられたことはかつてなかったといっても過言ではない。発生の背景を含んだ広汎な概念で水俣病を包括しないと水俣病のもつさまざまの問題点は消されてしまうのである。

それはそれとしても、従来の伝統的・医学的視点からみた水俣病の概念についてはそれで十分かといえば、決してそうでなく、それ自体なお十分に明確ではないのである。医学的実態をみてくるなかで、すでに、いくつかの問題点は指摘してきたつもりである。われわれが従来用いてきた水俣病の概念は、それはたとえ意識的でなかったにせよ、極言すれば、「水俣病審査会」が「見舞金契約による見舞金の受給資格があるか否か」を判定することを目的とした概念であって、真の医学的概念ではなかったといえよう。昭和33年、34年の研究で明らかになった事実でかためた現象的、固定的、閉じられた概念であったといえよう。水俣病の原因追求過程におけるハンターの症例の発見はきわめて重大な意義をもち、十分の評価がなされねばならないが、水俣病の概念が形成されるなかで、結果的にいくつかの欠点をのこしたことが指摘できる。ハンターの症例は確かにアルキル水銀化合物の中毒ではあるが、それは原因物質の直接的曝露による中毒である。もともと、中毒は直接的に有害物質が人体内にはいったものを指すことが多いのであるが、水俣病の場合は「工場の排水に含まれたメチル水銀化合物が、自然界において蓄積され、食物連鎖を通じての中毒」であり、はるかに広汎で、はるかに複雑である。たとえば、工場排水には水銀のみならず、その他の有毒物質が多量に含まれており、発生の個体についても胎児から幼児、青年、老人と広い年令層に拡がっており、その社会経済的基盤からくる食生活の問題もあり、全くのところハンターの症例とは異なったのである。したがって水俣病は全く新しい事態の発生であり、ほかと比較できないものであり、また比較するまでもなく目の前に多数の尨大な事実が存在したのである。すなわち、水俣病の概念はこれらの事実を積み重ねて全く新しい概念をつくり出さなければならなかったのである。水俣病の概念がハンター・ラッセル症候群を基礎に飛躍的に乗り越えきれなかったところに、いくつかの矛盾を残した。すなわち、現実には不当に水俣病の実態を小さくし、枠にはまった診断基準によって軽症水俣病、症状の完備しない不全水俣病をしめ出し、水俣病の全貌を余すところなく明らかにする作業を放棄した。しかも、その結果として、第二水俣病の発生を阻止することができなかったともいえよう。しかし、初期の水俣病の概念を乗り越える努力が全くなされなかったわけではない。たとえば、昭和37年には、水俣病は「メチル水銀を含んだ魚貝を摂食することによって起ったメチル水銀中毒」という概念は胎児性(先天性)水俣病の発見によってすでに打ち破られたし、「求心性視野狭窄、運動失調、構音障害、難聴、知覚障害などの臨床症状を主徴とする」という概念も新潟水俣病の発生ではすでに打ち破られている。これらの事実をみても、水俣病は固定的、後向きの現象的概念で充分にとらえることができないことが明らかである。水俣病の概念の問題は、具体的には、その一つとして診断基準と関わりあっているのである。胎児性水俣病の認定に５～７年の時間が費やされねばならなかったこと、未だに未認定(水俣病と診断されない)の神経精神症状をもつ患者が多数いることなどがその辺の関係を説明している。

真の医学的な概念は「見舞金契約が云々……」という判定のための目的概念ではなく「汚染はどれだけの範囲に広がっているのか、それは人体およびその他の生物にどのような障害をおよぼしているのか」という実態を明らかにする目的意識をもった概念であるべきである。事実に立脚しながら、新しい事態に対応できる、あらゆる事実を包括できるダイナミックな、開かれた概念でなければならない。概念を固定化し、その枠の中で水俣病をみることは真の医学的態度ではない。それは、将来の研究に対して目的をもち、かつ、一つの展望を切り開く概念でなければならないだろう。

水俣病は「工場排水に由来するメチル水銀が環境汚染を媒介として人体におよぼす障害の総称」であると考えて、今後その実態を明らかにする努力がなされねばならない。

(註) 文献は第I部の終りを参照

第２章　患者・家族の実態

チッソは、その答弁書の冒頭に、水俣病事件公式発生以来、17年目にして、初めて書面において

「――水俣湾周辺の魚介類を訴状別紙患者一覧表記載の者らが摂取したこと及び中毒性中枢神経系疾患に罹患したことは認める――」

と居直り強盗的・強権的にのべた。

この表現は、チッソおよび、これの代弁者である弁護人ひとりひとりの非人間性をばくろしてあまりある。ひとくくりにして、唇のはしでいうごとく、

「――訴状別紙患者一覧表記載の者ら――」

とは何事であろうか。たとえ書類上の法廷慣用語であろうとも、そこには基本的に、人間が人間に対してむきあう、おのずからなる表現姿勢があるべき筈である。しかも、本事件の被害者たちは、

「――訴状別紙患者一覧表記載の者ら――」42名にとどまらない。

公式的にさえ121名の患者を発生させ、このうち、いわれなく非業の最後をとげたものたち、公認されているだけでも46名にのぼり、これら幽明の境にいまだにさまよう死霊たちの鬼哭を自らの声として、公認患者数の３分の１を占める患者たちの訴訟提起となったのである。のこり75名の、患者らの存在については、どのようにむきあうつもりであろうか。チッソおよびこれの弁護人たちは、人間であるかぎり、おのれの全生涯とひきかえに、死せる患者たち、生ける患者たちの、最後の一人が瞑目する日まで、裁かれるであろうことを思い知るがよい。

これら虚空をつかんで息絶えたものたち、あるいは永い年月にわたり、人間性を剥奪され、なお「もとの人間の姿にもどりたい」といいながら呻吟しつつ、生きながらえている人びとの存在に一掬の涙もなく、更には、これら患者たちを抱えながら積年の労苦を重ね、いわれなく廃疾とならされた患者らの没する日まで、これを看とり、没後といえども続くであろう家族たちの労苦の行末を

思いやる一片の人間感情をも持ちあわせず

「——中毒性中枢神経系疾患に罹患したことは認める——」

と、ふてくされた慣用語ははずかしげもない。

おそきに失するといえども、これらの人びとの魂魄に対してつつしみ謝罪し、おのずから贖罪の姿勢をとるというならともかく、冒頭においてまず居直ってみせるとは、チッソおよびその弁護人たちは、まことに、尊厳なるべき法廷を自ら侮蔑し、傲慢にも、この国の人倫の道を率先して乱すもの、といわねばならぬ。

さらに本事件を通じ、地域社会がこうむったはかり知れぬ混乱と損害、のみならずその社会組織が、本事件を要因として起しつつある基底部からの内部崩壊への、つまりみずからの社会的犯罪への自責の念は、チッソの答弁書には毫もみうけられない。答弁書の冒頭の論理は、本質的に近代法の精神にもとり、法廷の尊厳を頽廃にみちびく二重の犯罪性において、裁判史にも、ひとつの歴史を刻んだものといえよう。

まず、本事件は終始一貫、人間存在への非人間化、ひいては生命界(自然界)そのものの破壊の遂行である故に、その実像の証明であるところの〈水俣病とはなにか——その医学的実態(第1章)〉の項を手がかりとして社会的様相に重ね、更に生活者の視点から、事件発生以来今日までの、被害の社会的実態の大要を再現してみることにする。

〈医学的実態〉の項に、専門的高度さにおいて綿密に記述された諸症状をさらに医学専門知識をもちえぬ一般大衆の視角から見て、死者たち、あるいは生きながらえている者たちの姿を、ここによみがえらせれば次の通りである。

急性期の症状に記述せられた患者たち——〔この期の患者たちは大むね、事件発生初期、あるいは事件「発見」以前に——今日未認定患者の存在は公然の秘密となった(後述)——惨死し(公式死者、昭和45年7月現在46名)一部の人たちの死にいたるまでの姿は、訴状各論にも記された。〕遺族の脳裡を去らぬ死者たちの姿は、歴史に名高い中国漢代の戚夫人の姿と思えばよい。すなわち、手足をとりさられ、唖になる薬を呑まされ、眼球を潰され、人間豚と名づけられて便壷にとじこめられたという戚夫人の姿である。生き残りの患者たちの中には、糞尿の始末はおろか、指一本といえども、自らの意志によって、自らの体を動かしえなくなったものが多数存在し、今日に至るも心なき人々の見物の対象にさえ晒されていて、人間存在の姿の、荒廃の極限を示す。人間が、人間になしえた犯罪の徹底性残虐性をチッソは、患者たちの受難史と共に人類史の中に刻んだ。現代はさらにこれ程の深渕を、のぞかねばならぬのか、というおもいに、私たちは耐えねばならない。

1　廃疾とならされ、生き残っているものたち

⑴　寝たきりのものたち

41号・松永久美子(19)　76号・船場岩蔵(77)　97号・上村智子(13・胎)　101号・中村千鶴(13・胎)　102号・渕上一二枝(12・胎)　103号・森本久枝(12・胎)　114号・田上磯松(72)

⑵　盲目とならされたものたち

1) 16号・松田富次(20)　41号・松永久美子(19)　97号・上村智子(13・胎)

2) 全生存患者に視聴力異常の多様差がみられることは、医学的実態の項に詳述された。

⑶　言語を奪われたものたち

1) かつて正常な言語生活を営んでいたが、完全に言語を奪われたものたち

20号・田上勝喜(64)　29号・田中実子(16)　41号・松永久美子(19)　76号・船場岩蔵(77)

2) かつて正常な言語生活を営んでいたが、ほとんど言語を奪われたものたち

16号・松田富次(20)　37号・村野タマノ(55)　60号・尾上光雄(53)　69号・森重義(58)　74号・伊藤政人(50)　113号・山口勇(49)　114号・田上磯松(71)

3) 生まれながらにして、完全に言語を奪われたものたち(胎児性患者)

93号・半永一光(14)　95号・山田松子(14)　97号・上村智子(13)
101号・中村千鶴(13)　102号・渕上一二枝(12)　103号・森本久枝(12)
104号・岩坂すえ子(12)　105号・渡辺政秋(11)　107号・東正明(14)
108号・長井勇(12)　109号・山本富士夫(13)　110号・浜田良次(11)

4) 特定の音韻を発しうるが、言語における社会生活を奪われたもの

上記以外の全胎児性患者たち

5) 特定家族、友人とは辛うじて会話しうるが、言語における社会生活を奪われたものたち

全生存認定患者及び全未認定患者たちに及ぶ。

⑷　全身痙攣発作のため、恐らく一生社会復帰できないもの

37号・村野タマノ(55)発病当時(31年)熊本大学学用患者として附属病院に入院。その後水俣市立病院・水俣湯の児分院・月の浦保養院(精神病院)を転々す。80号・岩坂きくえ(51)水俣市立湯の児分院。20号・田上勝喜(65)自宅、水俣市梅戸。113号・山口勇(50)、114号・田上磯松(72)両者は水俣市立湯の児分院。115号・山田ナエ(54)水俣市立病院。(7月、仮病扱いされ親子ともに退院、水俣市月の浦)。

⑸　手足の自由を奪われ、まるきり歩行できないもの(辛うじて這い這いできるもの)

93号・半永一光(14・胎)　104号・岩坂すえ子(12・胎)　108号・長井勇(12・胎)　109号・山本富士夫(13・胎)

⑹　手足の自由を奪われ、歩行甚だ困難におちいらされたもの

11号・崎田たか子(28)　16号・松田富次(20)　20号・田上勝喜(64)　29号・田中実子(16才、数mも歩けばくず折れる)　37号・村野タマノ(55)
43号・田上義春(40)　48号・前島留次(60)　50号・浜元二徳(33)　60号・

尾上光雄(53)　69号・森重義(58)　74号・伊藤政人(50)　91号・加賀田清子(14・胎)　92号・金子雄二(14・胎)　100号・鬼塚勇治(13・胎)　107号・東正明(14・胎)　110号・浜田良次(11・胎)　113号・山口勇(49)　114号・田上磯松(72)　115号・山田ナエ(54)

(7)　辛うじて歩行を行いうるが、社会生活のための諸動作はいちじるしく拙劣で、常人の生活圏に入りえないもの

全生存患者、さらには全未認定患者に及ぶ。

(8)　辛うじて歩行可能である故に、四六時中、家人、看護人の保護・観察・看視の必要あるもの

(これらの人びとは、言語喪失や盲目や聴覚障害、あるいは意識障害、痙攣発作や末梢神経の鈍麻などを伴い、その歩行には不慮の災難にあう危険が常に伴う。たとえば上り框から転げ落ちたり、コタツに落ちこんだりしても助けを呼ぶことは不可能である。火傷や怪我をしても痛覚をおぼえぬ人も多い。また、その歩行は夜中、人々の寝静まった時刻にも行われ、保護者はこれを止めえぬ場合も多い。)

16号・松田富次(20)　20号・田上勝喜(64)　29号・田中実子(16)　37号・村野タマノ(55)　60号・尾上光雄(53)　90号・川上万里子(15・胎)　91号・加賀田清子(14・胎)　92号・金子雄二(14・胎)　95号・山田松子(14・胎) 99号・坂本シノブ(13・胎)　100号・鬼塚勇治(13・胎)　107号・東正明(14・胎)　110号・浜田良次(11・胎)

胎児性患者のみならず、ようやく思春期に入りつつあるもののうち、とくに女児患者たちは初潮の訪れをみたものたちがいる。その自覚差の有無は多様であるが、月々の周期律や症状は正常とはおもわれず(勿論、患者自身がこれの手当をすることなどは、おもいもよらない)付添う母親や姉妹の保護をうけられぬ場合、

患者の属する小社会ではしばしば異形な姿となってさまよい、さらしものになるのである。

① K女児の場合(必要であれば姓名は公表する)

水俣第一小学校・特殊学級に通っているが、不定期的な周期のため、しばしば母親の保護を洩れて授業時間に月経が始まり、教師もそのことに気づかず、遠い登校距離を下半身汚れ果て、家人の留守の間に帰宅、毛布をひきかぶり畳やそこら中の夜具を汚してK子はおびえきり、家人を一晩中寄せつけない、ということが、しばしばである。原爆小頭症的外貌の少女の涙は何を意味するか。

女児患者の場合、大むねK子と大同小異の現状であり、肉親たちのかなしみは救いがたく、まして、当人たちの将来は暗たんたるものである。このような女児たちの行く末に対して、チッソおよびその弁護人たちは、いかなる正当性をもって、おのれの無過失を主張しうるか。言葉なき女児たちの姿を正視し、その前に答えられよ。

ことに哀れでならぬのは、これらの言葉を奪われて生まれた患児たちが、男女児に限らぬが、「おむつ」を替えてもらうとき、(ことに月経時の女児患者が)等しく、変型した小さな体をさらにちぢめよじってみせる、羞恥心の原始反応である。15、6才になってもまるで5才にしかみえぬ、いたいけな体と未成熟の魂から発せられる慟哭の声を、チッソの代理人たちは、感じうる能力があるのであろうか?

② 田中敏昌の場合

胎児性患者田中敏昌は昭和44年11月11日、その13年間の生涯を終えた。水俣病患者としては45人め、胎児性患者としては3人めの死である。次にかかげる文章は、田中敏昌の死を悼んで、病理解剖を担当した松本英世氏(熊大医学部助教授)が書かれたものである。

昭和44年11月11日、その日私は、昨年来とりくんでいる、ネズミの塩化メチル水銀投与実験で得られた末梢神経の病変を電子顕微鏡下にとらえた成績について熊本大学医学部内の電子顕微鏡懇話会の席上で発表していた。

私の話が一段落した時、水俣市立病院の三嶋副院長から「胎児性水俣病患者が死亡したので病理解剖をお願いしたい」という電話があったという報告を受けた。午後4時すぎであったと思う。

早速病理解剖の準備をととのえて、ようやく夕方のラッシュを迎えた国道3号線を、教室の須古、桜間、富尾、小島先生らと2台の車に分乗して水俣へと急いだ。

車中で私の頭の中には、過去2回の胎児性水俣病の病理解剖と、それに関連した研究のことが、次から次へと浮かんでは消えて行った。

最初の解剖は昭和36年3月21日岩坂良子2才6月、ひきつづいて2人目は、翌37年9月15日岩坂まり6才3月の、いずれもまだ本当に小さい女の子だった。そしてそれらは水俣病全体の剖検としては18人目と20人目にあたった。

当時は水俣地区に多発した脳性小児マヒ症状を呈する患者は、水俣病と密接な関連があることが強く疑われながらも、おとなの水俣病患者のように水俣湾の魚を沢山たべたという事実がないこと、またその子供達の母親は誰が見てもはっきりした水俣病の症状を呈していないこと、またおとなの水俣病患者に見られる視野狭窄、失調などの症状を他覚的に実証できないこと等から、水俣病であるという認定がなされていなかった。

しかしこの2人の子供の病理解剖は私どもにいろいろのことを教えてくれた。おとなの水俣病患者が示す小脳と大脳の特異的な病変を持つと同時に、その他の発育不全の病変をも脳はあわせ持ち、特有な脳形態を形成していた。私どもの教室の武内教授はこれに対して胎児性水俣病という名称を付され、私どもはその詳細な結果を、熊本医学会、日本神経病理学会等の学会で発表し、またアメリカの神経病理の専門誌 J. Neuropathology and Experimental Neurology にも掲載発表した。

かくて昭和37年11月に17名が、昭和39年3月には5名が、ついで本年5月にも1名がつぎつぎと熊本県水俣病患者審査会によって胎児性水俣病と診定されたのであった。

昭和37年来、胎児性水俣病患者はとにもかくにも生き続け、死亡者は出なかったが、これで３名の死亡患者を数えたわけだ。

午後８時すぎ、やっと水俣市立病院に着いた私どもは、休む間もなく術衣に着換えて解剖室にはいった。

岩坂まりの時が６才３月で体重6.4kgしかなく、同年代の平均体重17.9kgに比してはるかに小さく、全身の発育不全があったから予想はしていたものの、目の前に裸でよこたわるもの言わぬ遺体は、首、四肢を強直して特異な肢位をとっており、手足はまさに骨と皮の状態。体重は数日前に測定したところによると13.5kgだったという。

私の２番目の子供がやがて満３才の誕生日を迎えるが、それでも14kgはある。これが13才のひとの体重といえるだろうか。しかし現実には、これが13年間生まれながらにして、否生まれ出る前から、胎児性水俣病という病苦とたたかって遂に亡くなった田中敏昌君の遺体であった。しかも頭蓋も胸郭も、永年の不自然な病床での生活から強く変形し、左右の不対称性がめだち、脊椎はまさにくの字状にわん曲していた。

外観上特に印象に残ったのは強い発育障害とやせがあるのに、性器には一般の子供同様、めざめを物語るかのように陰毛の発生をみとめた。しかしこれも所詮はうわべだけの発育であり、睾丸の方の発育は全くすすんでいないということであった。

脳の重量が1,150gであったから、これも同年令の平均重量1,340gに比し発育不全があることは明らかである。割面でも今までの2例と同様に脳梁が小さく、また特に前頭葉、頭頂葉等が正常程の発育を示していなかった。いずれ顕微鏡標本を作れば著明な病変が出てくることはまちがいない。

もう一つここで述べておきたいことは、直接の死因が、のどに食べ物をひっかけたことによる窒息死であったことだ。喉頭から気管にかけて昼食時にたべさせてもらった米粒が、かぞえきれぬ程ひっかかり、さらに右気管支内からも１コの米粒が見いだされた。

脳障害により意識の明らかでない患者は、よく誤飲によって食べ物を呼吸器の方に流しこむ。それがもとで、窒息死には至らないまでも嚥下性肺炎をおこしやすい。

私は病理解剖を終えて解剖室の隣りの遺族室におられた御遺族におくやみの言葉をのべた後生前の様子をきいてみた。「あの子は食事のあとむせて苦しがるのはいつものことでした」と言っておられた。そのために、これまでも何度も肺炎をおこし重体になったことがあるという。今度は遂にそれが命とりになったのだから、これこそ水俣病そのものが直接の死因であると、声を大にして言わざるを得ない。

解剖が終り、今度は深夜の国道３号線を逆に熊本に急いだ。大学に帰りついたのは12日午前２時をすぎていた。

12日の新聞には敏昌君の死を報ずる記事が載り、「口もきけず、歩行もできない寝たきりの重症者で、祖母のスワノさんが付ききりで看病にあたっていた」と記してあった。

遺体に褥創がなかったことを思い出す。13年間意識もなく寝たきりの生活で褥創がみられないということは、まごころのこもった看病のたまものにほかならない。さらにもう一つ、オシメをはめていたことを思いだす。13才になっても大小便さえ肉親の手を借りなければ、自分の意志ではどうにもならない身体。そこには意識の世界は勿論、意志の世界すらないのだ。

人間誰しもこの世に生をうけ、自分の意志によって能力に応じて社会のために働くことの喜びを知ることができる。胎児性水俣病患者にはその喜びを与えることができないという事実を私は悲しむ。(以下略、「告発」７号より)

(9)　胎児性患者の母親の症状の悪化と痙攣

115号・山田ナエ(55)

事件公式発生より16年目の昭和44年に患者として認定をうけ、言語を奪われて出生した胎児性患者の娘、松子とともに入院したが45年に至り、水俣病の極型をあらわす痙攣を起すに至った。松子の出生は昭和31年４月であるから、当然母体の発病はそれ以前にさかのぼる。山田例は、他の胎児性患者の未認定患者である母親達の将来を予告する。

山田ナエは、痙攣発作以後、すっかり食欲も落ちて衰弱し果てた。松子が生まれてからでさえ、14年間も彼女は放置されたのであった。その間に、娘松子が母親から受け継いでいる空白の年月(この、言葉を奪われて出生した松子は、成長するにつれて、昼夜の区別、場所の区別もなく、不完全ながら歩行しはじめ、彼女のみせる、唯一の対人反応、対社会反応は、相みるものに、人形を自分におんぶさせろという仕草をし、またはその人形をおんぶしろという仕草をすることである)をも、自らが患者である母親が負いとおしたのである。いまや力の限界にくずおれ、憔悴の一路をたどるのみの母親は、今後、身体のみ大人びて歩きまわる松子の介護などおもいもよらない。あどけない風情さえたたえて、破滅への原っぱへゆらめき歩く娘松子とともに、山田ナエの生存は加速度的に崩壊をはじめているのである。

山田例のみならず、患者みずからの申請によって漸く昭和44年に認定をみたものに、112号・故渡辺シズエ、113号・山口勇、114号・田上磯松、116号・小崎達純等がいるが、渡辺シズエは生前まったく屍同様、長年月を寝たきりであったのであり、認定は死後の解剖によったが、後述するように、このように放置され続けた患者の年月を考えれば、そのことは認定患者の周、底辺にいまなお存在する未認定患者を示唆していて残酷もきわまりない。

水俣病の一特徴でもある大痙攣は、医学史上の特徴でもあり、その惨鼻さは、死にゆく患者たちをして、「会社のえらか衆にも水銀ば呑ませろ」といわしめるに至るのである。いまは死者となった患者たちのこの言葉に対し、チッソおよびその弁護人は如何なる反論を用意したか、死者たちに対して答えねばならない。(渡辺シズエの患者認定は家族の申請によった)

水俣病事件の前駆的事件として象徴的であった猫の水俣病にともなう痙攣発作の観察は、早くも熊本医学会雑誌(第31巻補冊第1・昭和32年1月)に記録されているので参照されたい。このことが人間の身におきたときどのような有様になるか。

44年に認定をみた田上磯松・山口勇にもこの徴候はみうけられ、認定までの放置された年月の荒廃は、確実に、よりたしかな基盤となって、認定された日から、その死の日まで続くのである。山田ナエは訴訟提起する気力などくずおれ果てているものであるが、チッソおよびこれの弁護人は、この母娘の存在についても、いかなる無過失論をとなえうるのであろうか。

２　チッソ水俣工場によって『健康体』と査定されている患者たちの実態

（章末資料参照）

昭和39年１月、チッソ水俣工場は「水俣病患者一覧表」なるものを作成した（おそらくこれは、「見舞金」改訂のための資料とおもわれる）。医師でもないチッソが、いかなる方法を用いて患者たちを査定したか不明であるけれども（患家の隣近所をききまわったと患者たちはいう）、このチッソ資料は、自社の工場廃水によって、生命も生活も、破滅させられつつある患者たちを目前にみながら、なおかつ、人間的感情をゆさぶられることなく、冷酷非情な資料対象物として、事実を曲げながら、記載してゆく経緯がよみとれるので、査定されたその資料と、患者のおかれている実態の一部をここにみることにする。

（○水俣工場記載、昭和39年１月）

『20号・田 上 勝 喜 ══ S31. 4 .12、再生院へ（註・小川）自宅でぶらぶら、歩行ヤヤ困難』

『34号・江郷下マス══家事全般の仕事をしている、外見なんともない』

『36号・井上アサノ══健康、常人と変わらない、山畠の仕事をしている』

『43号・田 上 義 春══森岡組オート三輪車運転手、健康体』

『48号・前 島 留 次 ══市役所水道課勤務、オートバイ通勤、料金集金、健康体』

『50号・浜 元 二 徳 ══健康、扇興運輸勤務、現在南九自動車学校在学中』

『53号・坂本マスヲ══健康体とおもわれる』

『71号・島本利喜蔵══健康体、２月26日死亡』

『78号・伊 藤 政 人 ══全快と思われる』

『80号・岩坂きくえ══自宅でぶらぶら』

『87号・牛 島　　直 ══健康体』

『88号・杉本　　進 ──全快と思われる』

まず、20号患者、田上勝喜はチッソ資料が語るように、『自宅でぶらぶら、歩行やや困難』という程度の患者であろうか。

(1)　20号患者・田上勝喜の場合

他の患者たちと同様に、彼もまた舌がしびれ、唇がしびれ、手足の麻痺、全身痙攣、流涎、とやってきて、「犬吠え様」のおめき声を発し、自らの意志しない激烈な痙攣のため、家の中といわず、道ばたといわず突進し、ころげまわり人々の手におえなくなって、小川再生院に収容されるのである。

みおとされてならないのは、一家の柱であった父親の廃疾化が、多数の患家の例と等しく、忽ち漁業専業であったこの家庭を貧窮化せしめたことである。田上勝喜の発病は昭和30年11月であった。

発病前の彼を物語る「表彰状」が、今でも水俣市梅戸の彼の家の欄間に、この一家の宝物として掲げられている筈であるが、それは人並すぐれて壮健であった彼が、水俣市の漁業組合長をよくつとめあげたことを表彰した主旨のものである。大音声をはりあげて、ねじり鉢巻風の演説をぶちあげるのが、好きであった豪快な漁師のおもかげは、言語も、生活動作も全く奪われて、嬰児性の顔貌にもどった彼からは、今日うかがい知ることはできない。ただ懐しそうに、にこにこと来訪者にむけて漂い、途方にくれているようなまなざしだけが、わずかに生きながらえている彼の、魂の所在を物語るのみである。

漁のあがりや集会のあがりには、度の過ぎぬ前後の晩酌を好み、子沢山の家族じゅうをよせ集めては、しぶい声で、浪花節をうなっていた。

一家が貧窮のどん底に落ちた時、十代前後であった彼の娘たちは海辺の流木を薪に拾い、「つわ蕗」やわらびをつんで町に商ったり、夫の発病の衝撃で寝込んだ母親を看病しながら、家計を支え続けた。けなげなこの家の娘たちは、「せめて父ちゃんの、昔のように焼酎のんで虎三節でもやってくれれば、この世の苦労も笑ってするばってん、唖の仁王さんにならった」となげいた。病状の激期が風化すると、妻女のあとを慕い歩き、失調性の歩行でゆらゆらとさまようばかりの父親になりはてたのである。

このように廃疾化した元漁師たちの、失なわれた生活歴の中に、ときどき夢遊動作めいてよみがえる漁の動作は、まことにみるものの涙を誘う。たとえば田上勝喜は、とある日、急に網につける「アバ」(ウキ)つくりに熱中しだす。桐の木を削って、たとえば鰯の形のように、木片を形づくるのである。絶えまない全身痙攣の中で行われる作業であるから、はた目には、両手を宙にふりあげたり、急にガタリと拝み倒れたり、こわれ朽ちてやたらと水をはねるだけの、水車の空まわりといったかなしさである。小刀をとりおとし、木片をとりおとし、指先や手指を傷つけながら、彼の大切なアバは、血だらけになったりして、意味ありげな木片と化すのである。

そのようにして、彼は営々と彼の労働を続け、彼の漁具を縁の下いっぱいに小積みあげたりする時間の堆積を持つ。彼の作製した小さなひとつの木片、ないしは木片の山は、彼のみならず、海を奪われ、漁を奪われ、全生活を奪われ、言語のみならず、存在そのものを奪われつつある漁師たちの、唯一の象形言語をあらわしているのである。

チッソ資料による水俣病患者一覧表記載の「自宅でぶらぶら、歩行ヤヤ困難」

「アバ」をつくる田上勝喜(昭和35年)

は、田上勝喜および、彼の発病によってひきおこされたこの一家の苦難について、失われた歳月について、ひとことも語りえていない。ましてこの一片の記載が、患者や患家の生活資金と行政当局からみなされている「見舞金」改訂の資料となるならば、その酷薄さはまことに空恐しい。

チッソおよび、その弁護団は、田上勝喜の作製する木片について、どのような人間的言語をもちうるか。一人の人間の存在の歴史に対して、このような記述をするならば、おのれの存在をかけて、その意味を明らかにせねばなるまい。

山田ナエや田上勝喜例を出したのは、認定121名患者のうち、訴訟提起者よりも、多数をしめる「厚生省一任派」(註:この厚生省案らしくみえるものは、チッソが書いた筋書によった)患家の中に、社会的被害の貫徹性の深さをみる故であり、本裁判は当然水俣病事件の全ぼうを荷わねばならぬからである。

ついでに、これもまた訴訟提起する能力も気力も体力も奪いつくされ、同じく「厚生省一任派」に分類されている森重義(60)にも少しふれよう。

チッソ資料によれば、ただ一言、さすがに「重症患者」とあるのであるが、彼の日常生活、いや日常動作は、自家から水俣川川口の、そこからかつての自分の漁場であった不知火海がのぞまれる大橋の上(八幡プール排水口)までの、約500mの距離を、幾へんともしれず、長時間かかってぎくしゃくと往復することである。諸動作は田上勝喜よりも緩慢で(手足がかなわないのである)漁にともなう諸労働はもちろんできない。昔日の彼の舟つき場、ないしはそこからながめられる昔の漁場の前まであやつり人形さながらに歩いてゆき、ただぼうぼうとして、たたずむのみの日常をくり返す。

この孤独な動作を行う間、彼と対話を行いうるものはいない。彼の視力は、竹の筒先状に、狭く小さく区切られた視界があるのみの「視野狭窄」であり、道ゆく人は、彼の真正面の鼻先にきて、立ちふさがらないかぎり、彼の視界には入らず、入っても言語を失った彼とは言葉を交わしえない。

もはや、彼は、元漁師部落であった彼の共同体の中でさえ、異形にして異土の中にすむ人間となった。

チッソならびにその弁護団は、水俣川大橋の上に立ちなずむ、不知火海の元漁師、森重義のまぶたの先に、竹の筒からのぞくようにみえているのかもしれぬ、切れっぱしとなりはてた海と、かつての彼の全生活的な不知火海との関わり、および、その大橋の上まで辛うじて足を運んできて、そこに立ちどまるギクシャクの往復運動を、どのように意味づけるのであろうか。彼は形の上の訴訟提起者にあらず、まことの意味で「厚生省一任派」でもない。その舟つき場のある大橋の上から先へは一歩も進めず、夕暮れの闇の中で、彼が発せずにいる無言の問いは、一人の死につつある漁師が、一人の人間の全存在をかけて、水俣病事件の全貌とその元兇について発している問に外ならぬ。チッソとその弁護人達は彼の問いに答えねばならぬ。でなければ、チッソ及びその弁護団のひとりひとりおよび、チッソ輔佐人たちの社会認識は、一般普通人の水準にさえ達しえぬ白痴か、もしくは故意による作為的な認識の欠如としかみとめられない。

この項の冒頭にのべたように、チッソおよびその弁護団は答弁書において、「――水俣湾周辺の魚介類を、訴状別紙患者一覧表記載の者らが、摂取したこと、及び中毒性中枢神経系疾患に罹患したことは認める――」とのべたが、本事件の発生とその経過は訴訟提起者のみならぬ、「一任派」を含めた患者および患家の右にのべた如き実態の一部分や、そのまた基底層に埋蔵されている地域社会そのものの、病像化への責任をも問われていることを、認識せねばならないのである。

さて、田上勝喜は、かくして家長としての機能を失い、彼の長男は、家長権を継ぐために嫁をめとらねばならなくなったが、最初の嫁は、一週間目には、田植え帰りを口実に、天草の実家に逃げ帰り、二度目の妻女をむかえるまでに、かなりの年月を要した。逃げ帰った嫁に、父親の姿は世にも怖しいものに化身した人間の姿として写ったのである。

また、娘たちは貧窮のどん底で中学を卒業し、次々に京阪神方面に集団就職して行ったが、その就職先において、水俣病患者を父にもつ事が知れる度に迫害をうけ、転々と職場を替え、後には故郷さえ(水俣市出身であることさえ)秘匿して就職せねばならなかった。

水俣病に対する一般社会の認識は、病状の激烈さや特異性もあって、「忌わしい業病」の印象さえ与え、患者、家族たちは、いわれない差別さえいまなお受け続けている現状である。後出の章において、しばしば指摘するように、この事実はチッソの積年にわたる地域社会への、水俣湾への、有機水銀のみならぬ致死量をこえる有毒重金属を含む工場廃水の流出の秘匿からはじまり、熊大研究班へのあらゆる研究妨害を行うことによって、本事件の患者像のみを加害者である被告から切りはなし、いちじるしく地域社会から嫌悪させ、歪曲させて存在させる結果となった。

このようなことから生じた故意的差別体験は殆んどすべての患家の幼なかったものたちが重ねつくしており、枚挙にいとまがない。

若い少年少女であった患者ならびにその兄弟姉妹たちの、瑞々しかるべき青春期に影響した深い傷痕について、多分人間並に子女をもうけて家庭を営んでいるであろうチッソの者等およびその弁護人たちは、いかなる心情をもつか。この少年少女たちの眸の前に答えねばならない。更に、成長してゆく娘たちから筆者は、しばしば婚約の破棄や、自発的な断念の相談をうけたが、家族内に患者が存在することが、いずれの場合も、その要因をなしたのであった。

⑵ 34号患者・江郷下マスの場合

江郷下マスについて、人間的結縁をむすぶことは、チッソ加害企業としてはあまたの死霊生霊を背負いこむことになるであろうから、そそくさと、彼女については『外見なんともない』と云いすてて逃亡したいのであろう。彼女の娘和子は昭和25年末に出生し、31年には水俣病によって死亡した。その娘の看病中に、彼女は発病した。息子一美は33号患者、美一は42号患者である。また、もう一人の娘は婚家先にて胎児性93号患児半永一光を生み、この子の父は公然の未認定患者といわれ、水俣病審査会に再審査申請中の者である。

さて江郷下マスは、チッソ調査員の目には、「外見なんともない」と写ったかもしれぬが、以上のような家族の患者たちをかかえていて、発病以前は、他の漁家のように、船の上でも家母として網をひき、自家の船団を統率していたのである。漁村共同体においては、陸上における家族構成の中の主婦より、船の上の労働の質においても、一家一族の中の母権の比重はより重い。母(ないし妻)の乗らない舟というものは、難破船に等しいのである。一本釣の舟を「夫婦舟」ともいうゆえんはここにある。家族と自身の発病以来、手足の麻痺や難聴や視野狭窄によって心身の自由を奪われた彼女は、船に乗れなくなった。自家から舟着き場にゆくまでに、たかだか、60m ぐらいの距離を、彼女はまともに歩けない。

潮がひくと、４ｍほどの高さの、岸壁ともいえない石垣の波止場を伝い歩くことは、幼児の足といえども、漁村に暮すものには、「前庭に出る」ほどのものである。彼女はその位の岸壁を歩くのに、海中にころげ落ちたり、その岸壁につないだ舟のとも綱を、握力がないために引きよせることができない。家族が引きよせてやっても、船にのりうつることはできなくなったのである。就寝しても、海中に落下してゆく感じがいまでも続き、安眠することもできない。物を食べても味覚がなく、嚥下障害もある。

青年期の二人の息子たちの発病を抱えた母親としての心痛はいうまでもない。有機水銀中毒による発病が、この一家にとくに顕在化して、集中発生した不運に対して、地域社会は、後指をさして、業病一家という風にみなしてきたのであった。チッソ資料が「外見なんともない」などと、ひとことで記載し終えるほどの、片々たる事情ではないのである。まことにこれは、何という云い草であろうか。

たくましい漁師になる筈であった彼女の二人の年ごろの息子たちは、家の中を歩くさえ、壁に手をふれねば平衡感覚がおぼつかない歩行状態であるのに、熊大精神科の予後調査班がおもむくと、自ら恥じて、不自由な体をひきずり、磯の岩伝いに、姿を隠すことが、しばしばであった。このような一家の状況をみれば、人間世界から人間世界ならざるところへ、いわれなく不当に追放されてゆく人びとの具体例を語ってあますところがない。「外見なんともない」などと書き捨てたチッソ資料は、虐殺者の冷笑さえ感じられる口ぶりで書かれた。

⑶　48号患者・前島留次の場合

チッソ資料に「健康体」と記載されていることを知れば、本人も、ながい間夫を看とって苦労して来た妻女も、二人ともに折目正しく控え目な人柄であるけれども、激怒することであろう。

筆者はたまたま、幸か不幸か、この夫婦の住んでいた部落の隣保班内にいた年月をもったが、この記載を読むたびに、あっけにとられる。

オートバイに乗って通勤することは、他の患者たちにもみられることであるけれども、それはひたすら、不自由な足を使わぬためであって、オートバイを操る危険性とひきかえるほどの、足の不自由さ、ということである。

オートバイ運転は、患者の健康度のバロメーターではなく、患者は、健康者とくらべて二重にも三重にも、危険度の重圧を超えて、生命の危険線上に、綱渡り的に晒されているが、その障害度の、バロメーターとしてみなければならない。もし、これを健康度のバロメーターと思いたいならば、患者が操って走り出す、そのオートバイの後に、自ら試乗してみれば、とくとその危険度を思い知ることができよう。

前島留次は、自分の足を上げるのに、自分の足の意志では上げえず、手を使って持ち上げたり、その手さえ麻痺してしまうときは(実際仕事のあがりには麻痺するのである)妻女に手伝ってもらって抱え上げ、自宅の上り框を上ることがしばしばあるのである。「うちの父ちゃんな、奇病になってから、もう赤子に戻ってしまわした。仕事からもどって(水俣市役所水道課)くると、わが家の上り框ば上りきんならん。おるが足の上がらんけん、上げてくれい、上げて加勢してくれいち云わすとばい。おかしか父ちゃんじゃ。赤子なら、ひょいと抱えて上げてもやるばってん、ひとより重かでしょうが。足も、片っ方づつちゅうたちゃ、重うござすとばい。」日常生活がどれほど疎外されているか、江郷下例でとくと見たように、この事でも読みとれよう。

⑷　43号患者・田上義春「森岡組、オート三輪車運転手、健康体」 50号患者・浜元二徳「健康、扇興運輸勤務、現在南九自動車学校在学中」 53号

患者・坂本マスヲ「健康体とおもわれる」――の場合

このように並べて、健康体、健康体と記載されると、実際患者に日常まじわっている者たちからみると、両親を有機水銀によって殺され、本人も片輪にして、職につくことはおろか、日常生活さえ奪いとっておきながら、この気の毒な人たちに、この上どのような悪意を含めば、「健康体」などとぬけぬけ云えることであろうかとおもわれる。

医者でなくとも、普通の人間の感覚でみて、どうみても、この三人は、患者たちの悲しみをはばからずに云えば、症状のかすかな多様さはみられても、常人ではなく「片輪」にされてしまった人たちにみえる。

なかんずく、浜元二徳にいたっては、ふた親を殺されたが、彼は両親の死の前に発病したのであった。

浜元二徳患者を含めて、熊本大学医学部水俣病研究班の学用患者として、熊大医学部に収容された、49号と58号患者の両親の、死に至るまでの姿は、担当研究班の徳臣教授らによって学術的に克明苛烈に撮影され保存されているが、その姿は思わず息を呑んで合掌瞑目せずには正視しえないほどに、悲惨な経過をたどっての最後であった。漸く、死線を越えて生き残り、言語に絶する不自由な余生を生きのびようとして努力している浜元二徳患者の姿は、人間ならば涙なしにはみられない。文字通り、歩行不能の彼が、ぎくしゃくの体をあやつってオートバイに乗る姿の危険さは、ひと目みれば、容易に観察されうることであろう。

このようなめちゃくちゃな患者一覧表作成に、どのような悪徳医師が、手を貸したともおもえないが、もしいたとすれば、その医師はよほどに悪魔的な人格の持主であるにちがいない。意識のある患者たちは、不思議にも幸か不幸か、知力や情操の原型を損われなかった。患者たちに接していると、筆舌につくしがたい受難を堪えてきて、かえって、人格的には明澄で深みをもった人間像の美しさに、私たちはうたれることがしばしばである。

それにくらべて、このチッソ資料は何と非人格的で、のっぺらぼうであることか。このような非人格的な人間たちが、一企業を根拠にして地域社会に君臨していることを知れば、まことにりつぜんたるものがある。
また、しばしば病状が悪化するため、湯の児リハビリ病院に、入退院をくり返す(患者といえども働かねば食えないので)経過の中で、彼の勤務先のチッソ直属下請「扇興運輸」は、彼の症状をいたわるという見せかけをとって、44年度に至り、首切るに至ったのである。彼が「健康体」であれば首切られることはなかったであろう。法廷には欠かさず、不自由な体をひきずって、原告として出廷していることであるから、衆目がみとめることであろう。
以上の事実は、43号患者田上義春についても同様に云えることである。最近の彼についての、まことに適切な記録があるのでここに採録することにする。

「よか(良い)につけ悪かにつけ、他人は水俣病と云う。銭ば貰うて、と」しかし、そんな発言に答を与えない。自分の体中を霜の満つる感情が浸すからだ。田上義春さん(39才)26才で罹病した。
全く突然のことである。ひと息眠って目覚めたときには、両手の指先は痺れていた。「おっかさん、手の痺れるとばい」。母親は「びっくりしたばってん、この子が悲観してはならんで、言葉では、優しゅう云うときました」。その頃で云う奇病、得体の知れぬ業病、その想いが黒い鳥のようにかすめた。昭和31年7月である。その病状がどんなものか、まずどのようにして現われるか母親は知っていた。「指・唇・舌から痺れるとばい」。開業医に診てもらった。医者は十二指腸虫のせいだから絶食するように指示した。「思えば、これが悪かったっじゃろ」効果はまるで逆方向を現わした。
母親の志向は、ここで医療の先祖帰りを目指す。米ノ津(鹿児島県出水市)に高名な灸師がいる。母親に連れられてヤツ(灸)焼に通った。
「歩くとに、びくびくするとですけん。道路ば向う側に渡るとに一人では渡れんとです。あたしが引返して連れて来よりました」
「なにしろ汽車の踏切り、歩道は一人じゃ恐ろしくて立竦むとばい。人の行った後ならよか、人の影ば見詰めて行くと安心するとですたい。視野の中に人影のなからんば、どうにもならんじゃった」。

田上さんが弦楽器の奏者であることはかくれもない。ことに、マンドリンをよくした。母親によると「うちは男も女もぞろぞろ集まって、まこて楽団のごたった」。進歩派流に云えば音楽サークルである。彼等は「青空楽団」と称した。技術のほどは「音符ば知らないと合奏は出来ない。基本が大切ばい」と田上さんが云うように、楽符（ママ）から忠実に始めている。

ある夏、青空楽団は阿久根・大島にキャンプした。携えてきた楽器で演奏を楽しんでいた。すると鹿児島県庁の職員が、自己紹介の上演奏を頼みに来た。終ると、断わるのも聞き入れず謝礼を差し出した。それだけでは納まらず、幾つかのテントに招かれる仕儀になった。田上さんは、記憶を手繰りながら、カラカラと笑った。ある夜、福満さんと村中を流した。海ばた気質のユーモアからはじまったことである。爆発的好評であった。

病状の進行はすさまじく早かった。発病して20日ばかり経ると、惑乱状態を示した。家業は精米所兼米穀配給所である。発作が始まると、灰神楽の立つような騒ぎになった。衣類を引裂く。それをことごとく漏斗形の精米機の口に放り込む。新調、ふだん着の区別はなかった。「義春はなんでもかんでも叩き付けて、飯ばやっても食わない。三つ児と同じ、ちょうど、こる（３才ぐらいの孫を指して）がごたった」。

もはや地域で知らぬ者はない。精米所は放棄せざるを得なかった。田上さんは熊大に入院した。学用患者として入院したので費用は省けたが、「モルモットですたい」である。家の窮乏は澱むことなく進んだ。或る日母親は町に行って耳よりな話を聞いた。役所に行って、なんか手続きを取れば、お金が貰えると云うことである。帰ってすぐに「ととさん、今来た。手続きすれば市役所から金ばくれらすとげな」。庭先で手仕事に没頭していた父親は振り向いて「おう、おう、それは生活保護のことたい。おるげも、とうとう生活保護ばもらうごつなったかい」。ほろほろと泣いた。

父親は、田上さんが入院して１年後に世を去った。物静かな真のある人であったが、「思い死にのごつして死なったとばい」。母親の語り口は淡々としている。それは、鬼相を帯びた巷の味を知った故であろう。

田上さんは、２年後熊大を退院した。１年を経て再度市立病院へ入院。県衛生部発行の報告書によると、「患者の現況」欄は軽症と、晴ればれとするような感じで記載してある。「まこて(ほんとうに)難儀ばした。こん病気で。こるが(田上さんのこと)荒ぶってなー。」母親の持った苦闘と忍耐の時間は、物理的時間のはるか何倍もの時間であったであろう。

今、田上さんはチッソ開発土建部に勤めている。しかし、水俣病は水俣病である「良くても悪くても」それはついてくる。「こげんなからんば、人並に暮して行かれるとになー」。弦を弾いて自在に音階を創り出した、あの時はもはや帰って来ないのである。(「告発」第９号より、記録者・赤崎覚)

53号坂本マスヲ患者について云えば、彼女を、１人前の主婦の機能を果しうるひとだとみるものは、村中いないであろう。彼女が絞った洗濯物は、握力がないため、彼女の夫君や息子、あるいは80才を越えた舅が絞りなおさねば乾かないのである。洗濯物を干せば、絶えず地面にとり落し、彼女の家のお茶碗の消耗度は、舅が日夜、近所の人びとに「茶碗洗わせねば、家に要らん人間にするごたる、洗わせれば打ちわる。前は、こういう嫁じゃなかったが」と語るとおりである。彼女はまた折々、突如として忘失感におちいったり、一人息子の行末などをおもいまどい不安感のために、激情にかられ、泣きながら村中をさまよい歩くことがある。妻としても、嫁としても、母としても、その後半生は彼女自身の志に反し拡散してゆくのみである。最近に至り、彼女の子息も患者の疑いがもたれてきた。

(5) 71号患者・島本利喜蔵の場合

チッソ資料にいう「健康体、２月26日死亡」という記載には、死者に対して、いささか礼を失するが、「アッと驚く」のほかはない。直接の死因が、水俣病と書かれていない死亡診断書をタテにとって、島本利喜蔵への弔慰金50万円を、半分に値切り倒した手前もあって、「健康体、２月26日死亡」と書いたのであろうか。これでは、いくらなんでも、自己説得の論理としても、単純欠落にすぎるのではあるまいか。記載者としても、書きつける時、健康体でなにゆえいきなり死亡となったか、これはあまりに論理の飛躍のしすぎではあるまいか、という感じがしたのではなかろうか。

島本家では死者を敬い、生前の苦痛を再びあばき出したくない肉親の情から、病理解剖を断わったのであった。まことにそのことは、チッソにとって好都合であったろう。しかしこの記載表現は、あまりにも手放しで、一人の患者の死を、弔慰金半減ですまして、露骨に喜んでいはしまいか。水俣病患者の存在は、加害者チッソにとっては、さぞかし重荷であろうことは、当り前である。いくら重荷であろうとも、罪なくして一人の人間が、有機水銀中毒を背負って死に至るまでの受苦にくらべたら、軽いものとおもわねばならない。患者たちが、チッソ首脳部のひとりひとりに、「お前たちも水銀母液を呑んで、水俣病になれ」と呪咀しつづけるのは、このゆえである。

武内教授の証言(後述)からも類推されるように、多くの患者たちは、水俣病を総合的要因とし、死に至ったのであった。卑小化して直接死因をとりあげれば、事件発生初期に、「急性劇症型」で、おびただしく死亡した人びとの中にも、死の直前、肺炎を併発して死亡したものは多くみられた。

水俣工場患者一覧表の中でも、島本項の部分は、とくに、加害者側の人間無視、物品化が露骨に記され、資料作成の動機が見舞金改訂のための(それをより少なく見積るための)ものとうかがわれるだけに、えげつない。ベニスの商人も顔負けである。

71号患者、島本利喜蔵は、生前、着物の前を自分ではよく合わせえず、何ものかにむかって立ちはだかり、舟の上に踏みはだかるようによろめき歩いていた。まったくの廃人となって、ふたたび舟に乗ることもかなわずに死亡したのであった。このような記載をされては、彼ほどの面魂をもっていた仏は、浮かばれまい。

(6)　88号患者・杉本進の場合

チッソ資料は益々奇々怪々である。

杉本進は昭和44年７月29日死没した。解剖結果は、熊大病理学、武内忠男教授によって、必要あらば、公表されるであろう。

水俣病において、「全快とおもわれる」などとは、医学常識からいっても、まったくありえない。

1968年、熊本地裁において、新潟水俣病裁判の出張証人調べのさい、(10月14日)武内教授は、水俣病の病理について証言したが、「水俣病の原因物質は主として大脳皮質および小脳皮質をおかすのです。成人の場合、おかされやすい部分、特に目立つのが大脳後頭葉の鳥距野の萎縮であります。皮質などは正常のものの十分の一ほどになり、神経細胞が失なわれてしまっています。」

鳥距野は視力を司る部分であり、水俣病患者に百パーセントの視野狭窄をひきおこす。「これは大脳皮質が全体としておかされ海綿状になっているひどい例です。こういう脳の症例になるといわゆる植物的生存という状態になってしまいます。」海綿状にポクポク孔のあいた脳。欠落した部分を許さぬ生命体は、その空隙にあるいは液をたたえ、あるいは本来の脳の機能には関わりない詰物のようなグリア細胞を増殖させ……要するに頭骨の中をふさいでいるだけの脳に変えてしまう。それほどひどくない場合でも患者の百パーセントに現われる知覚障害、手足の先、口のまわりのしびれ、触覚・温度覚・痛覚の鈍麻を来たす。またこの病気特有の四肢、体のつっぱり、関節の内側へのそっくりかえり……。この空白が、患者らにいつも甘えたような、ゆっくりとひっぱったしゃべり方をさせ、その他もろもろの運動失調、水を飲んだりボタンをかけたり字を書いたり出来ない、自分の鼻を指でさすことも、両手をのばして指先同士を触れあわせることも出来ない、つまりまともに物事を出来なくさせる。手がブルブル震える、特に何かしようとすると震えてしまう(企図振戦)のも小脳や間脳がやられているからである。「顆粒細胞の脱落…」「プルキンエ細胞、顆粒細胞の上のうすい層のようになっている細胞も、やがて脱落します。それから伸びている神経線維のあるものは三半規管と連絡している筈ですが、それが失われているのです…」われわれの神経細胞にはしっぽ(神経線維)がある。長い細いしっぽがあって感覚を伝えるのだが、患者たちの神経細胞にはそれがない。まるで酒に酔ったような歩き方しか出来なく、場合によってはベッドに起きあがることも出来ない。萎縮した鳥距野、脱落した顆粒細胞、プルキンエ細胞。脳機能から失われ、消失したものは、一切もとにもどらない。(「告発」第３号より)

「全快したとおもわれる」とは、どのような医学的根拠によるのであろうか。また、腕ききの漁師にして網元をつとめつづけていた杉本進の生活史の、どの部分を根拠にして、チッソ資料は、そのようにいうのであろうか。

おなじく「全快とおもわれる」と記載された〔74号患者、伊藤政人〕について、多くを述べるまでもない。まだ生存している彼の、こわれたあやつり人形のような失調性の歩行を、いついかなる時でも場所ででもよい、ひとめ観察すれば、「全快と思われる」と記された水俣病患者のありさまが、いかなるものか了解されるであろう。また、ひとこと、彼と会話を交してみれば、武内教授の病理学上の証言が、まだ生きている人間には、どのように無惨に、あらわれているか、たちまちに感得されうるであろう。

〔80号患者・岩坂きくえ〕について、チッソ資料は、「自宅でぶらぶら」と記したが、彼女は、45年４月現在、水俣市立湯の児リハビリテーションに入院中であり、襲い来る痙攣に耐えて、いまなお、毎日じっとりと油汗をにじませ闘病中であることを報告しておく。

また、「健康体」87号患者、牛島直も、自宅療養の身の上である。

(註) 他に参考資料、『苦海浄土－わが水俣病』

水俣病患者一覧表

患家世帯主	家業	患者番号	患者氏名	生年月日	続柄	患者職業	住所	発病年月日
金子　ユキ	農業	2	金子　親雄	S26. 9.26	孫	無	明神	S29. 4.27
金子　澄子	〃	92	金子　雄二	S30. 8.26	三男	〃	〃	S30. 8.26
津川　義充	日窒	4	本人	T 3. 1.28	本人	日窒会社員	百間	S29. 5.25
崎田　末彦	漁業	11	崎田タカ子	S16. 7. 9	三女	中一年	湯堂	S29. 8.20
荒木　辰夫(ママ)	〃	13	本人	M31. 7.12	本人	漁業	出月	S29.11.
中津　美芳	〃	14	中津　芳夫	S 6. 9.19	長男	〃	〃	S30. 6.20
〃	〃	45	本人	M40.12. 1	本人	〃	〃	S31. 8. 9
松田　勘次	〃	16	松田　富次	S24. 7.29	四男	小一年	湯堂	S30. 5.27
大矢　安太	〃	62	本人	M19.11. 2	本人	漁業	明神	S31.11.15
田上　勝喜	〃	20	〃	M38.10.19	〃	〃	梅戸	S30.11.15
長島辰次郎	化学工員	25	〃	M37. 3.21	〃	化学工員	百間	S31. 4. 2
岩坂増太郎	漁業	26	岩坂　一行	S 7. 3. 5	長男	漁業	湯堂	S31. 4.10
松本　俊朗	日雇	27	松本フサエ		二女	小一年	月之浦	S31. 4. 1
田中　義光	漁業	29	田中　実子	S28. 5. 3	四女	無	〃	S31. 4.24
中間　盛蔵	日雇	30	中間　輝子	S12. 5.21	二女	女中	平下	S31. 4.25
江郷下三義	漁業	34	江郷下マス	M45. 2.15	妻	無	出月	S31. 4.16
池島　春栄	〃	35	池島　栄子	S24. 7.16	三女	小学	〃	S31. 5. 5
井上　栄作	無	36	井上アサノ	M33.11.15	妻	無	〃	S31. 5.25
川上卯太郎	漁業	37	川上タマノ	T 3.12. 1	〃	〃	〃	S31. 5. 8
吉永ジユカ	農業	38	坂本タカエ	S14. 3. 2	五女	〃	湯堂	S31. 5.13
山本　亦由	漁業	40	山本　節子	S17. 6.30	長女	中二年	出月	S31. 6.15
松永　善市	〃	41	松永久美子	S25.11. 8	三女	無	湯堂	S31. 6. 8
〃	〃	46	松永　清子	S23.11.18	二女	小学	〃	S31. 8.15
前島　留次	公務員	48	本人	M42.12.13	本人	公吏	丸島	
石原　長市	漁業	51	石原　和平	S17. 1.11	二男	中二年	月之浦	
田上　千善	精米業	43	田上　義春	S 5. 3.20	孫	運転手	出月	S31. 7. 8
浜本(ママ)　惣八	漁業	50	浜本(ママ)　二徳	S11. 1.22	三男	漁業	〃	S30. 7.10
坂本　留次	〃	53	坂本マスヲ	T13. 5.20	婦	無	月之浦	S31. 8.17
岩本　栄作	〃	55	岩本　昭則	S25.11.12	三男	〃	湯堂	S31. 8.28
前田　則義	〃	54	前田恵美子	S29. 1.13	二女	〃	明神	S31. 8.28
前島　武義	土工	57	本人	M43.11.20	本人	土工	坂口	S31. 9.12
渡辺　栄蔵	漁業	59	渡辺　松代	S25. 3.31	孫	小一年	湯堂	S31. 9.23

(昭和39年1月現在)　　　　水　俣　工　場

収　容　年　月　日	現　　　況
	市立病院入院，水俣一小特殊学級5年在学
	39年度より小学1年に入学予定
	元電設課，施設一課，現在南九開発に配転
S34．8．3自宅より	市立病院入院中
S30．4．23小川再生病院	小川再生病院入院中
S30．8～9第一内科	一般人と変るところない。魚獲高も専業者なみ。夜間も操業している。
S32．9．9～32．10熊大	同　上　　　水俣病互助会委員
	手足目耳不自由
	病臥中(手足不自由)
S31．4．12再生院へ	自宅でぶらぶら。歩行やや困難。
S33．12．2市立病院	市立病院入院中
	組人夫。健康体
S33．12．2市立病院	市立病院入院中
	自宅にて歩くようになった。
S34．8．3市立病院	市立病院入院中
	家事全般の仕事をしている。外見なんともない。
S33．12．2市立病院	市立病院入院中
	健康。常人と変らない。山畠の仕事をしている。
S31．8．30熊大 S34．7．29市立病院	市立病院入院中
S33．12．3市立病院	〃
S33．12．3市立病院	〃
S31．8．30熊大 S34．7．29市立病院	〃
	袋中学3年在学中
	市役所水道課勤務。オートバイ通勤。料金集金。健康体。
	大阪出稼中，現在帰郷
	森岡組オート三輪車運転士。健康体
	健康，扇興運輸勤務，現在南九自動車学校在学中
	健康体と思われる
S33．12．2市立病院	市立病院入院中
	歩行困難
	自宅療養中
	歩行人並でない

患家世帯主	家　業	患者番号	患者氏名	生年月日	続柄	患　者職　業	住　所	発病年月日
尾上　光雄	理　髪	60	本　　　人	T 5. 11. 10	本人	理髪業	百　間	S31. 10. 10
門宮　哲雄	カマボコ製造業	63	本　　　人	T 3.　4. 30	〃	カマボコ製造業	丸　島	S31. 11. 中旬
中村　秀義	日　窒	64	〃	T 3.　9. 22	〃	日　窒会社員	湯　堂	S31. 12.　1
生駒　道幸	無	65	生駒　秀夫	S18.　7.　4	二男	中三年	茂　道	S33.　8.　4
森　　重義	漁　業	69	本　　　人	M45.　3.　9	本人	漁　業	舟　津	S34.　3. 10
嶋本利喜蔵	〃	71	〃	M30.　2. 16	〃	〃	〃	S34.　7.　2
池崎喜曽太	〃	72	〃	M34. 12. 14	〃	〃	〃	S34.　6. 15
杉本　　進	〃	73	杉本とし子	T10.　2.　7	妻	家事漁業	茂　道	S34.　8. 15
〃	〃	88	本　　　人	M38. 10.　4	本人	漁　業	〃	S34. 8. 中旬
伊藤　政八	失対人夫	74	伊藤　政人	T 8.　9. 24	長男	失対人夫	舟　津	S34.　9.　4
船場　岩蔵	漁　業	76	本　　　人	M25.　6. 14	本人	漁　業	津奈木	S34.　9. 27
福山　惣平	〃	78	福山　一喜	S28.　2. 27	孫	小一年	〃	S34. 10. 上旬
岩坂きくえ	〃	80	本　　　人	T7.　5. 14	本人	漁　業	湯　堂	S35.　1. 初旬
西　　武則	〃	83	本　　　人	T 4. 11. 30	本人	漁　業	出水市下知識名古中	S34.　9. 初旬
長井　一雄	〃	85	〃	M32.　3. 28	〃	〃	出水市米ノ津前田	S34. 8.
坂本　万造	無　職	86	〃	M20.　9. 24	〃	無　職	月之浦	S35. 10.　7
牛島　　直	商　業	87	本　　　人	M28.　5. 25	本人	商　業	茂　道	S35. 10.　8
川上　安雄	会社員	90	川上万里子	S30.　1. 10	二女	無	梅　戸	S30.　1. 10
加賀田次郎	〃	91	加賀田清子	S30.　8. 16	〃	〃	月之浦	S30.　8. 16
半永　一喜	漁　業	93	半永　一光	S30. 11.　4	二男	〃	八の窪	S30. 11.　4
田中嘉之助	工　員	94	田中　敏昌	S31.　4.　6	孫	〃	湯　堂	S31.　4.　1
山田　松雄	船　員	95	山田　松子	S31.　4.　1	二女	〃	百　間	S31.　4.　4
上村　好男	工　員	97	上村　智子	S31.　6. 13	長女	〃	月之浦	S31.　6. 13
滝下　松雄	漁　業	98	滝下　昌文	S31.　7.　7	三男	〃	茂　道	S31.　7.　7
坂本　武義	〃	99	坂本しのぶ	S31.　7. 20	二女	〃	湯　堂	S31.　7. 20
鬼塚　国雄	会社員	100	鬼塚　勇治	S31. 12.　8	長男	〃	百　間	S31. 12.　8
中村　荒蔵	漁　業	101	中村　千鶴	S32.　2. 15	三女	〃	茂　道	S32.　2. 15
渕上マサエ	無	102	渕上一二枝	S32.　5. 18	(娘)	〃	〃	S32.　5. 18
森本　光夫	〃	103	森本　久枝	S32.　5. 19	長女	〃	〃	S32.　5. 19
岩坂　政喜	漁　業	104	岩坂すえ子	S32. 10. 29	四女	〃	湯　堂	S32. 10. 29
渡辺　栄蔵	〃	105	渡辺　政秋	S33. 11. 10	孫	〃	〃	S33. 11. 10
			以上63名					

収容年月日	現況
S31. 11. 19熊大 S32. 11. 20日室病院 S34. 4. 1市立病院	市立病院入院中
	健康体。大口市で商売をやっている。
	本人退職。長男を身替採用
	大阪へ出稼中
	重症患者
	健康体。2月26日死亡
	重症患者
	少し悪い。
	全快と思われる。
	同　　上
	入院中
	自宅でぶらぶら
	入院中
	市立病院通院
	健康体
	自宅療養中
	〃
	〃
	〃
	〃
	〃
	入院中
	入院中
	〃
	〃
	〃
	自宅療養中
	〃

1) 喜田村正次ほか：水俣地方に発生した原因不明の中枢神経系疾患に関する疫学調査成績,熊本医会誌, 31(補1):1, 1957.
2) 原田正純:水俣地区に集団発生した先天性・外因性精神薄弱,精神経誌, 66(6), 429, 1964.
3) 松本英世ほか：中毒性多発神経症の病理学的研究 (1), メチル水銀による多発神経症の実験的形成, 神経進歩, 13(3):660, 1969.
4)Miyagawa, T. et al: Experimental organic mercury poisoning-pathological changes in peripheral nerves. Acta. neuropath., 15:45, 1970.
5) 勝木司馬之助(討論): 中毒性脳障害, 第4回シンポジウム, 神経進歩, 13:93, 1969.
6)Hunter, D., Bombord, R. R. & Russell, D. S. : Poisoning by methyl mercury compounds, Quart. J. Med., 9, 193, 1940.
7)Hunter, D. & Russell, D. S. : Focal cerebral and cerebellar atrophy in a human subject due to organic mercury compounds. J.Neurol. Neurosurg. & Psychiatry, 17: 235, 1954.
8) 野村茂:水俣病の疫学, 水俣病—有機水銀中毒に関する研究,熊本大学医学部水俣病研究班編, 1966.
9) 立津政順:脳炎およびその後遺症, 日本精神医学全書, 4巻,金原出版,東京, 1966
10) 徳臣晴比古:水俣病—臨床と病態生理—,精神経誌, 62:1816, 1960.
11) 徳臣晴比古:水俣病の臨床, 水俣病—有機水銀中毒に関する研究, 熊本大学医学部水俣病研究班編, 1966.
12) 勝木司馬之助ほか:水俣地方に発生した原因不明の中枢神経疾患, 特に臨床的観察について, 熊本医会誌, 31(補1):23, 1957.
13) 長野祐憲ほか:水俣地方に発生した原因不明の中枢神経系疾患, 特にその発生状況と小児科学的観察, 熊本医会誌, 31(補1):10, 1957.
14) 立津政順ほか:後天性水俣病の後遺症—発病後平均 4½年と 7 7/12年における症状とその変動,神経進歩, 13:76, 1969.
15) 原田義孝:胎児性 (先天性) 水俣病, 水俣病—有機水銀中毒に関する研究, 熊本大学医学部水俣病研究班編, 1966.

16) 立津政順ほか: 子宮内中毒による精神薄弱, 神経進歩, 12:181, 1968.
17) 椿忠雄:阿賀野川沿岸の有機水銀中毒—新潟大学における研究, 臨床神経学,8:511, 1968.
18) 椿忠雄ほか:阿賀野川沿岸の有機水銀中毒症よりみた臨床知見,神経進歩, 13:85, 1969.
19)Irukayama, K. : The pollution of Minamata bay and Minamata disease. 3rd Intern. Conf. Water Pollution Res., P No8 Washington D. C., U. S. A., 1966.
20) 椿忠雄:有機水銀中毒—いわゆる新潟水俣病にみられた新知見,鉄門だより, 1970年1月10日, 223号.
21)Takeuchi, T. et al: A pathological study of Minamata disease in Japan, Acta Neuropath., 2:40, 1962.
22) 武内忠男: 水俣病の病理, 水俣病—有機水銀中毒に関する研究, 熊本大学医学部水俣病研究班編, 1966.
23) 武内忠男:水俣病の病理—特にその病理発生について, 神経進歩, 13:95, 1969.
24) 松本英世ほか:水俣病長期経過による脳病変の推移, 神経進歩, 10:729, 1966.
25) 松本英世ほか:有機水銀中毒症の病理学的研究—ヒト水俣病脳内水銀の組織化学的知見補遺,神経進歩, 13:270, 1969.
26) 長野祐憲ほか:小児科領域における水俣病の研究　水俣病患児の臨床的観察,附, 水俣地方に多発した脳性小児麻痺患者の調査成績, 熊本医会誌, 34(補3):511, 1960.
27) 喜田村正次ほか:水俣病に関する疫学調査成績補遺(その2), 熊本医会誌, 33(補3):569, 1959.
28) 柿田俊之:脳性小児麻痺に関する調査研究,熊本医会誌, 35(3):287, 1961.
29)Matsumoto, H. et al: Fetal Minamata disease. A neuropathological study of two cases of intrauterine intoxication by a methyl mercury compounds, J. Neuropath. Experiment. Neurol. 24:563, 1965.
30)Morikawa, N. : Pathological studies on organic mercury poisoning in agent of Minamata disease, II. Experimental production of congenital cerebellar atro-

phy by bisethylmercuric sulfide in cats, Kumamoto Med. J., 14:87, 1961.

31)Suzuki, T. et al: Placental transfer of mercuric chloride, phenyl mercury acetate and methyl mercury acetate in mice. Ind. Health., 5:149, 1967.

32)森山弘之:先天性水俣病に関する研究,熊本医会誌,41:506, 1967.

33)Berlin, M. & Ullberg, S.: Accumulation and retention of mercury in the mouse, III. An autoradiographic comparision of methylmercuric dicyandiamide with inorganic mercury, Arch. Environ. Health. 6:610, 1963.

34)立津政順ほか:先天性水俣病の実験的発生,神経進歩,13:130, 1969.

35)藤田英介:有機水銀中毒に関する実験的研究,水俣病原因物質のラッテ母体から胎盤あるいは母乳を経由しての仔ラッテへの移行,および母体内での動向について,熊本医会誌,43:47, 1969.

36)弟子丸元紀:母乳経由による実験的有機水銀中毒症,乳児ラット脳の電子顕微鏡学的研究,精神経誌,71:506, 1969.

37)北川敏夫:水俣病のリハビリテイション,水俣病—有機水銀中毒に関する研究,熊本大学医学部水俣病研究班編,1966.

38)Löfroth, G.:自然界に放出された水銀化合物とその害I, II,科学,39:592, 1969.,科学,39:658, 1969.

39)Ramel, C.:Genetic effects of organic mercury compounds.,I, II, Hereditas, 61:208, 1969., Hereditas, 61:231, 1969.

40)宮川太平:実験的水俣病—水面下の氷山を探る,自然,25(5):48, 1970.

41)武内忠男ほか:10年経過後の水俣病とその病変,医事新報,No.2402:22, 1970.

第Ⅱ部　水俣病発生の因果関係

百間排水溝：左手の排出口からメチル水銀がここを通って、百間港へどんどん流された。

第３章　原因究明のあゆみ

水俣病の因果関係は世界にも類比をみないまでに明確に究明された。しかし、その過程は決して平坦ではなかった。われわれはその過程をもう一度ふり返ってみよう。この原因究明のあゆみそのものが公害のもつ複雑な多くの問題を含んでいるから。そして、評価すべきものは正しく評価し、批判されるべきは批判していかなければならない。そうすることが、水俣病の研究を将来に生かすことになると考えるからである。

１　水俣病の発見

昭和25・26年頃から魚が水俣湾一帯で浮きだし、(それ以前から漁獲高が減少して漁協と工場の間に補償問題がおこっている)カラス・水鳥が空から落ち、28年にはネコが狂死するという未だかつてない環境異変が発生していた(第８章、９章参照)。そして、この時にはすでに人間にも恐しい中毒は発生していたのである。人間の発病に関して、その地区の人々はすでに「猫おどり病」と呼んで恐れていたのである。直感的に猫の病気と関係があることをこの地区の人々は感じていたのである。患者はいろいろな噂の中で不安におびえ、自らの病をかくし、アルコール中毒、脳梅毒、脳動脈硬化症、老人痴呆、脚気などとされて希望のない治療を受けていたのである。

昭和30年７月には２名の患者が熊本大学医学部附属病院に入院したのであるが、本態がわからないまま退院している(原因不明の多発神経炎とされた)。このとき、附属病院医師のだれかが「猫おどり病」のことを知り、一度現地におもむき、一斉検診ならずとも実態調査をしておけば原因究明は別としてもその異常な事態の背景は察知できたはずである。早期の疫学的調査がいかに必要かを物語る。この環境の異変を見過ごし、放置し、しかも人間の発病すら見過ごした責任はどこにあるのだろう。このような環境異変を誰がチェックすべきであったろうか？　その責任をはっきりさせておかなくてはならない。

昭和31年４月21日、６才の女児が脳症状を主訴として新日窒水俣工場附属病院小児科(野田兼喜博士)を訪れ、同月29日には同児の妹(３才)が同様症状で入院した。その母親によって、隣家にも同じ症状の患者がいるという驚くべき事実が明らかになったのである。[1)] たまたま招集された医師会で「俺も同じような患者をみた」という医師が多数いることが判った。細川一水俣工場附属病院長は昭和31年５月１日「原因不明の中枢神経疾患が多発している」と水俣保健所(伊藤蓮雄所長)に正式に報告した。この５月１日こそ、水俣病正式発見[†7]の日である。伊藤保健所長は急ぎ水俣工場附属病院、市役所、市立病院、医師会の協力を得て調査にのりだした。その結果、第１号患者は昭和28年に発生していること、同様症状をもち原因不明の中枢神経疾患々者33名がいることを確認した。その後、患者は続々と発見されその年のうちに52名になるのである。

事態の重大性に驚いた伊藤所長を中心に５月28日に保健所、市医師会、市役所、市立病院、水俣工場附属病院の五者による「水俣奇病対策委員会」が結成された。

委員会は、患者が地域的に限局し多発していることから一応伝染病の疑いで患者の隔離、消毒を行い、一方では本態が不明であることから、委員会は独自で綿密な疫学的調査を開始し、原因究明については県衛生部を通じて熊本大学医学部(尾崎正道部長)に依頼した。この対策委員会の初期の活動は着実、迅速で、ネコ水俣病の発見など水俣病究明の上できわめて重要な役割を果している。ここでも、いかに現地疫学が重要かをこの対策委員会は示してくれる。行政のなわ張りや立場を越えた一致協力したこの委員会の活動は、今後の公害対策に対して一つの示唆に富む活動を残した。しかし、環境異変が明らかになってから６年の月日が浪費されていたことは、怠まんであったと指摘されても行政や企業にとって仕方ないことである。また、この対策委員会の「昭和28年以後水俣病が発生した」というこの時の確認が現在一つの迷信として受けつがれている。それが、果して医学的に十分に根拠があるのか早急に再検討されねばならない。

熊本大学医学部では内科(勝木)、小児科(長野)、精神神経科(宮川)、微生物

学(六反田)、法医学(世良)、衛生学(入鹿山)、公衆衛生学(喜田村)、病理学(武内)による総合研究班「水俣病医学研究班」が発足するのである。

２　原因は新日窒水俣工場の排水にあり

総合研究班はまず臨床症状や病理学的所見の特徴の把握と同時に、飲料水、海水、泥土、魚介類を採取し、その中の有毒物質の検索がすすめられた。３ヵ月後の熊本医学会例会では一応の中間的成果が発表された。この迅速な研究の進展には驚くべきものがある。

⑴ 患者は水俣湾沿岸の農漁村部落に限局して発生していること、患家は漁業が多く、性・年令に関係なく、家族集積率が高いが連鎖伝播の傾向は認め難いこと、患者の発生には漁獲の変動と軌を一にする季節的変動が著明であること、患者発生地域の食生活の特徴は、水俣湾内で漁獲した海産物を主として摂取することであり、調理法による差は認められないこと、患者発生地域で飼育されているネコがヒト類似の症状で多数斃死していることなどが明らかになった。これらの疫学的所見は共通原因による長期連続曝露による発症を示唆しておりその共通原因として汚染された港湾生棲の魚介類が考えられた(喜田村)[2)]。

⑵ 細菌学的、ウイルス学的ならびに血清学的検索成績から本疾患は生物病因によるものとは考え難い事実が明らかになった(六反田)[2)]。

⑶ 臨床的所見の特徴としては、炎症性疾患の病像を欠き、小脳性失調状態にはじまり、精神症状、錐体路症状、錐体外路症状など中枢神経症状を呈し、他の身体症状に乏しい(長野)[2)]、あるいは、軽度の精神症状のほか、仮面様顔貌、特有な言語障害、歩行失調、書字障害など共同運動障害、振戦、企図振戦、ヒヨレア様・アテトーゼ様運動などの錐体外路性症状および小脳症状、求心性視野狭窄、難聴および軽度の自律神経症状(勝木)が挙げられた[2)]。

⑷ 病理学的には中枢神経系に特異的に、しかも全般的に障害がみられ、とくに、灰白質および間脳領域とくにレンズ核、視床下部などの大脳核に変化が著しい(武内)[2)]。

以上のようにまとめられた。今になって考えてみると、臨床症状の特徴として錐体外路症状が強調され、さらに病理学的に大脳核の変化が特徴としてあげられるなら、その原因としてマンガンがあげられた思考過程は理解できる。しかも、海水、排水、魚貝に多量のマンガンが検出された(喜田村)[2]のであるからいよいよマンガンが疑われたのである。しかし、すべての疾患がそうであるように、重症例しかも急激に死亡したような例の場合は障害が広汎化して、疾患固有の特徴はつかみにくくなるのが普通であろう。メチル水銀中毒特有の脳の変化や臨床症状をとらえるには慢性あるいは軽症例の今しばらくの積み重ねが必要であった。臨床症状の正確な把握がいかに重要か、それこそがまず原因究明につながる近路であることを教えてくれる。このときは、ハンター・ラッセル症候群もアルキル水銀中毒特有の脳の選択性の障害も浮んでいないのである。

原因はなんであれ、汚染は水俣湾全域にわたって著しく、とくに水俣工場の排水口が著しいことから汚染の元凶は工場にあることは指摘できた(入鹿山)[2]。しかも、他の一切の汚染源と考えられる事項は調査の結果シロであり、水俣工場が犯人であることは明白となった。

これらの結果をもとにして昭和31年11月4日[ママ][†8]、第1回水俣病医学研究会が県衛生部、現地の水俣奇病対策委員の出席のもとで開かれて次の発表を行った。「本疾患は初めに考えられていた細菌あるいは濾過性病源体(ウイルス)などによる伝染性疾患の疑いは極めて薄くなり、むしろ或種の重金属による中毒と考えられ、その中毒物質としてマンガンが最も疑われ、人体への侵入は主として現地の魚介類によるものであろう」[1]。

初期のこの驚くべき核心をついた成果は、研究班員の精力的な研究活動と協力の結果であることは言うまでもないが、その中に流れている現地疫学の立場を見逃がすわけにはいかない。この現地疫学的立場が最後までつらぬかれておれば今日の水俣病の状況も変わったものであったろう。つまり、臨床的には「どのような障害を示す患者がどれ程いるか」という問題が「何が典型例か」という問題のかげにかくれてしまったのである。さらに、疫学的方法が拒否されるかのように水俣病を登録制にし、審査会によって認定される形をとってきたことにその典型がみられる。これが、今日、水俣病の実態を明らかにすることを大きく阻害していることを知るべきである。[†6]

一方、公害の対策に関してはこれだけの結果で十分なはずである。高度な医学的レベルにおける究明を待つまでもなく、何らかの対策(防止措置)が必要なのである。なぜなら、汚染はさらに拡大し、とり返しのつかない事態になるのは明らかであるから。汚染の元凶と名指されたチッソは直ちに排水を停止し、真の原因究明に協力すべきであった。高度に医学的な未解決の問題があるからといって、責任をとらないばかりか、防止措置もせずあわよくば追究をごまかそうとする態度は許されるべきでない。

３　排水中の原因物質を追う

その間にも患者の数は増加し、30年には出水市に32年には田浦町にと地域的にも拡大し、対岸の天草でも猫が発病した。

昭和32年には厚生省、公衆衛生院との協同研究がなされ、２月26日、第２回水俣病医学研究報告会が開かれたが、未だ原因物質が決定できないために、それまでわかった事実にもとづいて「水俣湾内の漁獲を禁止する必要がある」と結論されたにもかかわらず、漁獲禁止する法的根拠がなかった(食品衛生法第４条第２項)。そこで、強力に指導するという方針が出されるにとどまった。「魚をとってもいいが、食べないように」という奇妙な指導がなされたのはこの時である。強く禁止の措置をとれば漁民に補償しなければならないという事情もあったのである。[3)] これより先、31年12月に喜田村が他からもってきた魚を短期間水俣湾内で飼育したり、短期間湾内に生棲する回遊魚が速かに毒性を帯びるという恐るべき湾内の毒性を証明したにもかかわらず、これらの研究は全く無視されたのである。[2)]

原因は排水中の物質とわかっていても原因物質をとり出して突きつけないと責任をとろうとしない企業と、いかに危険だとわかっていても原因物質がわからない限り何も為そうとしない行政の姿がはっきりここに現われている。これらこそ公害を発生させ拡大させていく元凶である。

新日窒水俣工場の排水には、工場の公表でも約10数種におよぶ有毒物質が含まれている(第７章の３参照)。そのどの１つをとっても人体に障害を発生せしめる可能性のあるものであった。そのために、水俣病原因物質を決定することはきわめて膨大なエネルギーと時間を費さなければならなかった。さらに、工場内部における工程などがわからないために、逆に患者の症状をもとに工場排水中に考えられる物質を１つ１つ分析し、臨床症状、病理学所見とを検討し、実験をくり返し消去していく以外に手はなかったのである。

これらの膨大な実験は乏しい研究費(講座費年間150万のうちから図書費や教室備品費を引いたもので50～80万円位)と研究者のポケットマネーでつづけられた。昭和32年５月、文部省科研費によって水俣病総合研究班が結成されたが、この時の全予算が年間40万円であった。

昭和32年６月24日、第３回医学研究報告会が行われた。ここでは飛躍的な進展はみられないがそれでも確実な足どりがうかがわれる。

臨床症状のとらえ方にしても、錐体外路症状および小脳症状が主徴であるとされながらも、しびれ感、言語障害、聴力障害、求心性視野狭窄、振戦、失調とまとめられ、病理学的にも小脳顆粒細胞層の脱落などの水俣病の特徴が明らかにされていることが注目をひく[4)]。のちに、ハンター・ラッセル症候群を受け入れる下地ができてきているのである。さらに、ネコ、マウス、カラス、水鳥などの水俣病が報告されているのも特徴である[4)]。昭和32年１月に徳臣、武内、喜田村が自然発症ネコを観察し、同３月(ママ)[†9]に伊藤(保健所長)が水俣湾産の魚でネコに水俣病を発症させている[4)]。これらの動物発症は水俣病原因究明の過程で特筆されるべきことであろう。かくも広汎におよんでいた汚染がネコやカラスを発病させ、そのことがとりもなおさず原因究明の強力な武器となった。水俣病原因究明に使われたネコは医学部で千数百匹だといわれている。

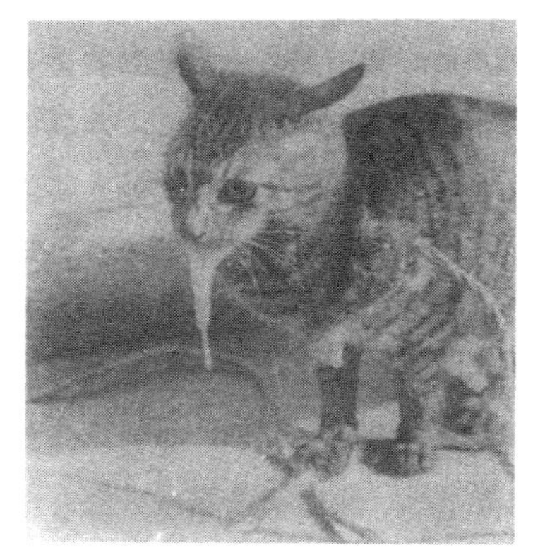
ネコの水俣病

ネコに水俣湾産の魚介類を投与すると10〜20日で、ネコはやせ、毛の光沢がなくなり、後肢をひきずり、よろけて歩行が困難になり、物に突きあたり、瞳孔が散大し、著しい流涎がみられ、ついには激しく興奮し、廻転動作あるいは突進し、痙攣をおこして絶叫して死亡する。水俣の飼ネコも排水を直接投与したネコ(細川実験)も、メチル水銀化合物直接投与もこれと全く同じ症状を呈した。

前述のように水俣病の病理学的所見や臨床症状が整理され特徴が明らかになるにつけ、それらはマンガン中毒と異なるものであることが明らかになってきた。すなわち、マンガン中毒の主な症状は錐体外路症状であり、病理学的には大脳核の障害が特徴であること、さらに小脳障害の本態がプルキンエ細胞障害型で水俣病の小脳顆粒細胞型障害と異なること、腎・肝障害が強いことなどから否定されはじめた。

つぎに、実験的に高い毒性を示した工場硫酸製造工程などのコットレル灰に含まれる多量のタリウム(300ppm)が注目され、さらにそれが同工場排水や水俣湾内泥土に多量に検出されたことからタリウムが疑われることになった[4]。また、宮川は水俣病の主症状を「痴呆、小脳症状、末梢神経炎」とまとめたが、このことはタリウム中毒において末梢神経がきわめて特徴的であるという実験結果からして、水俣病をタリウムと結びつける根拠となったのである。さらに、宮川は動物実験をくり返して、多くの重金属を対照としてタリウムの慢性中毒が水俣病に最も近いという結果を導き出した[5)6)]。末梢神経障害を重視した宮川の考えは、今日水俣病の末梢神経障害が再評価されていることからもわかるようにそれなりの理由があったのである。しかし、その後の研究によってタリウム中毒は皮膚症状が著明で、小脳障害が軽いことによって否定されていくのである。

また、工場排水、水俣湾内泥土および水俣病死亡者およびネコ臓器からセレンが多量に証明されこれが又疑われた。因みに、喜田村の分析結果によると熊本市内のネコ臓器のセレン量は0.3－1.6ppmであるのに対して、水俣地区のネコでは0.3－70.0ppmでほとんどが29.4ppm以上の高値を示した。人間において、水俣病死亡者の肝中セレンは16.0ppm、対照人肝中セレンは0.1－0.6ppmであった。また、一時水俣で飼育したネコにはセレンの蓄積がみとめられるなどの事実が明らかになったのである[2)]。臨床症状でもセレン中毒で視力障害、運動障害が水俣病との関係において重視された。しかし、セレン中毒では脳の皮質細胞の病変に乏しく、臨床的にも脱毛と一般症状の悪化を招来するのみであったことから、のちに否定されるのである。しかし、セレニウム酸の希釈液と硫化ソーダの混合液の中で飼ったオタマジャクシは毒性をもち、マウスに水俣病類似の症状をひきおこしたことなどから、多重汚染が考えられていた段階では完全に否定することはできなかったのである(喜田村[2)])。

他に、鉛、砒素などについても分析と動物実験がくり返された。この時、水銀も浮びあがるのであるが、ただ有毒物質として名が記載されるのみでしばらく忘れさられるのである。研究班の喜田村は「水銀などそんな高価なものを海の中に出すわけがないという先入観が水銀をリストからはずすことになった」と当時をくやしがって回顧している。「まさか」という事がおこるのである。

昭和33年7月、厚生省環境衛生局長が「水俣病の原因はセレン、タリウム、マンガンの3物質の1つまたは2つ、または3つの総合によるもので、その発生源は水俣工場の廃水である」と判定した。厚生省が公式に水俣病の原因として水俣工場を指摘したのははじめてである。

すなわち、1つの物質がきめ手にならないとわかったとき、多重汚染の問題が浮び上ってきた。この多重汚染の問題はきわめて厄介な問題であった。しかし、問題の本質をつかむためには避けて通れない、まず解決しなければならない問題であった。喜田村は多重汚染の問題を重金属元素の吸収の相互関係(相互蓄積作用)を考慮に入れて実験していった。すなわち、マンガンを追求していく過程でそれと関連して考慮されねばならぬ諸要因の中の銅、亜鉛、鉄などをとりあげ、現地港湾泥土、同湾内生棲魚貝あるいは水俣病動物の臓器内におけるこれらの含有量分析を行い対照と比較検討した。また、セレン、タリウム、砒素、ヴァナジウムとの相互関係を分析比較検討した。

このように、原因究明はいくつかの壁に突きあたり、いくつかの物質の名が浮かび上っては消えた。表面的にみると、きわめてもどかしい感がしたであろうが、膨大な実験データをみるといかに精力的に実証的に研究がすすめられたかがわかる。水俣病の原因究明に関してはまわり道であったかもしれないが、今迄わからなかった重金属類の生体に対する作用を解明した点において、どの１つをとっても、将来にその価値を決して失わない輝かしい業績である。

チッソ第二準備書面から

昭和31年水俣病患者が発見されて以来現在まで、発病原因物質につき種々の見解が表明されてきた。これを年代順に述べると、昭和31年11月マンガンが最も疑わしいとする説(熊本大学医学部)、同32年７月マンガン・セレン・タリウムが疑わしいとする説(厚生省科学研究班)、同33年５月タリウムであるという説(熊本大学医学部宮川九平太教授)、同年７月セレン、タリウム、マンガンが疑わしいとする通達(厚生省公衆衛生局長)、同34年７月有機水銀が疑わしいとする説(熊本大学医学部内文部省科学研究班の３教授)、昭和34年７月、同35年４月再度にわたりタリウム説(熊本大学宮川教授、同教授は前記文部省科学研究班の一員)、同34年９月爆薬説(日本化学工業協会大島竹治専務理事)、同35年４月アミン系毒物による中毒症説(東京工業大学清浦雷作教授)、同36年アミン説(東邦大学戸木田菊次教授)等々である。

チッソはこれらの業績をひとからげにしてら列しているが、これらの研究はその時その時に適当に組み入れられたいいかげんなものでないことは明らかである。マンガン、セレン、タリウムに関して、それが水俣病の原因物質としてはずれていたとはいえ、それが疑われる科学的に十分な根拠があり、科学者としてきびしく自らを批判し、実験を重ねていった足どりがうかがわれこそすれ三たび説が変わったり、学内にいくつかの説があったことを非難するにはあたらない。むしろ、こういった実証的な実験に組み立てられた説と爆薬説とかアミン説などを同列にら列していることに問題がある。爆薬説とかアミン説などはいまだかつて学説として問題になったこともなく、実証性に乏しく、説といえるしろものではないのである。

水俣病原因物質がメチル水銀化合物であることが明確になった現在、これらの研究は余り評価されていないが、水俣では事実これらの物質による濃厚な汚染が存在していたのであり、今後に問題を残しているのであり、さらには、多重汚染は今後の公害において重要な部分をなすと考えられる。今からおこる公害は決して単一物質による単純なものではないはずである。そのとき、これらの研究は再び高く評価されるであろう。

4　原因物質のわり出しは困難をきわめた

昭和31年５月の正式発見以来、同33年９月までは実に困難な時期であった。それは、水俣病そのものの困難さと研究班の研究体制・予算・方法や考え方など内在する困難性があげられる。それに加えて、チッソの非協力があった。チッソの場合は第三者の非協力と異なり、非協力は明らかに妨害そのものである。このことは第11章で述べられるので、医学的な点についてその困難であった点を分析してみる。

1)　汚染がきわめて広汎性で多種類にわたる有毒物質が含まれていたこと。あらゆる重金属化合物が検討されねばならなかった。喜田村はその数を64種もあげている[2)]。さらに、過去重金属中毒例の報告に乏しく、また実際の報告も少なく生体における影響が十分に明確でなかった。したがって、１つ１つの物質について実験をくり返し、さらに２つ３つの物質が重なり合った場合(多重汚染)についても実験をくり返さなければならなかった。きわめて時間のかかる手順をとらなくてはならなかった。

2)　中毒とはいえ、水俣病の場合環境汚染を媒介にし、しかも食物連鎖を通じておこったという特異な発生メカニズムも原因究明を困難にした。

3)　当時の研究班が新日窒水俣工場の各工程についての知識が著しく乏しかったことも原因究明を困難にした。しかも、その情報の提供は得られなかったのである。32年の論文では「硫酸、硫安、硫燐安やビニールなどを製造している」と記載されているにすぎず、水銀が浮かび上ってきた35年5月になっても「カーバイト（ママ）、酢酸、硫酸、塩化ビニールなどの各工場を持つて居る。……水俣湾内の海底泥土中あるいは有毒魚貝中に異常大量含有されている水銀は酢酸、塩化ビニール工場において触媒として使用され、同様に泥土中に異常大量にある硫黄や、泥土や発症動物、人に異常検出をみるセレニウムは硫酸工場より排出されているものである[6]」と説明している。さらに、酢酸ビニール、塩化ビニールの生産高と患者発生がほぼ平行関係にあり、とくに、塩化ビニールの合成で昇汞を媒介に使うこと、25年から急速に生産が増したことをあげこれとの関係を強く疑っている。ところが、水俣市のガリ版一枚刷りの小さな地方紙「水俣タイムス」はそれより以前34年12月にすでに酢酸工程でアセトアルデヒドを作るのに水銀塩を使用していることを指摘している[3]。塩化ビニール工程にこだわっていた熊大研究班の知識と比べるときわめて興味深い。研究班は工場内

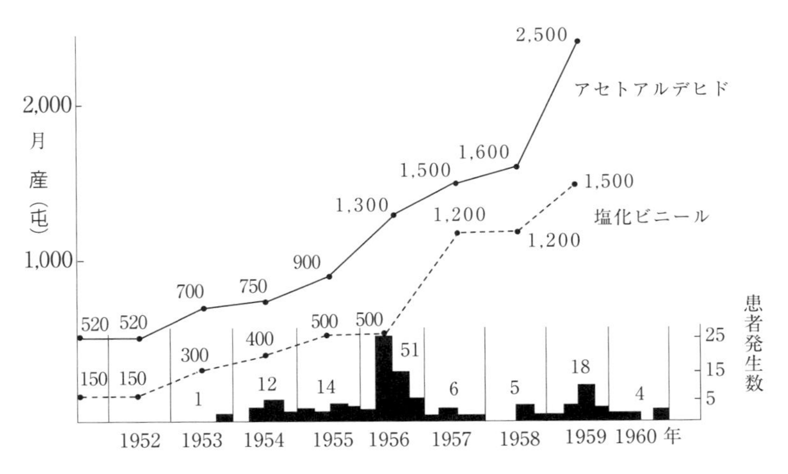

Ⅱ-1図　水俣工場のアセトアルデヒド及び塩化ビニールの生産量と水俣病患者発生の年次変化（入鹿山）[1]

部のことは無知であったのである。

チッソは入鹿山教授すら7年間もわからなかったことが、チッソにわかるはずがなかったという意味のことを述べている(第二準備書面)。入鹿山教授をはじめ医学研究班は工場内部とくに工程に関しては知識の蓄積がなかったのである。そのことは、ある意味では当然のことである。なぜなら、水俣病がおこるまで、熊大医学部研究班は第三者であり、部外者である。チッソが知らなかったことと同じに論じられてはならない。加えて、チッソは情報の提供をしなかったのである。

4)　原因究明が困難であったことの1つに分析技術があげられる。

熊大研究班の分析技術は初期には(34年頃まで)きわめて初歩的で昭和20年代にさかんに用いられた方法をとっている。宇井は「熊大の分析は圧倒的に古典的な化学分析が多く、かなり熟練を要するものであった」と指摘している。[3)]

例えば、32年、33年頃に用いた分析方法は次の如くである。[2) 4) 5)]

マンガン；Permanganata法、過沃素酸を用いる過マンガン酸法。

二硫化炭素；ジエチルアミン法。

タリウム；沃度加里を使用するスポットテスト。沃度澱粉比色法。

鉄；硫シアン化カリ法。AOACのフェナントロリン法。

銅；カーボナイト法。亜鉛−カルバメートを使用する精密微量定量法(薬学部の援助)。

亜鉛；CusevのDiantipyryl Methyl Methan使用の比色法、ジチゾン法。

セレン；Wernimontの沃度滴定法。

砒素；モリブデン酸アンモン比色法。

鉛；ジチゾン法。

水銀；弧光輝線スペクトルによる定性検査。

なお、初期には水銀そのものが分析された様子がない。恐らく、33年11月武内が主張するまでは、水銀のことは頭になかったのか、リストからはずされていたのであろう。もし、それを考えたなら、技術的に困難はあったにしてもこの初期の分析技術によっても総水銀量は分析可能であった。

一方、工場の分析装置および技術は、熊大よりはるかに秀れていたのである(第8章参照)。昭和31年10月の工場が公表した排水分析には、水銀、タリウム、セレンは検出されていない。もし、これが熊大と同じく水銀を考えていなかったために行わなかったとすると工場の情報を独占する当事者として無責任であり、怠慢であり、故意にやらなかったとか、かくしたとすればさらに責任は重大であろう。

熊大研究班の分析技術は今日ではこの方面にかけてはトップレベルであるが医学者が急速にそこまで達するにはある程度の時間が必要であったのである。水銀の微量分析が確立するには、33年後半理学部、薬学部の援助を得てからである。しかし、有機水銀といかなくとも、水銀の検出は30年頃には可能であったのである。

有機水銀については、24年頃の教科書でもふれられてその性質はわかっており[7]、33年の教科書には合成化学の分野でさらにくわしく記載されている[8]。たゞ、分析については過去になく[†10]、生体からの分離技術や泥土中、排水中の微量分析についてはきわめて大きな困難があった。しかも、メチル水銀化合物の定量となるとガスクロマトグラフィーの登場を待たねばならなかったであろう。しかし、重要なことは、速かに水銀が疑われておれば内田、入鹿山らがやったように分離結晶化し、その性質を調べることによってメチル水銀化合物を確認できたのである。第三者的立場の研究班がなしたことが、あらゆる情報を独占し、技術的に高いものを所有していた工場研究陣にできなかったことはないのである。

5)　研究班が工場内部のことに無知で初期には分析技術もすぐれていなかったことはすでに述べた。研究班が医学者だけによって構成されたことも問題があろう。工学部の協力は最後まで実現しなかったし、分析の専門家の積極的協力は十分に得られなかった。学部間のセクトの問題が指摘される。これらの分野の学者の積極的協力が得られていたならば、この原因究明のあゆみの進展も変わった展開をしたであろう。

6)　協同研究の原則は分担と綜合であろう。十分な意見の交換と専門的分野の分担がさらに綜合されていかねばならない。そこには、個人の業績はなく、班全体としての業績が残るのみである。小さいにしろ、大きいにしろ成果のくい違いは討論され整理され、分担と綜合がくり返されねばならない。そう考えると、水俣病の研究において協同研究班は存在したものの協同研究は必ずしも存在していなかった。各教室で同じような実験をくり返し、その主任教授が持ちよってまとめて発表したともいえよう。それでも、熊本大学内においてはかなりの分担がなされそれなりに大きな成果をあげた。しかし、官制の協同研究になるとますます理想とほど遠い奇形の協同研究班となる。34年11月に通産省がつくった水俣病綜合調査研究連絡協議会などその典型であって、一応著名な学者がそろっているものの、核心にふれる研究を本気でやる者は少なく、内田の核心に触れる重要な意見は無視されて、もっぱら内田に対する反論の場としての観さえ呈したのである。しかも、予算の半分以上をとった国立衛試やアイソトープを使った九大の研究など何ら水俣病に関して核心にふれる研究はしなかった。研究費の分けまえ目あてと批判されても仕方がない。中央の学者や学会の有力者は地方に何か問題がおこると研究協力という名目で研究費をピンハネして実際にその問題の核心ととり組んでいる研究者は冷飯をくわされ、東京への往復にその時間と経費をくわれるのである。

34年10月細川の実験ネコの脳を調べた遠城寺にしても、その後の標本を依頼された東大にしても、熊大が原因究明に苦慮している事実を知りながら、同じ研究者として研究班の誰かに対して何１つアドバイスなり連絡した形跡は全くない。しかも、同じ研究班に内田、武内らと同席していたものもいる。その２年間の時間の空費は大変なことである。

7)　医学部の講座制は指導者―被指導者(教育)の縦の関係で元来出発したものであり、協同研究としての横の関係がきわめてとりにくかったことも指摘できる。教室内の研究者を自由に交流させて協同で同じ実験をやれば重複はさけられたし、異なった結果についての検討も容易であったろうし、無駄がはぶけたはずである。

8)　このような公害に関して、一見基礎的と思われる疫学的研究や臨床的研究、臨床病理学的研究がもっと重視されねばならなかった。それは、この原因究明のあゆみの中ですでに指摘した通りである。分析や実験と同様の比重でこれらが重視されないと、実験そのものの方向が誤るのである。実験でないと研究ではないというような大学研究室の風潮もこゝでは問題となろう。

今後、公害はますます微妙に複雑化し、その因果関係の立証は困難になっていくことは明らかである。それに対抗していくには、水俣病を単にプラスの評価の面からだけみることなく、マイナスの評価からも学ばなければならない。広範な専門家を含む真の協同研究体制の確立が緊急に必要である。

５　水銀が浮かびあがる

このような困難な状況で研究はつづけられた。そして昭和33年には次のような結論に達した。

「水俣病は水俣湾の魚介類を多量に摂取することによって起る中毒性神経系疾患であることに間違いないが、その毒性因子として考えたマンガン、セレン、タリウムでは、それぞれ動物実験において神経系に一定の病変を惹起せしめることができるが、いずれも水俣病と一致した病変を惹起せしめ得ない」[1)]。

しかし、その年のうちに新たな物質として水銀が浮かびあがってくるのである。

昭和33年９月16日〜17日に米国のNIHのレオナード・T・カーランドが水俣を訪れ、資料を持ち帰る(のちに、多量の水銀が含まれていることを確認するのである)。また、英国の神経医マッカルパインはこの頃熊大神経科にいたが数名の患者をみて、視野狭窄、難聴、失調などの症状はハンター・ラッセルの有機水銀中毒にきわめて類似しているという重要な示唆を与えた。のちに英国に帰って論文としてまとめたのであるが[9)]、これが原因物質として有機水銀が浮かび上ったはじめである。33年９月26日の水俣病綜合研究班報告会において、水俣病病理所見はハンター・ラッセルらによって報告された有機水銀中毒例とのみ完全に一致することが武内によって報告された[†11]。さらに34年３月に発表した論文で武内は「水銀中毒は鉛中毒に類似したところがあるが、殊に有機水銀

(ジメチル水銀、ジエチル水銀)による中毒は水俣病の臨床症状に極めて類似している」[5]と述べている。昭和34年1月に発足した厚生省の水俣食中毒部会は同年2月9日、湾内の水銀分布を調査する必要性を確認した。ここでは、理学部から研究者が参加した。

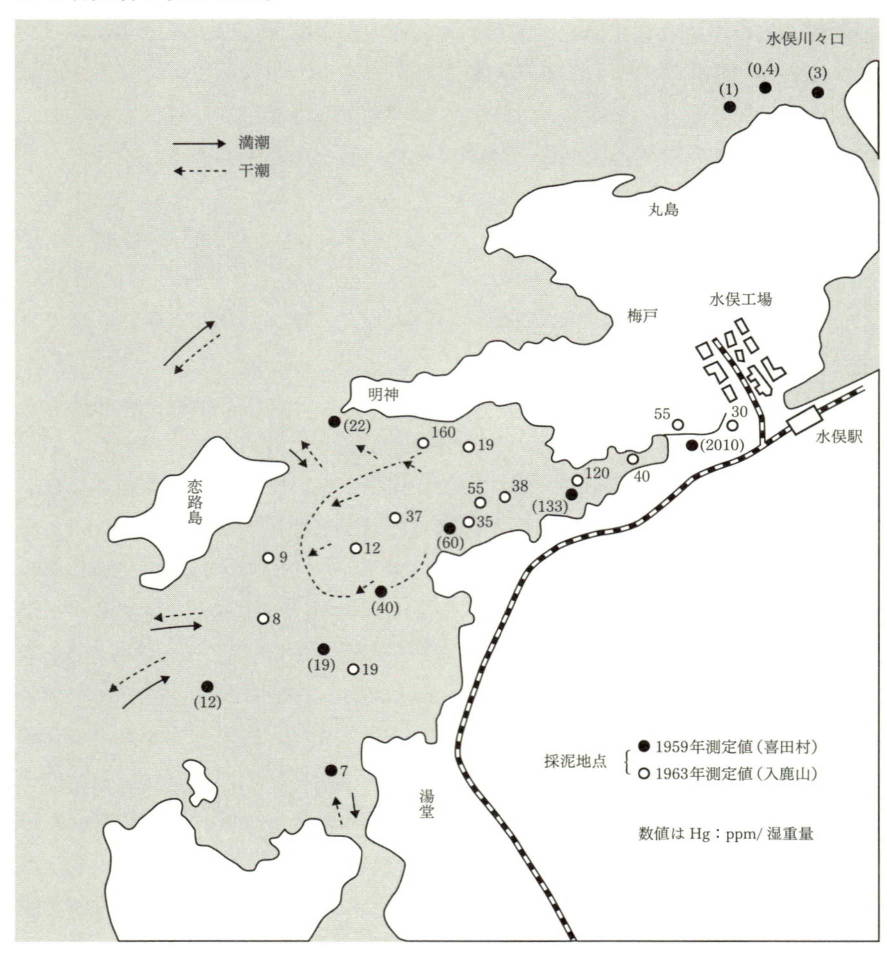

II-2図　水俣湾泥土中の水銀量(野村)[1)]

調査の結果、水俣地区の水俣病発生当時の魚介類および水俣湾内泥土には多量の水銀が証明された。その地理的分布は水俣湾内の新日窒工場排水口附近を頂点として湾外に向って減少する傾向がみられ、この水銀が工場の排水に由来することは明らかであった。百間、排水口あたりのドベにはトンあたり２キロの水銀が証明されたので研究陣が驚いたのは無理からぬことである。[6)]

“高価な水銀をまさか”ということが現実には存在したのである。後には、水銀回収を専業とする水俣化学という子会社が設立されたくらいである。

不知火海沿岸住民、なかでも水俣地区住民の毛髪中に、対照地区の住民に比べて大量の水銀が確認された。しかも、漁業従業者とりわけ水俣病患者および家族の毛髪には著しく大量の水銀が証明された。すなわち、水俣病患者の毛髪水銀量は最高705ppm、水俣地区健康者のそれは最高191ppm、水俣地区以外の住民では4.42ppmであった。さらに経過とともに減少していく傾向を示した。[1)] また、水俣病患者の尿中にも多量の水銀が証明された。すなわち、１日30～120γ(対照０～15γ)であった。[6)] さらに、マウス、ネコなどに水俣病を発症せしめる水俣湾産の魚貝に多量の水銀が証明された。すなわち、水俣湾または水俣川川口の魚貝に20～40ppmの水銀が含まれ、不知火海周辺地区にも広範に広がり、対照地区では1.94ppm以下であった。さらに海水中の水銀量が希薄であるのに、湾内の魚介類から多量の水銀が証明され、湾内で飼育した貝の水銀量は容易に増加することも突きとめられた。[1)]

水俣病のヒトの臓器や自然発症ネコ、また水俣湾産魚貝投与によって発症したネコ、マウスなどの臓器から多量の水銀が証明された(第４章参照)。

昭和34年７月22日の水俣病医学研究班は非公開の形で研究報告会を開き次のような結論を出した。

「水俣病は現地の魚介類を摂取することによって惹起される神経疾患で魚介類を汚染している毒物として水銀が極めて注目される。」

これに対して同８月５日には工場側から熊大水銀説は実証性のない推論であると反論が出され、同年９月には日本化学工業協会理事大島竹治が「水俣病原因について」というパンフレットを出し水銀説を否定する。水銀説が発表されるや俄然工場側の反論は激しさをますのである。

ここで新しい問題として浮かび上ったのは、ヒトやネコにみられる症状は有機水銀中毒であり、泥土に証明されるものや工場側が使用しているのは無機の水銀であり、どうして、どこで有機化したかという点であった。このような学問上の未解決の問題を楯に責任の所在をぼかそうとする企業の論理は34年に至っても次々と患者を発生させるのである。34年には津奈木に５名、湯浦町１名、芦北町１名、出水市３名と水俣市をはなれて南北に患者発生は拡大していくのである。

さらに、水俣病患者多発地区に生まれつきの脳障害児が多発していることが、33年７月からこの頃にかけて、喜田村、長野らの注目をひいた[5)]。すなわち、30年から33年の間に生まれた子供に14名の脳性麻痺の患者が発見された(のちに、胎児性水俣病23名[†12])。

一方、新日窒水俣工場附属病院細川博士らの研究はつづけられていたが、昭和34年10月７(ママ)日、酢酸工場排水を１日20グラム食餌にかけて食べさせたネコに遂に水俣病を発症せしめた[†13]。実験メモによると７月21日に開始して10月７日に発症しているので78日となる。その病理学的所見は遠城寺によって「小脳顆粒細胞脱落消失著明、プルキンエ細胞にも変形脱落、大脳各部神経細胞萎縮変性」と確認されている。さらに、その後もネコによる廃液投与実験はつづけられてそのネコの所見は「斉藤氏に依頼したが紛失？」ということになっている(細川メモによる)。いずれにしても、公表されなかった。廃液を直接与えて有機水銀中毒がおこったということは廃液の中に有機水銀そのものが含まれているという重大な事実なのである。その後のネコ実験において臓器の水銀の定量まで行っている。無機水銀がどうして有機化するかという問題に行き詰っていた熊大研究班がこのことを知れば事態は大きく進展していたであろう。

それにしても無機がどこでどうして有機化するかとか、有機水銀中のどの物質であるか、などという学問上の未解決の問題は公害に対する企業の責任の問題とは別個のものである。疫学的に工場排水によって起因する中毒ということがわかれば十分である。未解決の問題がはっきりするまで責任をとらない企業のやり口は許されない。

6　ついに、メチル水銀化合物がつきとめられる

昭和34年10月12日厚生省食品衛生調査会水俣食中毒部会の答申をもとに常任委員会は厚生大臣に次のような答申をした。[10)]

「水俣病は水俣湾及びその周辺に棲息する魚介類を多量に摂食することによっておこる、主として中枢神経系統の障害される中毒性疾患であり、その主因をなすものはある種の有機水銀化合物である。

(理由)

1) 本病の主症状は運動失調、中枢性視野狭窄、知覚障害等であり、これは有機水銀化合物の中毒症状と酷似していること。

2) 本病の病理解剖所見の主要なものは小脳顆粒細胞の強い退行性変性と視中枢の退行変化であるが、この所見は有機水銀化合物中毒の剖検例において認められていること。

3) 患者の尿中水銀排泄量が対照例に比して多量であること。

4) 剖検による化学分析の結果、脳、肝、腎等には水銀が対照例に比し多量に検出されること。

5) 水俣湾底泥土中には他地区に比して極めて多量の水銀が検出されること。

6) 右の地区から採取したヒバリガイモドキの体内にも多量の水銀が検出され、このヒバリガイモドキを猫その他の動物に投与すると自然発症と同様の症状と病理組織的所見を呈すること。

7) 右の実験動物並びに自然発症猫の臓器とくに脳中には水銀が対照例に比して多量に検出されること。

8) 有機水銀化合物例えばジメチル水銀またはエチル燐酸水銀を動物に投与することによって症状にも病理組織的にも本病と同様な病変を惹起せしめうること。」

(註) この答申にはチッソの責任、排水という字は一字もない。このことに関し

て当時の鰐渕学長が厚生省から圧力のあったことを証言している。

その後、内田によって発症物質は酸、アルカリ、有機溶媒に抽出されないところから、ジエチル水銀、またはエチル燐酸水銀そのものでないことが明らかにされた。そこで、研究はいくつかの方向にしぼられてきた。すなわち、一つは、考えられる既知の有機水銀化合物製剤を投与して水俣湾産魚貝によって発症した水俣病ネコと比較して原因物質を決定していくこと。一つは、貝中より有機水銀化合物を抽出分離結晶化すること。もう一つは、どこでこの有機水銀化合物が産生されるか追求することである。

昭和35年２月、喜田村は「昭和35[ママ]年に酢酸工場排水が八幡地区へ流出するようになったが、半年後に同八幡地区に患者が発生した。水俣湾泥土中の水銀、セレン、硫黄などは酢酸工場排水と関係あるのではないか[6)]」と報告し酢酸工程で有毒物質が産生される可能性を疑っている[†14]。一方、内田は35年２月14日、文部省綜合研究班報告会で水俣湾産貝ヒバリガイモドキ中の原因物質は有機性であり、含硫有機水銀結晶を分離することに成功したと報告した。また、瀬辺は60余種におよぶ有機水銀化合物を合成してシロネズミに投与した時、そのうちでどのような有機水銀化合物が実験的水俣病を発症せしめるかという有機水銀化合物の検出と、それら発症性有機水銀化合物間の化学構造上の類似性を見出す研究を行った。その結果、R–Hg–X化合物では多数の発症を見受けたが、発症性の化合物はメチル、エチル、n–プロピル基で炭素C_4以上のものでは非発症性であった[1) 11)]。

一方、昭和35年４月13日、東京工大清浦は新聞紙上に水俣病のアミン説を発表する。

＊これより先に清浦は全国の数ヶ所の水銀量を測定し、水俣は他所に比べて水銀量が多くないとして熊大水銀説に反論するのであるが、対照と選んだ某所が問題であった。すなわち、隅田川、伊勢湾などわが国で最も多重汚染のひどいところを選び、しかも伊勢湾にはアセトアルデヒド工場の排水が流れている。

直江津は上流に水銀工場があり、水銀を分析した魚もこゝでとれたもののようだが、それはわざと伏せてある。北海道東部、中国山脈にも水銀鉱床があり水銀が多いのである(宇井の指摘による)。このような態度は何か意図をもって書かれたものであるといわれても仕方ないであろう。[12)]

清浦のアミン説とは「水俣の貝を酵素で加水分解したいろいろな成分をネズミに注射すると水俣病によく似た病気をおこすことができるがこの成分の中に水銀は含まれていないし、有毒アミンが含まれている」というのが主旨である。医学的にはほとんど反論というものでないが、マスコミは結構騒いだのである。これをさらに、翌年には戸木田(東邦大)が「ネコの水俣病の原因に関する実験的研究(第1報)」と題して発展させ熊大有機水銀説に反論するのである。戸木田の要旨は「有毒物質の本態は生魚体内における代謝過程中の一物質あるいは腐敗過程中の一化合物質であり、水溶性であり、しかも不安定であってそれは蛋白アミン(目下実験中)である公算が大きい」というもので66頁にわたる大論文である。[13)] しかし、戸木田の水俣病というのは心臓障害を主とした循環障害による衰弱死のようである。さらに「発病した子供たちは市場にもっていっては売れないような腐敗しかかった魚類を食べさせたから発病したと漁夫の中には自ら筆者(戸木田)に対して証言した患者もあった」といっているように腐敗した魚を食べたという前提からこの実験をはじめている。水銀に関してはあまり微量で死亡するのでおかしいといゝ(第4章、メチル水銀化合物の毒性参照)、「小脳への水銀の沈着や顆粒細胞脱落は四肢運動障害など中枢症状の原因にならない」などの暴論がとび出し理解に苦しむ。しかも、肝腎な有毒アミンについては目下実験中であり本態不明で、第2報以下は現在に至るも発表されておらずきわめて不愉快である。それがいかに論文の形をなしていようと「〇〇説」というに価いしないものである。宇井はその非科学性をするどく指摘している。[12)] 水俣の人々は貧しいが豊かな新鮮な魚や貝をたっぷり食べるささやかな権利をもっていたのである。

＊驚くことに、論文の終りに新日窒KK、日化協大島理事、清浦などに謝意を表している。その関係がわかる。

このような反論の中で、内田は先に抽出した物質はCH_3HgSCH_3であることをつきとめた。さらに、この物質を使って徳臣、武内はネコ・マウスに水俣病を発症せしめたのである。また、この物質を内田は合成することにも成功したのである。

この間の、熊本大学医学部研究班の成果は、昭和36年９月10日から13日に開かれたローマの第７回国際神経病学会で公表され、世界の注目をあつめた。出席者は内田、武内、徳臣、喜田村の各教授でそれぞれの研究発表を行った。しかし、依然としてどこで水銀がメチル化するかは不明であった。メチル化機構に対する仮説をたて、その一つ一つを批判し実証していかなければならない段階がきたのである。

1）水俣工場で使用される水銀塩が魚介体内で有機化するという考えがある。クロガイから多種の魚類にいたる、分類綱目が遠くはなれているものまで一定期間の湾内移殖で有毒化することは、魚介の体内にはいる以前に少なくともR-Hg-の型をとっていたと考えられ否定された。細菌、プランクトンなども同様の考えで否定された。

2）水銀塩や有機水銀を溶解または懸濁させた溶液中にアサリ貝を飼育すると十数日の飼育によって相当量の水銀蓄積を認める。とくに発症性有機水銀は100ppm かそれ以上の高濃度に蓄積され(入鹿山)[14]、しかも神経節に高濃度に蓄積される。このことは他の無機水銀塩の挙動と異なり体内に侵入吸収される前に水俣病発症性化合物としての構造をそなえていたと考えられた。

3）水俣湾海水中にすでにR-Hg(水俣病発症物質)が存在したとすれば、工場から流出した水銀塩が海洋中で有機化するという考えが次に検討される。あるいは他の工場から放流されるある種の有機物と海水の内部で化学的に反応して水俣病発症物質をつくる可能性も考えられる。しかし、これらの考えは一般には高分子から低分子のものに最後は CO_2、H_2O などに落ちつくのが常識的であり、昭和30年を中心とする集中的水俣病の発生は説明できない。瀬辺は酢酸工場から放流された酢酸スラッジを唯一の考え得る根源物質と解釈し、スラッジ中に含まれる高分子の酸性有機水銀化合物が海洋内部で酸化崩壊されていき、最後には CO_2、H_2O、Hg、HgO などに落ちつくが、この最終段階に近いころには炭素原子数の少ないアルキル基を有する R–Hg–X のごとき構造のものを経由することがあり得ると考えた。しかし、瀬辺自身、まったく実証を欠いているとして否定せざるを得ないと述べている。[11)]

4) 酢酸スラッジが築き上げられる前の段階において、アセチレン加水反応釜の内部で R–Hg–X または R–Hg–S–Y なる構造のものが生成し、これが海水に放流されたという考えにたどりついた。

これらの仮説はメチル水銀化合物がアセチレン加水反応の副生物として発生していることが確かめられた今日あまり重視されていないが、自然界における無機物の有機化の問題や異なった多種類の工場排水が海洋中で反応をおこす問題などは今後もきわめて重要な研究テーマであろう。

昭和37年4月、瀬辺は上記の仮説を検討したあときわめて重要な提案を行うのである。[11)]

「水俣病の原因物質と考えられる有機水銀化合物は新日窒水俣工場で作られ、これが魚介の体内に摂取蓄積されたとする見解はすでに入鹿山、喜田村その他熊本大学の諸教授によって唱導されているが、われわれもまた上来のべきたった各種の実験結果から同一結論に到達しており、かつ水俣病病因物質は最低級Alkyl水銀化合物であり、これらはアセチレン加水反応の工程にともなって産生され、酢酸Sludgeおよび酢酸工場の諸廃水とともに水俣湾に放流されてきたのではないかという考えからはなれられない。この点は今日まで水俣病研究者の検索の手の届かなかった唯一の盲点であり、われわれも長くここに思いおよばなかったために十分の検討を遂げることができなかった(貴重な研究資料であった酢酸Sludgeも水洗、乾燥などの処理により有効成分を逸散させていた)。……水俣病問題発生以来水俣工場における酢酸合成工程の作業条件および水銀回収の方式はいく回か改更されており、最近ではまったくSludgeを生じないような条件下で操業されていると聞くので、今日において往年のごとき研究資料を採集することは望むべくもない。しかしながら聞くところによれば、水産庁においては病因の追究を断念し、水俣病関係の研究を完全に打ち切った由であるし(昭和37年3月末日)、また一方アセタルデハイド合成工業もアセチレンから出発する経路は間もなく廃止される運命にあると聞くので、今日ただいまの機会を逸しては水俣病問題の真相は長く暗に葬られるほかないと憂えられる。そこでこのさい水俣工場の研究室の諸氏に切望したいのは、過去の作業記録を遡及し往年のごとき条件のもとで、模型実験的規模にでも、アセチレン加水反応を再現して必要な資料(酢酸Sludgeおよび諸廃水)を採集し、みずから最後の検索を遂げるとともに、工場外の研究者にも供与していただきたいことである。もちろんこれは会社にとって不愉快な仕事にちがいないが、結果によっては水俣湾域の漁撈を復活させ関係漁民の生活を安定させることも可能であり、大企業会社の責任をはたすのみならず、一面においてはアセチレン加水反応における水銀触媒の作用機構に新知見を加えることにもなるので、工業技術者としても満足すべきところ少なくないと思われるのであえてここに提議するしだいである。」

この瀬辺の切実な訴えは無視された。さらに同年2月には、細川は酢酸工場アセトアルデヒド工程の蒸溜排水中の水銀化合物の大部分がメチル水銀化合物であり、ネコに投与することによって水俣病が発症することを証明し、退職していった。[†13] この事実も、34年の実験も未だに公表されず熊大は知らなかったのである。あわや、瀬辺のいうごとく、まさに暗に葬られんとしたときに、きわめて幸運な偶然があった。入鹿山研究室に35年に酢酸工場の反応管より直接採取したスラッジの1小部分が密封保存されていることがわかった。早速この分析が行われたのはいうまでもないが、スラッジ中の無機水銀のほかに水蒸気蒸留可能、有機溶剤に抽出可能な有機水銀化合物を証明し(スラッジ全水銀量の25%とすれば、10〜20ppmの全水銀量から計算すると2.5〜4ppmのメチル水銀化合物といえよう[11])、結晶化し、先に入鹿山がアサリから分離結晶化した塩化メチル水銀と同じであることがわかった。すなわち、水俣魚介中に存在した水俣病発症物質メチル水銀化合物は工場工程から直接排出されていたことがつきとめられた。

まさに、世界に類例をみないまでに発生のメカニズムは明らかにされた。しかし、すでにみてきたように追究には時間がかかり困難な問題があまりにも多かった。その間に患者は次々と発生し、発病した患者はそのままに放置されていたのである。輝かしい業績と裏はらに悲惨な実態にも目をそそがなくてはならない。

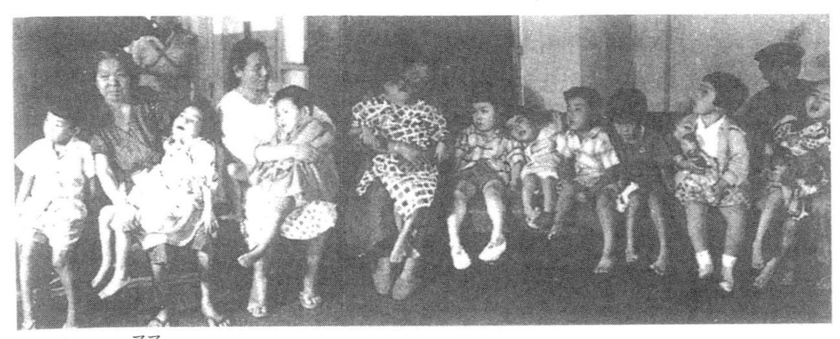

昭和38年、胎児性患児が水俣市立病院に診察を受けるため集まった。
こういう子供が少なくとも23人生まれ、うち３人はすでに亡くなった。†15

7　水俣病の研究は終っていない

メチル水銀化合物による中毒の全貌はまだ明らかになってはいない。むしろ水俣病の研究はメチル水銀化合物が原因物質であることが突きとめられたことによって始まったといって過言ではない。メチル水銀化合物の膨大な環境汚染の実態、臨床症状発生のメカニズム、体内での挙動、遺伝に及ぼす影響、治療、そして予防に関する諸問題など医学的問題に限ってみても無数にある。しかし、いかにこれらの医学的に未解決の問題があろうとも、水俣病の原因すなわちその元凶がチッソであることはいささかもゆるがない。

今なお、熊大医学部をはじめ世界各地で研究はつづけられている。そして、水俣病原因追究のあゆみをふり返ることによって、公害にどう対応すべきか、研究者はどうあるべきかを考えさせられるのである。

(註) 文献は第II部の終りを参照。

第4章　メチル水銀化合物

水俣病が新日本窒素肥料株式会社(現チッソ株式会社)水俣工場アセトアルデヒド製造工程から生じたメチル水銀化合物*に基因するものであることは、すでに熊本大学医学部水俣病研究班の手で余すところなく明らかにされた[1)]。すなわち工場でのメチル水銀化合物の生成から魚介への蓄積を経てヒトあるいは動物への移行発症に至るまで一貫して明らかになり、各段階とも実験的に再現が可能である。これほど因果関係の科学的究明が行われた産業公害は他に類例がないのである。

＊メチル水銀化合物とは、

水銀原子(Hg)に有機の炭化水素基が結合したものを有機水銀化合物という。この中でHgと結合する有機の部分がアルキル基すなわち、メタン列炭化水素から水素1原子を除いたものの場合アルキル水銀化合物という。アルキル水銀化合物は炭素の数によってメチル基(CH_3-)、エチル基(C_2H_5-)、プロピル基(C_3H_7-)、ブチル基(C_4H_9-)などに分けられる。メチル基とHgが結合したものがメチル水銀化合物でありCH_3-Hg-の対向基によってさらに塩化メチル水銀CH_3HgCl、硫化メチル水銀CH_3HgSCH_3、沃化メチル水銀CH_3HgIなどと分けることができる。その関係は次の図の如くなる。

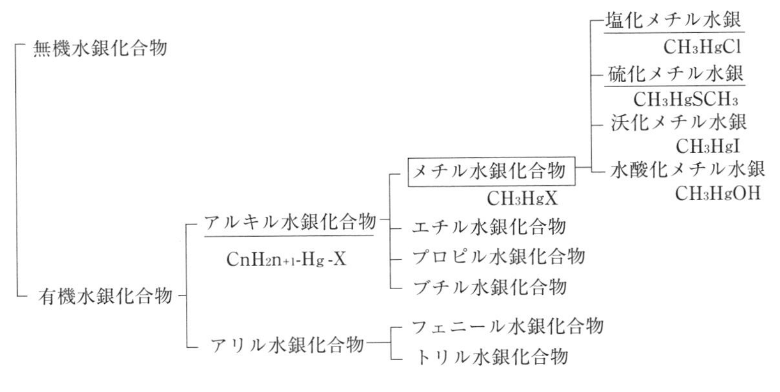

II-3図　有機水銀化合物

1　メチル水銀化合物の毒性

(1)　メチル水銀化合物のうち塩化メチル水銀、水酸化メチル水銀のLD_{50}(1回投与でマウスの半数が死亡する量)は腹腔内注入で16～20mg/kg、経口投与で38mg/kgである。LD_{50}に関しては無機水銀化合物と大差がないが、メチル水銀化合物がその毒性を著しく発揮するのは長期微量投与の場合であって、この事実こそ水俣病の発生機序を知る上に重要でありまた特徴でもある。[15)] 長期微量投与によるメチル水銀化合物の中毒発症量はII-1表のようである。[16)]

II-1表　神経症状と病理学的病変をおこす水銀中毒量(武内)[16)]

メチル水銀化合物		ネコ／kg	ネズミ／100g
CH_3-HgS-CH_3 硫化メチル水銀	総　量　mg 1日量　mg	20.6～25.7 1.5～1.8	1.0～20 0.5～1.0
CH_3-Hg-Cl 塩化メチル水銀	総　量　mg 1日量　mg	8.0～56.0 0.8～1.6	5.5～13.5 1.0～2.0
ヒバリガイモドキ粉末	100ppm gr	200～600	12～25
水銀換算量	総　量　mg 1日量　mg	20～60 1～3	12～25 0.5～1.0

すなわち、ネコで体重1kgにつき総量20～60mg、ネズミで体重100gにつき総量10～25mgで中毒症状が発現する。ウサギやイヌに関してもネコとほぼ同様と考えられる。体重1kgについて1～0.1mgのメチル水銀化合物を含む食物を摂取すれば10～20日位で中毒症状が発現する。

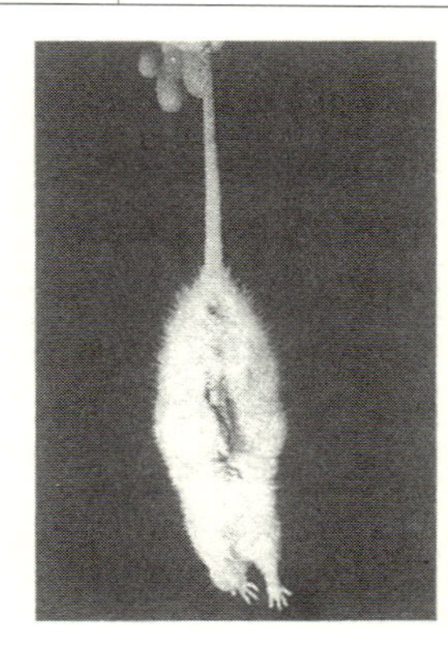

ネズミの水俣病

硫化メチル水銀1mg/日投与10～20日でネズミに発症。後肢交叉現象をおこし麻痺症状が発現した。(宮川太平実験)

⑵　アルキル水銀によるヒトの中毒は古くから知られている。文献に出てくるものでは、1865年英国のジメチル水銀中毒例(G. N. Edwards)にはじまり多数におよぶ。

II-2表　アルキル水銀化合物中毒の報告例

年　代	国　名	報　告　者	原　因　物　質	備　　考
1865・1866	イ　ギ　リ　ス	G.N.Edwards	ジメチル水銀 $(CH_3)_2Hg$	２　例[17]
1940	イ　ギ　リ　ス	Hunter ら	CH_3HgI、CH_3HgNO_3 $(CH_3 \cdot Hg)_2HPO_4$	４　例[18]
1943	カ　　ナ　　ダ	W.H.Hill	$(C_2H_5)_2Hg$	２　例[19]
1948	スウェーデン	A.Ahlmark	CH_3HgOH	４　例[20]
1948	スウェーデン	A.Ahlmark	CH_3HgI	１　例
1949	スウェーデン	K.D.Lundgren		[21]
1954	スウェーデン	O.HööK		[22]
1954	イ　ギ　リ　ス	D.Hunter ら	CH_3HgI、CH_3HgNO_3 $(CH_3Hg)_2HPO_4$	1940年報告の剖検所見[23]
1956	イ　ギ　リ　ス	D.S.Russell	$C_2H_5HgHPO_4$	１　例
1956・1960	イ　　ラ　　ク	Jalili	C_2H_5Hg-化合物	消毒剤の誤食による集団発生[24]
1963	日　　　本	吉川　政己	$CH_3HgSCH_2CONH_2$	水虫治療剤[25]
1964	日　　　本	冲中　重雄	$CH_3HgSCH_2CONH_2$	４例剖検[26]

その他に、消毒にメチル水銀化合物を使った種子を誤って食べた例、消毒作業中に中毒になった例(Tejning)、その家庭内で先天性脳性麻痺が生まれた例[27]、さらに最近では牛肉経由で中毒を起こした例(米国)、保存血漿の中のメチル水銀中毒例(日本)などが知られており、ヒトにおける毒性も著しい。中毒症状は運動失調、難聴、構音障害、求心性視野狭窄、知覚障害、知能障害など重篤であり、病理学的にも神経系統に決定的障害を与える(毒性のもたらす悲惨な実態は第１章を参照)。

⑶　動物実験においても古くからその毒性は明らかであった。1887年、H. Heppがジエチル水銀を用いてウサギ、イヌ、ネコに失調、振戦、視力障害、

不穏状態などを発症させており、[28] 1940年Hunterらは硝酸メチル水銀や沃化メチル水銀をサルやラッテに投与して小脳顆粒細胞層における特異な病変を認めている。[18]

⑷ 水俣の魚の場合、生重量10〜20mg/kgのメチル水銀化合物を含むと推定される(水俣川川口の魚から８〜23ppmの水銀が検出された)。[1] 平均の魚摂取量を１日200gとすると１日総量２mgの水銀量を摂取したことになる。そうすると、少なくとも１日総量２mgを連続摂取することはきわめて危険であるということになる。新潟の場合は５〜20mg/kgの水銀を含む淡水魚が見出されていることから１日0.5〜３回魚を食べたとしても１日１mg以下の水銀量で発症したこととなり１日に１mg/kgの魚の食用も危険になる。[27] [29] 汚染魚による中毒発生の多くの知見から、人のメチル水銀の最小中毒量は血中水銀量で20μg/100ml、最大無症状量は65μg/100ml程度と考えられている。[30] スウェーデン政府は１mg/kgの水銀を含む魚は食用に不適当であるという見解を発表しているが、研究者たちはなお、それでも安全は保障できないと警告している。[27]

⑸ メチル水銀化合物は脳への侵襲が強い毒物である。一般にアルキル水銀は無機水銀に較べて脳の沈着量が著しい。武内らは剖検例で脳/肝×100分率および脳/腎×100分率を出したが、無機水銀はその値が５以下であるのにアルキル水銀では10〜20以上となる。[16] [31] また、放射性水銀(^{203}Hg)を用いて行われた実験では、有機水銀とくにメチル水銀は高濃度に脳に蓄積されることが証明された。[50]

⑹ メチル水銀化合物は胎盤や母乳を通じて胎児や乳児に移行して脳に障害を与え、さらには分裂増殖中の細胞において染色体に異常をおこす作用をもつ(第１章参照、文献略)。

⑺ 水俣病の中毒症状をおこす主要な物質はメチル水銀基(CH_3Hg-基)であり、毒性の元凶はここにある。したがって、メチル水銀化合物(CH_3Hg-X)は何れも類似の毒性をもつ。すなわち、CH_3HgCl、CH_3HgI、CH_3HgOH、CH_3HgCH_3、CH_3HgSCH_3、$CH_3HgSHgCH_3$、CH_3HgS-cystein、CH_3HgS-thioureaは水俣病と同一の症状と脳神経の病変をひきおこすことができる。CH_3Hg-基そのもの

が最も毒性が高く、次いでCH_3HgS-基でCH_3HgS-XのXがcysteinやthioureaは弱い傾向を示した。なお、メチル水銀基のかわりにエチル水銀基(C_2H_5Hg-基)となっても同様の毒性を示すが炭素(C)の数がそれ以上に増えると中毒症状がおこりにくくなる。[1) 11)]

(8)　メチル水銀化合物の毒性を考えるとき次の特性を理解する必要がある。メチル水銀化合物の純粋な物質は水に溶けるものが多く、CH_3HgXのX部分がハロゲンである化合物は水より有機溶媒油脂によく溶ける。また、メチル水銀化合物を水に溶かした場合、他の無機塩類の多くの場合と同様に一部は水中で解離してイオンになる。この場合、CH_3Hg-基が正に荷電した陽イオンとなり、Xは陰イオンとなる。この度合はXの種類、水中に存在するXイオンの量、他のイオンの量などによってさまざまであるが、純粋なメチル水銀化合物を純粋な水に溶かした場合どの程度が解離してイオンになるかは結合恒数Kの大きさによって定まる。すなわち、次の式で計算される。

$$K= \frac{[CH_3HgX]}{[CH_3Hg^+][X^-]}$$

(註)〔　〕は分子数１リットル濃度

したがって、Kが大きいほどCH_3Hg基とXの結合は強固でCH_3HgXは水中で解離しにくく、そのまま存在する比率が大きい。

さらに、メチル水銀化合物が水中で解離する場合にはCH_3Hg(メチル水銀基)は常に１団となってXとはなれ、CH_3とHgの間はきわめて安定している。このため、相手のXは種々の基に変化して、メチル水銀化合物の形はさまざまのものが共存する可能性をもつ。硫黄化合物(R–S)とCH_3Hg^+との結合恒数は10^{-17}できわめて強い結合を示し水中にスルフヒドリル基(蛋白SH–基)をもつ物質があれば完全にメチル水銀と化合し、いかに希薄な液からでも強固に結合して体内にとり込み蓄積される性質をもっている。[32)]

このような毒性のためにスウェーデンをはじめ世界各地で水銀に対する規制の動きがみられる。わが国においても暫定的な基準として厚生省は工場排水の水銀量を0.01ppm以下とし、メチル水銀は検出してはならないとしている。経済企画庁はメチル水銀0.001ppm以下と数値で示している。また、厚生省は魚介類の水銀は1.0ppm以下とし、地域住民の毛髪水銀量は20ppm以上の検出を濃厚汚染を疑わしめる限界値とみなしている。しかし、それでもこの基準はきわめて安全性に乏しいものであってさらにきびしく規制される必要が研究者によって指摘されている。1968年11月の水銀の最大許容濃度に関する国際委員会報告では血中総水銀濃度10μg/100mlをこえてはならないと提案されている。この提案にしたがって、妊娠可能な女性はいかなる場合もアルキル水銀にさらされてはいけないとされている。[27)]

2　メチル水銀化合物が水俣病の原因物質である根拠

(1)　水俣病の特徴はメチル水銀化合物による中毒と一致する

1)　ヒトの水俣病において、臨床症状の特徴である運動失調、構音障害、求心性視野狭窄、難聴、知覚障害はメチル水銀中毒にみられるハンター・ラッセル(Hunter–Russell)症候群と一致している。さらに、症状の発現も四肢末端、口唇、舌尖などの知覚障害からはじまって症状を完成していくこと、神経症状の重篤さに較べて一般的身体症状に乏しいことなども従来のアルキル水銀中毒に一致する(徳臣[1)])。

2)　病理学的所見において、その病変の主座は神経系にあって、大脳皮質や小脳皮質の選択的変化(障害され方の特異性)および一次的退行性変化(非炎症性)などは1954年のハンター・ラッセルや1964年の冲中らが報告した、はっきりメチル水銀化合物が原因とわかっている症例の病理変化と一致し、他の原因と間違われるべくもないほど特異な所見を示している。

3)　ヒトの水俣病が発生した地域で、水俣湾産の魚貝を食べたネコが、失調性歩行、痙攣発作、遅鈍または激しい回転運動、突進動作、流涎などの症状を示した。また同地区においてカラス、水鳥なども飛翔不能、失調などを示し、動物におけるメチル水銀化合物による中毒と臨床的にも病理学的にも一致するものであった(第１章および第３章参照)。

⑵　メチル水銀化合物の確認

1)　昭和40年から41年にかけて水俣病患者とその同居者あるいは水俣地区居住者の毛髪に水銀化合物が証明され、さらに対照地区に比較して著しく多かったこと。[1] この水銀化合物は電子捕獲検知器を通じてのガスクロマトグラフィーによって有機水銀化合物すなわちメチル水銀化合物であることが確認された。[33]

2)　水俣病で死亡した人の脳に異常な水銀の蓄積が証明され、その分布の特徴はアルキル水銀化合物のそれと一致した。すなわち、脳/肝百分率や脳/腎百分率が30以上、ときに100以上に達した。[16]

3)　組織化学的方法によって脳内に水銀顆粒しかも有機水銀を証明した。水銀反応は大脳では主として皮質の神経細胞に、小脳では主として残存している顆粒細胞、エオジン体およびプルキンエ細胞内に著しく強く証明され、アルキル水銀の脳の障害の特異性(選択的に脳が障害される特徴)と一致している。[16][31]

4)　水俣病で死亡した人の脳、臓器からメチル水銀化合物を検出した。しかも、障害をきたした脳皮質部位からだけでなく、障害が著しくない皮質部位や白質にも7.0–19.4ppmのメチル水銀化合物が証明され、肝・腎からも12.1–32.0ppmのメチル水銀化合物が証明された。[34]

5)　ヒトやネコに水俣病を発症させ得る水俣湾産の魚貝からメチル水銀化合物を検出した。すなわち、内田はヒバリガイモドキからメチル水銀化合物(CH_3HgSCH_3)を抽出結晶化した。[35][36] 近藤はアサリ貝からメチル水銀化合物(CH_3Hg-Cl)を抽出結晶化した。[33][42] CH_3HgSCH_3(硫化メチル水銀)もCH_3HgCl(塩化メチル水銀)もいずれもアミノ酸と結合していたものを、それぞれ独特の方法で、アミノ酸との結合を切ったもので、その切る時の条件によってCH_3HgSCH_3にもCH_3Hglにもなるのである。両物質は異なっているが、ともにメチル水銀化合物であり、水俣病発症のために最も必要なCH_3Hg-を有し、いずれも水俣病原因物質に間違いない。

⑶　メチル水銀化合物による水俣病の再現

1)　入鹿山はアセトアルデヒド酢酸設備内のアセチレン加水反応装置に連続する反応管から直接採取した泥状水銀滓よりCH_3HgCl(塩化メチル水銀)を結晶として分離することに成功した。一方細川は、この下方の排水管から水銀が多量に証明され、この排液をネコの餌にかけて食べさせることによって自然発症水俣病ネコと同一の症状と脳の病変を引きおこすことに成功した。

2)　メチル水銀化合物が証明された水俣湾産魚貝によってネコに水俣病を発症せしめた。

3)　ごく微量のメチル水銀化合物を含む水槽で魚を飼育し、ネコに投与すると自然発症水俣病と同一症状および同一の脳病変を証明する。

4)　メチル水銀化合物(とくに塩化メチル水銀、硫化メチル水銀、ジメチル燐酸水銀など)を1日1mg～0.4mg連続投与すると自然発症水俣病と同一の症状と同一脳病変をひきおこす。[16) 34)]

5)　新潟においてメチル水銀化合物の汚染によって、人間に再び水俣病をひきおこした。すなわち、人間においてメチル水銀中毒が再現された。[29)]

(註)文献は第II部の終りを参照。

第５章　水俣病発生のメカニズム

１　メチル水銀化合物は新日窒水俣工場アセトアルデヒド製造工程で生成された

⑴　アセチレンを水銀塩の酸性溶液中に吹き込めば、水１分子を付加してアセトアルデヒドを生ずる、アセチレン接触加水反応は、古くから知られていた。アセトアルデヒドは酢酸、酢酸エチル、酢酸ビニルモノマー、ブタノール、オクタノール、およびこれから誘導される様々の可塑剤などの原料となる、重要な工業中間体で、塩化ビニルモノマーと並んでアセチレンを出発とする化学工業の主要な位置を占めており、1912年ドイツにおいて初めて工業化に成功して以来、世界の主要な化学工業会社において採用され、1960年頃からエチレンをパラジウム触媒で空気酸化する方法が普及し、大部分の会社がこのエチレンを原料とする方法に転換するまで続けられた。アセチレンからアセトアルデヒドを製造する工程の主反応は、硫酸々性の硫酸水銀溶液の中にアセチレンを吹き込むと、水銀を触媒として水分子の付加がおこって、アセトアルデヒドが生ずることを利用している。

⑵　新日窒水俣工場は合成酢酸の原料として、昭和７年にアセチレンを原料とするアセトアルデヒドの合成を開始し、誘導品の多様化と需要の増大に伴ない年を追って生産量は増加し、昭和36年には月産3,380トンにも達した。因みに昭和21年から35年にいたる月産量(公称)は次の通りである。

II-3表　水俣工場のアセトアルデヒド月産量推移

昭和21年	200トン	26年	520トン	31年	1,300トン
22年	200トン	27年	520トン	32年	1,500トン
23年	300トン	28年	700トン	33年	1,600トン
24年	370トン	29年	750トン	34年	2,500トン
25年	370トン	30年	900トン	35年	3,300トン

水俣病の患者発生をみた昭和28年より35年までの８年間に、患者の苦しみをよそに、月産量は約4.7倍の増加をみており昭和28年８月より操業を開始した６期工場の新設がこれに対応している。

アセトアルデヒドの誘導品としては、酢酸、無水酢酸、酢酸エチル、酢酸ビニル、三酢酸せんい素、ならびに可塑剤の主原料であるオクタノール、可塑剤としてDOP・DOAなどが生産され、アセトアルデヒドはこれらの原料として全量が当工場内で自家消費されていた。なかでも、オクタノール生産の伸びは著しく、昭和27年の年産1,200トンであったものが昭和34年には10倍の12,000トンに達し、昭和36年に至っても市場占拠率は実に64%であった。一方、昭和39年７月チッソ石油化学株式会社(千葉県五井)において、石油化学法アセトアルデヒド製造装置(年産公称31,500トン)が完成したので水俣工場では昭和40年から酢酸エチルおよび酢酸の製造を停止し、その後、アセトアルデヒドの生産量は年々減少し、昭和43年４(ママ)月に至って、その生産を全面的に停止した。[†16] その直前の月産量は1,700トンであった。

⑶　新日窒水俣工場のアセトアルデヒド製造工程はアセチレン接触加水反応の母液循環法(窒素法)といわれるものである。即ち硫酸水銀(酸化水銀を硫酸にとかしたもの)を触媒としてアセチレン１分子に１分子を付加して生成するもので、さらに、助触媒として第一鉄塩、第二鉄塩および二酸化マンガンが用いられる。その製造工程は巻末資料の如くである。すなわち、生成器に硫酸、硫酸鉄、酸化水銀および水で作られた触媒液を入れ、これを70～75℃に保ち、これにアセチレンを吹き込むと水加されてアセトアルデヒドを生じ、触媒液アセトアルデヒドが溶けて希アセトアルデヒド液が得られる。この希アセトアルデヒド液(約1.5%)より、アセトアルデヒドを分離するために減圧蒸留が行われアセトアルデヒドと水蒸気は第一精溜塔に入り触媒液は生成器にもどる。第一精溜塔で大部分の水が下部より精ドレンとして抜け第二精溜塔で副生クロトンを分離して、高純度のアセトアルデヒドをアンモニアで冷却して取り出す。このアセチレン接触加水反応の平衡状態を決定する要素は、触媒水銀塩の種類と濃度、酸の種類と濃度、反応系の温度である。この三要素については酸として

硫酸、触媒として硫酸水銀が用いられるが、これらは最も安価であるうえに触媒としての効率が高く、しかもその効率が比較的長く持続することがその理由とされている。触媒水銀・塩酸の種類・濃度および反応温度に差違があってもその加水反応における水銀触媒の作用には変りはないのである。

(4) 反応塔内において吹き込まれたアセチレンと触媒としての硫酸水銀が、アセトアルデヒドを生成する過程において、硫酸メチル水銀の型を主体としたメチル水銀化合物を副生することは実験的にすでに検証を終えている*。そして、昭和34年８月および35年10月にアセトアルデヒド酢酸設備内のアセトアルデヒド生成槽連結管より採取され、冷暗所に密封保存された水銀滓より有機水銀を抽出することに成功した(入鹿山)。抽出された分離晶はII−4図、II−4表の如く融点、混融試験、元素分析、赤外線吸収帯の成績より塩化メチル水銀(CH_3HgCl：Methylmercuric chloride)であることが同定された[38)]。

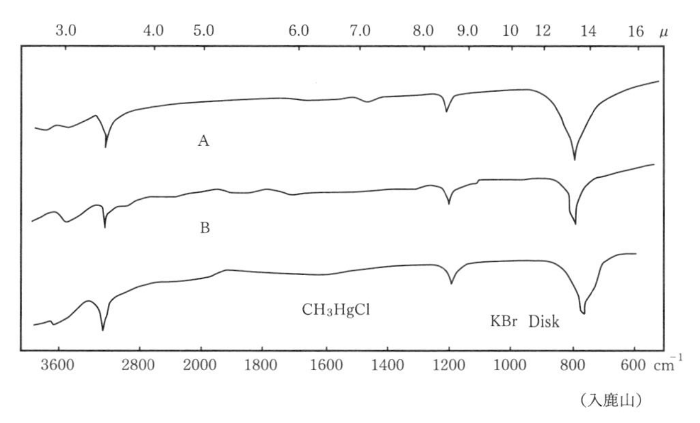

(入鹿山)

II−4図　アセトアルデヒド工場の水銀滓から抽出した有機水銀(A)、水俣湾産貝から抽出した有機水銀(B)、及びCH_3HgClの赤外線吸収スペクトル

さらに、この物質およびこれに誘導されるメチル水銀化合物を投与して水俣病を発症せしめ得たネコ、ラットの血球より抽出された有機水銀の、ろ紙クロマトグラフィーのRf値が塩化メチル水銀と同一であり、その体内分布状況が自然発症動物のそれと合致することが確認された[39)]。

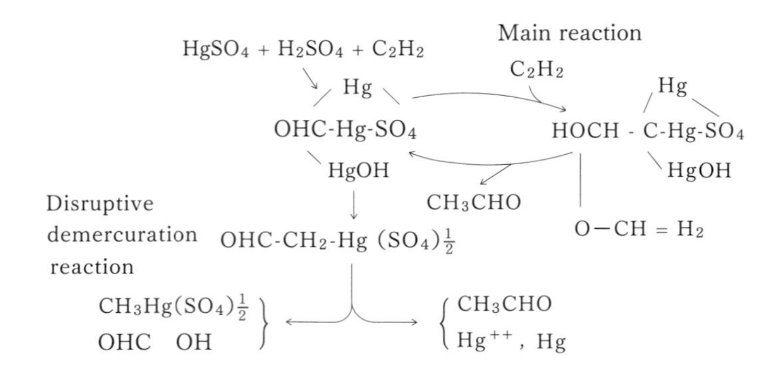

＊その詳細なメカニズムは議論のあるところであるが、1つの説として上のような反応が示されている。(瀬辺[37)]、喜田村[†17])

II–4表　水俣湾貝および酢酸工場水銀カスからの抽出結晶とCH_3HgCl、その他の有機水銀との比較

性　　状		CH_3HgCl	水俣湾貝からの分離晶	酢酸工場からの分離晶	CH_3HgI	CH_3HgOH	$(CH_3Hg_2)S$	CH_3HgSCH_3
融　　点		173－4℃	173°	174°	148°	105°	145°	25°
赤外吸収	対称変角	$1191cm^{-1}$	1191	1191	1173	1186	1172	1176
CH_3(-Hg)	横ゆれ	$788cm^{-1}$	788	788	778	796	760	763
水銀含有量		79.9%	76.8	79.3	58.4	86.1	86.5	76.3
水蒸気蒸溜	pH 1.6	95(3)△	128(2)△	163(11)△	76(21)△	73(40)△	98(0)△	72(15)△
による溜出性	pH 7.0	3(95)△	5(80)△	4(74)△	2(86)△	1(82)△	44(80)△	65(25)△
1N HCl中で加熱		安　定	安　定	安　定	安　定	CH_3HgClとなる	分　解	分　解
＊PaperchromatographyのRf値		0.15	0.15	0.15	0.86	0.14	0.89	0.75

註　1）条件　展開剤：95%n-C_4HgOH(100mℓ)+NH_4OH(1mℓ)　時　間：5時間、下向法
温　度：28±1℃　発色剤：0.01%ジチゾン・クロロホルム溶液
濾　紙：東洋濾紙 No.50

2）△：括弧内は残液中の水銀量μg　(入鹿山)

２　メチル水銀化合物は工場から排水溝を通じて流出した

⑴　水俣工場のアセトアルデヒド合成工程の水加液は複雑な組成の溶液で、多量の硫酸と、水加液生成の際の工業用水に由来する塩素イオン、アセトアルデヒドの自然酸化によって生じる酢酸などを少量含んでいる。したがって、ここで生成されたメチル水銀化合物は大部分が硫酸イオンと結合し、少量が塩素イオンと結合した形で存在する。このメチル水銀化合物は生成したアセトアルデヒドに伴われて、次段の蒸留工程に移行する。蒸留工程では水とアセトアルデヒドが分離され、蒸留塔でアセトアルデヒドは塔頂へ、メチル水銀化合物はほとんど全部が水に移り塔底よりドレン排水として放出される。

⑵　このアセトアルデヒド酢酸設備からの廃水量は昭和28年頃２㎥/hrでその後漸増し昭和34年には通常廃水量６㎥/hrになり、そのpH1.0–1.5(硫酸酸性)で、その中には10–20ppmの水銀が含まれた。因みに昭和34年のアセトアルデヒド生産量は32,033トンに達したがアセトアルデヒド１トン当りの使用水銀量は約4.0kgで、水銀消耗量(原単位)はトン当り約1.0kgに達した。また29・30年の平均値をとってみると、アセトアルデヒド１トン当りの水銀使用量は約4.5kg、同じく水銀消耗量は1.1kgに達した。また、同設備廃水にはこの通常の精ドレン排水のほかに年４回の解体掃除の際の洗滌水があり、それは30㎥/hrに達した。また、昭和33年３月母液酸化装置完成までは、劣化した母液はバッチ式で排水溝へ流出し、酸化装置完成後も酸化槽からふきこぼれた母液やポンプからこぼれた母液などは毎日、水で洗い流される掃除余水とともに排出された。アセトアルデヒド酢酸設備設置後の排水処理の変遷は別項第10章４の如くで、昭和41年６月に完全循環方式の完成をみるまではメチル水銀の流出は続いたのである。因みに、試算によればアセトアルデヒド生産に際して完全に消耗され、補給されねばならないロス水銀の量は、新日窒水俣工場の場合、１トンの生産にあたり1,000gくらいと考えられるから、作業開始以来昭和28年頃にいたるアセトアルデヒドの生産量から、200トン以上の水銀が流出したものと推定される。このことは水俣湾における水銀汚染、ひいては生物生態系の水銀汚染の質・量

両面にわたる深刻さを物語っており、これが当地方に水俣病の発生をひきおこすに十分な量であったことを示唆している。

(3) 昭和34年の調査で、水俣湾海底泥土中に著しく異常に大量の水銀が証明され、その分布はII–2図の如く、百間排水口付近の2,010ppmを最高に湾外に向うにつれて減少していることがわかった。[1)]この異常に大量の水銀は工場排水口から出たことが推定される。つづいて、水銀汚染の著しい水俣湾内に固定棲息しているヒバリガイモドキの水銀含有量が異常に大量であることが証明され、湾外では水銀含有量は減少していくが対照海域に比すれば高く、とくに新たに工場排水の流出がみられた水俣川川口では泥土中の水銀が少ないにもかかわらずアサリ貝に乾燥重量[(註)]100ppmの水銀が検出された。このことは排水中に含まれた水銀がかなり広範囲にわたって汚染し、排出口に近いところから漸次沈殿することを物語っている。

註:含有量を表わすものにppm(百万分の1)があるが、ある生体の含有量を示す場合、乾燥重量あたりで示す場合と生重量(湿重量)あたりで示す場合がある。乾燥重量あたりのppmと生重量(生体そのまま)あたりのppmとの比は生体によって異なるが水俣湾産の貝の場合、乾燥重量は生重量の4～5倍である。

(4) 昭和36年1月、新日窒水俣工場排水溝中に、水俣湾産魚貝から抽出された水銀化合物と同一の性状を持つ、ある種の有機化合物の存在が確認された。この有機水銀化合物の性状はメチル水銀化合物の性状と一致した。[40)]さらに、後年、アセトアルデヒド設備の精溜塔廃液、同集水溝および沈殿物よりアセトアルデヒド酢酸設備内で検出されたものと全く同一の性状を有するメチル水銀化合物の存在が証明された。[41)]ここにおいて、同設備からのメチル水銀化合物の流出の事実は動かしがたいものとなった。

(5) 昭和33年9月、排水口を水俣川川口に変更したことによって、今まで発生しなかった同地区に患者が発生したこと、さらに、昭和35年廃水設備によってきわめて不十分ながらも排水を制限することによって水銀量が減少し、患者発生が減少したことなどは水銀およびメチル水銀化合物が同工場の排水に由来していたことを側面から証明したことになる(第3章参照)。実に生体実験である。

⑹　きわめて重大な見逃せない事実は、昭和34年の細川博士の実験である。工場排水を、直接にネコの食餌にかけて与えたところメチル水銀化合物による中毒に特徴的な症状や脳病変をひきおこした。このことは、排水中にメチル水銀化合物が含まれていたことの有力な根拠となる。

３　たれ流されたメチル水銀は魚介類に蓄積された

⑴　このようにして、排水溝より水俣湾に流れ込んだメチル水銀化合物は、これを摂取する生態系の食物連鎖を通じて、あるいは海水中より直接摂取され体蛋白中のSH基と結合し、次第に蓄積され、遂にはヒトの体内にとりこまれるのである。因みに、昭和34年には、水俣湾産魚類に湿重量当り20～30ppm(註：乾燥重量当りに換算すると100～150ppm)の水銀が含まれており、更に36年には、乾燥重量当り20～60ppmの水銀蓄積が認められた。また、貝類についてみれば、当時、新たに工場排水の放出を始めた水俣川川口で、昭和34年、アサリ貝に100ppmの水銀蓄積を認め、水俣湾内産のそれと相違のないことが明らかにされた。[1)] 水俣湾棲息のヒバリガイモドキにも、昭和35年に30～85ppm、36年に30～60ppmの蓄積を認めている。その後は、既述の如く、排水処理設備の一定の改善に伴なって、全体としては次第に減少していく過程が明らかにされている。

高濃度の水銀蓄積が証明された魚介類はII–5表に示す如く、きわめて多種に及んでおり、水俣湾および周辺の不知火海に生存することごとくが水銀汚染を蒙っているといっても過言ではない。しかも、既に触れたヒバリガイモドキは水俣湾内に固定生棲しているが、その採取地区別の水銀蓄積分布は、潮汐による湾内の海流に一致しており、海底泥土中の水銀分布とは必ずしも一致しない。即ち、魚介中の水銀は海水中に存在する工場排水口より由来した水銀の汚染に基づくものと推測された。[1)]

⑵　水俣湾産ヒバリガイモドキおよびアサリ貝から有機水銀、ことにある種

II–5 表　魚介類の水銀量〔湿重量 ppm、但し ( ) 内は乾燥 ppm〕

水俣地区のもの			不知火地区のもの			対照地区のもの	
漁　獲　地	魚介類名	Hg量 ppm	漁獲地	魚介類名	Hg量 ppm	魚介類名	Hg量 ppm
水　俣　湾	このしろ	1.62	計　石	すずき(み)★	13.5	うばがい	(1.1)
〃	かたくち いわし	0.27	〃	〃　肝★	52.3	かつを(肝)	0.3
			〃	〃 胆のう★	7.1	赤貝	(1.76)
〃	こがに(から)	35.7	〃	〃　皮★	10.3	たい(肝)	1.94
〃	〃　わた	23.9	芦　北	ぼら(半乾)	3.0	このしろ(み)	0.33
〃	かき	5.61	田ノ浦	ぼら(半乾)	3.36	〃　わた	0.18
〃	海藻	0.98	湯ノ浦	ぼら	0.03	たい(み)	0.16
〃	いしもち★	14.9	〃	〃	0.44	〃 わた	0.17
〃	いしもち★	8.4	〃	〃	0.06	あじ(み)	0.07
			〃	〃	0.3	〃　わた	0.24
			津奈木	ぼら(半乾)	3.6	さんま(み)	0.04
水俣川川口	すずき★	16.6	〃	たち魚★	3.28	〃　わた	0.12
〃	あさり	20.0	〃	〃★	7.5	きびなご	0.04
〃	ちぬ(み)★	24.1	〃	〃★	3.63		0.10
〃	〃 わた	23.3	樋ノ島	ぐち★	3.64	〃　わた	0.05
〃	さわら(み)★	8.72	〃	たち魚★	1.09	あさり	0.1
〃	〃　肝★	15.3	〃	〃★	4.56	はまぐり	0.08
〃	かに	14.0	〃	〃★	4.82	むしきえび	(0.05)
〃	ぼら★	10.6	〃	たち魚肝★	11.2	いわし	(0.25)
〃	すじ てんじく★	19.0	〃	〃★	13.4	ふぐ	(0.04)
			八　代	ぼら	0.04	あじ	(0.01)
			〃	〃	0.08	はたはた	(0.03)
						いりこ	(0.29)

★印は弱って浮いていた魚　　（喜田村）

のアルキル水銀が抽出され、この抽出物はメチル水銀の性状をことごとく備えていることが確認された。更に、35年、水俣湾産ヒバリガイモドキより有機水銀の抽出が行われ、抽出された分離晶は、その化学的性状および元素分析値、赤外線吸収帯の成績より methyl methyl mercuric sulfide CH_3HgSCH_3 (MMMS) であることが同定された[35)]。こうして、水俣湾および周辺の不知火海に工場排水に由来するメチル水銀化合物の汚染があり、これがここに生存する魚介類に蓄積される事実が確認された。

(3)　水俣湾および周辺の不知火海のヒバリガイモドキの水銀含有量とその毒性(それぞれのカイを投与したネコの発症までに要した平均日数より算出)とは大体において比例しており、水俣病の発症にいたらしめる毒性は、その含有水銀量に左右されること、すなわち、原因物質は水銀化合物であると推測され、次いで、合成に成功した各種のメチル水銀化合物の実験的投与により、ネコやシロネズミに水俣病に合致する臨床、病理所見が確認された。[42)]

(4)　魚介類も生物体であるから、急速なメチル水銀の蓄積は起し得ない。急激な高濃度汚染を受けた場合、魚介類は、有毒化する以前に急性メチル水銀中毒で死滅してしまう。魚介類は水中に棲息するので、絶えず水中の有機水銀イオンに曝されるために、人や猫などに比して弱く、0.1ppm溶液中で短時間に死亡し、体内に水銀を蓄積する暇はない。これに対して、継続的な希薄濃度汚染あるいは頻回に反覆する一過性の少量汚染こそ、魚介類にメチル水銀の蓄積を起し、これを有毒魚とするものである。[43)]魚介類体内へのメチル水銀の侵入は、餌を介する経口、呼吸の際の鰓よりの吸収および体表通過の３つの経路によるが、人や動物と同様、無機水銀に比して神経節への蓄積が最も多いことが注目される。メチル水銀は既に触れた如く、生物体の主要構成々分である蛋白質中のSH基ときわめて結合し易く、従って、かなりの希薄濃度の液体中からでも不可逆的に蛋白SH基と結合することにより生体内へ蓄積する。この微量のメチル水銀に対して、生体の代謝は目立った妨害を受けずに、かなりの体内濃度に達するまで引き続いてメチル水銀をとり込んでいくのである。実験的には0.0003ppmの溶液中で金魚を飼えば、じゅうぶんメチル水銀の蓄積がみられることが確認され、その蓄積濃度は溶液中のメチル水銀濃度に対して1,000倍から3,000倍にも達する。また水俣湾に他海域から移殖したカキが１～３ヵ月間で有毒化し、これだけを与えた猫が水俣病を発症した。その際、カキは湿重量当り10ppmのメチル水銀を蓄積していた。[1)]既に触れた如く、過去のアセトアルデヒド生産量から推定されるメチル水銀の流出量や、排水系統の変遷、たとえば排水口の水俣川川口への一時的移転、排水処理施設の故障ないし掃除余水の排出によると考えられる一時的な汚染による魚介類中のメチル水銀の蓄積を考慮にいれれば、新日窒水俣工場より排出されるメチル水銀は、魚介類へのメチル水銀蓄積をうながすに必要にして充分な量と条件とを備えていたことは明白であり、しかも、後に触れる如く、水俣病発生の舞台となった水俣湾の地理的特性が更にこれに付加されるのである。

4　メチル水銀化合物は遂に人および動物に水俣病を発症させた

(1)　メチル水銀をはじめとする低級アルキル水銀化合物は、他の有機水銀に比較して生物の体内に蓄積を起し易いことは、既に繰り返し触れた。因みに、水俣病患者剖検例における脳内水銀量の推移をみると、発症後3ヵ月までにかなり減少はするが比較的多く、更に約1年半まできわめて徐々に減少し、それ以後は2年以上10年を経た今日までほとんど変わらず、微量の水銀はなお正常以上に残存する。[44)] しかし、メチル水銀といえども生体内においていつまでも化合形態にとどまるものではなく、C-Hgの結合が切れて、無機の水銀塩となって体外に排出される。すなわち、生物体はその体内にとり入れたメチル水銀を一方では分解し、排出するものであるから、出入量の差がプラスにならない限り蓄積は起り得ない。したがって、メチル水銀が蓄積するには、かなりの量が持続的に摂取されねばならず、人または動物が魚類を反覆大量に摂取するのでなければ水俣病を発症することはない。水俣病において魚介類を自ら捕獲して大量に摂食したものやその家族にのみ発症をみた理由はここにある。

(2)　しかるにメチル水銀も一時に大量に摂取すれば、水俣病とは異なり一般の急性水銀中毒症状を呈する。アルキル水銀、アリル水銀などの有機水銀も急性毒性では無機水銀と大差なく、いずれも水銀イオンの腎障害作用によって動物を致死させるが、これは水俣病と全く異った症状を示すものである。比較的大量のメチル水銀を反覆投与し、実験的に水俣病症状を起させた動物では双方の作用が現われ、腎にも変化が認められるが、患者や自然発症の猫には中枢神経系にのみ障害が発生し、腎その他の臓器には病理学的に比較的軽度の異常所見を認めるほかにはほとんど変化がみられない。これは、水俣病が魚介類を介してのメチル水銀摂取によるもので、一時に大量にではなく、反覆摂取されたものが蓄積し、中枢神経系のみに特異的な障害を起したことを示すものである。

⑶　また水俣病は、言うまでもなく、メチル水銀が体内に蓄積しなければ発症しないが、蓄積は発病の必要条件であって十分条件ではない。蓄積を来しても、発病に至らないものの方が多く、疫学調査の成績や水俣周辺居住者の毛髪水銀量の測定結果からみて、メチル水銀を蓄積したが発病に至らなかった人が患者の約10倍あったものと推定される。[45)]また、現に水俣病の特異症状がないか、あるいは他疾患にマスキングされたもので病理学的に水俣病所見を呈した、所謂、不顕性水俣病の存在する事実も確認された。[46)]また、水俣病の特異症状を持たなくとも、四肢末端あるいは口唇、舌尖のしびれ感を始め神経症状が、胎児性水俣病患者の母親を含めて、水俣および周辺の漁業従事者とその家族を中心に広範に認められたことは周知の事実である。

⑷　メチル水銀中毒を定性的に判断するのに、血球と血漿の水銀濃度比が適当な指標と考えられており、また、毛髪中の水銀は、その個体の過去に経験した水銀汚染の指標とされている。毛髪、血中の水銀濃度は、メチル水銀のとり込み量と比例すると考えられており、魚介類の摂食状況が水俣に比しかなり低いレベルであった阿賀野川流域の症例から、毎日の水銀とりこみ量1,635μgHgで水俣病発症にいたると試算されている。

⑸　ラットを用いて実験的に経口投与されたメチル水銀は、小腸から吸収されて、その大部分は、赤血球のグロビン分画と比較的ゆるやかに結合して、かなり長期間体内を循環する。同時に、肝、腎などへの蓄積が認められ、脳にはやや遅れて蓄積する。これら体組織への蓄積は総て組織蛋白と結合した形で行われる。なお、水銀は他臓器に比し脳内に著しく長くとどまる傾向がある。[47)]病理学的に水俣病の本態である共通所見は大脳および小脳にみられる特異な皮質障害、ことに小脳顆粒細胞層の選択的な障害である。これは、特定の神経細胞のエネルギー代謝の低下を惹起すること、蛋白合成過程に阻害作用が加わることによるものと考えられている。更に、電子顕微鏡を用いた実験によって神経細胞の微細構造ではミトコンドリアには比較的変化が少なく、小脳顆粒細胞

RNA顆粒や核膜などの変化が著明なことから、核の正常の代謝過程において、酵素作用が阻害される可能性が指摘されている。[48)] また最近の知見によれば、メチル水銀の実験的投与によって、先ず末梢神経に障害が認められ、脊髄後索も障害されることが明らかにされた。一方、ラットを用いて肝ミクロソームのジメチルアニリンの酸化的脱メチル反応とN–oxideの蓄積に及ぼすメチル水銀の影響が検索され、N–oxide蓄積の増加が認められており、リボソームの蛋白合成作用に阻害効果のあること、更には肝細胞の悪性腫瘍細胞への変性を招く可能性も指摘されている。[27)]

(6) メチル水銀の人体障害作用は、ある値をこえたとり込みによって始めて起るのか否か問題のあるところである。ある個体にあらわれる臨床症状について毒物のとり込みの値に一定の閾値があることは推定できる。しかし、臨床症状の発現に関してメチル水銀の毒性に一定の閾値があるというより、むしろ、障害された代償不能の細胞の数に、ある閾値があることを示すといえよう。したがって、個々の細胞に対して、不可逆的な障害を与えるメチル水銀の濃度はさらに微量である。[27)]

(7) メチル水銀は無機化されて大便を通じて排出される。比放射能0.33mc/mgのメチル水銀硝酸塩3μcの1回経口投与で、最初の29日に投与量の25%が大便の形で排泄され、この期間の尿を通じての排出量は1.3%にとどまった。なお、毛髪には、最初の30日間も、それに続く45日間も痕跡が検出されたのみである。メチル水銀の体内への滞留は、投与量の90%以上が単一指数関数曲線で表わされるところから、血中、毛髪中の継続的な観察によって、メチル水銀の人体内における生物学的半減期は28～200日と試算されている。[27)]

(8) マウスや猫についての実験成績によれば、各種水銀化合物は母体より胎盤を介して胎仔に移行すること、しかも、仔の血中濃度の方が高く、濃縮蓄積の状態にあることが、オートラジオグラフィーを用いて直接に、また間接的にも証明された。また、胎盤関門の通過のしやすさは、水銀化合物の中でもアルキル水銀が最高であることが確認された。これらの成績は、胎児性(先天性)水俣病の存在を最終的に裏付けたものである。[47)]

また、哺乳仔への母乳を通じてのメチル水銀の移行が直接・間接に証明され
メチル水銀中毒の与える社会的被害の深刻さを物語っている。[49)]

1) 熊本大学医学部水俣病研究班編：水俣病—有機水銀中毒に関する研究，1966.
2) 熊本大学医学部研究班：第 1 報，熊本医会誌，31(補1)，1957.
3) 宇井 純：公害の政治学—水俣病を追って，三省堂，1968.
4) 熊本大学医学部研究班：第 2 報，熊本医会誌，31(補2)，1957.
5) 熊本大学医学部研究班：第 3 報，熊本医会誌，33(補3)，1959.
6) 熊本大学医学部研究班：第 4 報，熊本医会誌，34(補3)，1960.
7) 高木誠司：定性分析化学(第15版)，1947.
8) 小竹無二雄：新版有機化学(第12版)，槙書店，1958(初版1949).
9) McAlpine & Araki: Lancet, 272:629, 1958.
10) 熊本県資料；富田八郎「水俣病」，水俣病研究会資料より．1969.
11) 瀬辺恵鎧ほか：日新医学，49(9):607, 1962.
12) 富田八郎：水俣病，水俣病研究会資料.1969.
13) 戸木田菊次ほか：東邦医会誌，8(2):1381, 1961.
14) 入鹿山且朗ほか：日衛誌，16(6):467, 1962.
15) 久保田重孝編：職業病とその対策，興生社，1969.
16) 武内忠男：神経進歩，13(1):95, 1969.
17) Edwards, G. N.: St. Bart's Hosp. Rept., 1:141, 1865.
18) Hunter, D. et al: Quart. J. med., 9:193, 1940.
19) Hill, W. H.: Canad. Publ. Hlth. J., 34(4):158, 1943.
20) Ahlmark, A: Brit. J. industr. Med., 5:117, 1948.
21) Lundgren, K. D. et al : J. Industr. Hyg. & Toxicol., 31(4):190, 1949.
22) Höök, O. et al: Acta Medica Scand., 150(2):131, 1954.
23) Hunter, D, et al: J.Neurol. Neurosurg. & Psychiatr. 17:235, 1954.
24) Jalili, M. A. et al: Brit. J. industr. Med., 18:303, 1961.
25) 吉川政己ほか：内科，11:1087, 1963.
26) Okinaka, S. et al: Neurology, 14:69, 1964.
27) Löfroth, G., 科学，39(11):592, 1969.，科学，39(12):658, 1969.
28) Hepp, P.: Arch. Exp. Path. Pharmacol., 23:92, 1887.

29) 椿忠雄ほか：臨床神経学, 8:511, 1968.
30) 野村 茂：臨床栄養, 35(1):21, 1969.
31) 白石幸明：熊本医会誌, 37(6):361, 1963.
32)Johnson, W. D. et al: Air & Wat. Pollut. Int. J., 10:555, 1966.
33) 喜田村正次ほか：医学と生物学, 72(5), 1966., 73(5), 1966.
34) 喜田村正次：神経進歩, 13(1):135, 1969.
35) 井上 赳：熊本医会誌, 36(12):877, 1962.
36) 内田慎男：生化学, 35 (8):430, 1963.
37) 喜田村正次ほか：日薬理誌, 63(4):228, 1967.
38) 入鹿山且朗ほか：日新医学, 49(8):536, 1962.
39) 甲斐文朗：熊本医会誌, 37(12):678, 1963.
40) 入鹿山且朗ほか：日衛誌, 16(6):476, 1962.
41) 入鹿山且朗ほか：日衛誌, 22(3):416, 1967.
42) 近藤孝子：熊本医会誌, 38(5):353, 1964.
43) 喜田村正次：労働の科学, 23(1):54, 1968.
44) 武内忠男ほか：医事新報, No.2402:22, 1970.
45) 喜田村正次：西海医報, 143:3, 1960.
46) 武内忠男ほか：西海医報, 252:9, 1969.
47) 藤田英介：熊本医会誌, 43(1):47, 1969.
48) 宮川太平ほか：精神経誌, 69(12):1352, 1967., 71(8):757, 1969.
49) 弟子丸元紀：精神経誌, 71(5):506, 1969.
50)Berlin, M. et al: Arch. Environ. Health, 6:602, 1963.

第Ⅲ部　水俣病におけるチッソの過失

八幡残渣プール：永年にわたって捨てられた水俣工場の廃棄物が海を埋めたて巨大な層をなしている。

第６章　「過失」とはなにか

水俣病の原因物質がメチル水銀化合物であり、それがチッソ水俣工場から廃水として水俣湾に放出されたものであることは、以上(第２部)によってすでに明らかな事実である。しかし、それだけでは、まだチッソの責任を問うには十分ではない。チッソの不法行為責任が成立するためには、水俣病発生の因果関係のほかに、なお、① それがチッソの故意または過失による行為にもとづくこと、② 被害者の権利・利益を違法に侵害したこと、③ 加害者に責任能力があること(この場合、これは問題にならない)、以上の三つが必要である。そのうち、①の故意・過失、とくに過失の有無がチッソの責任の成否を決定する中心的な問題である。この点について、チッソはすでに自己に過失がないと主張していることは、周知のとおりである。それにたいして、チッソの過失を事実にもとづいて明らかにすることが以下(第３部)の課題である。そこで、まず、過失とはなにか、それをどのように考えるのが正しいか、という問題から検討していくことにする。

1　過失の意義

過失は、ふつうつぎのように定義される。「過失とは、違法な事実の発生(または発生の可能性)を予見すべきなのに、不注意のためにそれを予見しないである行為をするということである。」このように、過失は、一定の事実の発生を不注意によって予見しないという行為者の主観的心理状態としてとらえられている(通説)。

ところで、過失論はどのような位置を占めているのであろうか。

不法行為の成立要件の一つである故意・過失の問題とは、加害者の原因行為によって一定の損害が発生した場合に、その損害を加害者と被害者のどちらに負担させるかの問題である。加害者の行為に故意または過失があれば、損害は加害者が負担すべきことになるし、故意・過失がなければ、発生した損害は加害者に負担させることはできず、けっきょく被害者の負担とされることになる。あるいは、むしろこういえば、より適切であろう。つまり、全体的判断として、発生した損害を加害者に負担させるべきだと考えられる場合に、加害者に故意または過失があると判断されるのであると。われわれは、過失概念についてのスコラ的な論議にとらわれて、こうした故意・過失論の意味を見失ってはならない。したがって、発生した被害が重大であり、それをひき起した加害者の行為、態度がいちじるしく違法性をおびるときは、全体としての責任判断もそれによって大きく左右されることはいうまでもない。

このように、不法行為の成立要件としての過失は、行為者に対する法的非難の原因であり、発生した結果(損害)にたいする賠償責任を行為者に帰せしめる根拠である。こうした過失の本質は注意義務の怠りにあるとみるべきか、それとも予見可能性にあるとみるべきか。一般には、過失とは予見可能性であるという命題が慣用されているので、まずこれについて検討しておこう。過失とは予見可能性であり、過失の有無はけっきょく予見可能性の有無によって決まるといわれる場合でも、そこでいう予見可能性が注意義務をぬきにして語られることはないといってよく、むしろ両者は同義と考えられているのが通例である。そうではなく予見可能性のなかにこそ過失の本質があるというのであれば、一定の事実の発生を予見することができたのにもかかわらず、それを予見しないで損害を発生させたところに非難の根拠があるとするものであろう。こうした考え方をすれば、予見可能性の有無が過失の有無を判断する決め手になる。もっとも、予見可能性は、当該行為者の認識能力ではなく、社会の平均的な一般人の能力(同種の事業を営む者が通常そなえている専門的知識を含む)を標準として客観的に定められることはいうまでもないが、いずれにしても予見可能性の有無が過失判断の決め手になるから、予見可能性がなければ、過失はないということになる。

しかし、過失における予見可能性とは、たんなる事実的な可能性ではないといわなければならない。たしかに、予見可能性がなければ過失もないという意味で、予見可能性は過失の構成要素の一つであるといってよい。しかし、ほんらい過失とは、当然はらうべき注意をはらいさえすれば予見できたにもかかわらず、注意を怠ったために予見しなかったということである。したがって、予見可能性は注意義務を前提とし、注意義務によって規定されるということに留意しなければならない。予見可能性が注意義務によって規定される以上、注意義務が高まれば、それに応じて予見可能性も大きくなるのは当然であろう。以上によって明らかなように、過失の本体は予見可能性ではなく、むしろ注意義務の怠りであるというべきである。すなわち、過失とは、違法な事実の発生を予見し、その結果たる損害の発生を回避すべき注意義務を怠ることである。

このように、過失は、簡単にいえば、一定の事実を予見すべき注意義務(予見義務)を怠ることであるが、予見の対象となる事実は、一般に、具体的な損害の発生ではなく、そのもとになる違法な事実の発生で足りると考えられている(通説)。したがって、たとえ具体的な被害そのものについて予見可能性がなくても、なんらかの被害が発生する危険について予見ないし予見可能性があれば加害者に過失がみとめられることになる。たとえば、安全性不明の工場廃水を無処理で放出していたとすれば、それが水生生物やそれを摂食する人の健康になんらかの有害な結果をもたらす危険については予見可能性があり、したがって過失はあるというべきである。こうした考え方が妥当であることは、たとえ具体的な被害そのものについて予見できなかったとしても、少なくとも廃水の無処理放出から生じうる危険について予見可能性があり、かつそれさえ予知して危険防止の措置を講じていれば、被害そのものの発生を防止しうるところからみても明らかである。

2　注意義務の内容

(1)　注意義務の程度－高度な注意義務

以上の検討をとおして、過失の本体は注意義務の怠りであることが明らかになった。したがって、行為者に期待されるべき注意義務がどのようなものであるかによって、おのずから過失の有無の判断も異なってくることはいうまでもないであろう。

ところで、危険な事業を営む者として、チッソはどのような注意義務を期待され、要求されるべきであるか。つぎに、この点について検討しよう。

一般的には、注意義務の程度は社会の平均的な普通人(一般人)を標準として定められる。平均的な普通人といっても、その人の職業や地位、環境なども考慮して客観的に判断される注意程度ということである。

このように、行為者の職業、地位なども考慮して判断されるから、行為者の行為の危険度が高まれば、それに応じて注意義務の程度も高まるのは当然である。すなわち、他人に被害を与える危険の大きい事業を営む者は、安全確保のため、一般人よりも高度の注意義務を要求される(たとえば、医師、食品や薬品の製造販売業者、交通事業・電気事業等を営む者など)。大規模な化学工業を営むチッソもまた、つぎの理由によって、高度の注意義務を課せられているといわなければならない。① 一般に化学工場は、危険な原料・触媒を使用し、複雑かつ危険な反応装置を経て、多くはそれじたい危険物である製品を生産している。生産過程においては、わずかの手違いから大規模な爆発が起る危険性があり、廃ガス・廃水などの工場廃棄物もおおむね危険な性状を有する。しかも、こうした危険性は、生産規模が拡大するにつれて増大する。安全確保のために、とくに高度な注意義務が要求されるゆえんである。② また、危険の発生源である生産過程はチッソの排他的な支配・管理のもとにおかれ、製造過程や製品についての専門的知識もチッソの独占するところである。住民は、工場がどれだけ有害な廃棄物を放出しているかということさえ知りえない状況におかれている。このような状況のもとでは、住民の側から危険を防止する方法はなく、それをなしうるのはチッソのみである。③ このように、危険の源泉は工場内部にあるから、その危険がいったん現実となるや加害者となるのはつねにチッソであり、住民は、逆に、つねに被害を受ける側に立たされている。両者の間には地位の互換性はない。危険な事業を営み、住民にたいしてただ加害者となる可能性のみをもつチッソが重い注意義務を要求されるのは当然であろう。④ 水俣工場は密集した市街地に位置し、工場排水口である水俣湾は内海にかこまれた二重湾であり、その周囲一帯は湾内を生活の場とする漁民の集落がとりまき、湾内の水産物はその重要な食料となっている。このように、周辺の住民に被害を及ぼす危険の大きい特殊な環境条件のもとで操業している以上、チッソは環境の安全について万全の注意をはらうべき義務がある。

以上、チッソは、その営む事業の性質、そのおかれた地位、その操業条件に応じた高度の注意義務を課せられているものといわねばならない。

(2) 注意義務の内容―安全確保義務

このように、チッソは、その事業によって作り出す危険を防止し安全を確保するために万全の注意をはらうべき義務を課せられているというべきであり、逆にそうした義務をつくすことを条件としてのみ、危険性をともなった企業の活動は許されるのだ、といわなければならない。したがって、チッソに要求される注意義務とは安全確保義務であるといってよい。

ところで、この安全確保義務はどのような内容のものと考えるべきであろうか。前述のように、過失の前提とする注意義務とは、違法な事実の発生または発生の可能性を予見すべき注意義務である。いいかえれば、他人の法益を侵害するおそれのある危険の発生を予知して、これを未然に防止すべき義務である。一般市民の生活においては、普通人を標準として通常求められる程度の注意をはらいさえすれば、安全確保のために特別の手段を講じるまでもなく危険の発生を十分予見しうるし、また、それ以上のことは期待されてもいないといってよい。しかし、高度な専門的知識と複雑な装置をもって大規模に営まれる事業においては、事情はそれと異なるといわなければならない。このような事業においては、危険の発生を予知し、それを未然に防止するためには、それを目的とする組織的かつ継続的な調査・研究を行うことが必要不可欠であり、そうした研究・調査体制なくしては安全確保義務を十分につくすことはとうてい期待できないであろう。したがって、危険の発生を予見し、それを未然に防止しうるかどうかは、そうした研究・調査が不断にかつ誠実に遂行されているかどうかにかかっているものといってもいいすぎではない。チッソもまた、その安全確保義務を具体的に遂行するに必要な手段として、当然、そのための調査・研究を行うべき義務を有していると考えなければならない。そうすると、危険の発生を予知し、それを未然に防止するに必要な研究・調査を怠り、その結果被害の発生を回避しえなかったとすれば、危険の発生を予見すべき注意義務の怠りは明らかであり、すでにその点で過失があるというべきである。

安全確保のためになすべき研究・調査の内容については、後に詳述する(第8章)。

3　チッソの論理

(1)　チッソは無過失を主張する

チッソが、危険な工場廃水を無処理で放出し水俣病を発生させたことについて過失はなかったと主張していることは、すでに述べたとおりである。ところで、チッソは、いかなる論理によってあえて自己の無過失を主張するのであろうか。ここでは、被告チッソの第二準備書面(昭和44年12月27日付)についてその論理を検討しておくことにしたい。チッソの無過失の主張は二つの部分からなっている。すなわち、第一に、チッソはメチル水銀による水俣病の発生について予見可能性がなかったと主張し、第二に、チッソは「水俣工場の排水処理につきその時々において当時の技術水準上あたう限りの努力を重ね」被害の発生を回避すべく努力したと主張する。以上二つのうち後者については、後述することとし、ここでは前者をとりあげて検討することにしよう。

チッソは、アセトアルデヒド製造工程中に塩化メチル水銀が生成するという事実は予知しえなかったとし、また、微量の塩化メチル水銀が魚介類を経由して水俣病を発生させるということも予想できないことであったと主張する。その主張の内容をつぎにもう少しくわしくみてみよう。

1) 塩化メチル水銀の生成について

まずこの点について、チッソは、熊本大学医学部の入鹿山らの研究(チッソ水俣工場の水銀滓から塩化メチル水銀を抽出)が発表される昭和37年半ば頃までは、アセトアルデヒド製造工程中に塩化メチル水銀が生成するという事実は理論上も分析技術上も予知しえないことであったと主張している。そして、その理由として、① 前記入鹿山らの発表以前には文献が見当らないこと、② 塩化メチル水銀の生成反応機構を理論的に解明することは非常に困難であり、塩化メチル水銀を分析・確認する前にその生成を予見することは不可能であること、③ 昭和36・7年以前の段階においては、有機水銀を分析検出しうる方法は未確立の状態であったことをあげている。

2) 水俣病発生のメカニズムについて

水俣病は、工場廃水に含まれる微量のメチル水銀が海中で魚介類の体内に蓄積し、それを人が摂取することによって起るメチル水銀中毒症であるが、メチル水銀がこのようなメカニズムを経て人に水俣病を発生させることを予想ないし予見することはまったく不可能であった、とチッソは主張する。その理由として、① 水俣工場と同じ方法でアセトアルデヒドを製造してきた工場はほかにも多数存在するが、かつて水俣病が発生したという例をみないこと、② 微量の塩化メチル水銀が魚介類への移行、蓄積を経て人にメチル水銀中毒症を発生させるという考え方は、水俣病の発生後における研究の結果はじめて提唱されるにいたったもので、発病当時はこのような理論はなかったこと、をあげている。なお、チッソは、水俣病発生のメカニズムについてはまだ多くの疑問点があると主張して、水俣病がチッソ水俣工場の廃水に起因するということ(水俣病発生の因果関係)を、いまもってみとめていない。

以上１)、２)の理由をあげて、チッソは、けっきょくつぎのように結論する。

「仮りに被告水俣工場のアセトアルデヒド製造設備の排水中に存在した塩化メチル水銀と水俣病とが何らかの経路を経て結びつくとしても、被告は、前述の如く昭和37年半ばになって塩化メチル水銀が抽出、分析検知されるに至るまで、右排水中に塩化メチル水銀が存在することを到底認識しえず、認識せざるにつき過失はない。まして、右排水中の塩化メチル水銀が海中で魚介類に蓄積し、これを摂取した人間が水俣病に罹患するに至るという経路を認識することは全く不可能であって、これまた前記の如き理由から認識せざるにつき過失はない」と。

(2) チッソの論理の分析

1) 予見対象の限定

以上がチッソの主張の内容であるが、つぎにその論理の特徴を前述の過失の考え方に即して検討してみよう。

まず、チッソは、予見ないし認識の対象を塩化メチル水銀に限定してしまう。そして、塩化メチル水銀がアセトアルデヒド製造工程中に生成することは予見しえなかったといい、また、同じく塩化メチル水銀が工場廃水に含まれて流出し、それが海中の魚介類に蓄積し、その魚介類を摂取した人間に水俣病を発症させることも予見しえないことであったと主張するのである。このように、チッソは問題を塩化メチル水銀の生成、流出、蓄積ということにきわめて狭く限定し、それについて予見可能性の有無を問題にするのである。しかし、すでにみたように、予見ないし認識の対象となる事実とは水俣病という具体的な被害の発生そのものである必要はなく、そのもとになる違法な事実の発生で足りるのである。したがって、かりに塩化メチル水銀の生成、流出、蓄積による水俣病の発生について予見可能性がなかったとしても、安全性不明の廃水をたれ流してなんらかの被害を発生させる危険について予見ないし予見可能性があれば、過失はあるといわなければならない。後に述べるように、チッソは塩化メチル水銀の生成という副反応物生成機構の解明をも含めて、工場廃水の安全を確保するために万全の注意をはらうべき義務があるが、たとえ塩化メチル水銀の生成を認識することができなかったとしても、安全性不明の廃水から生じうる危険を予見し、それを未然に防止するために必要かつ十分な処置を講じてさえいれば、水俣病の発生をも回避しえたことは明らかである。

以上によって明らかなように、予見の対象をことさら塩化メチル水銀に限定するチッソの論理は、その無過失の主張を正当化するために考え出された「いいのがれの論理」であるといってよい。

2) 安全無視の論理

チッソは、「予見義務－予見可能性の不在－」と題してその主張を述べているが、予見義務はけっきょくお題目にすぎず、いうところの予見可能性とは、注意義務を前提としない、たんなる事実的な可能性にすぎない。しかし、すでに明らかにしたように、まさに注意義務の怠りこそ過失の本質であり、注意義務が高まれば、それに応じて予見の可能性も大きくなるというように、予見可能性は注意義務を前提にし、むしろそれによって規定されるべきものである。チッソが、その事業によって作り出す危険を防止して安全を確保するために、万全の注意をはらうべき義務を課せられていることは、上に述べたところからすでに明らかである。したがって、自己に課せられた注意義務(安全確保義務)についてはほおかぶりして、あたかも他人事のように予見可能性を云々することは、過失の考え方として誤りであるばかりでなく、自己の責任をタナ上げする無責任きわまる論理であるといわなくてはならない。チッソはしきりに予見できなかったというが、それは注意を怠ったために予見できなかったというにひとしい。

すでにみたように、チッソは、アセトアルデヒド製造工程中に塩化メチル水銀が生成するという事実は、昭和37年半ば頃、熊大の入鹿山らがチッソ水俣工場の水銀滓から塩化メチル水銀を抽出、同定するまではこれを予知できなかったという。入鹿山らは、水俣病が発生し重大な社会問題と化したあと、チッソ側のさまざまの妨害に会いながら必死につづけられた原因究明の途上で、まったく幸運にもかろうじて塩化メチル水銀の抽出に成功したのである(第3章・11章参照)。したがって、現実に水俣病が発生し、その原因の究明が行われなければ、このような研究もありえなかったことは明らかであると同時に、たとえ懸命の原因究明が行われたとしても、入鹿山らのようにつねに塩化メチル水銀の抽出に成功しうるという保証はない。しかし、チッソの主張によれば水俣病という恐るべき結果が発生し、その原因究明のため、工場外の医学研究陣が苦心のすえに塩化メチル水銀を検出、確認するまでは、チッソがそれを知る可能性はなかったというのである。また、水俣病の発生についても、チッソは、それが工場廃水に含まれるメチル水銀が魚介類に蓄積することによって発生するということは、水俣病が現実に発生したのちにようやく明らかにされたことであるから、発生前にそれを予見することはまったく不可能であったという。要するに、そういうことは水俣病が発生してみてはじめてわかったことであり、それが発生するまでは知りえないことであったというわけである。しかし、安全性不明の工場廃水を分析さえしないで無処理排出し、その恐るべき結果が発生して、はじめて廃水中に有毒物質が含まれていること、それが海中の魚介類に移行、蓄積して水俣病を発症させることが判明したというのでは、もはや手遅れであることは明らかである。にもかかわらず、チッソは、こうした人体実験を経たあとでなければ、およそ工場廃水による被害の発生を予想することはできなかったと主張するのである。チッソの論理は、あえて人体実験をも容認してはばからぬ論理であるといってもよい。

チッソは、自己に課せられた注意義務を怠り、安全性不明の工場廃水を無処理のまま流しつづけた。その結果、現実に被害が発生し、廃水が有害であることが判明して、はじめて無処理放出を断念したのである。これを正当化しようとするチッソの論理が安全無視の論理であるほかないことは明らかである。そして、安全無視の論理が人間性を無視し人体実験の思想にまで行きつくのは、事柄の性質上、必然的である。チッソのこうした安全無視の考え方こそ水俣病をひき起した根本原因であるといわなければならない。

４　われわれの過失論の構成

チッソの徹底した安全無視の態度こそ水俣病をひき起した根本原因であるとすれば、われわれはチッソの企業体質にまでさかのぼってその責任を明らかにしなければならないであろう。われわれの過失論がチッソの企業体質を究明することからはじまるゆえんである(第７章)。われわれは、安全性の考え方を根底にすえてチッソの企業体質を明らかにする。具体的には、その指標としてチッソの代表的な技術をとりあげて分析し、それによってチッソが安全無視型企業の一つの典型であることを明らかにする。そして、このような体質をもつ企業がとりわけ危険な化学工場を運転するとき、どのような結果が生じるかを、水俣工場における労働災害の実態と過去の環境汚染の事実をもって示す。これによって、水俣病がまさに起るべくして起きたということが実証されるであろう。

つぎに、われわれは、チッソが安全確保のためにいかなる研究・調査をなすべきであったかを具体的に明らかにし、チッソがそれらの研究・調査をことごとく怠っていた事実を明らかにする(第８章)。工場運転から生じる危険を予知し、それを未然に防止するために必要なこれらの研究・調査を怠っていたところに、チッソの過失はすでに明白である。しかも、チッソは、水俣病が発生し、その発生源として水俣工場の廃水が疑われた段階においてもなお安全のための研究・調査を怠りつづけたのである。ところで、一般に工場廃水の危険性は、過去における幾多の汚染事件によって、水俣病が発生するまえからすでに周知の事柄であり、廃水処理はむしろ常識に属することであった(第９章)。われわれは、過去の工場廃水による環境汚染の実態を明らかにし、すでに戦前からはじまる廃水にたいする法的規制の動きをみることによって、そのことを明らかにする。微量の有毒物質が魚介類の体内に蓄積することも、水俣病の発生前にすでに知られていた。こうした事実を前提にすれば、チッソが安全性不明の工場廃水を無処理で排出すればいかなる結果を生じうるかは十分予想できたはずである。しかるに、チッソは水俣病が公式に発見されて重大な社会問題となった後も、そうした結果を予見できなかったという。それはチッソの過失いがいのなにものでもない。

以上によって、チッソの過失はすでに十分明らかであると思うが、われわれはさらに、チッソの廃水処理の実態を明らかにしよう(第10章)。すでに述べたように、水俣病発生前においても、廃水処理が必要であることは常識の部類に属していた。しかるに、チッソは水俣病が発生し、それが重大問題になるまで無処理排出をつづけていたのである。チッソが廃水処理に乗りだすのは、水俣病発生後しばらく経ってからのことであるが、追いつめられてようやく始めた廃水処理もきわめて不十分なものであり、けっして万全を期したものとはいえない。その結果、昭和43年チッソがアセトアルデヒドの生産を停止するまで汚染はつづいたのである。チッソが、「水俣工場の排水処理につきその時々において当時の技術水準上あたう限りの努力を重ねてきた」と主張し、それをもって自己の無過失の論拠にしていることは、すでに述べたとおりである。われわれは、その主張を事実にもとづいて一つ一つ反論するであろう。

なお、第10章は、われわれの過失論からすれば補足的な部分である。危害防止のために相当ないし最善の措置をとったかどうかは本来の過失論の問題ではなく、そうした措置を講じたからといって当然に免責されるものではないからである。

第7章　チッソの企業体質

1　基本的視角－安全性の考え方

いわゆる“公害”は「事業体が一般公衆や地域社会の迷惑やあるいは自然環境の破壊の可能性を考える前に、事業体の利潤を優先して考え、工業廃棄物をほとんど無制限に環境に放出していることからおきている[1)]」。企業の生産活動によって環境を汚染、破壊してはならず、また、住民の生命・健康を破壊することが許されないのは自明であるのに、現実には企業は、利潤優先の立場に立って環境の安全をかえりみないから、住民の生活はたえず危険にさらされ、その生命さえ脅かされてきた。その主たる場合が工場廃棄物の問題であることは周知のとおりである。工場廃棄物を放出するのはいうまでもなく企業であり、一方住民は企業が工場で何をどのように生産しているか、またどういう廃棄物を放出しているかは知る由もないから、企業は本来住民に対して安全確保の義務を一方的に負っているはずである。しかし、企業は工場廃棄物を無制限に放出して公衆の安全を無視し、国や地方自治体も「この程度の量や濃度では危険ではないと思う」とか「有害であることはまだ証明されていない」などといって、企業を擁護してきたのである。従って、そもそも工場廃棄物の放出はいかなる場合に許されるのかという根本的な考え方を確立しないかぎり問題は解決しない。工場廃棄物が有害であることが証明されてさえ、多くの場合企業は無責任にもその放出をやめはしないが、それが有害であることが証明されないかぎり企業は工場廃棄物の放出を許されるのであろうか。

核爆発実験の放射能汚染をめぐっても同じ問題がおこった。死の灰が地球上にふりまかれているときに、一部の論者は、科学的に降灰放射能の害を証明することはできないから核爆発実験は許されると主張した。米原子力委員のノーベル賞学者リビー博士は「許容量」を楯にとり、原水爆の降灰放射能は天然の放射能に比べると少ないからその影響は無視できると主張した。微量の放射能の害は、すぐ病気にならない、すなわち急性症状を示さないところに非常に困難な問題があった。武谷三男らは、①「許容量」というのは無害な量ではなく、どんなに少ない量でもそれなりに有害なのだが、どこまで有害さをがまんするかの量、すなわち有害か無害か、危険か安全かの境界として科学的に決定される量ではなく社会的な概念であること、②「害が証明されない」というが、現実にそういうことをやってみてそうなるかどうかがはじめて証明されるというのでは科学の無能を意味し、降灰放射能の害が証明されるのは、人類が滅びるときであり、人体実験の思想にほかならないこと、③ 放射能が無害であることが証明できない限り核実験は行うべきではないというのが正しい考え方であることを明らかにした。[2) 3)]

この武谷らの考え方は、原水爆実験のみならず工場廃棄物の放出にもあてはまる、安全性についての根本的な考え方を示す。

工場廃棄物の放出が許されるのは、それが無害であるという確証がある場合でなければならない。工場廃棄物の害も急激にあらわれる場合もあるが、急性症状を示さない場合が多い。危険であることが実証されるのは、環境が汚染・破壊され、住民の生命・健康が破壊されるときである。危険であることが証明されていないから廃棄物を放出するということは、地域住民を人体実験に供することにほかならない。

かかる安全性の考え方を確立することなしに、自然環境や公衆の生命・健康を企業の生産活動から守ることはできない。この安全性の考え方は、日本においては世界でも有数の工業生産が高密度の人口のただ中で行われているという条件、国民が動物性蛋白質の多くを水産物にたより、いまなお相当程度沿岸漁業に依存しているという条件により一層重視されなければならない。[4)]

ある産業と他の産業との関係は本来平等であり、一方が他方を犠牲にするということは許されてはならないのである。

以上の考え方にたって、以下、われわれはチッソの企業体質を分析する。

1）三宅泰雄：核兵器と放射能，新日本新書，1969.

２)武谷三男：原水爆実験, 岩波新書, 1957.
３)武谷三男編：安全性の考え方, 岩波新書, 1967.
４)新潟水俣病原告第二準備書面輔佐人補足陳述

２　チッソは安全無視型企業の典型であった ーチッソ技術の分析

われわれは、次に“チッソの技術”の分析を行うことによって、チッソの企業体質を明らかにする。戦前から「チッソの技術—技術のチッソ」といわれ技術こそチッソの象徴であった。「技術とチッソを結びつけた表現は天下に通用した」[1]。チッソの技術を分析することは、同時にチッソの企業体質を分析することにほかならないのである。

(1)　チッソは自ら日本における最高水準の技術を誇る企業であった

チッソの技術を分析するために、われわれはまずチッソの技術史を概括しておこう。

1)　新興財閥としての地位を確立するまで

チッソ株式会社の前身は日本窒素肥料株式会社である。同社は野口遵によって明治41年に設立され、熊本県水俣においてわが国最初のカーバイドの“大工業的事業”に着手したが、明治42年にはフランク・カロー式石灰窒素法による肥料工場を水俣に建設、わが国における最初の空中窒素固定工業に成功した。[2] これはドイツのA. G. Für StickstoffdüngerのKnapsack工場の石灰窒素製造開始におくれることわずかに１年にすぎない。この石灰窒素は、硫安に変成して販売されるようになったが、第一次大戦による輸入途絶によって硫安価格が２倍以上に暴騰したため、日本窒素は莫大な利潤を蓄積した。(昭和12年に発行された『日窒事業大観』は「当社の利益は非常なる額に達し、大正６年には２割５分の配当、７年、８年には３割の配当を続けた上、年々200万円以上の償却をなし、９年の上期には実に10割４分という高配当をなした。９年３月には一挙に１千２百万円の増資を行ない、資本金は２千２百万円となった」とのべている。）

一方、1910年、ハーバー・ボッシュのアンモニア合成実験が成功、第一次大戦が長びくにつれ「各国政府は総ゆる犠牲を惜しまず其の確立を切望するに至った」[2)]。野口は大正３年には『工業上より見たる空中窒素固定法』という一書を刊行し「石灰窒素法は譬へば蒸汽船の如くアンモニア合成法は航空船にも譬ふべきものなり」[3)]とのべていたが大正10年、まだパイロットプラント規模であったカザレーのアンモニア合成法を100万円で購入することに成功した。そして大正12年宮崎県延岡に工場を建設、世界ではじめてカザレー式合成アンモニアを工業化した。大正15年にはその単位能力を３倍にし圧縮機などの能力も日本一の規模で水俣工場に第二のカザレー式新工場を建設した。合成アンモニア工業は高温高圧で触媒を使用する代表的な重工業的化学工業であり、その成立は日本の化学史上重要なエポックを画するものであった[4)]。

このカザレー法合成アンモニアの成功により、日本窒素はその発展の基礎を確立する。

しかし、カザレー合成工場は「創業当時は度々の事故を惹起し苦難の道が続いた。何と云っても之に従事する者は高圧工業には当時は全く素人の20才台の青年技術者達と工場経験のない工員であり、指導者としてのカザレー博士……すら、イタリーでは実験装置の操作しか経験がなく、カザレー法が世界でも初めての工業化の事とて思わざる処に思わざる事故が瀕発し、大きな不安と神経の消耗は少なからざるものがあった。例えば圧縮機の各部から突然ガスが噴出したり、各段配管の破裂、ガス引火、圧力計ブルドン管破裂、アンモニアゲージグラス破裂等々之等小事故さえも、その都度耳をつんざくような音響に続く引火」を起した。「創業当時の大きな事故としては、昭和２年12月……系統パイプバルブが破裂……地下溝にこもったガスが引火爆発し、一瞬にして屋根窓ガラスの殆んど全部を吹飛ばしてしまい、其後、昭和３年11月に４号圧縮機６段が前記程度の事故を起した。其他中小幾多の事故があり、従業員は勿論、町の人々までまかり間違えば町も一瞬にして吹飛んでしまうという恐怖の念を懐いていた[5)]」。事故の度に「工員」の家族は肉親の安否をきづかって工場正門に殺到する。そうすると工場は正門をぴたりと閉鎖してしまう。家族たちはその閉鎖された正門をよじのぼって、夫を出せ、子供を出せ、と絶叫したのであった。

一方、昭和３年ドイツ・ベンベルグ社より銅アンモニア法人絹製造の特許を購入して日本ベンベルグ絹糸(現旭化成工業)を設立、昭和６年宮崎県延岡に工場を建設して人造絹糸の生産を開始した。そして大正15年、朝鮮水電株式会社、昭和２年には、朝鮮窒素肥料株式会社を相ついで設立、以降赴戦江20万キロワット、長津江36万キロワットなどの一大水力電気を興し、北鮮興南[†18]において、カザレー式合成アンモニアによる大硫安工場をはじめ、カーバイド、石灰窒素、油脂、ソーダー、金属、カーボン等わが国第１、世界有数の電力—化学コンビナートを建設した。

この興南工場の建設は、日本の朝鮮植民地支配をすすめるための「朝鮮工業化政策」にいち早くそったもので朝鮮総督府や軍部との密接な連携のもとに行われた。興南工場用地買収には憲兵が立会ったと記録されている。

藤原銀次郎は、この興南工場建設事業を評価して「興南工場に比較できるのは三井の大牟田工場、住友の新居浜の工場のみである。大牟田、新居浜は、日本有数の財閥が古くから存在する確乎たる基盤の上に立って何十年かの歳月をかけてやったものだが、興南は財閥の背景もなく比較的短時日の間に建設された[6)]」とのべている。

興南の電力—化学コンビナートの建設費は、興南工場・赴戦江各発電所が１億３千万円、長津江各発電所が４千万円(昭和12年まで)であった。日本窒素はこの膨大な建設費の調達にかなりの苦心を払ったが、特に昭和８年長津江の水力開発をめぐって、それまでの主力銀行であった三菱銀行との関係がたたれた。以降日本窒素は興銀、朝鮮銀行などの国家資金への依存を深めていく。

しかし、この興南における電力—化学コンビナートの建設稼動によって日本窒素は新興財閥としての地位を完成したのであった。

『日窒事業大観』は「現在60数種に及ぶ当社の化学工業製品は、各部門とも、いずれも大規模な工業的設備によって、はじめて製造し得られるものであって、その一つを理解するだけでも多くの紙数と深い専門的知識を必要とする。実に当社の事業はわが国における代表的化学工業の一大総合ともいうべく、その製造工程の説述は自から本邦化学工業の生けるエンサイクロペディアをなすであろう」と自ら誇ったものである。昭和16年には、朝鮮窒素肥料株式会社を吸収合併し、資本金4億5千万円となった。

2) 有機合成化学工業の展開

日本窒素を新興財閥たらしめた三つの技術―フランク・カローの石灰窒素法、カザレーのアンモニア合成法、ベンベルグ社の銅アンモニア法人絹製造法は、日本窒素がいずれも旧財閥に先がけてその特許を購入し自社技術化したものである。しかし、野口遵の「カザレーの方法にしてもベンベルグにしても、世界の尖端をいく事業をやっておるだけに、明日にもこれ以上の方法が出るかも知れない。そうなったら僕の事業はどうなるのだ」[6]という意識は、一にも二にも新技術の開発にかりたてていく。

「新興財閥は旧財閥のような古い蓄積の基礎をもたない、とくに銀行など金融機関を欠く、それから旧財閥における鉱山のごとき資源の独占的所有もない。それで旧財閥との競争で、たえず技術革新の先頭をきり、超過利潤をかせぎ、重化学工業部門の支配圏を拡大しなければならなかった」[7]のである。世界の化学工業は、1920年のシュタウディンガーの有機合成化学の理論の完成を出発点として昭和5年頃からようやく新しい段階へ移行をはじめ有機合成化学工業が開花していく。そして戦争の必要性はゴム・石油・絹の分野での合成工業を大規模に企業化することを可能にしていった。[4]

チッソの新技術の開発の方向も必然的に有機合成化学にむけられた。その第一は、カーバイドからのアセチレン有機合成化学の展開であり、その第二は石油の合成である。

アセチレン有機合成化学についてみると、チッソは、昭和7年、アセトア

III-1表　水俣工場におけるアセチレン有機合成化学の展開（終戦前）

品名	研究開始	工業化開始	生産量又は生産能力														備考
			昭和7年	8	9	10	11	12	13	14	15	16	17	18	19	20	
アセトアルデヒド	大正14年	昭和7年	†19 210	1,297	2,583	3,628	5,134	6,252	7,386	9,063	9,159	8,700	8,480	7,470	7,296	2,264	生産量 トン／年
酢酸	〃	〃	484	1,859	3,436	4,510	6,208	7,454	9,424	10,068							生産量 トン／年
無水酢酸	昭和5年	9	—	—	1	1	30	30	30	30	30	30	30	40	40	40	生産能力 トン／月
アセトン	〃	11	—	—	—	—	30	60	120	160	160	160	160	160	160		生産能力 トン／月
酢酸エチル	11	14	—	—	—	—	—	—	—	—	—	84	111	178	167	76	生産量 トン／年
▽酢酸ビニール	9	〃	—	—	—	—	—	0.5	1.5	24	60	90	120	85	350	906	生産量 トン／年
▽酢酸せんい素	6	9	—	—	2	10	11	13	13	99	194	88	122	233	261	24	生産量 トン／年
酢酸人絹	10	12	—	—	—	—	—	2,900	6,400	6,000	2,100	—	—	—	—	—	生産量 ポンド／年
▽酢酸スフ		14	—	—	—	—	—	—	—	2,400	7,900	11,200	6,020	6,051	—	—	生産量 ポンド／年
アクリル硝子	12	19	—	—	—	—	—	—	—	—	—	—	—	—	10	10	生産能力 10トン／月
有機ゴム薬品	〃	16	—	—	—	—	—	—	—	—	—	—	86.2	98.2	50.0	10.3	生産量 トン／年
▽塩化ビニール	〃	16	—	—	—	—	—	—	—	—	—	7	45	77	116	16	生産量 トン／年

注 ① ▽印は日本ではじめて工業化されたもの。
② 資料「日本窒素の歩み」ほか。未記入欄は不明。
③ 有機ゴム薬品はアルドールアルファーナフチルアミンとブチルアルデヒドアニリンの合計量を示す。

ルデヒド‐合成酢酸の製造に成功したのをはじめ、無水酢酸、アセトン、酢酸エチル、酢酸ビニール、酢酸せんい素、酢酸人絹、塩化ビニールなどの誘導品を次々と開発、工業化していった。これらの各種アセチレン誘導品の工業化は、外国から技術導入したものは皆無であり、すべてチッソが独自に技術を開発し、しかもその多くは日本ではじめて工業化されたものである。そのアセチレン有機合成化学の展開の場は、主に肥料生産の重点が興南工場に移されたあとの水俣工場であった。後に興南工場において年産9万トン(昭和16年18万トンに増設)の大カーバイド工場が建設され、アセトン、メタノール、エチレングリコールなどの生産が大規模に開始されていった点からみると、水俣工場は興南工場を本プラントとする実験工場の立場も附与されていたといえよう。水俣工場で工業化された主要なアセチレン誘導品はIII–1表の通りである。

これらのアセチレン誘導品は最初は大正末期よりヨーロッパやアメリカで急速な発展をとげつつあった酢酸人絹工業との関係で企図されたといわれる。野口遵は早くからこの酢酸人絹工業に着目、アメリカより酢酸人絹「セラニーズ」の特許を購入するよう努力したが成功せず、代ってベンベルグ人絹技術をドイツから購入したのであった。そこで野口は自社技術による酢酸人絹の開発を命じた。無水酢酸、アセトン(酢酸せんい素の溶解紡糸用として最適と考えられた)酢酸せんい素などの研究が酢酸製造開始と並行してはじめられたのはそのためである。[5)]

しかし、昭和12年の日中戦争、昭和16年の太平洋戦争と戦争の拡大・苛烈化は、酢酸、アセトン、ブタノール、メタノールなどの基礎的有機合成品の「軍需向、新規需要を急激に増大せしめ、軍給の関係は極めて逼迫した事態が立至る傾向が現われ……航空機を中心として軍の科学的兵器全般に亘る急速なる進歩は、続々と新しい合成化学品を要求すること切となり……種類に於ても量に於ても余りに大且つ急激なる変化」[8)]を生ぜしめた。昭和15年には「有機合成事業法」が制定されている。チッソのアセチレン有機合成化学は、かくして生じた膨大な軍事需要によって急速な発展をとげていった。

例えばアセトンは航空機用のドープ塗料やフイルム・アクリル硝子用に、酢酸ビニールは防弾タンクや防弾ガラス用に、酢酸せんい素は航空機ドープ用に、酢酸スフは羊毛の代用品に、アクリル硝子は航空機用にというように、軍需が急増し、いずれも軍部から増設につぐ増設をせまられた。

太平洋戦争当時の「水俣工場全体としての利用率は、航兵総26%、陸軍14%、海軍10%、民需50%の割合であったが、硫安を除いては殆んどが軍需品で原材料も、航兵総、九軍艦、艦本、工廠化学局各所から割当てられた」[5]。戦争の苛烈化にともない日本の化学産業がもっとも軍部から要求されたものは、当時血の一滴といわれた石油の合成であった。特に昭和15年以降は航空配合燃料イソオクタンの生産が焦眉の急となっていく。

チッソは昭和11年北鮮[†18]阿吾地に石炭直接液化をはかる灰岩工場を建設、ガソリン2万トン／年を生産した。また、昭和14年には興南にアセトアルデヒドより複雑なプロセスをたどる年産30,000キロリットルのイソオクタン工場を建設した。これらの石油合成工業にあって注目すべきは、チッソの独自技術によって工業化されたのでなく、石炭直接液化の場合には海軍のもっていた水素添加の秘密特許が、イソオクタン工業化の場合には徳山海軍燃料廠のブテン異性化法が使われている点である(公表された灰岩工場の写真には羅津要塞司令部の許可印が押されている)。チッソの技術はここに至って完全に軍事技術化したのであった。

3)　水俣工場の戦後の発展

しかし、昭和20年空襲によって水俣工場は大被害をうけ、日本窒素は、その全力を傾注した北鮮[†18]電力―化学コンビナートをはじめとする全財産の80%に及ぶ海外資産を失い、新興財閥野口コンツェルンは事実上崩壊するに至った。

日本窒素はやむをえず、唯一つ残った水俣工場によって復旧に着手する。

水俣工場は昭和23年まで肥料関係の復旧合理化を完了、昭和24年以降、軍需を喪失して構造転換をせまられながら、有機合成化学の復旧、整備、合理化に入っていく。他方、海外資産喪失による混乱整理、過去の経理面の重圧から解放されるため、企業再建整備法により、昭和25年１月、日本窒素の現有する工場、発電所等の設備をすべて承継する第二会社——新日本窒素肥料株式会社が設立され、日本窒素肥料株式会社は解散した。なお、新日本窒素肥料株式会社は昭和40年1月1日、チッソ株式会社と改称して今日に至る。

自らの戦前からの高度の技術的蓄積に加え、興南工場をはじめとする海外での日本窒素の技術はすべて水俣工場に承継された。

昭和24年には、塩化ビニールの生産を再開、27年にはそれまで輸入椰子油、同糖密などを原料として生産されていたオクタノール(塩化ビニールの可塑剤であるDOPの原料)をアセトアルデヒドから誘導合成することにわが国ではじめて成功した。このオクタノール製造技術の基礎になったのは、前述した朝鮮興南工場におけるイソオクタン製造技術であった。そして、昭和28〜29年頃より、水俣工場の塩化ビニールやオクタノール、その中間原料たるアセトアルデヒドなどは増産につぐ増産を重ね、水俣工場は再び日本でトップクラスのアセチレン有機合成化学工場としての地位を確立する(オクタノールは市場を独占して塩化ビニール拡販の強力な武器になると共に、膨大な創業者利潤を生み出し、昭和34年に至っても市場占拠率64%を示した。これにともない、アセトアルデヒドの生産量もまた一貫して日本一の地位にあった)。

昭和30年、新日本窒素が発行した『事業概要』は、社長あいさつとして「当社水俣工場は創業以来50年に垂んとし、この間いくたの変遷がありましたが、終始わが国化学工業の先駆的役割を果し、逐年その声価を高めております…」といい、また、同社の特徴の一つとして“豊富な経験と優秀な技術”をあげて「化学工場における長年の歴史と朝鮮興南工場等で大規模に実地の運転を行った優秀な技術は現在においても、当社の強みの一つであります」とのべている。やがて昭和30年代の中頃以降、アセチレン有機合成化学は石油化学に逐次道をゆずるに至るが、それまで水俣工場は創業以来常に日本の化学工業の中で、最高の生産技術を有する工場であったのである。

(2) 代表的な二つのアセチレン有機合成技術の分析

以上のべてきたチッソの技術のすべてを分析することは紙数の関係で不可能であり、また必要でもない。そこでわれわれはチッソの技術の中から代表的な二つの技術―第二次大戦前の水俣工場のアセチレン有機合成化学の基礎となったアセトアルデヒド酢酸合成技術、ならびに戦後の水俣工場の発展の出発点となった塩化ビニール製造技術を選び出し、その製造技術の水準ならびに運転と労働の実態を分析しよう。

1)　アセトアルデヒド酢酸合成技術

i)　その技術の優秀性

「わが国における戦前のアセチレン有機合成の歴史は一語でつくせば合成酢酸の製造史」[9)]といわれる。第一次大戦中ドイツにおいて合成酢酸が発明されたが、その低コストは直ちにわが国酢酸市場を圧迫した。そこで酢酸石灰法若しくは木材乾留法で酢酸を製造していた国内メーカーはカルテルを結成、国産技術による合成酢酸の製造を目指す。この研究は大正14年大阪市立工業所(所長高岡斉・担当技師渡辺卓郎)に委嘱され、渡辺らは昭和2年には合成酢酸技術を確立、日本合成化学研究所(昭和4年日本合成化学工業株式会社と改名)が設立されて、昭和3年には日本最初の合成酢酸が製造されるに至る。

「アセトアルデヒド合成の主要な形態は長い間知られていたが……この方法を拡張しようとする初期の企ては二つの重要な技術上の困難に遭遇した。第一はアセトアルデヒドが酢酸触媒溶液から容易には除去できず溶液中に蓄積し、ために望ましくない縮合生成物を生ずる傾向のあることである。

第二は、水銀触媒は金属性水銀に還元されるか、或いは高度に不溶解性の有機水銀誘導体に変化するか、或いはタール状縮合生成物で覆われるかして、多少乍ら急速に不活性化されることである。無数の特許化された改良法のほとんどすべては、これら二つの困難を克服するために提案された方法からなっている」[10)]。

日本合成が合成酢酸を工業化するに当っての難点も、アセチレン加水反応を行う容器の材質(耐酸性にしてかつ水銀に侵されないことが必要)アセトアルデヒドの抽出法、不活性化した触媒の復活方法、酢酸合成の際の爆発防止などにあった。[8)]

日本合成の技術はこれを次の方法によって解決した。

〈容器の材質〉 含硅素クロームニッケル鋼を採用。
(渡辺卓郎、日本合成、特許公告2047、昭和５年５月23日)

〈アセトアルデヒド抽出法〉 水加工程と分離工程を別々に行い、水加液を水加室とアセトアルデヒド分離室とにおいて、急速に循環せしめかつ細雨状に落下せしめて、急速かつ好条件でアセトアルデヒドを抽出する。
(渡辺卓郎、日本合成、特許公告2977、昭和５年７月28日)

〈不活性化した触媒の復活方法〉 触媒は硫酸第二水銀、硫酸第二鉄を使用。復活方法はコバルト塩少量を添加し、反応後触媒力を失いたる水銀塩を電気的に酸化して活性化する。
(渡辺卓郎、青木仙之助、特許公告3419、昭和２年８月24日)

〈酢酸合成時の爆発防止〉 特許なく明確でない。『日本合成工業株式会社30年史』によってみると、酸素酸化法であるが、その有する特許は空気酸化法のみである。
(特許公告２、昭和２年１月12日、特許公告285、昭和２年２月９日)

これに対して日本合成に一歩おくれ、昭和７年に工業化された水俣工場のアセトアルデヒド酢酸合成技術はいかなる特徴を有したか。

〈容器の材質、アセトアルデヒド抽出法、不活性化した触媒の復活方法〉この三つを有機的に結びつけ一挙に解決を図った抜本的なものであった。すなわち、アセトアルデヒドの抽出は、熱交換器を有する水蒸気蒸留装置を用い、その上方に精溜器を備えつけて一挙にアセトアルデヒドを製造する。アルデヒド抽出後の硫酸溶液は、二酸化マンガンを用いて連続的に酸化し金属水銀の析出を防止する。金属水銀を析出しないため反応容器の材質は、クロームニッケル鋼のごとき高価な材質を使わなくても廉価な硬鉛でいい。連続繰返し使用した母液は、硫酸マンガンの含量が増加してゆくので、ある程度に達すると母液の一部を抜出し、別に硫酸と酸化水銀を添加して母液の活性を維持する。

特許公告にいわく、「水銀塩ヲ含有スル硫酸溶液ニ『アセチレン』ヲ通シテ『アセトアルデハイド』ヲ製造スル既知ノ方法ニ於テハ、イズレモ水銀塩ノ還元ヲ来シ少時間ニシテ其ノ活性ヲ失フモノナリ……既ニ活性ヲ失ヒタル水銀塩ヲ復活又ハ回収スル幾多ノ方法アレドモ水銀ノ回収率ハ未ダ良好ナル結果ヲ与フルモノナク、此ノ高価ナル水銀ノ損失ハ実ニ『アセトアルデハイド』製造上ノ経済的使命(ママ)ヲ制スルモノニシテ、然モ水銀ノ回収ハ一般ニ操作煩瑣ニシテ衛生上有害ナリ……本発明人ハ『アセトアルデハイド』ヲ分離セル後ノ硫酸溶液ヲ絶エズ適当ノ酸化剤ヲ以テ完全ニ酸化スル時ハ水銀塩ノ還元ヲ根本的ニ抑止シ得ルコトヲ発見セリ……本発明ノ要旨ハ実ニコノ連続的ノ酸化ニ在リ。而シテ此ノ連続的酸化ノ目的ヲ充分ニ遂行センガタメ連続的ニ水蒸気蒸溜ヲ行ヒテ完全ニ『アセトアルデハイド』ヲ硫酸溶液ヨリ分離スルノ必要ヲ生ズルナリ。斯クノ如ク連続的ノ水蒸気蒸溜操作ト連続的ノ酸化操作トノ結合ニヨリ水銀塩ノ活性ヲ永ク保持シテ連続的ニ『アセトアルデハイド』ヲ製造シウルモノトス。其結果本発明ノ方法ニ従ヘバ……操作ハ連続シテ平均ニ行ハルルヲ以テ多量生産ニ適スルノミナラズ……接触剤トシテ使用スル水銀ノ量ハ従来ノ方法ニ比シ極メテ少量ヲ以テ足リ然カモ高価ニシテ有毒ナル水銀ノ回収ヲ行フノ必要無キガ故ニ経済上最モ廉価ニ『アセトアルデハイド』ヲ製造シ得ラルルモノトス。」
(橋本彦七、井手繁、日本窒素肥料株式会社、特許公告4268、昭和６年11月16日)

〈酢酸合成時の爆発防止〉　反応容器の上部気相をたえず窒素ガスその他の不反応ガスを以て充圧し一定高圧下に保持して、同時に反応容器の下部より逆流防止器を有する導管を経て反応に必要なる酸素ガスを導入し、爆発の危険なくアセトアルデヒドを酸化して酢酸を合成する。

(橋本彦七、日本窒素肥料株式会社、特許公告100、昭和6年1月12日)

この橋本のプロセスはその後の運転実績からみるとき、硫酸水銀の還元を「根本的ニ抑止スルコト」はできなかった。しかし、日本合成法と比較すると、アセトアルデヒド工業化の難点を有機的に関連させて解決し連続大量生産を可能ならしめた点で原理的にすぐれていることは明らかである。

また、酢酸合成技術も日本合成法が酸素酸化法の特許を有しない点からも、日窒法の方がすすんでいる。したがって、日窒のアセトアルデヒド酢酸合成技術は、当時世界的にも画期的なものと評価された日本合成の技術を一歩すすめたものであった。橋本のプロセスはその後更に改良をすすめ、抜出した廃母液を濃縮して硫酸マンガンを晶出分離し硫酸を回収するとともに、硫酸マンガンはアンモニア水中に懸濁させて酸素をふきこみ、二酸化マンガンとして回収再使用されるようになった。

そして、水俣工場の合成酢酸は生産を開始するや、たちまち日本合成とともに内外酢酸市場を独占して日窒のドル箱となり、「興南工場の赤字も水俣工場全従業員の給料もすべて酢酸でまかなう」とまでいわれたのである。

ii) 地獄の工場

しかし、そのチッソの合成酢酸工場は、労働者は生命と健康を犠牲にしての工場運転を強いられ、また、爆発につぐ爆発が起るという地獄の工場であった。その原因の一つは、チッソの合成酢酸技術は本来の意味でのパイロットプラントを経ることなく、機器の材質や安全問題が未解決のままでいきなり工業生産化されたことにある。

昭和7年、酢酸工場の臨時工の採用試験をうけたある労働者は、当時主任技術者であった橋本彦七から「酢酸工場は非常に危い工場でいつ爆発するかも知れないがそれでもいいか」と聞かれ、就職難の折、本当に死ぬ覚悟で「はい、いつ死んでもよろしゅうございます」と答えてやっと採用されたという。

主任技術者自ら「非常に危い工場でいつ爆発するかも知れない」という酢酸工場の運転状況と労働の実態を製造工程(カーバイドからのアセチレン発生→ア

セチレン加水反応によるアセトアルデヒドの製造→アセトアルデヒドの酸化による酢酸合成）にしたがってのべれば次の通りであった。

〔アセチレン発生工場〕

カーバイドのタンク出し作業、カーバイド塊のコンベヤー巻き上げ作業で労働災害が続出、毎月20〜30人が負傷するという状態が何年も続いた。労働者数は直当り（化学工場は通常24時間を三交替で運転し、その一勤務を直という）10人内外であり、各人月当りだいたい１回は労働災害を被ったのである。設備を改善しない限り労働災害は必然的であったわけであるが、原因はすべて労働者の不注意に帰せしめられた。昭和12年にはアセチレンが爆発、死者１名、重軽傷20数名という大惨事を起した。

〔アルデヒド工場〕

１期工場の労働者の配置は、生成器（加水反応を行う容器）操作、撹拌、循環、還流各ポンプ運転１人、分溜器・酸化槽・精溜塔操作２人、分析１人、責任者１人、計５人／直であった。

a　生成器・各ポンプ運転

生成器の材質は、その特許技術によって廉価な硬鉛が使用され、無事運転された。しかし、各ポンプも硬鉛製を採用したところ、「水銀塩ヲ含ム硫酸溶液」（水俣工場では母液と称した）でやられ、常時ポンプに小さな穴があいて母液がピューとふきだしたり、パッキングをふき破って母液が噴出したり、ポンプケーシングがやられたり、さんたんたる有様となった。労働者はそのたびにポンプ切替え、修理などを行わねばならず、その作業状態は母液を「あびる」とでも表現すべき状態であった。母液は80〜90度の高熱液で、30％稀硫酸、硫酸水銀、析出された金属水銀、未分離アセトアルデヒドなどの茶褐色の混合物で悪臭強く、通常の人はその場で吐くようなしろものである。直接皮膚を薬傷するとともに、そのガスは強い毒性を有する。労働者は毒液をかぶり同時に毒ガスを吸いながら作業させられたわけで、労働者のかっこうは、母液で穴のあいた網よりもまだひどいシャツをきたり乞食同様の姿であった（作業服も支給されることがなく、当時日給80〜90銭のところ作業服は上下で２円ぐらいしたが、一直でぼろぼろになるありさまであった。作業服代の負担にたえられず、母液をかぶって皮膚など侵されながら裸で作業した者さえいたという)。

ポンプ材質は硬鉛製ではとうとう解決されず、昭和9～10年になって硬鉛よりはるかに高価な高硅素鋳鉄(スピロン)に変えられた。

また、アルデヒド分溜がなかなかうまくいかず、未分離アルデヒドの増加は加水反応の劣化をきたし、このため、生成器操作に当っては直に1回も2回も母液を総入替せねばならなかった。劣化した母液は排水溝に全部捨てられ(生成器容量7～8トン)、排水溝は析出された金属水銀でギラギラ光っていた。

b　分溜器・酸化槽・精溜塔操作

一番苦労したのは、皮肉にもその特許の核心であったアセトアルデヒド分溜後、二酸化マンガンで母液を連続酸化する酸化槽の運転であった。

酸化槽は塊状の二酸化マンガンを入れ、撹拌機で撹拌しながら、下部からアセトアルデヒド分溜後の母液を有孔板を通して酸化槽内部に導き、上部から酸化母液を生成器に送る構造になっていた。しかし、撹拌器の羽根が母液で腐蝕損傷し、一直の間に何十回ととまり、作業者はそのたびに酸化槽上部のマンホールをあけ、ノーマスクで母液中の二酸化マンガンを突かせられた。その所要時間は5～10分ぐらいであったというが、これは恐るべき毒ガスを直接多量に吸入することを意味する。その結果、咽喉に炎症を起し血を吐くありさまであった。医者からは生命が惜しくないかといわれ、どうしても咽喉の痛いときには手拭を口にまいてやったが、係員にみつかれば、「手拭を口にあてるなど仕事にはまりがない」とどやされたのであった。

また、未分離アルデヒドが硫酸と反応して、反応熱で泡をふきあげ寄りつけない状態となり、あるいは撹拌機がベルト駆動であったため、ベルトが母液でぬれてひんぱんにスリップする。そういう状態の中でとにもかくにも酸化槽を運転しなければならなかった。さらに二酸化マンガンの塊がひんぱんに有孔板につまったが、そのときは母液が通らなくなるため、予備の酸化槽に切り替え、酸化槽内の母液は直接溝に捨てて有孔板を掃除した。昭和10年頃より二酸化マンガンを粉末状にしてから、ようやく酸化槽の運転は容易になった。

また、精溜塔の精製能力にも問題があった。このため、精溜塔のプレート数を当初７枚であったのを21枚までふやし、あるいは精溜塔をつぎたすなどした。そのたびに労働者は析出した金属水銀がたまっている作業環境下で夜を日についで作業させられた。

c　分析業務

母液をとり、その母液をピペットで吸って１cc～５ccぐらいをビーカーに移し、残留アルデヒド量、酸分を分析した(水銀分析も行ったが、色で水銀の還元度をみる程度であった)。母液分析の回数は、順調時は１時間に１回であったが、調子が悪いときは10分ごとにやらされた。分析のたびに、直接毒ガスを吸いこんだわけで、分析をやらされた労働者は、21～22歳の若者が仕事についてから２～３年で、たて続けに３人も死亡してしまった。昭和10年頃になって、ようやくピペットによって口で吸うのでなく、サイフォンを使用するようになった。

かかる労働実態の中で、１期アルデヒド工場で働いたある労働者は、「地獄といってもこれよりひどくはないと思った。技術者が真剣に考えてくれればすぐ解決できたことが多いが、会社や技術者たちは『機器の改善など金をかけてやらなくても、人間にやらせた方が安上りだ。たとえ死んでも低賃金でいくらでも雇える』という考えだった」と当時の状態を述懐している。もちろん、健康を破壊されて休業する労働者は多数にのぼった。

とにもかくにもアセトアルデヒドが生産できると、日窒はただちに地獄の工場の第二号、第三号を建設していく。アセトアルデヒド工場は酢酸合成工場とセットで建設され、２期・３期と呼ばれていくが、その建設状況はつぎの通りであった。

III–2表　アセトアルデヒド工場建設状況

	１　期	２　期	３　期	４　期		５　期	
完成月日	昭和７年 ３月	８年 ８月	９年 ８月	10年 ９月	11年	12年 ９月	13年
アルデヒド 年間生産量	210トン[†19]	1,300	2,600	3,600	5,100	6,300	7,400
酢酸 年間生産量	484トン	1,859	3,436	4,510	6,208	7,454	9,424

アセトアルデヒド製造技術が一応確立したのは４期－５期工場からであり、その技術が昭和43年までの水俣工場のアセトアルデヒド製造技術の原型である。各機器そのものが大型化したり精密化することはあっても、フローシート自体は、戦後－昭和43年に至るまでほとんど変わらなかった。

このチッソのプロセスは前述したように水銀塩の還元を抑止することはできず、当初は析出する金属水銀の回収はほとんど考えられなかったが、しだいにその回収をはからざるを得なくなった。また、「接触剤トシテ使用スル水銀ノ量ハ従来ノ方法ニ比シテ極メテ少量ヲ以テ足リ」るはずであったが、その水銀原単位にも問題があった。

最後に廃水についてのべれば、劣化母液や精溜塔精ドレンは無処理排出された。ただ興味深い点は、１期工場の試運転では精ドレンが生成器に循環されるようになっていたことである。しかし、未分離アルデヒドが多かったため加水反応の劣化をきたしうまくいかなかったので、循環を中止し排水溝へ放出されるようになった。廃水の処理、その排出の状況を把握するための任務配置や作業指示は皆無であった。

〔酢酸合成工場〕

酢酸合成は研究段階においても爆発につぐ爆発の連続で、昭和５年６月、これ以上爆発すれば試験を中止するという最悪の事態に立至り最後の操業を行ったがやはり爆発を起したという。そのネックを克服して特許となり一期工場が建設されたはずであるが、アセトアルデヒドや種酢酸や触媒が悪かったりすると直ちに異常反応を起し、また酸化反応が終ると同時に酸素吹込みを停止しないと短時間で圧力が上り運転上非常に危険となった。

このため、昭和８年には１期合成塔が爆発、１名死亡、２名が負傷し、９年には２期合成塔が爆発炎上火災を起し、アルデヒド工場精溜塔まで引火した。小爆発は数え切れないほどで、「合成の初期には合成塔の爆発が頻発し、一日に二度も爆発したこともあり」「爆発といえば酢酸、酢酸といえば爆発」[11)]と労働者から恐れられたのである。しかし、技術者は不注意による爆発だとし、神官を呼んでおはらいをすることはあっても、技術改良は行わなかった。

昭和33年常圧連続式に変るまで、昭和７年の１期合成塔が水俣工場の酢酸合成技術の原型であった。チッソ自ら昭和32年に水俣工場新聞で、「合成に関する根本的なことは、初期も現在も大差ない方法で操作しており、少しも油断はならない」[11)]とのべている。

以上が、日窒が「当社における合成酢酸……の製造は社員橋本彦七氏の独創的発明によるものであって、我国及び世界各国に特許を有している。製造の方法ならびに装置は一切同氏の発明計画によるものであって、その操作の安全と製品の品質の優秀なことは又当社技術の一つの誇り」[2)]であるとしたアセトアルデヒド酢酸合成工場の運転・労働の実態であった。

2)　塩化ビニール(PVC)製造技術

ｉ)　その技術の優秀性

世界ではじめて塩化ビニール(PVC)が工業化されたのは、昭和10年、ドイツIG社によってである。日本窒素では、昭和12年末アセチレンの利用としてPVCの研究をすすめていくことが決定され、水俣工場において中村清を中心として塩ビモノマーの合成・重合研究が開始される。モノマー合成の反応様式、触媒、低温凝集・精製・重合などの技術を開発するのは何しろ日本でもはじめてのことで非常に困難であったが、中村は逐次その困難を克服、昭和16年11月には３トン／月のプラントが稼動をはじめた。[12)]これが日本で最初のPVCの工業化である。

このチッソのPVC製造技術は「規模こそ小さいがモノマー合成から乾燥処理にいたる一連のプラント自体は原理的にはひじょうにIGのそれに接近していた。重合器の材質にしてもステンレスやニッケル鍍金を使い、重合の仕込配合についても、ほとんどIGと同じまでに進歩しており、とくにレドックス触媒の発見などは、PVCの重合配合としては世界の水準以上に達していたとみることができる」[13)]と高く評価されている。戦後になって昭和24年頃から鉄興社、東化工、鐘渕化学、日本化成などがPVC生産を開始、チッソも昭和24年より生産を再開する。しかし、各社とも乳化重合法(エマルジョン重合法—媒体として水を用い、乳化剤によってモノマーを重合させる方法)であったため重合度が低くアメリカからの輸入品と較べると著しく品質が劣った。チッソは他社よりも一歩早く、昭和26年から懸濁重合法(サスペンジョン重合法—媒体として水を用い、モノマーを水中に分散させて重合する方法)を手がけ、昭和27年4月には同重合法を確立、昭和28年にはアメリカ品の品質をおいぬいてしまう。[14] 昭和27年、日本ゼオンがアメリカのグッドリッチの技術を導入して懸濁重合法によるPVC生産をはじめるが、10数社のPVCメーカーの中で、ゼオンとチッソがトップメーカーといわれた。チッソはあくまで自社技術によって高品質のPVCを製造したのである。昭和26年に稼動した150トン/月のPVCプラントでは、原料塩素の輸送に日本ではじめての塩素タンク車を採用、また日本最初の大規模な気流乾燥装置を設備していた。[15]

ii) 災害多発工場

しかし、その優秀なPVC製造技術も工場の運転状況—労働の実態においてみるとき、全く異なった様相を呈する。

水俣工場の戦後のPVC生産能力推移は、次表の通りであり、高度の発展をとげるが、同時にPVC重合工場を中心に毎年労働災害が多発していく。すなわち、PVC工場の労働災害千人率推移は第4節において後述するように、昭和26年—422、昭和27年—223、29年—183、30年—142、32年—168、33年—98、34年—105、という驚くべき高率であったのである。昭和36年には、後述するようにPVC工場で爆発事故が起り、その後に至っても、PVC工場は事故が多いという理由で労働基準監督局から、操業中止命令の予告をうけたほどであった。

PVC工場でなぜ労働災害が多発したか。それは次のように分析される。

① 未確立の技術をいきなり大規模工業生産に適用したこと。

昭和26年の150トン/月プラントはまず重合器を当時の世界一の大容量にしたが、これは研究中の豆重合器の容積をいきなり100倍にしたものであった。そして、「基礎的研究の端緒をつかんだ」だけの懸濁重合法を「ある程度の冒険は覚悟の上で」[14] 試運転から実施した。その結果撹拌能力が足りないことがわ

III−3表　塩化ビニール生産量
（戦前）

年　　度	生　産　量
S 16年	7トン
17〃	45〃
18〃	77〃
19〃	116〃
20〃	16〃

III−4表　塩化ビニール生産能力推移
（戦後）

年　度	生　産　量	年　度	生　産　量
S 24年	5　トン／月	31/3末	400　トン／月
25〃	15	31/12末	600
26〃	150	32/3末	600
27〃	150	32/9末	1,500
28〃	250	33	1,500
29〃	340	34/11	2,000
30/3末	340	35	2,500

かり、本来ならばモーターを新規註文しなければならなかったが納期がおそいため、過負荷になったモーターを「水づけすることによって」強引に運転した。また引火爆発性を有するモノマーガスがどんどん重合器攪拌軸のグランドから洩出した。またモノマー設備においても低温部分が次々と亀裂や折損等の事故を起し、モノマーガスが洩出した。[15)]

昭和26年の422というおそるべき労働災害千人率はかかるめちゃくちゃな運転から生じたのであった。実に二人に一人は労働災害をおわされたわけである。

② 安全教育は皆無であり安全の確保が全くサボられたこと。

昭和24年５トン／月、25年には15トン／月プラントが稼動するが、労働者は数名の戦時中のPVC工場経験者以外は、PVCの物性はもちろん、色、形さえ無知で、塩素、昇汞（しょうこう）、モノマーガスなどの毒性も知らないまま、取扱い上の教育もなく(あったのは火気取扱の注意だけだったという)操業が開始される。重合器は回転式であったが、運転中直径40cm、重さ約20kgのマンホールが２m位ふきあがるほどの圧力がかかるのに、安全弁も設置されず、主任設計技術者のことばを借りれば「神技」をもって「生命がけ」[15)]で運転されたのである。

昭和26年、前年の10倍規模の150トンプラントが完成、他の係から労働者を多数PVC工場につれてくる。しかし、取扱上の教育は依然として行われず、労働者は無知のまま働かねばならなかった。人間を各係からよせ集めたので労働者同志の人間関係も皆無であった(集団、総合作業である化学工場の運転にあって人間関係は実に重要である)。こういう労働のさせ方は人間性を無視しなければできない。さらに人権無視の顕著な例としては、爆発防止のためゴム草履をはかせたが、はき物で製品が汚れるという理由で真冬でも水にぬれながら素足でとおさせた。

つぎつぎと行われていく増設工事の間も、一日も生産は休まなかった。モノマーガスは引火爆発性があり、自動車さえ排気ガスで引火の可能性があるという理由でPVC工場内に立入禁止をしたほどではあったが、増設のためPVC工場内で溶接を行う際は、石綿布で障壁をつくるのみで装置をとめず、危険な生産を強行した。

また、品質改良のため触媒の変化も激しかったが、上司からの教育はなく、労働者は触媒の物性はもちろん、名称さえ知りえない時期があったほどである。一時触媒として使用したアセチルパーオキサイドは強爆発性があり、昭和30年頃労働者が指を3本ふきとばされるという労働災害も起っている。

また、重合器マンホールや、バルブの点検も不十分で、これらの箇所からモノマーガスがかぞえ切れないほど何回も洩出した(モノマーガスは空気中の濃度が、4—22容量%になると引火爆発する)。霧ぐらいのものではなく、もうもうと地面をはっていくことも度々あった。

定直の労働がきびしい上に残業連直が多かったことも労働災害をより多発させた。

そして昭和36年には、その安全無視の総決算ともいえる死者4名、重軽傷6名という大爆発事故が起る。事故の原因は、重合を終了した3号重合器の下部取出口にとりつけるべきシュートを“錯覚”によって重合中の4号重合器の下部取出口にとりつけてそのバルブを開いたため、4号重合器内の未重合のモノマー溶液が噴出気化し、引火爆発したものである。“錯覚”による事故には昭和32年に前例がある。この事故のときは3号重合器の撹拌スイッチを押すべき操作者が同一箇所に並んで設置されていた4号重合器のスイッチを誤って押してしまった。ところがその4号重合器の中にはスケール落しの労働者1名が作業中であったため即死した。この操作者は検察庁から業務上過失致死罪容疑で起訴され有罪(罰金刑)の判決を受けている。この事故の対策として、重合器のスイッチに施錠し、重合器のスケール落しのときは作業者がキイをもって入るようにした。36年の爆発事故は、撹拌機のスイッチがバルブの開閉に変わっただけであり、施錠方式を徹底し、下部取出しマンホールにも施錠して重合運転者がそのキイを持ち、重合終了後キイを作業者に渡すようにしさえすれば、完全に防ぐことができたのである。

前述した日本ゼオンのグッドリッチの技術では最初から施錠方式になっており、重合器の撹拌機はもちろん、個々のモーターに至るまで錯覚によってスイッチを押そうとしても、押すことができないシステムになっていたという。昭和32年の事故も、昭和36年の爆発事故もまたチッソの安全無視がひき起したいたましい犠牲であったのである。

以上がPVC工場の運転と労働の実態であり、廃水についてはもちろん何の注意もはらわず、モノマー工場の触媒入れ替えの際多量の水銀を排水溝に無処理放出した点も、アセトアルデヒド工場と同様であった。

(3)　チッソの技術分析からみた企業体質

1)　チッソの技術の特質

以上の分析から明らかになったチッソの技術の特質はいかなるものであろうか。チッソの歴史は日本の化学工業史の重要な一頁をなすものであり、チッソは合成アンモニア工業の確立、有機合成化学の展開、石油合成工業の成功、戦後におけるオクタノール技術の開発などにみられるように、たえず日本の化学工業の尖端をきりひらいてきた。チッソは日本の化学資本の中にあって、もっとも多彩に独自の技術を開発し、他社がまだつくりえないものを他社に先がけて工業生産化してきた。チッソの技術の特徴はなによりもまずそのパイオニア性にあった。しかし、カザレーのアンモニア合成技術、酢酸合成技術、塩化ビニール懸濁重合法などの各場合においてみたように、チッソは独自のプロセスによる製品工業化のメドがつくや、そのプロセスの安全性の確認や研究を一切怠り、一刻を争って神風的に工業化したのであった。新技術の工業化はまさに人体実験を前提にして行われたのである。酢酸合成技術や塩化ビニール懸濁重合法の工業化の場合に詳しくみた通り、その結果労働災害が多発したのは当然である。また、工業化された後も、生産性や品質の向上、コスト引き下げなどのための技術改良はどんどん行われたが、その安全無視は徹底して貫かれた。酢酸合成塔の爆発の危険性が未解決のまま長い間放置されたこと、PVC工場で労働災害が多発し、昭和36年には大爆発をひき起したこと、労働者の安全教育が全く行われなかったことなどはいずれもその実例である。更に、工場廃棄物の危険性は全く無視され、工場廃水は無処理で排出された。チッソのパイオニア技術は必然的に安全無視の技術たらざるを得なかったし、むしろ、安全無視の技術なるが故にはじめてパイオニア技術として成り立つことができたのである。かかる跛行性こそチッソの技術の特質にほかならない。パイオニア技術であるが故にまさに安全無視の技術であるというきわだって跛行的な技術はとうてい技術のあるべき姿ではない。チッソの技術は技術のあるべき姿からいえば未確立の欠陥技術であり、かかる跛行的な技術によって日本の化学工業がきり開かれてきたという事実のもつ意味は重大であろう。

チッソの技術の跛行性は何によって規定されたのであろうか。

チッソは野口遵のことばを借りれば「歩が成金になった」新興財閥であった。確乎たる基盤を有する旧財閥と異なり、いわば徒手空拳の「歩」が「成金」になるには、たえず新技術を開発し、重化学工業部門の支配圏を拡大することが必要であった。かくして新技術すなわちパイオニア技術がチッソの利潤追及の最大の手段となり、利潤の蓄積は創業者利潤の獲得によってのみ可能であったのである。他社に一歩おくれをとることは創業者利潤の獲得にとって致命的であるといわなければならない。そこでチッソは安全を徹底的に無視してまで新技術の神風的な工業化を行ったのである。すなわち、新興財閥としてのチッソ資本の特性が、その利潤追及の方式の特異性を規定し、それがチッソの技術の跛行性を規定したのである。

水俣工場がその安全無視の技術によってあげた利益を昭和３—11年、昭和

26—35年をとってみれば次表の通りである。この利益の一つ一つが労働者の血肉によって築かれたのであった。

III–5 表　昭和 3–11 年の
水俣工場の純利益と配当率

年度	純利益	配当率
昭和３　年	5,894　千円	15　%
4	5,910	15
5	5,959	13
6	6,703	11
7	6,209	8
8	6,430	8
9	7,175	8
10	7,697	8
11	9,301	10

（日窒事業大観による）

III–6 表　昭和 26–35 年の
水俣工場の純利益と配当率

年度	純利益	配当率
昭和 26　年	509, 898　千円	22. 5　%
27	290, 283	13. 5
28	252, 481	15
29	360, 469	〃
30	377, 511	〃
31	514, 511	〃
32	316, 360	10
33	256, 030	4
34	864, 010	12
35	1,186, 938	12

（有価証券報告書による）

かかるチッソの跛行的な技術が高度な発展をとげることができたのは、戦争との密接なつながりにおいてである。いうまでもなく戦争は新しい合成品を大量かつ早急に生産することを要求する。安全を無視して神風的に新合成品を工業化するチッソの跛行技術はきわめて軍事技術にマッチしていた。戦争の苛烈化にともないチッソの技術は容易に軍事技術化し、そのアセチレン有機合成化学や石油合成化学にみられるように、逆に軍事技術化することによってその発展の頂点に達しえたのである。戦後のオクタノール技術も、軍事技術たる興南のイソオクタン合成技術を基礎にしたものであることはすでにのべた。

チッソの安全無視の技術にあっては労働者の人間性は全く無視された。野口遵が「労働者は牛馬と思え」といったのは有名である。人体実験による新技術の工業化などにみたように、商品たる労働力の価格が機器や製品の価格より低いときは労働者は消耗品とみなされたのである。しかし、チッソの技術—プロセスの運営はその跛行性の故に労働者の高度な技能や熟練をまってはじめて可能であったこともすでにみた。労働者にとっては高度な技能や熟練を身につけなければ殺されてしまうのだから生命がけであった。チッソの技術は一方で必然的に労働者の人間性を無視し、一方では必然的に労働者の高度な技能や熟練を前提にすることによってなりたったのである。この矛盾は豊富かつ低廉な労働力の存在によって解決された。南九州の後進農村地帯に位置する水俣ならびにその周辺の豊富な労働力の独占、植民地朝鮮における朝鮮民族の労働力の暴力的支配こそが、チッソの安全無視の技術の存在を可能ならしめたのである。

2) チッソの企業体質

以上の分析によって、チッソの技術は跛行技術であり、徹底した安全無視の技術であることが明らかになった。チッソの技術を分析することは同時にチッソの企業体質を分析することにほかならず、チッソ技術のかかる特質こそその企業体質を明白に物語るものである。チッソは安全無視型企業の典型であったのである。

1) 徳江毅：チッソの技術—技術のチッソ，チッソ社内パンフ，1969年6月.
2) 日本窒素肥料株式会社：日本窒素肥料事業大観，1937.
3) 野口遵：工業上より見たる空中窒素固定法，工業之日本社，1914.
4) 林雄二郎，渡辺徳二編著：日本の化学工業，岩波新書，1969.
5) 水俣工場尚和会：日本窒素の歩み，芦火別冊，1952.
6) 野口遵翁追懐錄，同編纂委員会，1952.
7) 島恭彦：戦争と国家独占資本主義，日本歴史21，岩波書店，1968.
8) 日本新興溶剤史，同編纂委員会，醋友会，1954.
9) 日本長期信用銀行調査部：カーバイド工業，1960.
10) ヴォークト・ニューランド：アセチレンの化学，辻雄次訳，北隆館，1950.
11) 水俣工場：水俣工場新聞，1957年8月10日号.
12) 中村清：塩化ビニールの思い出，プラスチック，1953年4月号.
13) 化学技術史研究会：現代日本の化学技術　その発生と展開—塩化ビニール樹脂，化学経済，1965年1月号.

14) 徳江毅：ニポリットの発展の跡とその将来，水俣工場尚和会，芦火，1953年２月25日．
15) 平井平馬：ニポリットの歩んだ道，芦火，1958年２月１日号．

３　水俣工場の危険性

安全無視のチッソの企業体質が明らかになったので、われわれは次に、水俣工場の危険性を考察する。安全無視の企業体質からくる危険性と化学工場としての危険性の二つに分けて考えよう。

⑴　企業体質からくる危険性

1)　安全無視が生み出す工場の危険性

水俣工場の危険性は後述するが、それ自体危険な化学工場を安全を無視して操業すれば、労働災害や環境汚染はまさに必然的である。水俣工場はすでにその意味で危険なものであった。

2)　秘密主義による危険性の増大

安全無視の結果は、労働者、住民に対する一切の情報の提供拒否ともなる。水俣工場は水俣市の市街部の中心にあり、たえざる拡張の結果、人家密集地帯と塀一つで隣りあっている。地域住民の生活と密接な関係にある工場の排出するガスの成分や毒性、工場廃水の成分や量などの情報をチッソが地域住民に提供することは全くなかった。

チッソがとった徹底した秘密主義—安全に関する情報提供の拒否は水俣工場の危険性を一層増大せしめたということができる。

3)　企業体質からくる危険性の実例—アセトアルデヒド工場における実態

企業体質から来る危険性は工場運転においてどう現実化するだろうか。アセトアルデヒド工場を例にとってみてみよう。

ｉ）　水銀による健康破壊

労働者にとって、水銀といえばアセトアルデヒド工場、アセトアルデヒド工場といえば水銀という関係にあった。それはアルデヒド工場全階にわたる水銀の散乱や、母液洩れのため、また年４回の定修時の水銀回収作業や、水銀が多量に附着した機器、配管の修理作業などの際に、労働者が多量の水銀に直接曝露されたからである。水銀の危険性について、J. G. S. Biram は要約次のようにのべている。[1]

「水銀は不溶性で細い粒子になる。この粒子は肉眼ではわからない位小さくなるので、物体の表面にある小穴や割れ目に入り、また空気中にまきちらされる原因ともなる。木製の椅子や机はよく水銀を吸収してしまう。床がコンクリートの場合、こぼれた水銀の処理がむずかしい。一度飛びちった水銀は、回収が困難であるのみならず完全に除き去ることは不可能で、最終的には、検知機で汚れの程度を調べねばならない。水銀蒸気は特に毒性をもっている。水銀を吸収した時に、人体に及ぼす影響は、まず言語障害、歯齦炎、結膜炎、消化器障害を起す。又精神的にいらいらしたり、時には狂暴性をおびてくる。症状は慢性になりその人を不具にしたり最悪の時は死に至らしめる。症状は水銀への露出時間に応じて激しくなる。室温での水銀の平衡蒸気圧は1.3μHg である。どの位の水銀が空気中にあると危険かの基準が各国で異るが、ドイツは1μHg/m^3—100μHg/m^3空気といわれている。然し、いずれにしても、水銀を大気中に放置することが危険であることを示している。又、水銀蒸気圧は温度が10℃上昇すると約２倍になるので、加熱を伴う仕事は特に注意せねばならない。水銀の存する室でタバコを吸ったり、その火の不注意な処理は、水銀蒸気の急激な上昇を起す危険がある。水銀の危険を自覚することはむずかしいので、我々はある障害に犯されて初めてその危険を知る。例えば私がある所で見た所では、水銀を容器から他の開口容器に移していた。当然、細い水銀粒は飛び散っている。取扱い人は、水銀表面から30—60cm のところでみている。試みに紫外線型水銀探知器を近づけたら、メーターは振り切ってしまっていた。水銀を扱う場合、清潔な操作が重要である。所が不幸にして、このための費用を支出する実権をにぎっている人は、実際に水銀蒸気中で仕事をしていないという点で、本当に危険である。」

水銀に関する戦後―昭和36年頃までのアルデヒド工場労働者の作業状態は次の通りであった。

① 水銀が危険ということぐらいは自然と知っていたが、水銀の危険性についてはなんら安全教育はうけなかった。

② 自家生産した酸化水銀をかまから取り出すとき、酸化水銀の粉末を吸収した。

③ 酸化水銀の触媒投入の時は、日光がさし込むと空気中に酸化水銀の粉末がいっぱい光っているような状態であった。

④ 劣化した水銀を、容器から小容器に回収する時は、ほとんどマスクを着用させなかった。

⑤ 母液が各所に流れ、母液により汚染された。

⑥ 機器、配管修理のときは水銀が四散した。また機器内部が水銀にやられ、電気溶接することが多かったが、その場合、電気溶接のアークにふれて水銀が蒸発し、電気溶接面の遮光面のガラスに附着、ねずみ色に変色するほどであった

⑦ 定修は年４回行われた。その主な目的は、機器修理の他に、精溜塔・コンデンサーなどに水銀がたまり運転不能になるので、その水銀を回収するためであったが、高圧水で精溜塔プレートを水洗するため、水とともに水銀が各階に散乱した。

⑧ こぼれた水銀の処理は、ほうきで掃き集める程度で、検知機による汚染度調査など一回も行われなかった。

このため、労働者の多数が水銀中毒にかかり、頭が重く吐き気がし、ふらふらするという症状を訴えた。鉛工係では、アルデヒド工場に行けば身体に危険なので、何とかしてもらいたいと上司に訴えたことがあるぐらいであった。

チッソは34年10月に発表した「水俣病原因物質としての『有機水銀説』に対する見解」の中で、自ら「溶接作業中金属水銀蒸気を誤って吸収し、急性中

毒を起した当工場鉛工８例」についてのべている。誤ってというのはとんでもない話である。安全無視により、アセトアルデヒド工場の労働者の健康は、必然的に破壊されたのである。チッソが水銀の毒性と取扱上の注意を標準作業書を作成して詳細にわたって労働者に熟知せしめたのは、実に昭和36年以降のことであった。

ii）生産第一主義のもとにおける運転

各期アルデヒド工場の稼動期間は下表の通りであり、これを戦後の生産高との関連においてみるとIII–8表の如くである。

III–7表　各期アルデヒド工場稼動期間[†16]

	スタート	停　止
1　期	昭和７年３(ママ)月	昭和30年９月
2　期	８年４月	〃
3　期	９年10月	24年４月
4　期	10年９月	〃
5　期	12年９月	43年４(ママ)月
6　期	28年８月	〃
7　期	34年11月	42年５月

アルデヒド生産量はオクタノール生産量と相関関係にある。アルデヒドからのオクタノール誘導に成功してからアルデヒドの生産体制は月産目標を定め、その月の減産分は翌月必ず充当しなければならない生産体制となった。オクタノールのスタート時は品質がきびしく要求されたが、その後は品質はお構いなし製品ができればよいというようになった。なにしろ、オクタノールは作れば作るだけ売れるという市場独占体制にあった。増産につぐ増産が要求されはじめ、各機器は逐次大型化されていったが(昭和29年から35年までの間、５期は12t/D→55t/Dに、６期は30t/D→45t/Dに増強された)、そのたびにその能力を越す運転が要求された。アセチレン吹込量を能力以上に増大させると機械にむりがかかり、生成器の内圧が上昇する。正常運転は450mgHgであったのが500mgHg

III–8表　各期アルデヒド工場稼動状況とアルデヒド生産量[†16]

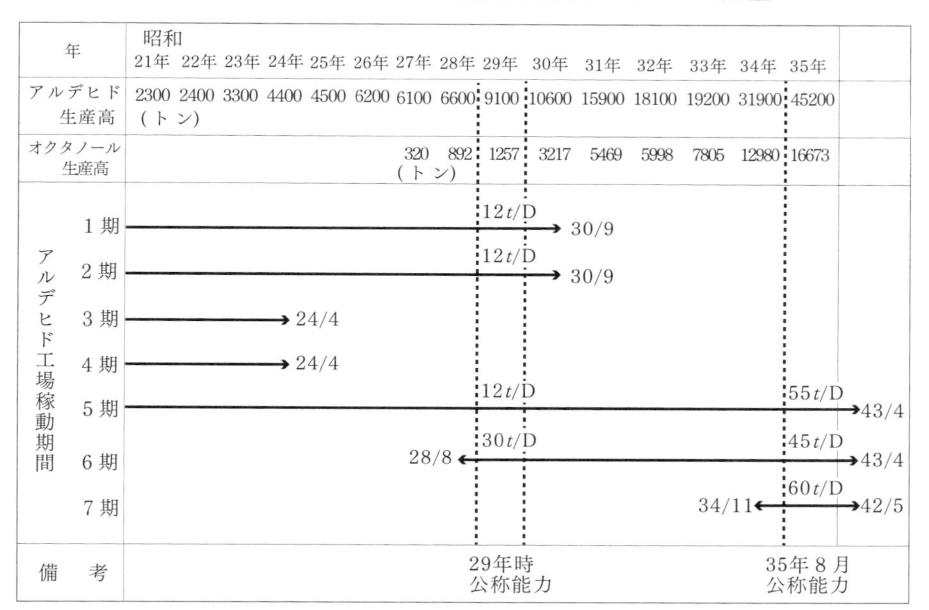

年（昭和）	21年	22年	23年	24年	25年	26年	27年	28年	29年	30年	31年	32年	33年	34年	35年
アルデヒド生産高（トン）	2300	2400	3300	4400	4500	6200	6100	6600	9100	10600	15900	18100	19200	31900	45200
オクタノール生産高（トン）							320	892	1257	3217	5469	5998	7805	12980	16673

アルデヒド工場稼動期間	稼動期間	29年時公称能力	35年８月公称能力
1期	→ 30/9	12*t*/D	
2期	→ 30/9	12*t*/D	
3期	→ 24/4		
4期	→ 24/4		
5期	→ 43/4	12*t*/D	55*t*/D
6期	28/8 ↔ 43/4	30*t*/D	45*t*/D
7期	34/11 ↔ 42/5		60*t*/D

備考：29年時公称能力、35年８月公称能力

以上が通常となり最高600mgHgまで上ることもあった。内圧が上昇すると運転できなくなるため、内圧を下げる方法として触媒水銀の追加投入が行われた(触媒水銀を入れれば内圧が下がる)。触媒水銀で調節がとれなく

なると(あまり多量に触媒水銀を入れると機械自体がやられる)、母液の入替が行われた。水俣工場のアセトアルデヒド工場における水銀原単位は１kg以上といわれ、日本における標準アセトアルデヒド水銀原単位より高いのも、かかる事情から説明できる。機器の状態はいつまでもつかわからないので、止るまで動かせ式の運転で、ブロワーを修理しても翌日は過負荷運転のため故障することすらあり、ブロワーの温度が上れば水をかけながら運転を行った。生成器(硬鉛製)は鉄輪で外周をしめてあったが、鉄輪がないところは内圧でふくれ上り、最後に割れて母液がもれるありさまであった。

安全無視—生産第一主義(利潤最優先)のもとにおいては、かかる異常運転が強行されたのである。そこから生じる危険は、はかりしれないものがあったといわなければならない。

(2) 化学工場としての水俣工場の危険性

1) チッソ水俣工場

チッソ水俣工場は鹿児島県との県境に近い熊本県水俣市(明治22年村制、明治45年町制、昭和24年市制施行)にある。

水俣工場についてはすでにチッソの技術史の中でその一端をみた。昭和29年度の水俣工場の製品製造工程を巻末の資料に示す。これから分かるように、水俣工場は水の電気分解より生ずる水素と、空気の液化分離により生ずる窒素の合成によりアンモニアを得、これを基幹として硫安、硫燐安、硫加燐安、硝酸等を製造する無機部門と、カーバイドよりアセチレンガスを発生せしめ、これを基礎原料としてアセトアルデヒド、酢酸、塩化ビニール、オクタノール、酢酸せんい素など一連の有機製品の合成を行う有機部門よりなる総合化学工場である。原料である電気は熊本県、鹿児島県下にある12の自家発電所によってその多くを得る。

明治41年〜昭和27年の主要生産品目及び生産量の推移を巻末の資料に示す。昭和29年度における工場設備をIII−10表に示す。なお、水俣工場の従業員数推移は下の表の通りであった

III−9表　水俣工場従業員数推移

年	昭和 12	…	20	…	25	26	27	28	29	30	31	32	33	34	35
従業員数	1,700人	…	4,151	…	4,385	4,274	3,903	3,857	3,760	3,605	3,593	3,499	3,417	3,432	3,419

水俣工場の特質は戦前からの歴史が示すようにその有機部門—アセチレン有機合成化学にある。アセチレン(C_2H_2)は不飽和化合物であり、かつ三重結合

Ⅲ−10表　水俣工場設備　　　　　　　　（昭和29年12月）

土　地	建　物	機械装置			
		主要機械装置	様式大要	基数	公称能力
272,383坪	52,548坪	アンモニア製造装置	（電解）開放式 （窒素）クロード式 （合成）カザレー式	13系列 6 4	（硫安換算） 115,000 トン／年
	無機部門	硫酸　〃	納塔式 鉄塔式	1 1	（〃） 111,000〃
		硫安飽和脱水装置	日窒式	4	132,000〃
		硝酸製造装置	（希硝）村山式 （濃硝）ボーリング式	4 4	（濃硝） 14,000〃
	有機部門	カーバイド　〃	アーク炉 抵抗炉	1 3	 46,000〃
		酢酸　〃	日窒式	3	4,400〃
		酢酸エチル　〃	日窒堅型式	1	2,400〃
		酢酸ビニール　〃	気相式	1	1,200〃
		酢酸繊維素　〃	日窒式	1	1,100〃
		酢酸人絹　〃	〃	1	30〃
		酢酸スフ　〃	〃	1	1,100〃
		無水酢酸　〃	〃	1	2,190〃
		塩化ビニール　〃	〃	1	4,100〃
		ポリビニール　ポリマール　〃	〃	1	180〃
		オクタノール　〃	〃	1	2,520〃
		DOP　〃	〃	1	1,800〃

（有価証券報告書による）

注　昭和２年当時、新工場と称された水俣工場の敷地は80,000坪であった。
　なお、水俣市の市街地（平坦地）は約40㎢にすぎない。

(C≡C)をもっているので不安定であり、反応性の強力な化合物である。水俣工場のアセチレン有機合成化学は次の二つの付加反応を工業化したものである。

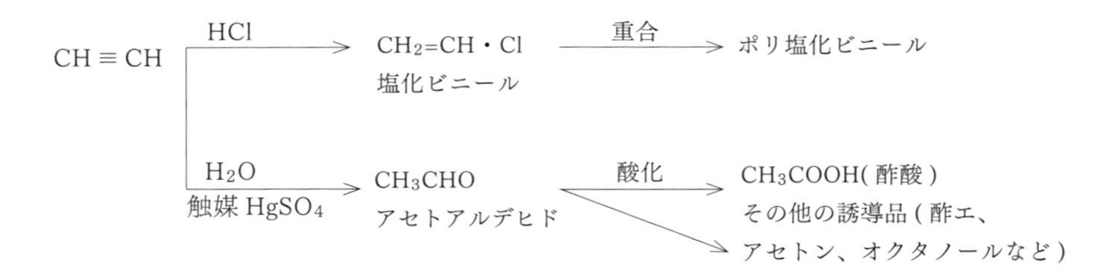

これらの付加化合物はアセチレン誘導品のうち最も重要な地位を占めている。一般的にアセチレン有機合成化学の特質は

① 同一製品であってもその粗原料や中間製品となる化合物の種類が多く、したがって生産方法も多種多様であること。

② 生成反応が極めて複雑で原材料、中間・最終製品の質及び純度、反応の温度、速度や圧力、触媒さらに生産プラントの材質などに要求される諸条件が厳格であること。

③ 生産設備が複雑で広範なため建設費が高価なこと—にある。[2)]

すなわち水俣工場は複雑高度な各種製造プラントを維持運営していたのである。

2) 水俣工場の危険性

総合化学工場たる水俣工場はいかなる危険性を有したか。

i) 有毒物の使用と生産

水俣工場で使用される原料、中間製品、及び最終製品等のほとんどは、有毒物で、更にそれに使用される触媒等は特に毒性の強い物質である。

無機製品たる硫酸、硝酸類は、有害物で皮膚等に付着すると、肉まで浸されてしまう。又硫酸工場からは、硫酸ミスト、亜硫酸ガス、二酸化窒素ガス等の有毒ガスも発生する。

有機合成製品にあっては、前述したアセチレン有機合成化学の特質から、有毒物の使用と生産は、質的に増加するばかりでなく、さまざまな有毒触媒を使用する。
　水俣工場製造工程図に基づき、その主要な中間製品、製品及び使用する触媒の毒性を示せば、III-11表及びIII-12表の通りである。

III-11表　主な製品：中間製品及び副生物の毒性（アセチレン有機合成関係）

製品、中間製品 副生物	中　毒　症　状	製　造　又　は　使　用　工　場
アセチレン	頭痛、脈搏緩徐	アセチレン、アセトアルデヒド
（燐化水素）	瞳孔散大、灼熱疼痛、胸部の緊迫	アセチレン
（硫化水素）	点状角膜症、知覚喪失、筋肉の麻痺	アセチレン
アセトアルデヒド	咳、鼻、喉、眼の灼熱感、チアノーゼ	アセトアルデヒド、酢酸、オクタノール
（クロトン）	催涙性、皮膚の刺激、失明	アセトアルデヒド
（ギ酸）	皮膚炎、腎炎、粘膜刺激	アセトアルデヒド
酢酸	火傷、胃の刺激、皮膚障害	酢酸、酢酸ビニール、アセトン
無水酢酸	上記と同じ	無水酢酸
酢酸エチル	弱い麻酔作用、皮膚粘膜刺激作用	酢酸エチル
塩化ビニール	めまい、頭痛、麻酔作用	塩ビモノマー、PVC
塩化水素	皮膚の火傷、水泡、潰瘍、気管支炎	塩ビモノマー
塩素	涙涎、咳嗽、嘔吐、気管支炎	塩ビモノマー

（　　）は副生物を示す

III-12表　主な触媒の毒性（アセチレン有機合成関係）

使用製造工程	触　媒　名	中　毒　症　状
アセトアルデヒド製造工程	酸化第二水銀 水　銀 硫　酸 硝　酸	口内炎、流涎、腎炎、胃カタル、嘔吐 頭痛、不眠、胃カタル、慢性歯齦炎、蛋白尿、など 火傷、湿疹、水泡形成、歯牙酸蝕症 肺の充血、刺戟火傷、皮膚の黄変
酢酸製造工程	酢酸マンガン 重クロ酸ソーダ	皮膚炎 胃・腎障害、皮膚障害、鼻中隔穿孔
無水酢酸製造工程	酢酸コバルト 酢酸　銅	皮膚角化
酢酸エチル製造工程	塩化アルミ 塩化亜鉛	嘔吐、下痢、皮膚・粘膜障害、肺水腫 湿疹、粘膜刺戟、食慾不振、腎障害
塩化ビニール製造工程	塩化第二水銀 苛性ソーダ	胃カタル、嘔吐、口中の潰瘍、胃障害、湿疹 火傷

ii ）　爆発による危険性

(イ)　引火性ガス及び液体の製造使用

水俣工場で製造、又は使用している主な引火爆発性ガス及び液体は次表の通りである。

III-13表　水俣工場の爆発性ガス・液体

引火爆発性ガス及び液体		爆発範囲	引火点	製造又は使用工場
水素	H_2	4.1%　〜　74.2%	ガス	電解、合成、塩ビ、オクタノール
アセチレン	CH≡CH	2.5　〜　80.0	〃	アセチレン、アルデヒド、塩ビ、酢ビ
アンモニア	NH_3	16.0　〜　27.0	〃	合成、硫安、硝酸、塩ビ、アルデヒド
酢酸エチル	$CH_3COOC_2H_5$	2.2　〜　11.5	−4℃	酢エ
アセトン	CH_3COCH_3	2.2　〜　11.5	−18℃	アセトン、酢酸人絹、スフ
塩化ビニールモノマー	CH_2=CHCl	4.0　〜　22.0	ガス	塩ビモノマー、ニポリット
酢酸ビニールモノマー	CH_3COOCH=CH_2	2.6　〜　13.4	−8℃	酢ビ、ビニレック
アセトアルデヒド	CH_3CHO	4.0　〜　57.0	−38℃	アルデヒド、オクタノール、酢酸、無酢、酢エ、酢ビ

これ等のガスは引火点が非常に低い上に、ガス濃度の爆発範囲が極めて広いので、普通では考えられない着火源で引火爆発を起す。例えばアセチレンは極めて不安定なガスで空気との混合物(2.5〜80.0%)は480℃に加熱すると爆発する。更に、圧力が2kg/㎠以上に上昇しても分解爆発をする。又、アセチレン中の水素原子2個は金属で置換され、特に、アセチレン化第一銅(C_2Cu_2)アセチレン化銀(C_2Ag_2)等は乾燥すると加熱、打撃等で大爆発する。工場全域でこのように引火爆発性の物質を使用、又は取扱っていたのである。

(ロ)　高圧プロセスの危険性

水俣工場の各工場は高圧のもとに運転しており、高圧による爆発の危険性がある。一般に常用温度で圧力が10kg/㎠以上のガス(但し、アセチレンガスは2kg/㎠以上)を高圧ガスという。水俣工場の高圧プロセスは窒素、合成、肥料、冷凍、塩ビモノマー、PVC、オクタノールなどである。また水俣工場全域に高圧ガス管が通っており極めて危険である。

(ハ)　爆発の危険のある設備装置

水俣工場の各設備につき、高圧や引火性物質による爆発の危険性の特に強い装置を例示すれば次の通りである。もし引火爆発を起せばいずれも大惨事になる危険性を有する。

〔窒素工場〕　窒素分離器、空気圧縮機
〔合成工場〕　圧縮機、高圧主管、合成塔
〔硝酸工場〕　液安受入タンク、酸化器
〔電解工場〕　電解槽、水素主管
〔アセチレン工場〕　発生機原料投入口、アセチレン主管
〔アセトアルデヒド工場〕　アセチレンブロワー、アルデヒドポンプ
〔酢酸工場〕　合成塔
〔塩ビモノマー工場〕　全プロセス
〔PVC工場〕　重合器
〔オクタノール工場〕　高圧水素主管
〔冷凍工場〕　圧縮機、凝縮機、油分離器
など……

例えば、アセトアルデヒド工場では火気厳禁でありコンクリートや鉄板上にハンマーその他金属類を落して火花を発することも危険とされていた。

(3)　水俣工場廃水の危険性

1)　水俣工場の廃水とその危険性

チッソの発表によると、昭和21年１月―34年９月の水俣工場用水排水量は、III-14表の通りであった。

化学工場の排水は大きく二つに分けることができる。

① 機器の冷却用に使用され、機器冷却後排水されるもの。

② 製造工程より生ずる廃液。

前者が一般用水、後者が廃水である。一般用水は使用前と使用後で水質の変

III-14表　水保工場用排水量

年	補	給		排	出	
	水俣川	海　水	計	一般用水	廃　水	計
	m³/H		m³/H	m³/H	m³/H	m³/H
昭和21年	1,500		1,500	1,489	11	1,500
22	1,900		1,900	1,884	16	1,900
23	2,200		2,200	2,179	21	2,200
24	2,400		2,400	2,378	22	2,400
25	2,400		2,400	2,378	22	2,400
26	2,800		2,800	2,767	33	2,800
27	2,600		2,600	2,573	27	2,600
28	2,600		2,600	2,566	34	2,600
29	2,800	(7月)m³/H	2,800	2,756	44	2,800
30	2,800	400	3,200	3,114	86	3,200
31	2,900	400	3,300	3,133	167	3,300
32	3,200	450	3,650	3,366	274	3,650
33	3,200	600	3,800	3,246	554	3,800
34	3,200	600	3,800	3,214	586	3,800

「水俣工場の排水について」より

化はほとんどなくあまり問題はない。問題なのは工場廃水である。製造工程に入ったもの(インプット)は必ず出てくる(アウトプット)のであって、アウトプットはまず製品という形をとるが、その残りはガス体や廃液となって必ず排出される。

化学工場の廃水が危険なのは、製造工程中の危険な未反応原料・触媒・中間生成物・製品などが混入するからである。水俣工場の昭和21年以降の廃水の種類ならびに廃水量は、チッソ発表によればIII-15表の通りである。

水俣工場の廃水中、比較的早期から排出されていたアルデヒド酢酸設備廃水・塩ビモノマー水洗塔廃水・カーバイドアセチレン残渣廃水を例にとって、各製造工程において廃水に混入する主な有毒物をみればつぎの通りであり、各設

Ⅲ−15表　水俣工場の廃水の種類・廃水量

設備＼年度	21	22	23	24	25	26	27	28	29	30	31	32	33	34
アルデヒド酢酸設備廃水	1	1	1	2	2	2	2	2	2	3	4	4	4	6
塩ビモノマー水洗塔廃水				0.1	0.1	1	1	2	2	3	3	10	10	10
アセチレン残渣廃水	10	15	20	20	20	30	25	30	40	40	60	80	80	110
燐酸設備廃水										40	40	70	70	70
硫酸設備ピーボディ塔廃水											60	60	60	60
重油ガス化設備廃水												60	80	80
カーバイド密閉炉廃水													250	250

「水俣工場の排水について」による。単位㎥/H

Ⅲ−16表　各製造工程の有毒物(①〜④)

①〔アセトアルデヒド製造装置〕

有毒物質名	工程中での位置	中毒症状
金属水銀	触媒	頭痛・不眠・胃カタル・蛋白尿・慢性歯齦炎 口内炎・流延・腎臓炎
硫酸	母液	火傷・湿疹・水泡形成・歯牙酸蝕症
クロトンアルデヒド	中間生成物	催涙性・皮膚の刺戟・失明
アセトアルデヒド	製品	咳・鼻・喉・眼の灼熱感・チアノーゼ

②〔酢酸製造装置〕

有毒物質名	工程中での位置	中毒症状
アセトアルデヒド	原料	咳・鼻・喉・眼の灼熱感、チアノーゼ
酢酸マンガン	触媒	皮膚着色
アセトン	中間生成物	眼・皮膚刺戟、麻酔性、頭痛
ホルマリン	〃	皮膚炎・気管支炎・涙・頭痛・不眠症
酢酸メチル	〃	眼の炎傷・流涙・神経過敏・呼吸障害
酢酸	製品	火傷・胃の刺戟・皮膚障害

③ 〔塩化ビニールモノマー製造装置〕

有毒物質名	工程中での位置	中　毒　症　状
塩　　　酸	原　料	皮膚の火傷・水泡・潰腫・気管支炎
苛性ソーダ	ガス洗滌	火傷・眼症
塩化第二水銀(昇汞)	触　媒	胃カタル・嘔吐・口中の潰瘍・腎臓障害・湿疹

④ 〔アセチレン製造装置〕

有毒物質名	工程中での位置	中　毒　症　状
水酸化カルシウム	残　渣	急性皮膚炎・発赤・消化器障害・鼻中隔穿孔
アセチレン	製　品	頭痛・麻酔性・チアノーゼ・脈博緩除
硫化水素	残　渣	点状角膜症・知覚障害・筋肉の麻痺
燐化水素	〃	瞳孔散大、灼熱疼痛・胸部の緊迫

備廃水の危険性は明らかである。

上記は廃水に混入することが明白であるもののみ記載したが、アセチレン有機合成化学の生成反応は極めて複雑であり、有毒な副反応生成物を作り出す危険性がある。

例えば、アセトアルデヒド製造工程においては、水銀塩そのものが触媒として作用するのではなく、いったん中間物質として有機水銀化合物が形成され、これを介して加水反応が起るらしいことは、工業化の当初から広く認められてきた。[3) 4)] このことは、日本の標準的なアセチレン化学の概説書にも記述されているほどである。[5)] また、有機水銀化合物による人体の傷害例は、第4章でのべたように、1865年のG. N. Edwards以来、多くの報告がある。

このように、副反応生成物の生成と廃水への混入の可能性を考えれば、工場廃水の危険性は更に大きくなる。

また、アルデヒド酢酸設備廃水は、pH 1～1.5、塩化ビニールモノマー水洗塔廃水はHCl濃度1～1.5%という強酸性であり、アセチレン残渣はpH12という強アルカリ性であった(pH値6～8以外では魚介類に対して、なんらかの影響があらわれるといわれている)。

燐酸設備廃水・硫酸設備ピーボディ塔廃水なども同様危険である。

2)　排水分析からみた危険性

以上、アセトアルデヒド・酢酸廃水、塩ビモノマー水洗塔廃水、アセチレン残渣廃水を例にとってその危険性を明らかにしたが、各種廃水が混合している水俣工場の排水の成分はいかなるものであったであろうか。

水俣工場技術部が測定した、昭和31年の百間排水溝の排水分析値、昭和34年の百間排水溝排水ならびに八幡プール排水の分析値は第III−17表、III−18表の通りである。

III−17表　工場技術部排水分析値（その1）

1956・10

試料採取場所		百間排水溝
検査項目		
pH		3.5
蒸発残渣総量		9,900mg/ℓ
$KMnO_4$消費量	（過マンガン酸加里消費量）	155
SiO_2	（二酸化硅素）	23
$FeCl_3$	（塩　化　鉄）	2
Al_2O_3	（酸化アルミニウム）	19
CaO	（酸化カルシウム）	163
MgO	（酸化マグネシウム）	436
K_2O	（酸化カリウム）	114
Na_2O	（酸化ナトリウム）	2,700
NH_3	（アンモニア）	24
Cu	（銅）	5
As	（砒　素）	0.001
Mn	（マンガン）	0.17
Cl	（塩　素）	3,950
P_2O_5	（五酸化リン）	9
SO_3	（無水硫酸）	676
Pb	（鉛）	0.13

（熊本大学医学部水俣病研究班『水俣病』による）

Ⅲ−18表　工場技術部排水分析値(その2)

試料採取場所 / 検査項目		工場排水溝出口(水俣湾流入排水) 1959. 7. 6	八幡残渣プール排水 1959. 7. 3
水　量		3,200 ㎥/h	600 ㎥/h
pH		6.3	11.9
SiO_3	(三酸化硅素)	54 mg/ℓ	1.6 mg/ℓ
Fe_2O_3	(酸　化　鉄)	6	4
Al_2O_3	(酸化アルミニウム)	15	24
CaO	(酸化カルシウム)	135	1,450
MgO	(酸化マグネシウム)	224	1.4
SO_3	(無水硫酸)	335	393
P_2O_3	(三酸化リン)	3	8
Cl	(塩　素)	1,926	240
K_2O	(酸化カリウム)	69	29
Na_2O	(酸化ナトリウム)	1,536	67
Cu	(銅)	0.07	0.03
As	(砒　素)	0.56	—
Hg	(水　銀)	0.01	0.08
Se	(セレン)	0.01	0.01
Tl	(タリウム)	0.001	0.002
Mn	(マンガン)	0.22	0.05
Pb	(鉛)	—	0.03
$KMnO_4$消費量	(過マンガン酸カリ消費量)	241	—

(熊本大学医学部水俣病研究班『水俣病』による)

III−17表の残渣総量9,900mg/ℓということは、かりに排水量3,000㎥/Hrとして試算すれば1ヵ月当り21. 4トン、1年で約260トンの残渣が海中に放出されたということを意味する。残渣は海中に入れば、すみやかにゲル化して底質を変化せしめ、水棲動植物・魚介類に多大の被害を与える。

III−17表、III−18表の分析値が示すように、水俣工場排水中には、Pb、Hg、

Mn、As、Se、Tl、Cu、MgO、CaOなどの有毒物質が含まれており、必然的に水俣湾を多重汚染したのであった。このことは第３章においてくわしくのべた。

なお、工場排水に含まれる汚染物質は、たとえいかに微量なものであったとしても、その故に環境に対して無害であるといえないことは第９章に後述する通りである。

以上、水俣工場はすでにその企業体質から危険なものたらしめられていたがその製造工程においてさまざまな有毒物を取扱うばかりでなく、その製品(中間物を含む)は多く有毒物であり、多種多様の爆発物を使用し、その製造工程も多く高圧下で反応させたり複雑なプロセスをとるものであった。また、その工場廃水は極めて危険なものであった。水俣工場は工場全体が一個の危険物といえる存在であったのである。

１)ビラム：水銀の取扱い方, Vacum, Vol.15：77～92, 1957.
２)日本長期信用銀行調査部：カーバイド工業, 1960.
３)Whitmore：Org. Comp. of Mercury, 118, 1921.
４)Vogt & Nieuwland：J. Am. Chem. Soc., 43：2071, 1921.
５)国近三吾：アセチレンとその誘導体, 87, 共立出版, 1954.

４　水俣工場の危険性の現実化ー労働災害・環境汚染の発生

先にそれ自体危険な化学工場を安全を無視して操業すれば、労働災害や環境汚染はまさに必然的であるとのべた。きちがいに刃物(危険な化学工場)をもたせればどういう結果になるであろうか。水俣工場がいかにその危険性を現実化していったかを次にみよう。

⑴　水俣工場の労働災害

昭和25年～36年の水俣工場資料による程度別労働災害件数・千人率・度数

Ⅲ−19表　年度別・程度別件数　千人率・度数率・強度率表

年度	死亡	程度別件数					件数合計	水俣工場従業員数	千人率	度数率		強度率	
		4週間以上	2～4週間	3日～2週間	2日以下	不休				水俣工場	化学工場	水俣工場	化学工場
25		3	30	172	30	425	660	4,385	150.5				
26		3	19	192	17	381	612	4,274	143.2	29.24			
27		11	43	228	56	350	688	3,903	176.3	33.16			
28	1	2	42	224	25	262	556	3,857	141.2	38.97		2.16	
29		9	43	187	26	263	528	3,760	140.4	31.37	16.41	0.53	1.35
30		22	30	98	27	227	404	3,605	120.6	21.42	14.21	0.50	1.28
31		12	18	91	17	174	312	3,593	86.8	16.14	11.45	1.12	1.10
32	2	11	20	83	16	145	277	3,499	80.3	16.47	10.04	2.40	1.15
33		11	12	56	12	102	193	3,417	56.4	12.27	8.97	0.43	0.85
34		23	25	53	15	105	221	3,432	64.4	16.27	9.05	0.76	0.93
35		11	10	52	18	91	182	3,419	53.2	12.10	6.84	0.66	0.67
36	7	19	13	40	2	101	182	3,363	54.1	10.39	7.09	9.44	0.87

Ⅲ−20表　年度別・起因別災害件数表

起因＼年度		25	26	27	28	29	30	31	32	33	34	35	36
機械・作業行動災害		496	400	359	378	296	295	216	165	128	152	134	109
特殊危険物災害	電気	27	10	13	3	1	4	2	5	5	2	1	3
	毒劇物	35	44	35	17	40	22	26	29	20	13	15	16
	有毒ガス	9	14	13	13	4	7	2	31	5	9	4	7
	高熱物	38	35	66	43	37	21	25	23	16	20	9	7
	内圧容器破裂							4					
	爆発引火	2	2		5	1	2	1	3	1			17
（小計）		(111)	(105)	(127)	(81)	(83)	(56)	(60)	(91)	(47)	(44)	(29)	(50)
眼障害							7	2			3		1
雑原因		53	107	202	97	149	46	34	21	18	22	19	22
合計		660	612	688	556	528	404	312	277	193	221	182	182

率(III−19表)、年度別起因別労働災害件数(III−20表)、昭和25年〜34年の事故多発職場とその千人率(III−21表)は次の通りである。

Ⅲ−21表　労働災害多発職場とその千人率

千人率	1位	2位	3位	4位	5位	6位	7位	8位	9位	10位
25年度	製缶 409	2硫 333	鉛工 321	旋盤 297	仕上 292	製品 280	カーバイド 247	せんいそ 241	土木 205	硫安 200
26 〃	ニポリット 422	製品 412	チッソニール 286	炭素 273	酢酸 243	鉛工 237	ミナコン 271	カーバイド 227	仕上 227	硝酸 222
27 〃	製品 384	カーバイド 366	せんいそ 354	製缶 350	酢酸 274	チッソニール 266	電設 228	仕上 226	ニポリット 223	旋盤 222
28 〃	カーバイド 378	製品 289	硫酸 260	電設 245	製缶 241	酢酸 219	炭素 214	DOP 200	火力 193	せんいそ 188
29 〃	製品 436	炭素 250	カーバイド 246	旋盤 233	酢酸 230	オクタノール 227	硫安 210	製缶 207	燐安 197	ニポリット 183
30 〃	硫酸 302	DOP 269	仕上 253	製缶 242	酢酸 228	燐安 210	旋盤 157	カーバイド 143	ニポリット 142	鉛工 142
31 〃	硫酸 180	酢酸 153	硫安 139	技術 131	せんいそ 130	燐安 120	燐酸 109	発電土木 107	オクタノール 106	カーバイド 105
32 〃	ビニール 168	PM 141	硫酸 140	燐硝酸 109	カーバイド 100	可ソ剤 96	工作 88	酢酸 82	技術 82	肥料 78
33 〃	電設 111	ビニール 98	カーバイド 94	肥料 85	酢酸 83	硫酸 80	可ソ剤 77	PM 76	工作 60	ガス 52
34 〃	カーバイド 135	燐硝酸 115	ニポリット 105	可ソ剤 104	酢酸 102	PM 101	工作 72	硫酸 71	肥料 58	技術 57

これは工場資料ではあるが、水俣工場の労働災害の一端を示している。III−19表によってわかるように、水俣工場の労働災害絶対件数は驚くべき数字を示し、昭和27年にはピークに達して688件、その千人率は実に176.3という高率を示す。これは従業員6人当り1人の割合で労働災害を被ったことを意味して

いる。

度数率は100万労働時間当りの災害件数であらわし、労働災害の頻度を示す。昭和36年頃、「安全成績が比較的よいといわれる重工業の工場の度数率は、10以下が普通である」とされたが、水俣工場の度数率は、昭和28年において最高の38.97を示した。それはまた、化学工場の平均よりはるかに高い数値を示している。

強度率は、1,000労働時間当りの作業量に対する平均損失日数で表わし、けがの軽重を評価する。水俣工場の強度率をみると、総体的に化学工場平均より低いが、このことは不休災害数の多さとも関連する。長年のあいだ水俣工場においては、労働災害を被っても、無理をして休まないという風潮が強かったことを考えれば、この指標は信頼性がうすいといえる。

程度別件数をみるに、総体として3日〜2週間、2週間〜4週間、4週間以上という重い災害がひじょうに多い。

しかも、水俣工場においては昭和25年以来、療養2日以下の労働災害を微傷といい、療養3日以上2週間未満を軽傷といい、2週間以上4週間未満になってやっと中等傷といい、療養4週間以上を重傷と称する特殊の分類統計方法を現在に至るまでとってきた。この分類方法自体、労働災害に対する水俣工場の感覚を示してあますところがない。

つぎにIII–20表によって労働災害を起因別にみよう。起因は大きく分けて、① 機械・作業行動災害、② 特殊危険物災害、③ 雑原因の三つに大別されているが、このうち特殊危険物災害は毒劇物・有毒ガス・高熱物等化学工場に特有のものである。昭和25〜36年の特殊危険災害合計は874件であり、労働災害総数中にしめる割合は約18%に達している。

更に、III–21表により事故多発職場とその千人率をみよう。第一に気がつく点は、塩化ビニール・オクタノール・DOP等新鋭工場で事故が多発している点である。ニポリット(PVC工場)は前述したように、昭和26年に第一位の災害発生率を示し、28年、31年を除き[†20]いずれも10傑のうちに必ずランクされている。

オクタノール・DOPは昭和27年暮から商業運転に入るが、その翌28年には

DOP工場が早くも第八位の災害を起し、千人率は200である。以降29年にはオクタノールが六位、千人率227、30年にはDOPが二位、千人率269を示し、以降可塑剤部門は必ず10傑のうちにランクされている。また、有機合成化学の中核としての位置にある酢酸(アルデヒド・酢酸工場)は10年間のうち９年間までランクされ、その千人率は最低82、最高274を示す[1)]。これらのアセチレン有機合成設備において水俣工場は日本でトップクラスの生産技術を誇っていたのであった。

水俣工場の労働災害は、以上にのべた如く恐るべきものであった。そして水俣工場はそのあまりの労働災害の多発により昭和30年まで熊本県労働基準局から“安全管理特別指導事業場”に指定されていたのである[2)]。

⑵　水俣工場による環境汚染

工場外への塵埃・有毒ガスの排出だけをみても水俣工場の公害は恐るべきものであったが、長い間チッソは何等の対策もとらなかった。それが社会的に問題にされはじめたのは実に昭和39年になってからである。

水俣市の文書「公害対策について」(昭和40年９月13日)によると、「水俣市の公害はチッソ株式会社水俣工場がその施設及び内容の規模からして最たるものであることは周知の通りで……あるが、その実態は現在迄公的に市全般に渉る調査検討がなされた事はなく、只地域住民の陳情により個々に調査し、対策を講じてきた程度であった。ところが公害と目される水俣病の発生を見て以来、全市民の公害に対する関心は切実なものとなり、市当局並びに市議会に於ては、これが対策を研究中であったが、昭和39年９月市議会内に公害対策特別委員会が設置され、市に於ては衛生課環境衛生係に公害対策部門を設け、積極的に対策に当ることになった。

1　先ず昭和40年度より公害対策費の予算35万円を計上して、

　a 水質検査、b 降下煤塵の測定、c 亜硫酸ガスの測定、d 塩素ガスの測定を実施することにした。

2　上記の諸検査を継続的に実施する一方、市議会公害対策特別委員会の協力を得て、地域住民の代表者(該当地区の地元市議員、駐在事務所長、行政協力員、衛生班長、婦人会、青年団役員等)と地域別に懇談会を開催し、地域住民の公害に対する直接の声をきき、具体的な今後の対策の資料とすることにした。……

3　……各工場事務所を巡回訪問し……苦情を市並びに市議会公害対策特別委員会が公的立場に於て申出ることにした。……特筆すべき点はチッソ株式会社水俣工場に於ては、法の規定による公害指定都市と同様な考えで今後公害対策に努力するとの意向で、同工場に公害課を新設し積極的に対策に当ることになった事である。

4　略」とのべている。

1)　地域住民の声

昭和40年8月に実施された第一回地域懇談会においては水俣工場に対し、① 亜硫酸ガスについて、② カーバイド粉塵について、③ 赤ドベ(硫化鉱石焼滓)について、④ 工場廃液について、⑤ 工場側溝の浚渫について、⑥ レジン油煤煙について等の強い苦情が出された。

41年12月に行われた第二回会合において出された水俣工場公害に対する地元代表の意見はつぎの通りであった(水俣市衛生課議事録による)。

〔廃ガスについて〕

各種ガスの排出される量は以前と変りない様に思う。

① 他方から来た者は咽喉をおかされて咳をするようになる。

② 一時的に濃厚なガスが来た時は、鶏が騒ぎ出す。その後産卵が低下する。或は草木野菜等が変色する。特に夜間に多量に排出されると思われる。

〔カーバイド粉塵について〕

カーバイドの粉塵についても以前と変りない様に思う。特に丸島一帯は被害が大きい。

① 降塵のため瓦が浮き上り雨もれがする等の建築物の被害が第一で他地区に比較すると判然たるものがある。

② ガス・粉塵等被害のひどいビン会社通りの地区住民の中では住居の移転を希望するものが多い。この事も工場へ申し入れられたい。

〔赤ドベの処理について〕

赤ドベの流出による被害は今年はなかったが、工場内積込時に落下したものが自動車の運行でその微粉が飛散してビン会社附近の民家は困っているので、工場の側溝の内側にブロック壁を作るようにしたらどうか。

〔工場排水について〕

工場排水が時には強い悪臭を発することがあり、又黒色に変じ、又白色となることがある。又油が流出されることもある。

〔工場周辺の浚渫について〕

現在よく浚渫されているようであるが、今後も充分浚渫されるようにしてもらいたい。

〔石灰石ホッパーの騒音について〕

ホッパーの騒音防止については、改善されたと聞くが、余り変りない様に思う。

〔原料(粉末)荷揚作業時の粉塵について〕

加里原料等粉末を船揚げしトラックに積込む際に風があると海岸の民家(梅戸港)に吹き込んで戸も開けられない。運搬中も同様であるからトラックに被覆をしてもらいたい。

〔公害担当社員の実情具申が適確でない点について〕

公害担当社員の実情調査はよく実行されている様であるが、その状況報告が最高幹部迄に充分なされないのか、改善の実績が上らないものと考える。その点地元民として納得出来ないものがある。

これらの地域住民の声は水俣工場のひき起している公害の深刻さをまざまざと示している。

Ⅲ-22表　水俣市降下煤塵測定値

降下煤塵測定値（水俣市）　t / ㎢ / 月 (16,687)

月日＼項目＼地区	丸島 貯水量	丸島 pH	丸島 降下量	百間 貯水量	百間 pH	百間 降下量	保健所 貯水量	保健所 pH	保健所 降下量	月平均 貯水量	月平均 pH	月平均 降下量
	ℓ		t	ℓ		t	ℓ		t	ℓ		t
39.6	35	7.4	77.127	33.0	7.0	64.256	27.0	6.7	20.692	31.66	7.3	54.025
7	10.8	8.3	75.875	9.5	7.3	35.892	8.45	7.0	10.161	9.58	7.5	40.642
8	20.0	7.3	72.237	19.5	7.0	61.075	13.0	6.4	15.493	17.5	6.9	49.601
9	8.3	8.2	70.168	7.4	7.2	○79.212	4.8	6.8	11.767	6.83	7.4	53.715
10	16.2	8.2	71.019	12.0	7.1	53.242	14.4	6.6	18.142	14.2	7.3	47.467
11	4.8	7.4	19.166	3.0	6.9	17.374	4.0	6.6	5.527	3.93	6.9	14.022
12	3.8	7.3	27.528	3.0	7.1	23.374	2.7	6.6	×4.196	3.16	7.0	18.366
40.1	7.3	7.2	34.373	5.5	6.8	28.6598	4.35	7.0	8.840	5.71	7.0	23.957
2	6.55	7.0	16.2996	3.9	8.4	15.4315	3.3	6.6	4.616	4.58	7.3	12.115
3	8.0	7.4	18.5720	6.0	7.0	17.2023	5.0	8.4	15.4452	6.33	7.6	17.073
4	21.0	7.1	51.6529	13.5	6.6	31.1747	11.0	6.7	8.9036	15.16	6.8	30.577
5	23.9	8.4	44.948	17.6	6.6	28.8372	15.0	7.0	8.86549	18.83	7.3	24.216
測定地別平均	ℓ 13.80	7.6	t 48.247	ℓ 11.15	7.08	t 37.977	ℓ 9.41	6.8	t 11.053	ℓ 11.45	7.19	t 32.148

（注　○印…最高測定値　　×印…最低測定値）

Ⅲ-23表　水俣市亜硫酸ガス濃度（mg /100 ㎠ /日 PbO_2 ）

年月＼測定値	S39 7	8	9	10	11	12	S40 1	2	3	測定地別平均	備考
丸島	0.24	破損	○1.41	0.66	0.43	0.64	0.63	0.47	0.57	0.63	○印 最高測定値
百間	0.48	〃	1.10	0.65	0.86	0.96	0.89	0.92	1.04	0.86	
保健所	0.40	〃	1.20	0.31	×0.23	0.42	0.49	0.47	0.36	0.49	×印 最低測定値
月平均	0.37	〃	1.25	0.54	0.51	0.67	0.67	0.62	0.66	0.66	

III−24表　全国地区別降下媒塵量と亜硫酸ガス濃度

全国 地区別降下媒塵量（t/ km²/月）						全国 亜硫酸ガス濃度（mg /100 cm²/日 PbO_2）					
地区名	地　名	測定点	最高	最低	平均	地区名	地　名	測定点	最高	最低	平均
京　浜	東京都	27	29	4	19	京　浜	東京都	27	2.06	0.19	1.00
	川　崎	15	77	8	22		川　崎	18	6.44	0.26	−
	横　浜	24	30	8	12		横　浜	14	1.66	0.33	0.85
阪　神	大　阪	24	91	12	23	阪　神	大　阪	42	1.81	0.58	1.04
	堺	3	20	8	13		堺	3	1.73	0.79	1.27
	神　戸	32	24	8	12		神　戸	32	1.24	0.41	0.81
	尼　崎	15	34	8	17		尼　崎	22	1.76	0.28	0.91
北九州	門　司	10	70	4	16	北九州	門　司	10	1.73	0.02	0.52
	小　倉	10	43	3	17		小　倉	10	1.02	0.03	0.50
	若　松	10	137	6	23		若　松	10	1.68	0.12	0.93
	戸　畑	8	37	6	21		戸　畑	8	1.73	0.17	0.52
	八　幡	14	113	5	23		八　幡	14	2.10	0.11	0.56
中　京	名古屋	13	21	9	13	中　京	名古屋	13	2.70	0.48	1.21
	四日市	18	45	2	11		四日市	18	1.82	0.27	0.55
岩　手	釜　石	6	116	14	39	岩　手	釜　石	−	−	−	−
山　口	宇　部	19	35	8	16	山　口	宇　部	17	0.58	0.10	0.28
福　岡	大牟田	10	46	12	29	福　岡	大牟田	10	1.10	0.15	0.57
兵　庫	姫　路	8	29	8	14	兵　庫	姫　路	8	0.69	0.37	0.49
北海道	札　幌	10	71	19	32	北海道	札　幌	−	−	−	−
熊　本	水　俣	3	79.2	4.2	32.1	熊　本	水　俣	3	1.41	0.23	0.66

（資料県衛生部）

2)　降下煤塵測定値及び亜硫酸ガス濃度

熊本県衛生部の調査による水俣市および全国の降下煤塵量及び亜硫酸ガス濃度はIII−22、23、24表の通りである。

すなわち、水俣市3カ所で測定した39年6月～40年5月の平均降下煤塵量は32.148トン/㎢/月であり、川崎、八幡、尼崎などの工業地帯をはるかに上まわり、特に昭和39年6月～10月は40～54トンというものすごさであった(丸島地区は70～77トン)。また、亜硫酸濃度は39年7月～40年3月に同じく市内3カ所において0.66mg/100㎠/日 PbO_2を示し、八幡・四日市・大牟田をこえる濃度を示した。

3) 水俣工場の公害対策

水俣工場の公害対策は、市並びに市議会公害対策特別委員会が公的立場で住民の苦情を水俣工場に申し入れるようになってからはじめてとられはじめた。新任の工場長の方針もあり、40年10月には公害課が設置された。それ以降水俣工場の行った主要な公害対策はつぎの通りである。

1 加里変成工場、裏山煙突破損箇所補修、煙突延長(41年9月完成・工費365万円)
2 カーバイド収塵装置補修(41年9月)
3 赤ドベ微粉飛散防止のための積込場改善(41年工費500万円)
4 石灰石ホッパーの騒音防止のためのホッパー嵩上げ(100フォンが60フォンに、41年工費25万円)
5 アンモニアガスならびにダスト回収。設置後NH_3、0.07～0.44g/㎥、ダスト0.1～0.88g/㎥(42年9月工費600万円)
6 硫酸煮詰工場排ガス中のミスト回収装置。回収効率98%、SO_3ミスト0.532g/㎥→0.0011g/㎥へ(42年8月工費284万円)
7 加里変成工場塩酸ガス吸収塔、塩酸ガス、山上煙突から6.4g/㎥→1.07g/㎥へ、排ガス17g/㎥→0.06g/㎥へ(42年8月工費1500万円)

など

これらの公害対策はチッソが水俣病をひき起してから約10年後にはじめて集中的に行ったものである。(なお、工場長更迭後は再びみるべき公害対策は行われていない)。

前述した41年12月の住民の声や県衛生部の調査と対比して考えるとき、むしろこれらの公害対策はそれがとられない前の長年にわたる水俣工場の公害の恐ろしさを逆に示している。なお、その後も水俣工場のひきおこす環境汚染に対する苦情はたえることがない有様である。

以上、われわれは水俣工場の危険性の現実化の一端を労働災害と塵埃・有毒ガスの排出による環境汚染とによってみた。逆にいえば、水俣工場の高度成長は、かくしてそこに働く労働者の健康破壊・労働災害のみならず、地域住民の健康破壊、家畜・農産物被害、建造物破壊の上に立ってはじめて可能であったのである。そして安全無視のチッソが危険な水俣工場廃水によってひき起した最大の環境汚染こそ、世界に類例をみない大量殺人たる水俣病であったのである。

1) 合化労連新日窒労組機関紙『さいれん』1969年12月, 25・27号.

2) 水俣工場新聞, 1956年4月5日号.

第８章　チッソは危険防止のための研究・調査を怠った

第６章においてのべた通り、チッソに要求される注意義務とは安全確保義務であり、それは安全確保のための研究・調査を行うべき義務を当然に含んでいる。

チッソは工場廃水から生じる危険を予見し、それを未然に防止するために必要な研究・調査をいかに怠ったか。われわれは、まずこのことを明らかにする。

１　チッソはいかなる研究・調査をなすべきであったか

この研究・調査義務は、具体的にはいかなるものでなければならないか。まずあらかじめ強調しておきたいことは、この研究・調査は、安全を確保するという目的を達成できればよいのであり、必ずしも非常に高度なあるいは非常に経費のかかる研究・調査であることを必要としない、という点である。そうではなくて、安全を確保するための研究・調査は、ごく基礎的なものでたりるのである。

さて、その内容は次のように要約できる。

⑴　工場廃水放出先の環境調査（事前調査）

海水の流れや海底の状態、そこにすむ生物の種類と分布などが、最低限調査されるべきである。

⑵　工場廃水の成分と流量の研究・調査

まず、製造工程に立ち入って、原材料・触媒・中間生成物などが、いかにして工場廃水に変わっていくかを、研究・調査すべきである。

次いで、工場廃水の化学分析が行われなければならない。

さらに、工場廃水の流量調査によって、長期間にわたる廃水溝の平均流量を調べ、また時間最大流量とその継続時間を把握する。

操業条件は次々と変わっていくし、製造工程や原材料などに変化があることも当然であるから、成分と流量の研究・調査は継続してなされなければならない。

(3) 廃水処理方法の研究・調査

廃水処理の根本原則は、危険なものはできるだけ外に出さないということである。そのために、製造工程の改善や廃水の循環再使用などが、まず研究されなければならない。

ついで、上記(1)(2)をふまえて、廃水の処理方法が研究・調査されるべきである。こうして採択された処理方法によって廃水を放出したとき、魚類などの水生生物に害を与えることがないかどうかは、生物試験(bio-assay)によって比較的簡単に確かめることができる。

(4) 廃水放出後の監視調査(事後調査)

廃水放出後も、環境に異常がないかどうかたえず監視調査し、万一異常が認められた場合には、ただちに廃水との関連を研究・調査し、必要な対策を講じるべきである。この場合、有毒物質を検出する満足すべき分析方法がなくても、前述の生物試験の方法を用いれば、廃水による汚染かどうかは容易に判定できる。

> Doudoroffらによれば、化学分析は、① 有毒物質の多くは化学的に検出・分離・定量できない、② その毒性の程度も未知のものが多い、③ 魚の種類により毒性は一様ではないなどの欠点があり、結局、自然の生活条件で生息する魚類にたいする廃水の毒性は生物試験によって決定しなければならない。生物試験(bio-assay)は、① 廃水の毒性、② 毒性の程度、③ 廃水放出の可否および限度、④ 汚染源、⑤ 廃水処理の程度および方法、⑥ 廃水処理の有効性、を決定する

ために用いることができる。[1)]

以上の研究・調査のどれ一つを欠いても、環境の安全は確保することはできないのである。以下、チッソがこれらの研究・調査をいかに怠ったかを明らかにしよう。

２　事前の環境調査の怠り

(1)　水俣湾及び水俣川川口の環境条件

水俣工場の廃水は第10章に詳述するように百間港および水俣川川口に放出された。III–1図に示すように百間港は明神崎及び恋路島によって囲まれちょうど袋のような形状になっている水俣湾の最奥部にあり、水俣川川口は不知火海に面している。不知火海は八代海あるいは八代湾ともいわれ、北は熊本県宇土半島、南は鹿児島県長島、西は熊本県天草諸島に境せられた内湾で、外洋と不知火海との間の流出入量は漲潮流量3,000×10^6㎥、落潮流量3,500×10^6㎥(長崎海洋気象台調査)で外洋と異なり波も静かで潮流もゆるやかである。水俣湾はこの八代湾の内湾つまり二重湾である。水俣湾内では潮流はほとんどみられない。熊本県水産試験場の調査によれば、双子島沖の0.5浬附近においては、北上流はほとんどなく、渦動もしくは蛇行して水帯の移動はほとんどみられない。また、水俣地先、恋路島と獅子島との湾の巾が広いところでも、海流の平均速度は0.5ノットを越えることはなく、不知火海の目吹瀬戸、伊唐瀬戸、天の尻瀬戸の1.5～2.0ノット、黒瀬戸の７ノットに比べてその海流速度はきわめて低い。[2)] 長崎海洋気象台が行った不知火海定常流分布図並びに海上保安庁水路部が行った不知火海南部潮流浮子観測図はIII–2、2'図の通りである。

この両図は、水俣湾内の水は袋湾に出入すること、不知火海南半にゆるい時計廻りの流れがあり南西長島にむかって流れていること、水俣湾外より芦北一円地先にわたって中層以下に北上流がみられることを示す。

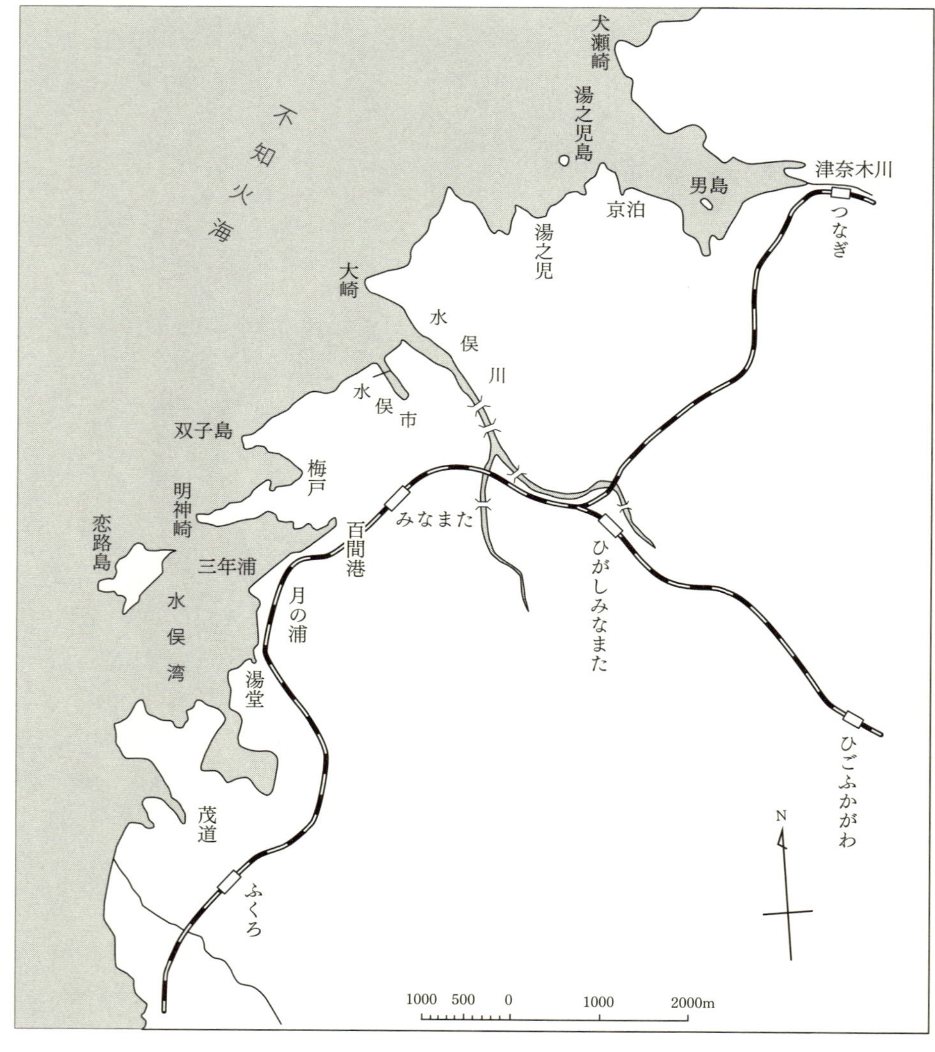

III－1図　水俣湾とその周辺

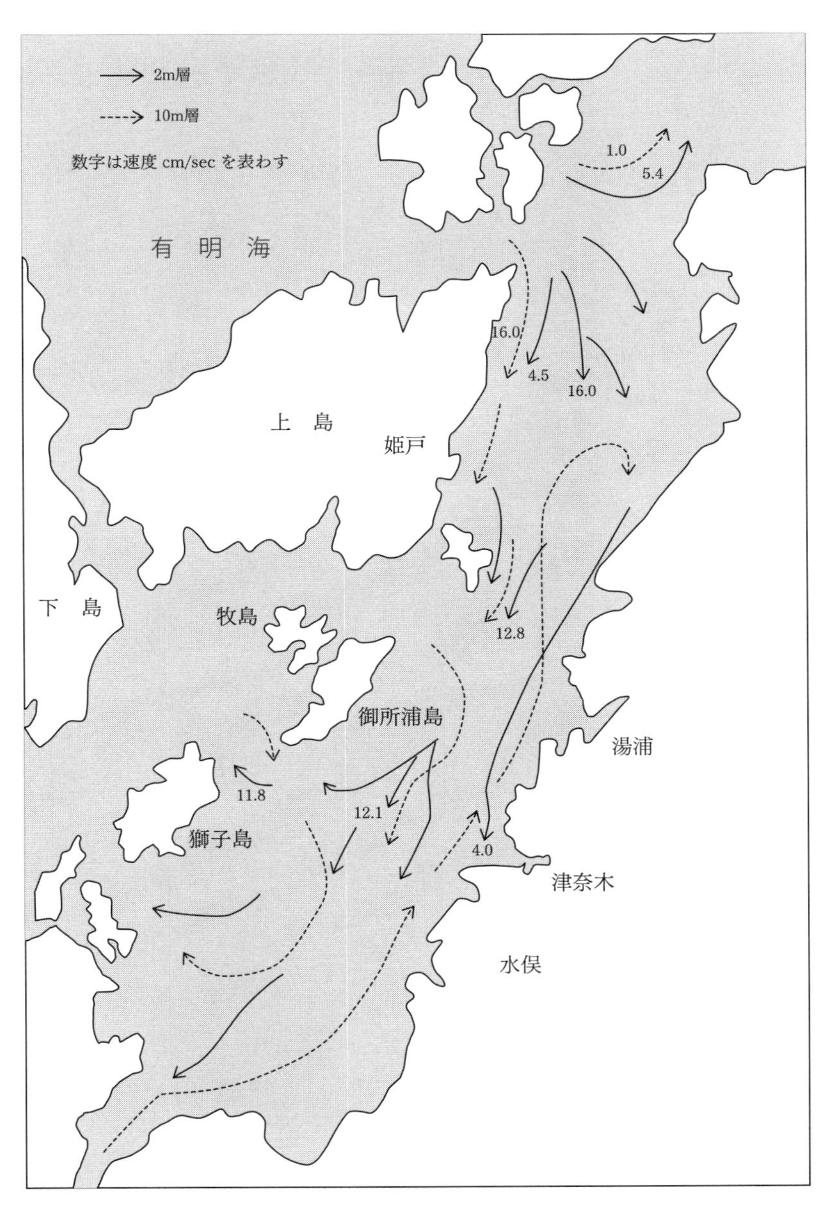

Ⅲ–2 図　不知火海定常流分布図 (長崎海洋気象台資料による)

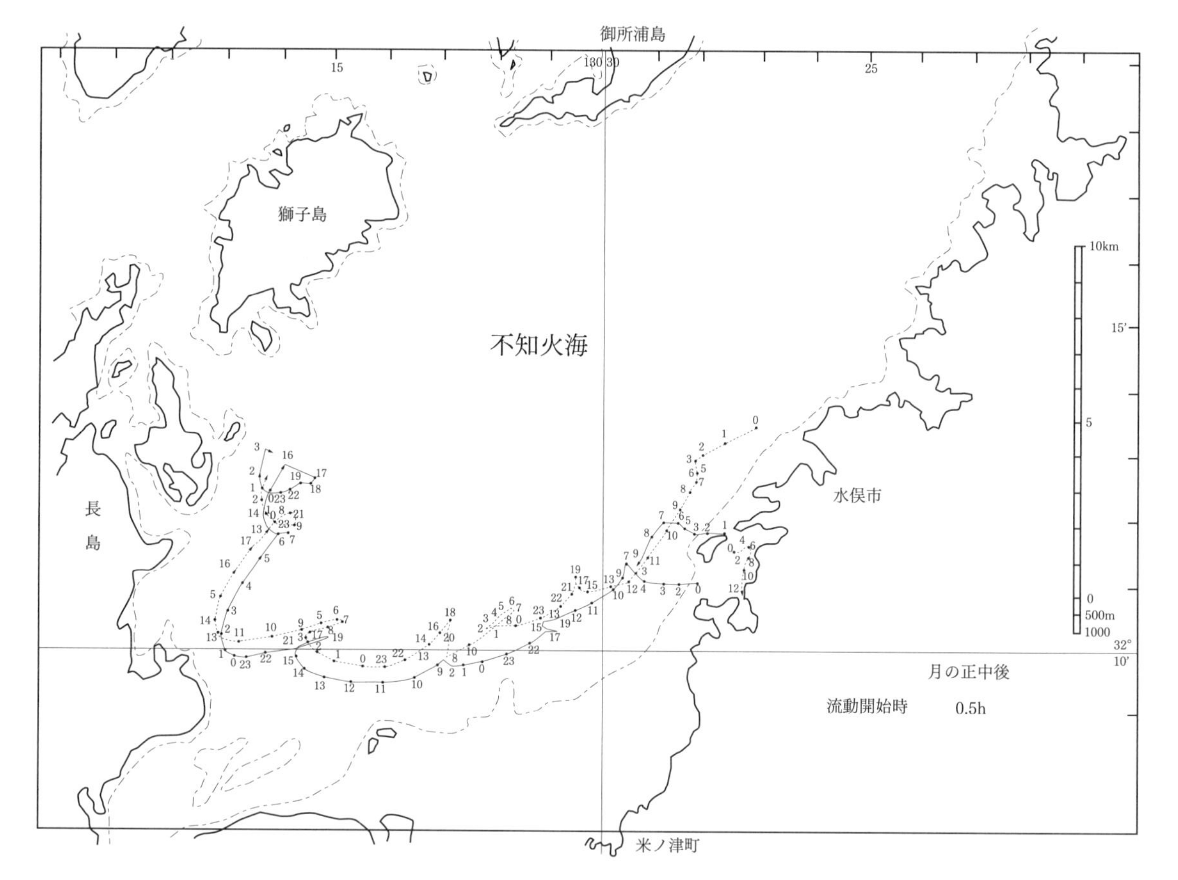

III-2' 図　不知火海南部潮流浮子観測図

以上の海水の流れからみて、

① 水俣湾に工場廃棄物が排出されれば、その廃棄物は多く湾内に蓄積し、水俣湾を汚染する危険があること(第一次汚染)

② 汚染物質の一部は更に湾外に出て南西長島に向う海流にそって不知火海を汚染する危険があること(第二次汚染)

③ 水俣川川口に工場廃棄物が排出されれば、北上流にそって不知火海を汚染する危険があること

などがわかる。このような環境条件では、工場廃水が海水によって拡散混合される希釈効果はそれほど期待できないのである。

次に水俣湾は、ボラ、コノシロ、カタクチイワシ、エビなど魚種豊富な不知火海でも指折りの漁場であり、水俣川川口もタチウオ、キスなどの好漁場であった。漁業に従事する住民も多数にのぼり、水俣湾及びその周辺でとれる魚介類は水俣市民の重要な蛋白源であったのである。

柴田三郎は「欧州やアメリカは工場が大河に臨んで存在するか、或は支流に臨んであったとしても遂には大河に流入して海へ運ばれることが多い。淡水は海水に比して溶存酸素も約20％多いばかりでなく溶存物質も少いので工場廃水を希釈し、酸化し易く、加うるに流れ去ってしまうので、港湾のように一ヶ所に濃度が停滞するというようなことがない。海外では……更にまた、沿岸漁業が少いのである。……一方、日本国では半農半漁も可なり多く、地曳や磯釣り、小舟でその辺の沖で捕った魚をひさいで生計のたしにしている人が相当あり、……これでは沿岸水の汚濁が外国より真剣なのは当然である[3)]」とのべている。

水俣湾及び水俣川川口の環境条件は柴田のいうとおりであるばかりでなく、よりきびしいものであった。また、水俣湾及び水俣川川口の清浄な公共水に廃水を放出し、それを汚染するおそれのある工場は水俣工場のみであった。

(2)　チッソの環境調査の怠り

しかるに、チッソはその工場廃水放出先の環境調査をまったく怠った。その

ことは、34年11月に水俣工場が公にした「水俣工場の排水について(その歴史と処理及び管理)」において、明治42年からの排水について記述しながら、環境条件については一言も触れていないことからも明らかである。

3　廃水の成分と流量の研究・調査の怠り

(1)　製造工程から見た廃水の研究・調査

各製造工程の原材料・触媒・中間生成物などが、いかにして廃水に変わっていくか、チッソが研究・調査したことはない。たとえば昭和７年、アセトアルデヒド工場がはじめて建設稼動されたときの状況は、さきに詳述したとおりである。製造工程から見た廃水の研究・調査はまったく欠落し、製品生産についてのみ、かつそれに必要な範囲内でのみ、研究や改善がなされたのである。

これも前述したように、アセトアルデヒド製造工程において、中間物質として有機水銀化合物が生成されることは、水俣工場のアセトアルデヒド工場稼動前からわかっていたのであるが、有機水銀化合物が廃水に含まれる可能性についてもまったく研究されることはなかった。

同工場稼動後においてもまったく同様であった。

(2)　廃水の分析

廃水の分析もまたなんら行われなかった。生産と関係がなかったからである。

昭和29年に至って、技術部に分析係特殊試験室が設置され、分析能力の強化がはかられたが、廃水分析は行われなかった。

昭和31年、水俣病が正式に発見され、その原因として当然工場廃水が疑われたが、おどろくべきことに、熊本大学の研究を追試する形で、水俣工場排水溝から工場排水を採取して排水分析を開始したにすぎない。

廃水分析は各製造設備ごとに行われなければならない。工場排水は、各種廃水が混合し、かつ機器冷却水などの一般用水で希釈され、分析が非常に困難になるからである。

昭和31年暮、特殊試験室がさらに拡大され、製造現場が持っていた分析業務の多くを吸収したが、特殊試験室が行った分析は、依然としてトータルとしての排水分析のみであり、各製造設備ごとの廃水分析は行われなかった。

なおつけ加えておくべきことは、水俣工場は一貫して、日本でもトップクラスの分析能力を有していたことである。

水俣工場は、すでに第二次大戦前から、化学分析を中心とする独特の分析技術を確立していた。第二次大戦中から、アメリカ・イギリスなどを中心に、あらたにいろいろの測定機械を用いて行う、いわゆる機器分析法がめざましく発達したが、水俣工場はいちはやくその吸収をはかり、昭和27〜28年頃から、進歩した機械をどんどん採用した。

昭和29年には赤外線分光分析装置が購入されたのを機会に、ポーラログラフ、炭水素微量分析装置、紫外線分光光度計などをもって、特殊試験室が設置された。以降、半自動ミクロ元素分析装置、自動滴定装置等の分析機器を装置し、昭和30年頃には、「既に……九州大学と並ぶ充実ぶりをしめし[4]」、ひきつづき、ポトビリニアーク会社製の精密分溜装置、自動記録式のＸ線分析装置、可視線自動分光光度計を備えた。

昭和32年には、パーキン・エルマー社から、ガス及び液体資料の組成が迅速にグラフに示される自動記録式ガスクロマトグラフを購入した。

「これらの機器のうち輸入機器はいづれも、国内であまり他に見られなかった時期に設置されて……これだけの機器が一ヵ所に集められていることも、国内ではあまり類例[5]」をみないまでとなった。

もちろん廃水分析は、これらの機器を用いなくても可能であるが、チッソがいかにすぐれた分析能力を有していたかがわかる。しかし、これらの機器は、生産に直接関係のない廃水分析には使われることがなかったのである。

⑶　流量の測定

チッソが公にした廃水量はIII−25表が唯一のものである。しかし、たとえば公表されたアセトアルデヒド酢酸設備廃水量とアルデヒド生産量とを対比すればIII−26表のようになる。生産量がふえれば、出て来る廃水もまたふえなければならないのに、そうなっていないことから、公表している廃水量の信ぴょう性すら疑われる。

III−25表　廃水を生ずる設備と廃水量

廃水量 設備　m³/H	21	22	23	24	25	26	27	28	29	30	31	32	33	34
アルデヒド酢酸設備	1	1	1	2	2	2	2	2	2	3	4	4	4	6
塩化ビニール・モノマー水洗塔廃水				0.1	0.1	1	1	2	2	3	3	10	10	10
硫酸設備ピーボディ塔廃水											60	60	60	60
燐酸設備廃水										40	40	70	70	70
カーバイド・アセチレン残渣廃水	10	15	20	20	20	30	25	30	40	40	60	80	80	110
カーバイド密閉炉廃水													250	250
重油ガス化設備廃水												60	80	80

（「水俣工場の排水について」による）

III−26表　アルデヒド生産量と廃水量の対比

年度	21	22	23	24	25	26	27	28	29	30	31	32	33	34
アルデヒド酢酸 設備廃水量	m³/H 1	1	1	2	2	2	2	2	2	3	4	4	4	6
アルデヒド 生産量	t 2,300	2,400	3,300	4,400	4,500	6,200	6,100	6,600	9,100	10,600	15,900	18,000	19,000	32,000

すくなくとも、この程度の流量測定しかなされていなかったことがわかる。

４　廃水処理方法の研究・調査の怠り

⑴　廃水をできるだけ排出しないようにする研究

廃水量をへらすためには、まずその用水量をへらし、製造過程の維持管理の改善によって、廃水量をいかにへらせるかについて研究し、そのうえで廃水の循環再使用につとめるなどして、汚染物質が極力工場の外に出ないようにしなければならない。

前掲、「水俣工場の排水について」を見ても、このような研究がなされたあとは全くない。

水俣工場の各廃水を見るに、そのほとんどはその気になりさえすれば、循環再使用が可能であり、現にアセトアルデヒド工場廃水の循環再使用は、後に容易に行われた。

⑵　具体的な廃水処理方法の研究

廃水放出先の環境条件の調査、廃水の成分と流量の研究・調査なくして、具体的な廃水処理方法の研究はありえない。この研究は全く怠られた。

魚池を通して廃水を流下させて、魚の生存の有無により、水質汚染の可能性を調べる生物試験法も、いっさい行われなかった。

５　環境の監視調査(事後調査)の怠り

水俣病は何らの徴候もないまま、突如として発生したのではなく、前もって環境に恐ろしい異常が次々とあらわれたのである。

そして、異常の発生と廃水放出との関係や、その対策についての研究・調査が、そのたびに緊急に必要となっていくにもかかわらず、まったく怠られたのであった。

たとえ原因物質が不明であっても、異常事態が工場廃水によるものであるかどうかは、生物試験法などで容易にわかるのに、かかる研究・調査も全くなされなかった。

(1) 水俣湾の汚染[†21]

1) 熊本県水産試験場の水俣市地先漁場における生物・水質・底質等の調査

熊本県水産試験場は昭和32年、水俣病に関連して水産の立場から、水俣市地先漁場の海象的諸要因を知るために、漁場の環境・海水成分・海底泥土などの調査を行った。

その結果は次の通りである[6)]。

i) 沿岸定着生物の分布状況

水俣湾内のあさり・ふじつぼなどは、ほとんどへい死しており、水俣市沿岸のカキ類のへい死状況はIII–3図の通りであった。

ii) 移植まがきの活力試験 (昭和32.8.13〜32.10.10)

水俣地先漁場10地点を選定し、移植まがきの活力試験を行った。その結果、特に底層のへい死率が高く、III–27表の通り最高64%もへい死してしまった。

iii) プランクトン調査 (昭和32.7.31)

その結果はIII–28表の通りであり、特に動物性プランクトンは非常に少なく排水口周辺においては、多毛類幼生を除く他の幼生、すなわちクモヒトデ類、巻貝類、二枚貝類、ホヤ類の幼生は全然認められなかった(III–4図)。

iv) 海水成分と底質泥土の化学分析

(底土)

底土を肉眼で観察したところでは、工場排水口附近では、芳香性の臭気を放つ黒色軟泥で、排水口から遠ざかるに従い色沢も淡くなり、臭気も減少する。

この軟泥は相当広範囲にわたって海底表面をおおっており、その厚さは船上

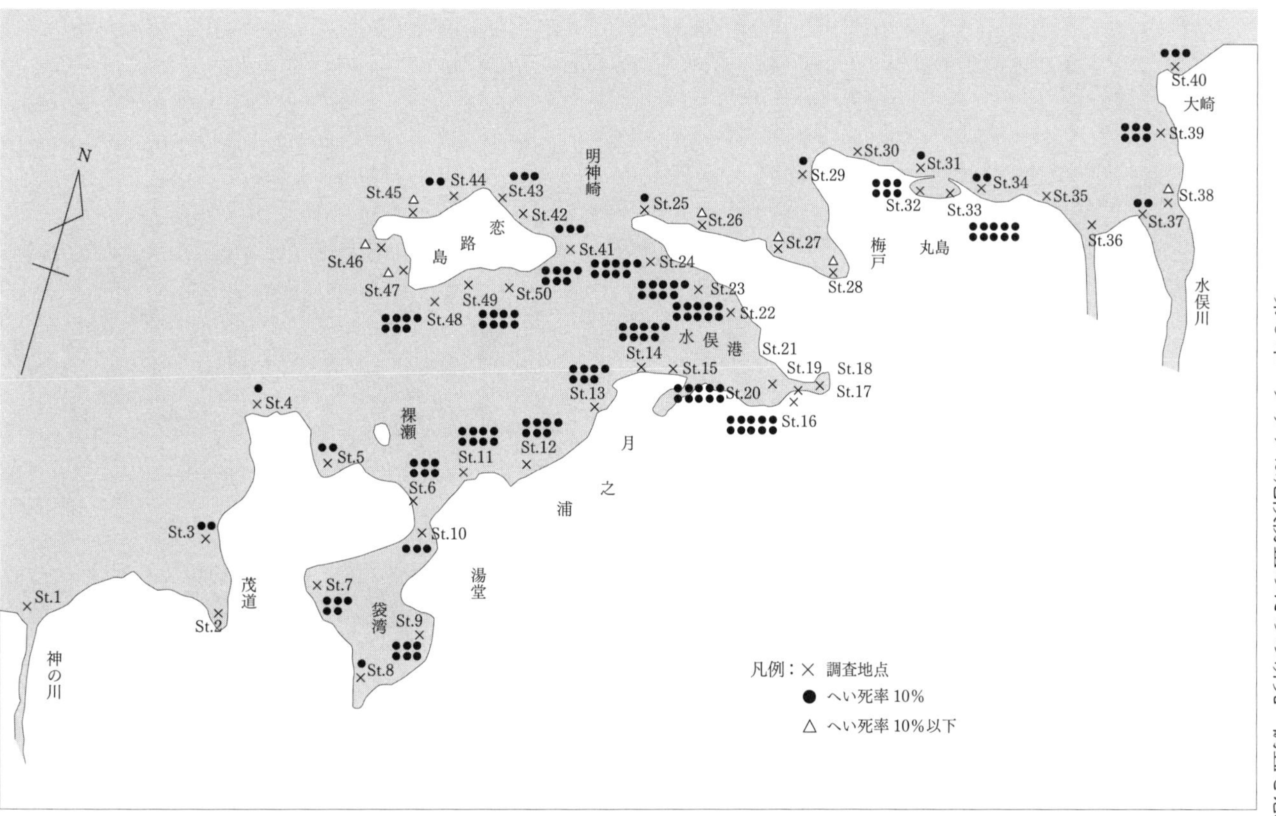

Ⅲ－3図　水俣市沿岸カキ類へい死状況図

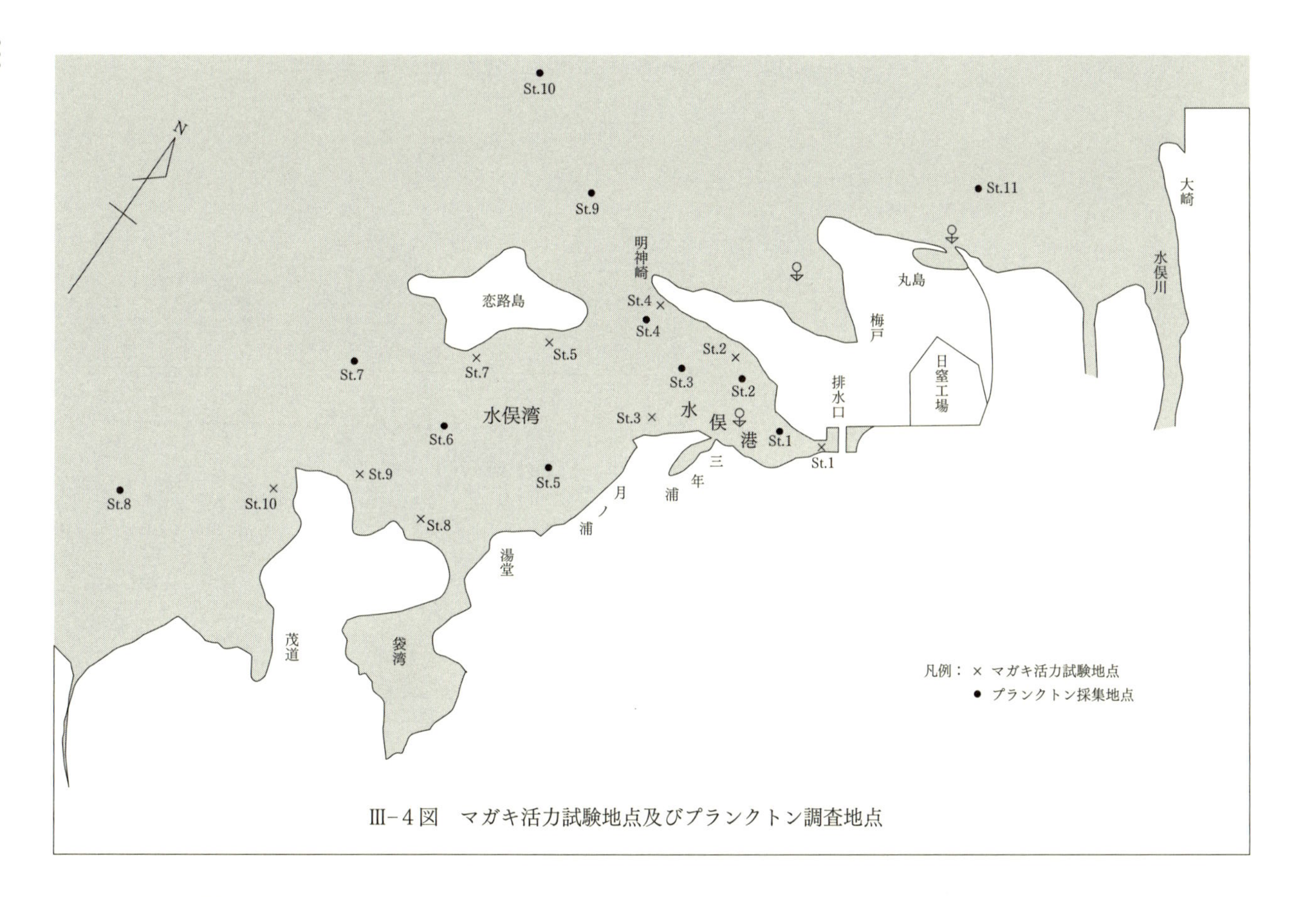

Ⅲ-4図　マガキ活力試験地点及びプランクトン調査地点

III–27表　蓄養カキへい死状況表

蓄養期間　1957.8.13～10.10

点	層＼月日	VII 19	VIII 23	VIII 28	IX 2	IX 12	IX 20	X 1	X 10	計	斃死率 %
1	表	6	0	0	1	0	0	1	0	8	16.0
	底	27	2	0	0	0	2	1	0	32	64.0
2	表	3	2	0	0	0	0	0	0	5	10.0
	底	3	0	0	0	1	0	0	0	4	8.0
3	表	―	3	0	0	0	0	0	0	3	6.0
	底	―	4	0	0	0	0	0	0	4	8.0
4	表	―	12	0	0	1	0	0	0	13	26.0
	底	―	4	0	0	0	0	0	0	4	8.0
5	表	―	4	0	0	1	0	0	0	5	10.0
	底	―	18	0	0	0	0	0	0	18	36.0
6	表	―	5	1	2	0	0	1	0	9	18.0
	底	―	5	0	0	1	2	0	0	8	16.0
7	表	―	0	0	2	0	1	0	0	3	6.0
	底	―	3	2	2	0	0	0	0	7	14.0
8	表	―	6	0	0	1	0	0	1	8	16.0
	底	―	2	1	2	0	0	0	1	6	12.0
9	表	―	7	1	2	0	0	0	0	10	20.0
	底	―	6	0	3	0	0	0	0	9	18.0
10	表	―	0	0	0	0	0	0	3	3	6.0
	底	―	5	0	0	1	0	0	0	6	12.0

Ⅲ-28表　プランクトン種類別出現状況

（プランクトン採取方法と査定：ネットの口径は30cm、側長100cm ミュラーガーゼNo.20のものを使用し、1秒間約50cmの速度で、底層から表層まで垂直採集した。検鏡による各プランクトンの出現程度を示している。○非常に多いCC　○多いC　○少ないP　○非常に少ないPP）

種類		地点	1	2	3	4	5	6	7	8	9	10	11
植物プランクトン	Chaetoceras	spp	CC	CC	CC	CC	CC	CC	CC	CC	CC	CC	CC
	Thalassiothrix	spp	C	CC	C	CC	CC	CC	CC	CC	CC	CC	CC
	Bacteriastrum	spp	C	C	C	C	C	C	C	C	C	CC	C
	Rhizosolenia	spp	PP	C	P	P	C	P	P	P	P	PP	P
	Skeletonema	sp	PP	P	PP	C	P	C	P	PP	PP	PP	C
	Coscinodiscus	spp	PP	PP	PP	PP	PP	PP	PP	PP	C	P	PP
	Nitzschia	spp	PP	C	PP	P	P	P	P	PP	P	PP	P
	Biddulphia	spp		PP	PP	PP	PP	PP	PP		PP	PP	PP
	Pleurosigma	spp						PP	PP	PP		PP	
	Stephanophyxis	spp	PP	PP			PP	PP	PP	PP			PP
	Dityllium	spp	PP	P	PP	PP	PP	P		PP	PP		PP
	Lauderia	spp					P	PP	PP		PP		
	Hemiaulus	spp	PP		PP	PP	PP	PP					
	Asterionella	spp		PP	PP	PP	PP	PP			PP		
	Triceratium	spp						PP			PP		
	Climacodium	spp							PP				
	Fragilaria	spp				PP	PP						
	Corethron	sp				PP		PP				PP	
	Melosira	spp					PP	PP					
動物プランクトン	Copepoda	spp	P	PP	PP	PP	PP	P	P	PP	PP	PP	PP
	Nauplius copepoda		P	PP	PP	PP	PP	P	PP	PP	PP	PP	PP
	Ceratium	spp	PP	PP	PP	PP	PP	PP	PP	PP	PP	PP	PP
	Peridinium	spp	PP	PP	PP	PP	PP	PP	PP		PP	PP	
	Tintinopsis	spp		PP	PP	PP	PP	PP	PP			PP	PP
	Tintinnus	spp		PP									
	Polycheata larva 多毛類幼生		PP	PP	P	C	PP	P	P	PP	PP	P	C
	Nauplius of Balanus				PP		PP	PP		PP			
	Phyilopoda	spp					PP			PP			
	Aractnactis larva of Orianthus ハナイソギンチャク幼生						PP						
	Opkioplutcus larva クモヒトデ類幼生											PP	PP
	Oikopleura	spp					PP		PP				PP
	Vorticella	sp					PP						
	二枚貝幼生						PP	PP	PP	PP	PP		PP
	巻貝幼生								PP				
	Actinophrys	sp								PP			
	ホヤ幼生										PP		

からレッド（測深儀）を落して測定したところ、排水口から1,900m地点までの間で50～105cm程度あった。

硫化物の定量結果は、排水口から1,500～2,000m以内の海域では、乾燥泥土１gr中に１mg以上の硫化物を含み、これは正常の海底の硫化物含量の約10倍に当たる。湾中央部は0.5～0.2mg/g、湾外で0.1～0.15mg/gを含む。

次に、泥土の灼熱減量の分析値をみると、硫化物とほとんど同じような傾向で増減している。すなわち硫化物を1mg/g以上含む海域では、各調査時とも20～30％の高値を示し、灼熱減量を有機物質とみるならば、有機物質が非常に多い（無機物の熱分解による減量もあるが）。また湾中央部は15～16％、湾外は12～16％で大きい差は認められない。

（塩素量）

最高はSt.14の底層で17.805％、最低はSt.2の表層で12.93％であった。

（溶存酸素量）

排水口附近の表層・中層水は飽和度90～93％、底層は70～93％、湾中央部及び湾口部附近は、表層中層で95～98％、底層87～94％で、湾外表層の100～102％とくらべ含量が少ない。

（過マンガン酸カリ消費量）

排水口附近、水俣港一帯は15mg/ℓ～20mg/ℓで特に高く、排水口から出た水の中の有機物及び種々の化学物質の影響の強いことを示している。

湾中央部は11～15mg/ℓで、湾外は10mg/ℓ内外であった。

2）　有毒重金属による多重汚染

水俣病発見後、熊本大学研究班により、水俣湾の水質や海底泥土の分析が行われたが、その結果、マンガン・銅・セレン・鉛・水銀などの有毒金属物質で多重汚染されていることが判明した。

すなわち、世良らは、孤光輝線スペクトルによる定性検査を行い、「工場排水溝泥（百間港放出口）、樋門内泥、樋門内水、浚渫海底砂等に於て、Cu（銅）、Fe（鉄）、Pb（鉛）、As（砒素）、Mn（マンガン）、P（燐）、Al（アルミニウム）、Si（硅素）、

K(カリウム)、Na(ナトリウム)、Ca(カルシウム)、Mg(マグネシウム)等の原子輝線多数を認めた[7]」。

入鹿山らは、港湾泥土を分析し、次の結果を得た[8]。

Mn(マンガン)：Mnの含有量は、排水路・排水口及び百間港内で100～200mg%であるが、「まてがた」附近は400～900mg%を占め、この高濃度の部分は明神岬にむかって漸次減少していく。

Cu(銅)：排水口附近・百間港・「まてがた」附近で100mg%前後。月ノ浦・恋路島附近で20mg%以下。

Zn(亜鉛)：百間港・「まてがた」附近で20～30mg%、恋路島・月ノ浦附近では約13mg%を含む。

Pb(鉛)：百間港・「まてがた」で100γ%以上の部分があり、とくに、「まてがた」附近では排水路の泥土中よりPbの含有量が多い。

喜田村は、水俣港湾内泥土中のSe含有量を次の通り報告した[9]。

廃水口附近	30.0～100.0mg/kg
百　　間	6.0
恋　路　島	0.8
袋　　湾	0.2
対照：熊大教室前の土	0.2

また、昭和34年に喜田村が、昭和38年に入鹿山が測定した水俣湾泥土中の総水銀量は次図のとおりであり、喜田村は次のように報告している。

「水俣湾内海底泥土中には、著しく異常大量の水銀が含有されており、その分布は百間の工場排水口付近の2,010ppmを最高に、湾外に向うにつれて水銀含有量は急速に減少をみせている。従つてこの分布より見て異常の水銀は(水俣工場)排水口よりの由来に基ずく(ママ)ものと認められる[10]」。

また、昭和38年でさえ、濃厚汚染海域では、表面下3～4mにも水銀が見出されるすさまじさであった[11]。

以上水俣湾は、水俣工場廃水により極度に汚染されているのである。かかる汚染が早期から進行していたであろうことは容易に認められるところであり、チッソがその監視調査を行っていれば、汚染の存在とその実態も、また早くから明らかになっていたはずである。

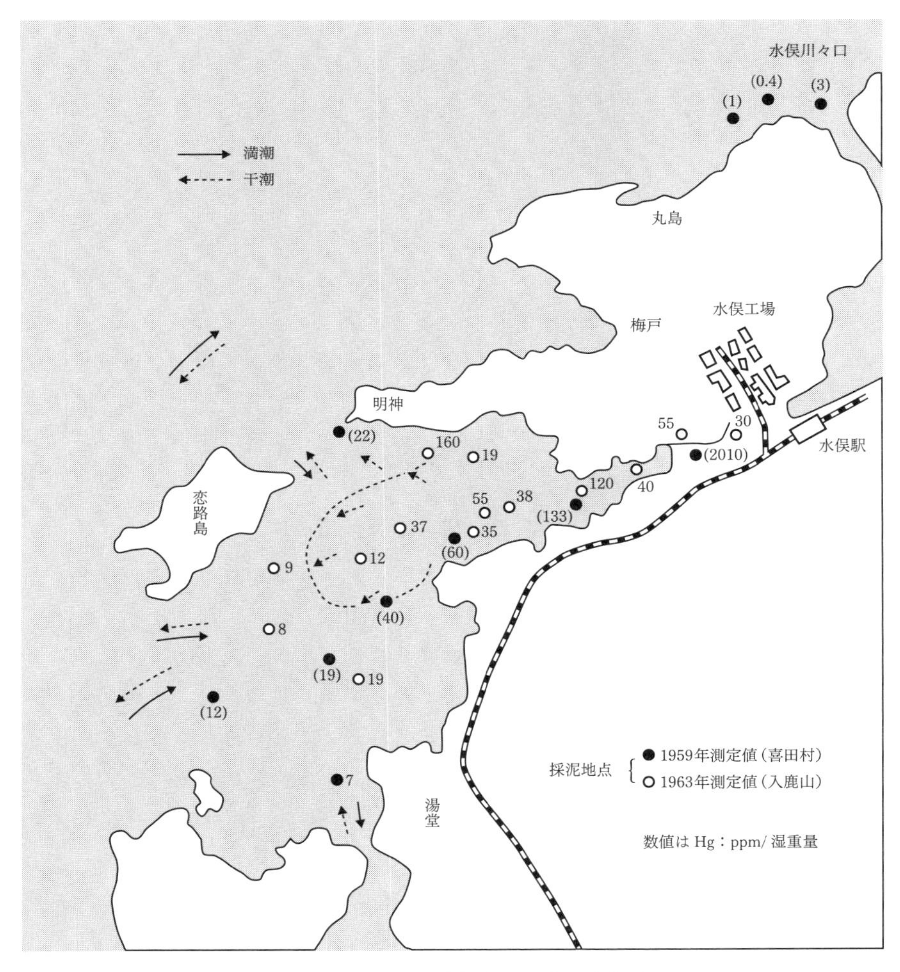

Ⅲ–5図　水俣湾海底泥土中総水銀量

(2) 漁業被害の発生

1) チッソ公表の文書にみる漁業被害

危険な工場廃水を無処理で排出した結果、漁業被害の発生もまた必然的であった。

チッソ自身が公表した、漁業組合との漁業被害補償交渉の経緯は次の通りである。[12)]

i) すでに大正14年、水俣工場は漁業組合より補償要求をうけ、同15年、「永久に苦情を申出ない」ことを条件に、見舞金1,500円を支払っている。

ii) 昭和18年には、漁業被害の問題が再燃し、会社と漁業組合との間に、次の要旨の補償契約が締結されている。

1 工場の汚悪水、諸残渣、塵埃を組合の漁業権のある海面に廃棄放流することによる、過去及び将来永久の漁業被害の補償として152,500円を支払う。

2 組合及び組合員は将来永久に一切の損害補償を主張しない。又工場より産出するカーバイド残渣は、将来旧水俣川流域方面に廃棄放流する。

3 将来漁業組合の権利を承継するものが生じた場合は、同組合はそのものに本契約各条項を履行させる責に任ずる。

iii) 戦後、漁業団体及び漁業権が再編成されることになり、新法にもとづいて、昭和24年水俣市漁業協同組合が設立され、旧組合は解散した。新組合が設立されるや、旧組合の不作為債務の承継について論ぜられたが結論が出ないまま、昭和26年、組合の財政窮乏による要請があり、会社は50万円を無利子で貸付けた。その代償として、会社・組合間に「組合は火共12号漁業権内(即ち西湯の児から鹿児島県境に至る海域)に於て会社の事業により害毒が生じても一切異議は申出ない。又同漁業権内で会社が将来埋立を計画する時は組合は優先的にこれを認める」との覚書が締結されている。

iv) さらに昭和29年、会社が八幡海面埋立の承諾を漁協に求めた際、逆に漁業組合は、毎年50万円の補償金支払を要求した。数次にわたる交渉の結果、締結された契約書及び覚書は次の通りである。

契約書として

1　会社の事業より生じる残滓その他一切の工業用汚悪水が、会社の善意の処置をしても組合の漁業権を有する海面に流出することに対し会社は毎年40万円を支払い、組合は今後被害補償その他如何なる要求も会社にしない。此の額は将来著しく物価の変動があった場合は協議の上修正する。

2　将来会社が組合の漁業権を有する海面で埋立を計画する場合組合は之を承諾するが、この場合も前項の金額に変更ない、但し埋立により組合が漁場を失う場合の補償については両者協議する。

覚書として

1　組合は、松の元築地海面（八幡）18,020.5坪、明神崎海面（水俣湾）23,866.74坪を会社が埋立てることを承諾する。

2　明神崎海面埋立完了後、その埋立地2,000坪を会社は組合に無償譲渡する。

漁協との補償交渉は、大正14年、昭和18年、昭和26年、昭和29年の４回にわたって行われており、そのたびに工場廃水の研究・調査と対策の実施は緊急事となっていくが、これらの研究・調査はまったく行われなかった。

先の漁業協同組合との契約書、覚書に見る通り、工場は漁業被害が「工場汚悪水」によって起きていること、あるいは起きるであろうことを認めている。しかし対策を論じるどころか、工場が操業する以上「汚悪水」によって漁業被害が発生することは当然だという態度をとったのである。

2)　水俣市漁獲高調べにみる漁業被害

水俣市が調査した、昭和25年～31年の漁獲高推移は次表の通りである。

昭和29年以降の漁業被害が、いかに甚大なものであったかということも、この水俣市調査で明らかである。

漁獲高の激減はただならぬものがあり、被害の出方も極めて異常である。

工場廃水についての徹底的な研究・調査は焦眉の急を要するものであったが、すべて怠られた。

III–29表　魚類別漁獲高調査表(単位貫)

魚種＼年度	昭和25、26 27、28年平均	29年	30年	31年	摘　　要[†22]
ぼら	16,000	14,521	10,136	5,901	以上の外28年は4～5月の調査で、当地先一円に10数年振りに鳥貝が育って金額にして6～7千万円位の水揚が予想されたのが7、8月後に沿岸から1,000m以内のものは殆んど死滅しその採取は見られなかった。 海藻類にも地先干潟面で甚だしくその被害と思われる点が見受けられる。
えび	4,727	2,425	1,558	945	
片口いわし	44,514	27,076	12,536	6,926	
このしろ	8,457	1,811	1,615	318	
たら	13,851	7,931	6,535	5,354	
たこ	3,896	2,430	2,033	1,179	
いか	3,293	2,517	1,480	1,043	
かき	2,659	1,973	1,427	429	
なまこ	2,750	2,302	1,630	535	
はも	2,083	1,726	1,243	603	
かに	1,441	1,702	1,024	600	
その他	18,789	8,102	4,731	1,660	
計	122,460	74,516	45,948	25,493	

III−30表　漁業種類別漁獲高調査表（単位貫）

種別＼年度	昭和25、26 27、28年、平均(A)	29年(B)	30年(C)	31年(D)	摘　要
延縄漁業	1,850	1,650	1,197	540	
大網漁業	8,350	1,535	2,003	1,936	
打瀬網漁業	4,380	1,612	1,131	720	
双手巾着網漁業	20,460	1,315	2,589	3,101	
地曳網漁業	46,800	30,194	13,154	6,719	
磯刺網漁業	5,360	4,861	2,926	1,713	
囲刺網漁業	670	657	858	829	
ボラ飼付篭漁業	5,170	5,019	2,551	1,278	
イカ篭漁業	2,500	2,324	1,344	957	
ボラ飼付釣漁業	9,310	9,121	6,339	2,176	
一本釣漁業	6,475	8,208	6,154	3,327	
タコ壷漁業	3,650	1,444	1,625	1,125	
その他の漁業	7,485	6,576	4,077	1,072	
計	122,460	74,516	45,948	25,493	

減収率	(A)=100%として	$\frac{A-B}{A}$=39%	$\frac{A-C}{A}$=62%	$\frac{A-D}{A}$=79%
（単価貫当300円）		47,944（貫）	76,512（貫）	96,967（貫）
		14,383（千円）	22,954（千円）	29,090（千円）

（水俣市漁獲高調による）

3)　漁業被害以外の異常事態の発生

III−31表に見る通り、昭和25年頃から、魚介類・鳥・猫・豚などに異常事態が次々と起った。その状態は、魚においては海面に浮きあがってふらふらして手で拾えるようになり、あるいはくるくるまわったりする。貝や海草類においては死滅である。鳥類においては、落下や飛しょう不能であり、猫においては、踊りをおどるような狂状を呈し、海に飛びこんだりして死亡する。豚においても同様の狂状と死亡である。

その異常状態は、年を追って激しくなり、また発生地域も年を追って、水俣湾内から湯堂方面、あるいは水俣川川口方面というように拡がっていったのである（その詳細は次章においてのべる）。

III-31表　魚介類、鳥、猫などの異常状態

年度	魚類	貝類 [†22]	海草	鳥類	猫・豚など
24〜25年	「まてがた」でカルワ、タコ、スズキが浮き出し手で拾えるようになった	百間港の工場排水口附近に舟をつなぐと「カキ」附着せず	水俣湾内の海草が白味をおびだし、次第に海面に浮き出すようになった		
26〜27年	特に水俣湾内で、クロダイ、グチ、タイ、スズキ、ガラカブ、クサビなどが浮上する	水俣湾内でアサリ、カキ、カラス貝、マキ貝(ビナ)などの空殻が目立って増加	水俣湾内のアオサ、テングサ、アオノリ、ワカメなど色があせてきだし根切れで漂流し出す 海草は以前の約1/3に減少	湯堂、出月、月浦などでカラスが落下したり、アメドリを水竿でたたき捕獲できるようになる	
28〜29年	魚の浮上は水俣湾内より南の「つぼ壇」「赤鼻」「新網代」「裸瀬」「湯堂湾」へとひろがる ボラ、タイ、タチ、イカ、グチなどまた「湯堂湾」内でアジ子が狂い廻るのがみられた	水俣湾内より月ノ浦海岸方面へ貝の死滅がひろがる 28年には地先一円に10数年ぶりに鳥貝が育っても岸から1,000m以内のものは死滅	海草漂流増加、被害著し	恋路島、出月、湯堂、茂道で落下などの異常状態を示すものふえる 群がるカラスが方向を誤り海中に突入したり岩に激突するのを見受けるようになった	猫:28年に出月で1匹狂死 29年には「まてがた」、明神、月ノ浦、出月、湯堂などで狂い死に続出 豚:出月、月浦で狂死
30〜32年	魚の浮上は水俣川下流、大崎等、西湯ノ児方面へも拡大 タイ、スズキ、チヌ、ボラなど	死滅した貝類の腐敗臭で海岸は鼻をつくようになった	食用海草は水俣湾一帯にかけ全滅	数はさらに増加	同地区で猫狂い病は更に増加 飼猫、野良猫とも狂死、また行方不明多数

昭和31年熊本大学が調査した地域別の猫の斃死数、並びに家畜の飼育状態はIII–32表、III–33表の通りである。[13)]

III–32 表　猫の斃死数[†23]

地域	月ノ浦	出月	湯堂	明神	まてがた	百間	梅戸	丸島	多々良	計
飼った数	26	38	31	6	5	2（ママ）	6	2	3	121（ママ）
死　亡	16	15	25	6	5	2	4		1	74
昭和28年		1								1
29年	3	1	6	2	4		1		1	18
30年	6	7	7	2	1	1	1			25
31年	7	6	12	2		1	2			30

（註）患家とその他（対照例）を合計（108戸）

III–33表　家畜飼育状態

種別	現在飼育している数	最近数年間の死亡数
兎	37	2
犬	16	4
山羊	6	2
馬	2	0
牛	3	0
豚	79	8
鶏	398	2

いずれも、無気味としかいいようのない異常事態であり、環境に異常がないかどうかについて監視調査を行っていれば、見逃そうにも見逃すことのできないことであった。

しかも、これらの異常事態は、魚介類の食物連鎖でつながっており、次は人間に起こる危険性を予告している。

工場廃水についての徹底した研究は、いよいよ緊急に必要なものとなっていき、なんらかの対策が即刻とられなければならなかった。

しかし、当然なさるべき研究・調査すら、まったく怠られたのである。

そして、魚等の異常事態の発生は、水俣湾やその周辺にとどまらず、さらに不知火海域にひろがっていった(III–6図参照)。

その状況は次の通りであった。[14)]

〔芦北郡津奈木村〕34.9.3調査　津奈木村漁業協同組合

先に昭和30年頃よりボラの斃死浮上しているものを認めるようになり、かつまた、回遊経路の変化によるためか、それ以降漁獲も激減。

〔芦北郡湯浦町〕34.9.10調査　湯浦町漁業協同組合

1　本年4月、地曳網一統が百間港内で操業、カタクチ約300箱を漁獲し、煮干に製造して間もなく、猫の病気が始まった。その後引続き現在までに、約30匹がいわゆる水俣病特有の症状を呈し病死した。

2　ボラ、スズキ、チヌなどの魚類に異常なものがよく見受けられ、また、漂流せる死体もかなり見受ける。

〔御所浦漁業協同組合〕34.11.5調査

1月以降、タチウオが斃死して御所浦東海岸に多量漂着し、最高一人で100貫近く拾っている。最近もタチウオにまじってグチ、チヌ、ボラ等が再三漂着する。

〔樋島漁業協同組合〕34.11.5調査

タチウオ、グチ等の浮魚現象は他と同様である。打瀬網に多量のタチウオの骨が入網している。

〔姫戸漁業協同組合〕34.11.6調査

チヌ、スズキ等の斃死魚が時々見られる。

〔高戸漁業協同組合〕34.11.6調査

タチウオ、グチの斃死魚が漂着した。

〔宮田漁業協同組合〕34.11.5調査

9月にタチウオが多量に斃死浮上して流れ着いたが、その後もブリ、マツダイ等が絶えず流れている。

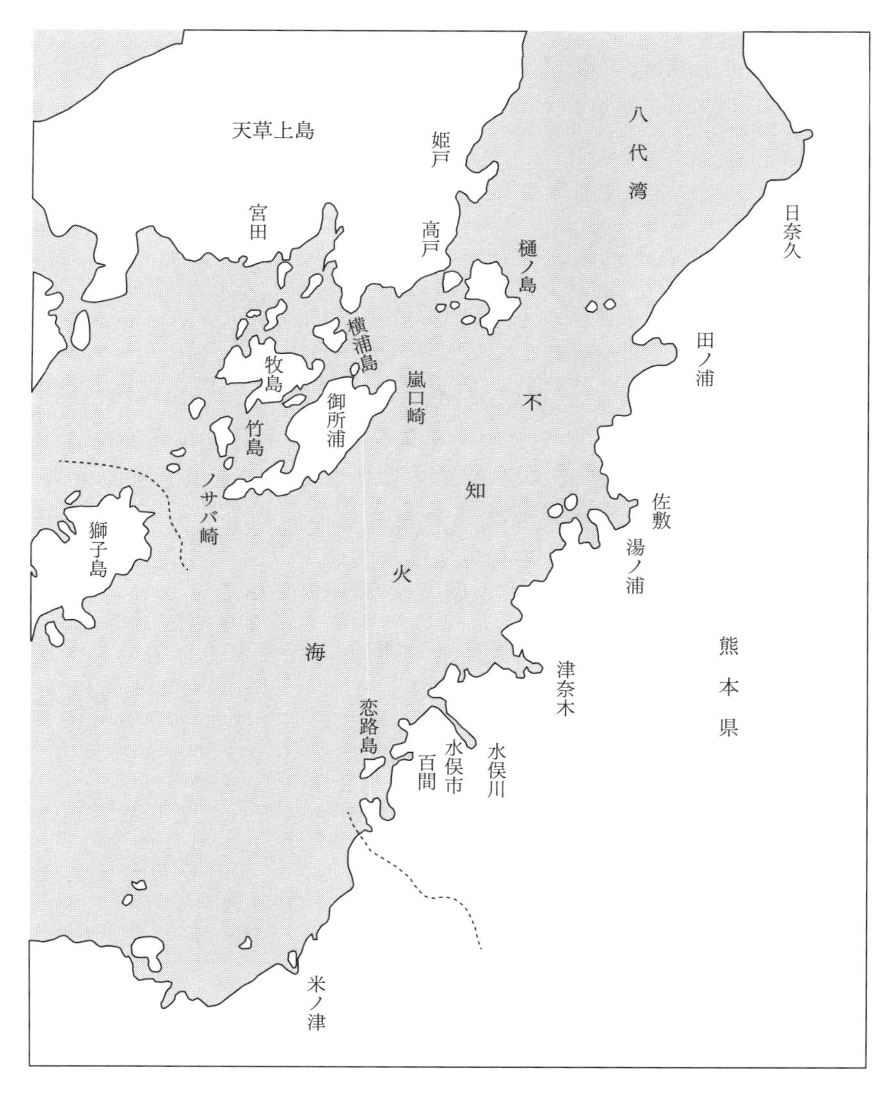
天草上島
姫戸
八代湾
宮田
高戸
樋ノ島
日奈久
横浦島
牧島
田ノ浦
嵐口崎
御所浦
不
竹島
知
ノサバ崎
佐敷
獅子島
湯ノ浦
火
熊本県
海
津奈木
恋路島
水俣市
水俣川
百間
米ノ津

Ⅲ－６図　不知火海周辺図

また、34年5月には御所浦島でネコ18匹が死亡、同年8月には、出水市米ノ津天神でネコ発病、同地区で過去1カ月間にネコ8匹死亡という事実が確認された。また34年春から、獅子島幣串(へぐし)で18匹のネコが死亡、34年6月には、津奈木村でネコが発病した。[15)]

まさにおそるべき事態であったというほかはない。

(3) 人間の発病

そして、ついに人間が発病する。

手足のしびれにはじまり、水飲みや食事が困難になり、舌がもつれて聞きとれなくなる、足元がふらついて歩けなくなる、さらにはけいれんを起こし、あるいは犬が吠えるような叫び声を発し、狂躁状態になり、狂死に至るのである。

その地域別の発病状況は次表の通りであった。

III-34表　水俣病正式発見前の地域別患者発生数

部落名＼年度	28年	29年	30年	31年(1～4月)	計
出月・月浦・湯堂	1	4	9(1)	9(1)	23(2)
明神・梅戸		6	4(2)	2	12(2)
百間		1	1(1)	3(1)	5(2)
平		1			(ママ)
米ノ津			1(1)		1(1)
計	1	12	15(5)	15(2)(ママ)	43(7)(ママ)

註：正式に認定されたもののみ。( )は内数で胎児性患者、現汐見町は明神・梅戸に算入。

出月・月ノ浦・湯堂は、いわばひとつの狭い漁村の中の区画といってよく、明神・梅戸も同様である。

すなわち、猫の額ほどの広さの漁業中心の村落に、次々と特異な、かつ恐るべき症状を示す患者が集中して発生したのである。

チッソが環境の異常に十分注意をはらい、必要な調査をつくしていれば、工場廃水により人間が、次々と恐るべき症状を呈して発病するに至ったことも、いち早く察知できたはずである。また、ただちに対策を講じることにより、少なくともそれからあとの患者の発生は防ぐことができたはずである。

６　水俣病正式発見後も研究・調査を怠りつづけた

昭和31年５月、正式に水俣病が発見され、ただちに水俣工場廃水が、犯人と疑われた。

31年５月以降の年度別患者発生数は次表の通りである。

Ⅲ–35 表　水俣病正式発見後の患者発生数

	後天性	胎児性	計
31年(５月以降)	32	5	37
32年	2	6	8
33年	4	2	6
34年	20	3	23
35年	4		4
計	57	16	73

註:患者数は認定されたもののみ

水俣病は“月ノ浦病”、“猫おどり病”、“奇病”などと呼ばれ、水俣市民はその症状の恐ろしさと患者多発の中で、恐怖のどん底につき落された。

しかし、実に驚くべきことに、チッソは依然として、その研究・調査義務を怠りつづけたのである。このことは前掲「水俣工場の排水について」が、みずから証明している。

熊本大学はただちに研究班をつくり、研究・調査にあたったが、外部の研究陣の立場と、当該工場技術者としてのチッソの立場は、もちろん同等には考えられない。

第一に、外部の研究陣は、工場内に立ち入って調査研究をすすめることはできない。したがって環境汚染を、工場内部の製造過程、すなわちそこで使用されている原料・触媒の原単位、生産の諸条件、副反応生成物の生成の可能性等と結びつけて原因究明にあたることはできない。製造過程の知識はチッソの独占するところであり、工場技術者の場合は最初から知悉している製造過程から出発することができるのである。

第二に、水俣病が工場廃水に起因するとすれば、工場技術者たるチッソは、とりもなおさず加害者にほかならない。原因究明にあたって、当事者のおかれた立場と、外部の一般の研究者の立場との相違は、おのずから明らかである。

第三に、チッソは、日本でもトップクラスの技術を誇る大企業であり、分析機器についてみても、チッソが早くから持っていた高度の分析機器類は、熊本大学医学部においてはほとんど備えられていないものであった。

以上の理由から、容疑者チッソが、みずからの責任において、能う限りその研究・調査義務をつくすべきであったことは当然である。そうすれば、少なくともその後の患者の発生は、防止しえたはずである。

またチッソは、その独占する製造過程等の知識を、外部の研究陣に開放し、真の研究協力体制を作るべきであった。

しかし、第11章で詳述するように、チッソはこれらの義務をつくすどころか、逆に全力をあげて、熊本大学の研究を妨害したのである。チッソの研究・調査は、もっぱら熊本大学の研究を追試し、それに反論するためにのみ行われた。

すでに本章の冒頭において明らかにしたような内容の研究・調査が、いくらかでも開始されるのは、水俣病正式発見後実に2年余りを経た、昭和33年7月になってからである。チッソはこのときようやく、工場長直属の補佐機関として、廃水委員会[†24]を設け、次のような研究・調査などを行った。

1　廃水、水質の監視、検査、報告、記録

２　現場廃水管理方法に関する調査研究、指示助言、廃水管理の重要性についてのPR活動

３　廃水問題に関する社外調査

４　廃水、水質の改善方策に関する企画研究、計画の立案と実施の促進

がそれである。[12)]

また、チッソがともかくも水俣湾汚染の実態調査を実施したのは、熊大研究班が、有機水銀説を発表したのち、昭和34年８月、水俣漁協から ① 漁業被害補償１億円、② 海底に沈殿した汚物の完全除去、③ すぐれた浄化設備の設置を要求され、その補償交渉の過程において、やむなく水俣漁協と共同で行ったのがその最初であった。

７　チッソの有した水質汚濁についての知識と研究・調査の怠りを支えた意識

チッソが、危険防止のための研究・調査を、いかに怠ったかは以上によってすべて明らかになった。

しかもチッソは、危険な化学工場廃水を処理すべきものとして、業務上当然に、水質汚濁に関する専門的知識を有すべきであるが、事実その知識はあったと認められるのである。

このことは昭和33年８月10日ならびに９月10日発行の、水俣工場新聞の記事「水質汚濁とは？」からもうかがわれるところである。

同工場新聞は「今日我が国で大きな問題になっているものの一つに『水質汚濁』の問題があります。『このまま放っておけば国中の河川や陸地に近い海は汚くなってしまい使いものにならなくなる、今のうちに何とかしなくてはいけない』という問題です」「従来よく問題になっているのは、工場廃水、農業廃水などの水産業との関係です」「汚濁の原因となっている物質を、『汚濁物質』といいます。どんなものでも、水の中におけるその濃度が充分高くなれば、汚濁をひきおこす可能性があるのです。どの位の濃度であれば、どのようなこと

に、どの位の悪影響があるかということが、学問上から或程度わかっているものもあるし、またよくわかっていないものもあります」「肥料工場その他の一般化学工場の廃水などは、この関係についてあまりよく知られていない方の例です」「海や河に流れ込んだ後、どのような経過によって、どの程度にまで稀釈されるかということが問題です。また同じ物質、同じ濃度であっても相手が河であるか海であるかまた影響をうけるものが何であるかによっても、影響の度合が異ります。或る場合には無害であっても別な場合には有害だということが往々にしてあるわけです。このように或る物質によって、汚濁が起るかどうかの判定はなかなかむつかしいのですが、このことを一面からいえば、廃水の放流などの場合いいかげんなやり方は禁物だということになります。あらゆる物質は、『水質汚濁』をひき起す可能性を持っているのです」

とのべ、さらに

「廃水や廃物を勝手放題に流し込んだのでは、汚濁を惹き起し、水産や公衆衛生上に害を与えるおそれがあります。要は廃水を出す方の側で廃水の管理を厳格に行い、汚濁の原因になる心配のない、充分きれいな廃水を流すようにすれば問題はなくなる筈です。今日のところこれが汚濁防止の唯一つの現実的解決方法であると言えましょう」

としているのである。

チッソは、かかる専門的知識を、知識として有していながら、次のような驚くべき意識でその研究・調査義務をすべて怠ったのであった。

「人間生活に水が欠けると生きていられない様に化学工場も水が無くては運転が出来ない。水俣工場の周囲は二間幅の溝で巡らされ、人の摂取された水が小便になって排出される様に工場で御用務めを終へた水はこの溝を通ってどんどん百間港に放出されている[16]」。

驚くべきことには、危険な工場廃水の排出を小便のたれ流しと同じに考えていたのである！

1) Doudoroff, P. et al.:Bio-Assay Methods for the Evaluation of Acute Toxicity of Industrial Wastes to Fish. Sewage and Ind. Wastes, 23(11):1380–81, 1951.
2) 熊本県水産試験場:不知火海の概要と水俣調査中間報告, 1959.
3) 柴田三郎:水質汚濁とその処理法, 1954.
4) 水俣工場新聞, 1955.11.5.
5) 〃, 1958.6.10.
6) 熊本県水産試験場:水俣市地先漁場における生物・水質・底質等の調査概報, 1958.
7) 世良完介ほか:熊本県水俣地方に発生した原因不明の中枢神経系疾患に関する金属毒物の検索(第1報),熊本医会誌, 31(補2), 1957.
8) 入鹿山且朗ほか:水俣港湾の汚染状況と水俣病との関係について,熊本医会誌, 31(補2), 1957.
9) 喜田村正次ほか:水俣地方に発生した原因不明の中枢神経系疾患に関する化学毒物検索成績(第3報), 熊本医会誌, 31(補2), 1957.
10) 喜田村正次ほか:水俣病に関する化学毒物検索成績(第5報),熊本医会誌, 34(補3), 1960.
11) 入鹿山且朗ほか:水俣港湾泥土中の水銀,日本公衆衛生誌, 11(9), 1964.
12) 新日本窒素肥料株式会社:水俣工場の排水について(その歴史と処理及び管理), 1959.11.
13) 喜田村正次ほか:水俣地方に発生した原因不明の中枢神経系疾患に関する疫学調査成績,熊本医会誌, 31(補1), 1957.
14) 熊本県水産試験場:不知火海沿岸漁村の漁業実態調査, 1959.
15) 野村茂・二塚信:水俣病年表(富田八郎:『水俣病』1969所収)
16) 水俣工場新聞, 1955.7.5.

第９章　チッソは危険の発生を予見すべきであった

先にくわしくみたように、チッソが危険の発生を予知し安全を確保するために必要な研究・調査を怠っていたことは明らかであり、まずその点においてチッソの過失は明白であるといってよい。つぎに、われわれは、工場廃水による過去の水質汚濁事件の経験とその研究の結果からみて、チッソはその工場廃水の無処理排出から生じうる危険な結果を当然予見すべきであったことを明らかにする。そのために、まず、工場廃水による環境汚染が水俣病の発生前からすでに問題になっており、廃水のたれ流しがいかなる結果を生じうるかもすでに知られていたことを明らかにしよう。

１　工場廃水による環境の汚染

(1)　工場廃水の危険性と廃水処理の必要性

1)　工場廃水による環境の汚染とその防止

水俣病は工場廃水による環境汚染の最初のケースではない。

工場廃水による環境の汚染は、すでに18世紀後半、産業革命とともにはじまっているのであり、産業廃棄物によって汚された河川や沿岸海水の汚濁・悪臭・魚族の死滅などは非常に古くから問題となっていた。織物工業・なめし皮工業・化学薬品工業・コークス工業・ガス工業・醸造工業などが発展するにつれて、水汚染も拡がって悪化の一途をたどったが、それとともに汚染防止をさけぶ声も大きくなった。1829年のフランス漁業法には、早くも水質汚濁防止条項が設けられている。

産業廃水が水生生物におよぼす有害な影響についても、すでに古くから問題となっており、欧米では約一世紀も昔から研究されてきた(わが国の研究については後述)。もっとも古いものとしては、マカドーム(Macadom, 1866)のパラフィン油の魚類におよぼす影響についての報告がある。水産業上の問題として本格的にとりあげた研究としては、養魚上の問題を扱ったヴァイゲルト(Weigelt, 1880)の研究がある。実際の廃水を用いて行った研究としては、ティーネマン(Thienemann, 1911)がトゲウオ・金魚を用いて製紙工場廃水について実験を行ったのが最初であるといわれる。ついで、フォーゲル(Vogel, 1913)がカリ工場廃水の魚類にたいする毒作用について研究しているが、毒作用の基礎的な研究としてはパワーズ(Powers, 1917)のそれが高く評価された[1]。

水俣病が発生するころ、ガーンハムは、その廃水処理に関する教科書のなかで、工場廃水によって環境を汚染してはならぬということはいまや常識であり、汚染防止の必要性をいまさらのように云々するのは時代遅れの感じだ、とさえ述べている(1955)[2]。また、わが国でも行政当局(水産庁長官)によってすでにつぎのように指摘されていた(1954)。「鉱業廃水による被害、所謂鉱毒の被害は、古くから知られているものであるが、最近各種の工業廃水による被害も、産業の発達と共に増加し、パルプ製紙・澱粉工場・化学工業等は、特に被害を与えることが多いようである、此等の中には、社会問題或いは政治問題にまで発展したものもあり、又、一般には問題とならないものであっても、長い間には被害が累積してこれが水産資源の枯渇となって現われるような場合も起って来るのであって、これら鉱工業廃水処理の問題は、今や等閑に附せられない状態になっている……[3]」。

2) 有毒物質とくに金属塩による汚染

上掲ガーンハムによれば、汚染源となる工場は廃液に含まれる汚染性物質の種類に応じて、高いBODの廃液を出す工場、浮遊物質の多い廃液を出す工場、溶解物質の多い廃液を出す工場等々に分類されるが、化学薬品工場は、原子力利用工場・原子兵器製造工場・電気メッキ工場・パルプ工場・なめし皮工場とともに「有毒性廃液を出す工場」として挙げられている。ガーンハムはまた、公衆衛生に害を及ぼす毒性廃棄物として酸・金属塩・放射性物質などをあげ、つぎのように述べている。「これらの廃棄物による害は、現在にいたるまで数えるほどしかない。しかし、家畜を死に至らしめるような害はしばしばみうけられる。少ない例であるが、金属塩や同程度の有害物質が体内に蓄積した結果、はつきりと死に至らしめなくとも、だんだんと体が衰弱したり、病気しがちになつたりするような現象がみうけられる。[4)]」なお、1951年ウォリック(Warrick)が報告した事例として、化学薬品トキサフェン・BHC・DDT・アルドリンの散布・流出による水汚染の結果、魚類がつぎつぎに死滅した事例をあげているのは注目に値しよう。これは、数年後レーチェル・L・カーソンがその著書『沈黙の春』(Silent Spring, 1962)で大きくとりあげる問題の先駆をなす。ウォリックの報告例にもみられるように、工場廃棄物によって公共水が汚染された場合には、魚類その他の水生動物に重大な被害が及ぶ。こうした水生動物に及ぼす産業廃水の毒性はかなり早くから注目されており、その毒性を判定する技術も研究されている(ドゥードロフなど)。

魚類にたいする金属の毒性の研究としては、ガーンハムもあげているドゥードロフ＝カッツ(Doudoroff & Katz)の研究がそれまでの諸研究を総括したものとしてよく知られている(1951, 1953)。ドゥードロフ＝カッツは、魚類にたいして毒性があるとみとめられる種々の金属(その塩化物)の毒性に関するデータを具体的にあげているが、そのなかで第二銅や銀とともに水銀の塩化物が猛毒であると指摘している。これらの金属の0.02ないし0.004ppm溶液でも、ある条件のもとでは清浄水に住む魚に有害であることが証明されている。さらに、有毒金属をふくむ産業廃水について、つぎのように述べている。「通常、金属をふくむ産業廃棄物は複雑な混合物であり、しかもさまざまな成分とpHをもつ水に排出される。しばしばいわれる個々の金属の無害な蓄積限界は収容水域に一様に適用できないことは明らかである。そうした蓄積限界の単純なリストは、廃水処理技術者の手引きとして発行されているけれども、それは頼りにならないばかりでなく、しばしば誤解のもとになる。……個々の塩化物の毒性に関するデータは、これらの塩化物の混合溶液または複雑な廃水をどの程度に希釈すれば適当であるかを必らずしも指示してはくれない。特定の収容水域で希釈されるそれぞれの廃水の毒性は、適当な生物試験(バイオ・アッセイ)によって実験的に決定されるべきである」[5)]。

このように、有毒物質をふくむ工場廃水が危険であること、とくに廃水にふくまれる有毒金属が魚類にたいして有害であることはよく知られており、その上に立ってガーンハムは、そうした廃水の処理原則を詳細に論じているのである。

(2) 日本における環境汚染の問題化

1) 過去の水汚染問題の概況[6)]

わが国においても、産業廃棄物による環境汚染の問題は、明治以降の近代産業の成立とともにはじまるといってよい。大阪市では、すでに明治16〜7年に市民の間からばい煙にたいする苦情が出ており、同21年には「旧市内に煙突を立てる工場の建設を禁ずる」という府令が出ている。しかし、産業革命の進行とともに工場は都市に集中し、煙害問題はますます深刻となっていった。また明治10年代には、鉱害問題がはじまっている。とくに足尾銅山の鉱毒事件や別子銅山の鉱毒事件は、地域住民の生活環境に広範囲かつ重大な被害を与えた事件として、大きな社会問題にまで発展したことはよく知られている。

工場廃水による水汚染も早くから問題となっており、水汚染問題の調査・研究もすでに戦前から行われている。

農林省水産局は大正15年から昭和25年までに数回にわたって水質汚濁による被害調査を行い、調査資料を発表している。それによると被害状況は次表の通りである。

工場廃水による汚染事件は大正末期から各地で社会問題化したが、廃水による汚染問題の研究もその頃からはじまっている。廃水が水生生物におよぼす影響に関する研究としては、各種工業薬品についての魚類の致死量に関する高安の研究(大正13年)が初めである。高安は致死量のみでは廃水の問題を解決するのに不十分であるとして、嫌忌量という極量を設定して研究を行い、この種の研究に大きな足跡を残した。その後、岐阜水産会は高安の方法を用いて荒田川流域の毛織工場・紡績工場の廃水について試験を行い(昭和5年)、このような

水質汚濁の被害発生状況

報告された年 / 工場種類	昭和7年(関係件数)	昭和12年(関係件数)	昭和25年(関係件数)
油投棄	28　件	—	—
織物関係	24	139	33
パルプ製紙工場	21	81	247
化学工業	20	64	50
鉱山・鉱業関係	19	190	102
木材関係	14	169	37
食品開係	11	345	122
人絹工場	6	21	12
ガス工場	3	7	4
セメント工場	1	4	28
その他工場	2	90	7
都市廃水	1	—	—
土砂遺棄	1	—	—
計	151	1,110	642

備考　(1) 昭和7年のものは水産局「水質保護に関する調査」による。
(2) 昭和12年、同25年のは水産庁「最近における水質汚濁による水産業被害調査」による。

(新田「工場廃水研究の問題」による)

試みは各地において行われた。すなわち、滋賀県水試による琵琶湖における人絹工場廃水にたいする試験(昭和4～6年)、農林省水産局の山口県徳山湾での重油・機械油にたいする試験(昭和7年)、群馬県水試の吾妻川上流における大山温泉の影響試験(昭和9年)、香川県水試の新居浜における化学工場、人絹工場についての試験(昭和13年)などが行われている。

戦後、1950年以降は、内海区水産研究所における各種研究をはじめ、多数の研究者による研究が行われるようになった。また、農林省農林水産技術会議は水質汚濁研究協議会を設置して、今日にいたるまで組織的な研究を行っている[1)']。

2) 岐阜・荒田川汚染事件[7)]

戦前の工場廃水による水汚染事件の代表的なものの一つに、この荒田川汚染事件がある。荒田川は、岐阜市西南に近接する長良川の一支流であるが、大正7・8年頃からその流域内にある岐阜市およびその周辺部に進出する工場が急増し、羊毛・絹糸の精練・染色工場、製紙工場、製飴工場などから無処理で放流される汚濁水によってたちまち汚染され、農作物および魚族に多大の被害を与えるにいたって大きな社会問題となった。事件の経過は、荒田川閘門(こうもん)普通水利組合編の「工場排水汚毒水問題」(昭和5年)と「水利組合誌」(昭和13年)に詳細に記録され、貴重な資料として残されている。

荒田川流域に進出する工場は年々増加の一途をたどり、工場のたれ流す廃水による沿岸農漁民の被害も増大する一方であった。工場廃水は荒田川を用水とする沿岸の農地に流入して農作物に害を与え、井戸水に滲透してこれを飲用不能にするなどの害を与えた。また川藻はこの地方の農民が唯一の肥料として採取してきたものであるが、これももちろん全滅するにいたった。昭和3年の戸田(京都大学)の調査報告書には、当時荒田川は「汚物沈澱池の観」を呈したと記されている。

沿岸の水産業がこうむった被害も甚大であった。荒田川産のサクラハゼ・シロハゼ・モロツコ・ムツなどの底棲魚は全滅し、アユは遡上しなくなり、荒田川フナとして評判をよんだフナも激減した。ちなみに、沿岸二町村の漁民の漁獲高の変遷をみると、大正8年の漁獲高1,008貫が大正14年にはわずか174貫(約6分の1)にまで減少しており、被害のはげしさを物語っている。大雨により年数回荒田川がはんらんすると、沿岸一帯はたちまち汚毒水の海と化し、養魚池のコイ・フナはもちろん、ウナギ・ナマズにいたるまでほとんど斃死する有様であった。昭和2年の長良川水産会の調査報告書に、「工場に於て使用せる染料、薬品等の関係に依り時々全川の魚族悉く昏睡して浮き上り、喘々下流に押し流さるること屡々あり、鮒の如きは皮膚病に冒され鮫鮒となり異臭甚だしく殆ど食用に耐へざるに至れり」と記している。荒田川の苦悶の様相をうかがうに足りよう。

被害をうけた農漁民は、それぞれ水利組合や水産会を通じて大正12年以来たびたび県当局や農林省・商工省などの政府当局に廃水規制について陳情をくりかえすとともに、工場側とは除害装置を設けるよう要求して交渉を重ねた。しかし、工場側は、ごく一部の例外をのぞき、大部分はなんらの方策も講じないで操業をつづけ、一応浄化設備を設けたところでも、その設備は申しわけ程度のものにすぎなかった。そうした見せかけの浄化設備を作っておいて、汚毒水は監視の目のとどかぬ夜間に放流する工場も少なくなかった。被害者は年中行事のように行政当局への陳情をくりかえしたが、有効な対策はなに一つ打たれないまま、戦争に入って問題そのものがもみ消されてしまった。

戦後、荒田川汚染はひきつづき問題となっている。

3)　戦前の日本における廃水処理の研究状況

それでは、戦前のわが国において工場廃水処理に関する研究はどのような状況にあったか。つぎにこの点についてみておこう。昭和18年に「水叢書」の一巻として柴田三郎著『工業廃水』が発刊されているが、これは戦前の日本における工業廃水処理に関するスタンダードな専門書であって、当時の研究水準を示すものといってよい。

本書において、まず柴田は廃水処理の必要を力説する。すなわち、工場は、「如何なる経費によってでもその河川を汚染しない程度の水質に迄廃水を処理して放流すべきが人道上当然のことに属する」(９頁)。まして、「自己工場の廃水がそれを放流する河川・海水に悪害を与えると知ればそれを処理して放流すべきが産業道徳である」(21頁)。また「漁民も農民も国家に不可欠であり、……漁農民の不平を賠償金によって抑えただけでは国家はよく成立ってゆかない」(21頁)。

ところで、廃水処理の目標としては、廃水からの有価物質の回収と公衆衛生にたいする障害除去の二つが考えられるが、柴田は、当然のことながら後者を第一義としなければならないという。「工業廃水処理をして完全さに進ませるために選ぶべき目標は、……河川海水及び公衆衛生に迷惑をかけずに排流しようと念願することを第一義に置くことにある」(50頁)。

さらに、近代化学の発達が河川海水をますます汚染しつつある事実を指摘し、つぎのように述べている。「この如き状態が永久に存在し得る道理がない。河川海水は工業廃水の棄てどころのみに存在しているのではない。農漁更に人類の衛生と趣味とにも必要なのである」。「遠からずして工業廃水は現下のごとく無罪にして放流を続けることが不可能になるものと云って差支えない」(196頁)。そして、廃水処理の問題が放置されている工場側の原因として、つぎの二点をあげる。第一に、「工場側で廃水処理法を工場経営費中の雄たるものとして組み入れないこと。大都市が下水屎尿処理費に莫大な経費を計上している時代にあって自己の廃水処理に何等目立った予算を支出しなくてよいと云うことが世界に冠たる工業王国たりつつある本邦の大工場の取るべきことであろうか」。第二に、「化学工業に関する大工場に於ては少しも廃水処理の研究をしない。少からぬ技術者をもつ工場に於て一人として専門に廃水を研究していない現状はなんと云ってよいであろう」(197頁)。

廃水の処理にあたって、まずなすべきことは廃水の分析でなければならない。「化学分析結果は、廃水が如何なる質的分類に属するか、従って如何なる物質を含有するかを知る正確な指針となるので、それによって無処理でよいか、どの程度の濃度にまで処理して後に排流してよいか、更に処理方法は孰れによるべきか、及び回収物又は再生物利用の価値ありや否やを知ることを得せしめる。勿論工場で取扱ふ原料及び生産工程をよく知っていることが必要であり、それによって或程度まで廃水の性質を知ることができる」。こうした事前の廃水分析を怠って無処理水を排出し、「工業廃水その物が他に迷惑を及ぼした結果からその性状を知ったのでは余りに非科学的」であると柴田は断じるのである。

廃水分析はどの程度に行うべきか。この点について柴田はつぎのようにいう。「一般の都市下水にあってもその質的変化は一日を通じて可なりひどい差があるものである。まして工業廃水にはその作業時間及び原料の少しの相違等が鋭敏に感応して表れるものである」とし、「理想的に云へば作業時間中を通じて、30分間毎に試料を採取して分析すべきであるが、そのようなことは仲々実行し難いので……工場の作業時間に亘って30分間毎の試料の分析を1～3回程度行ってその平均水質を知ってをく」(52–3頁)ことが必要である。

つぎに廃水の希釈放流については、以下のように述べている。

まず、「工業廃水をそのまま若くは単に粗大な物質を除去しただけの状態で河川海水に放流する場合の考慮は蓋し慎重でなくてはならない」とし、放流にさいして考慮すべき条件としてつぎの諸点をあげている。① 生物に有毒な物質を含まないこと。含んでも生物に害のない程度以下であること。これは河川海水に混じて相当時間後は稀釈されてから無害だと云っては不可い。② 河川海水と混合した後においてその収容水の溶存酸素を最低4 ppmにとどめうること。さらに、河川海水のBODを4 ppmにとどめうること。③ 粘土その他沈積物、とくに有機性のものの排出によって河川海底を浅くしたり水質を汚染したりしないこと。④ 著しい色相を河川海水にあたえないこと。

とくに「工業廃水を海水に放流し稀釈処理せんとする時の考慮用因子は多少異って来る。……海水は河川水の如く流れ去らず潮流によって廃水を運び去るのでその潮流量の推定は甚だ困難な問題である。干満の差をも考慮に入れなければならない。海水に放流して稀釈処理しようとする場合には実際に廃水の流れの方向を測定しその影響の及んでいる範囲を測定し、どの位の時間や日数で廃水が運び去られたか、或は酸化されて影響を認めなくなったかを前以て実験的に測定したのちでないと」放流することはできない。このように柴田は説いているのである。

(3)　微量の有毒物質による環境汚染

1)　微量の有毒物質の体内蓄積

前述第II部の「水俣病発生の因果関係」において明らかにしたように、水俣病は工場排水中に含まれる微量のメチル水銀が海中に流出し、水生生物に蓄積濃縮した上、食物連鎖を通して人体に発症させたものである。このように、海水中に極微量の有毒物質が水産生物の体内に蓄積されることは、水俣病発生前においてもすでに知られていた事実である。

たとえば、産業廃水処理に関する教科書として定評のあるガーンハムの前掲書でも、廃水中の有毒物質が公衆衛生に与える危害についてつぎのような指摘がなされている。ここに「有毒物質とは、酸・アルカリ・シアン・重金属などであるが、このほかに1948年ごろから、擡頭した問題として研究所・工場・実験室から排出される放射性廃液がある。河川が汚染された場合に生ずる公衆衛生の害は、水の直接な使用によるものだけでなく、食用魚に及ぼすものもある。多くの有毒物質は魚の体内に蓄積され、それを人間が食べることによつて生ずる害は、汚染された飲用水による害よりもひどい場合すらある。貝類の場合には特に激しい[8)]」。また「海水中にはごく微量しか存在しない多くの金属が、海産生物によっていちじるしく蓄積されることは、海洋学の文献にたくさんの記録がある」とゴールドバーグ(Goldberg)が述べているように、海産生物が海水中の痕跡元素を濃縮することは、すでによく知られた事実であるといってよいのである。事実、たとえばホヤの中にバナジウムが蓄積されることは、元素の生物蓄積の好例として教科書にも挙げられるほどよく知られている[9)]。

2) ミドリガキにおける銅の体内蓄積[10)]

水産業で古くから「ミドリガキ」として知られるカキの緑化現象が銅の体内蓄積によるものであることは、すでに戦前から明らかにされていた事実である。ヒルトナー＝ウィッチマン(Hiltner & Wichman, 1919)はカキが多量の銅および亜鉛などを含むのは精銅工場などから排出される含金属廃水の汚染によること、カウルソン(Coulson, 1933)も、ミドリガキの体内には重金属、とくに銅が多量に含まれていること(たとえば527mg/kg)などを報告しているし、わが国では岡田および本橋(1938)が、延岡・徳島・金沢から採取したミドリガキ、ウスミドリガキおよび正常カキについて分析し、汚染カキから多量の銅を検出している。

ミドリガキの研究は戦後もひきつづいて行われており、大植・伊藤・村上・三谷の研究(第1報, 1954)によれば、カキの緑化現象とその原因はつぎの通りである。

(イ)　ミドリガキ軟体部は多量の銅および亜鉛を含有し、含有量はとくに銅においてカキの緑化現象と相関的関係を示す。

(ロ)　カキ棲息環境・浮遊生物も多量の銅を含有し、含有量はカキのそれとおおむね相関的関係を示す。

(ハ)　カキの緑化現象は、鉱山および精錬工場から流出する含金属廃水に由来するものであり、カキの含有する多量の銅および亜鉛は海水および食餌を通じて体内に濃縮蓄積されたものである。

なお、ミドリガキ中の銅濃度は海水中のそれの１万倍に達するといわれる。

3)　放射性物質の体内蓄積

戦後増加しつつある原子力施設から生じる放射性廃棄物の生物蓄積の事例も多く知られている。たとえば、アメリカのハンフォードの原子力施設からコロンビア河に放出される廃液のため河川中の生物に多量の放射性物質が蓄積されることは、よく知られている。この施設から350マイル下った河口や、さらに

肉牛の組織中の亜鉛65の濃度

試料	濃度μμCi/g	試料	濃度μμCi/g
潅漑水	0.19	腎臓	6.0
牧草	83	肺	5.1
毛	28.6	牛乳	4.9
骨	13.4	卵巣	4.1
肝臓	11.5	皮膚	3.9
筋肉	10.7	脳	2.7
膵臓	7.3	血液	0.9

(Perkins & Nielsen, 1959)

30マイル距（へだ）った湾内のカキに多量の亜鉛65(^{65}Zn)が濃縮されていることが明らかにされた。カキの体内の亜鉛65含有量は海水中のそれの10万倍ないし100万倍と推定されている。また、コロンビア河の水で潅漑された牧草を飼料とする肉牛にも潅漑水の濃度の100倍程度の濃縮がみられるのである。前頁に掲げるのは、コロンビア河の水で潅漑している土地に1年間放牧した牛の亜鉛65の分布を調べた表である。[11)]

わが国においても、環境の放射能汚染はすでに1954年のビキニの水爆事件以来問題となっており、水準の高い研究・調査が行われている。

1954年3月1日、ビキニ東方海上で漁をしていた第5福竜丸乗組員は水爆の放射能灰をかぶって被災したが、福竜丸などが積んできた汚染マグロも大量に廃棄処分にされた。事件直後からの海洋調査によって汚染魚のとれる海域は非常に広範囲に及ぶこと、魚の汚染経路はいわゆる間接汚染であることが判明した。すなわち、まずプランクトンが濃縮汚染され、食物連鎖を通して次第に大きな魚が汚染されるという経路をたどることがわかった。一般に海水に放射性物質がふくまれると、魚には直接にエラや体表を通して、また海水からプランクトン、プランクトンから小魚、小魚から大型の魚へと短時間のうちに濃縮係数(生物体内の放射性物質の濃度とその生物がすんでいる海水中の放射性物質の濃度との比)に相当するだけとりこまれる。したがって、「飲んでも安全」な水であっても、そこにいる魚を「食べて安全」とはいえないのである。[12)]

このような生物による濃縮は、汚染物質が放射性であるから起きるというのではなく、非放射性の微量元素においてもかわりはない。このことは、前述ミドリガキの例からも明らかであり、DDTやBHCなど農薬汚染の例からも裏づけられることである。

(4) 廃水にたいする法的規制の動き

1) 欧米における汚濁防止対策

産業廃水による環境の汚染が古くから問題となっていたことは、前述したとりである。汚染がひどくなれば、それを防止するための対策や法的規制が問題となるのは当然であろう。事実、そのような動きはかなり古くからみられたのである。

まず、イギリスでは、都市下水による河川の汚濁問題がきっかけとなって、1858年から規制がはじまった。つづいて、1865～67年に河川汚濁防止王室委員会によって水質汚濁防止のための調査研究が行われ、その報告にもとづき1876年、河川汚濁防止法(Rivers Pollution Prevention Act)が制定された。これによって各水域毎に行政委員会(現在、34水域に汚濁防止委員会がある)が設けられ、水質の調査と汚濁行為の摘発にあたっている。

ドイツでは、1913年のプロイセン水法と1916年の漁業法によって規制されているが、工業の中心地であるルール地方では、これとは別にライン河の各支流毎に古くから河川管理組合が発達し、これによって汚濁防止の対策がとられているといわれる。また、アメリカでは、今世紀初めから各州毎の立法によって汚染防止の対策が講じられてきているが、1948年の連邦水質汚濁防止法(Federal Water Pollution Control Act)によって、連邦政府も汚染防止に乗り出すことになった。

2)　わが国における法的規制の動き

わが国においても、すでに戦前から水質汚濁防止の立法化の動きがみられる。工場廃水による水汚染が社会問題化した大正期から、水資源を保護するための水質汚濁防止法をつくる努力はたゆまずつづけられた。しかしこうした努力は当時の鉱工業重視の政策のため、ついに実を結ぶにいたらず、戦争に入ってからは、被害の実状すらつかめない状態になった。

戦後この問題が再び取り上げられたのは、昭和23年頃である。当時、経済安定本部資源調査会は、その衛生部会に水質汚濁防止小委員会(会長・柴田三郎)を設置し、委員に関係各省の代表や学識経験者を委嘱して、勧告案の作成にあたった。昭和26年1月25日、勧告案は第28回資源調査会において審議・可決され、同年3月5日、資源調査会勧告第10号「水質汚濁防止に関する勧告」として経済安定本部総裁に提出された。[13)]

この勧告は、結論としてすみやかに水質汚濁防止法の制定が必要であるとし、制定さるべき汚濁防止法の骨子として、要旨つぎの内容をあげている。

1)　総理大臣所轄の下に水質汚濁防止委員会をおく。この委員会の委員は、法律・経済・衛生技術・農業技術・水産技術・上水道技術・下水道技術・工業廃水技術・生物学・分析化学・化学工業技術・化学工業経営・非金属鉱業技術・金属工業技術・鉱業経営の各専門家1名ずつを含む。委員会は、公共水の汚濁を防止し、公衆衛生その他の危害を防止するため、関係者にたいし必要な命令をなす権限をもつ。

2)　上記委員会に水質調査事務局を設け、水質汚濁防止に必要な諸種の調査を行う。

3)　公共水の水質基準をつぎのとおり定める。(乾天時一昼夜平均の水質)

BOD	20℃5日間	5 ppm以下
溶存酸素(D.O.)		5 ppm以上
大腸菌群	1 ccにつき	250以下
水素イオン濃度(pH)		5.8〜9.0

この限界を汚濁限界とし水質がこれより劣質なときは「汚濁」と称し、調査のうえ適当な処置を講ずる。

産業廃水については、その処理目標を設定し、浮遊物質および特殊物質の限度についても考慮することが望ましい。

4)　上記委員会の所属機関として水質科学研究所を設立し、水質汚濁防止に関する一切の技術的実験ならびに研究を行う。

研究所は公共水水質試験部・下水及び産業廃水部・水産及び農業潅漑水部・上水及び工業用水部・水質技術者養成部に区分してその事業を行う。

以上にみられるように、昭和26年の資源調査会の勧告は当時としてはまったく画期的なものであり、その内容は今日もなお注目に値するものであった。しかし、この勧告については当時の鉱工業界から強い反対があり、ついに実現しないで終った。

勧告提出後３年近くの間は、政府内になんら具体的な動きはみられなかったが、昭和28年12月より、厚生省の呼びかけにより、関係各省間につくられた「水質汚濁防止に関する連絡協議会」が中心となって、昭和32年３月まで汚濁の実状調査と防止対策の検討がつづけられた。その後は経済企画庁の下で法案の準備作業がすすめられ、昭和33年６月の本州製紙江戸川工場事件が直接の契機となって、同年12月、ようやく水質二法(「公共用水域の水質の保全に関する法律」と「工場排水等の規制に関する法律」)の制定をみた。

このように水質汚濁防止の問題は、水俣病が発生する前からすでに社会の大きな問題となっていたのであり、昭和26年の資源調査会勧告が出るに及んでいよいよ問題の重大性と汚濁防止の必要性はだれの目にも明らかになっていたのである。

２　チッソは危険の予見を怠った

(1)　安全性不明の廃水の放出

すでに詳述したように、有毒物質をふくむ化学工場廃水が危険であること、とくに廃水にふくまれる金属塩が魚類にたいして非常に有害であることは、水俣病発生前からよく知られていた。また、ミドリガキその他の事例から、廃水にふくまれる微量の有毒物質が海中で生物体内に蓄積する事実も知られていたのである。さらに、工場廃水による汚染事件も早くから発生しており、無処理の工場廃水がいかに重大な被害を発生させるかも知られていたし、わが国の廃水処理に関する研究も相当のレベルに達していたことも、前述柴田の研究からみて明らかである。しかも、汚染事件が多発し、社会問題となるにつれて、汚濁防止対策の立法化の動きもすでに戦前からみられ、戦後もひきつづき立法による規制が懸案となっていたことも顕著な事実である。危険な有機合成化学工業を営むチッソにおいて、これらのことは業務上当然に知っているべき事柄であった。

水俣工場廃水が種々の有毒物質をふくむ危険なものであることは、すでに第7章でくわしくみた通りであり、このことはチッソにおいても認識していたはずである。にもかかわらず、チッソは、安全性不明の工場廃水をなんら有効な除害設備を施すことなく無処理のまま放出しつづけたのであるから、チッソはそれが及ぼす危害についてもすでに認識があり、少なくともその可能性は十分あったものといわなければならない。したがって、チッソがその無処理の工場廃水から生じる危険を予見しなかったとすれば、その予見義務の怠りは明らかである。

⑵ 環境の異常事態の発生

工場廃水の無処理放出による環境汚染の危険は現実化していった。汚染魚等の発生にみられる水俣湾内ならびに周辺の異常がこれである。この異常事態については前章でもすでに述べたが、ここでいまいちど経年的に概括してみると、次のような恐るべき事態が次々に進行していたことがわかる。

1） 昭和24～25年

① 昭和23年頃まで豊漁で、一晩の漁獲高が、当時チッソ水俣工場の労働者の１カ月分の賃金にも勝ることが度々あったといわれるタイのはえ網漁が、24年夏より次第に不漁になり、しかも餌にするエビも棲息しなくなったため、26年夏期から漁を断念するに至った。その他、ハモ漁をはじめはえ網の漁法にたよるものは、ほとんど断念せざるを得なくなった。

② 恋路島内湾まてがた、月の浦漁港付近壷谷沖の地引網で、タレソ、イワシ子などの煮干を生産していたが、それらの魚が棲息しなくなり、25年頃よりまてがたで、26年頃より壷谷沖での地引網の漁獲はほとんどなくなった。

③ まてがた付近で、カルワ、タコ、スズキなどが浮きはじめ、はなはだしいものは手で拾えるようになった。

④ 百間港の工場排水口付近に船をつないでおくと、船底に舟虫やカキが着か

ないという事実が発見された。そのためわざわざ月の浦漁港からも繋留に来るようになった。この頃から百間港のカキは口を開き出した。

⑤ 水俣湾内の海草が白味を帯びだし、悪臭と白濁とドベの堆積が増すにつれ、次第に海底からはなれて海面に浮き出すものが多くなった。

⑵　昭和26～27年

① 26年末頃から、まてがたから月の浦海岸にかけて次第に空貝の数が増加し、その上、生きた貝も肉はやせ細っており、時には悪臭のあるものもあった。

② 26年夏頃から、水俣湾を中心として、クロダイ、グチ、タイ、スズキをはじめガラカブ、クサビなどにいたるまで浮きはじめ(当時漁民はこれを“狂い魚”と呼んだ)、手網で拾えるようになった。磯に打ち上げられたり、潮に乗りおくれて、海岸で乾干になっているのも見受けられた。

③ 湯堂、出月、袋、茂道などでは、漁民の生活の半分を支えるといわれたボラ漁が26年夏以降不漁続きとなって生活の基盤を失った。

④ エビの棲息する海岸として著名であった恋路島内湾にも汚染が拡がり、エビが獲れなくなりそのためそれを餌としていた釣魚ができなくなった。

⑤ 水俣市の竹輪の太さを大きくするといわれたハモがほとんど獲れなくなった。

⑥ 27年７月、タイがかかるはずのないかし網に900匁もあるタイがかかった。海面に浮いていたからである。

⑦ アオサ、アオノリ、テングサ、ワカメなどの海草が、27年の採集時期には前年に比し約三分の一に減少し、以後は色もあせ海面に浮き出すようになった。これは深海から浅瀬へと、ドベの堆積に比例して拡がったようである。

⑧ 百間港内湾に棲息していたウノ貝が27年夏から秋にかけて死滅してしまった。アサリ、マテ、カラス貝、カキ、マキ貝なども、27年秋頃より減少しはじめ、百間港近くでは砂の中より地表に殻を見せるようになったので、道具を使わずに拾えるようになった。また、カラス貝は、27年夏頃から殻を開き死んでいるのが見受けられるようになり、干潮時には夏の太陽にあたり悪臭で吐き気をもよおすほどであった。その頃、付近の海岸の樹木にはカラスなどが

群をなしていた。

3)　昭和28〜29年

① 28年になると浮きあがる魚はますます増加し、水俣湾より南の赤鼻、新網代、七ツ瀬、壷谷や湯堂湾でもタイ、タチ、イカなどが浮きはじめ、手で拾えるようになった。とくに、グチは波打際に真白な死体をさらし悪臭をはなった。当時、夜釣に行っていた人たちは、これらの浮いた魚を矛で突き、いかにも矛突きの名人の如く自慢した。その獲物は、夜釣にはめずらしいハモ、カレイ、グチ、タコ、スズキ、ボラなどの大物であった。

② 29年暮には、湯堂湾内でアジ子が群をなし、狂ったようにぐるぐる廻るのを見受けるようになった。

③ 海草の海面漂流は年毎に増加し、漁船のスクリューや櫓にまきつくようになったので、湾外に出る船は動力をとめ水竿で海草を取り除かねばならないこともあった。

④ 貝類の状態も悪化の一途をたどり、空殻が目に見えて増加した。水俣市「水俣市漁獲高調」にも「……28年は4〜5月の調査で当地先一円に10数年振りに鳥貝[†22]が育って金額にして6〜7千万円位の水揚が予想されたのが7、8月後に沿岸から1,000m以内のものは殆んど死滅しその採取は見られなかった。海藻類にも地元干潟面で甚だしくその被害と思われる点が見受けられる」と被害状況が記されている。

⑤ 28年に出月で猫が狂死したのをはじめとし、29年春頃から、出月、湯堂、茂道などの猫が次々に狂い死に出した。

⑥ 猫が狂い出した頃と前後して、カラス、アメドリ、シミンドックなど鳥類の死骸が見受けられるようになり、また飛べなくなって素手で捕えられるようになった。殻を開いた貝類に群がるカラスが方向をあやまり海中に突入したり、岩に激突するのも見受けられた。

4)　昭和30〜32年

① 30年夏頃から水俣川下流でも、スズキ、チヌ、ボラ、タイ、イカなどが浮きはじめ、その後その範囲は次第に拡がり、丸島沖から水俣川、大崎鼻および西湯之児までおよんだ。水俣湾内での魚の浮上は、31年春頃が最も甚だしかった。
② 狂い死にする猫はいっそう増加し、行方不明になった猫は数知れない。当時、これを“猫おどり病”とよんでいたが、湯堂、月の浦、茂道をはじめとして水俣湾に面した地域では、野良猫・飼猫を問わずほとんどの猫にこれが発生した。
③ 恋路島内湾付近でも、死んで殻を開いているアサリ貝などを見受けるようになった。それに群らがった海鳥にもふらふらして飛べなくなったものがいた。
④ 31年のボラ漁は皆無に等しい状態となった。
⑤ 32年８月、熊本県議会経済委員会は食品衛生法に基づき「販売の目的を以てする水俣湾内の漁獲禁止」を決定した。

5)　昭和33年
①　８月23日、熊本県当局は水俣湾海域内での漁獲厳禁を通達、漁は完全に中止せざるを得なくなった。

以上のように、魚介類や海鳥・猫などの異常は、時を追って深刻な状態になっていったが、この異常事態は水俣湾が汚染された結果生じたものであり、その汚染源は水俣湾の環境条件からみて、チッソの工場廃水以外には考えられない。しかも、汚染魚などの発生は、湾内の魚介類を摂食する住民に被害が及ぶおそれのあることを予告するものである。事実、患者が正式に発見されるはるか以前から、“奇病”が漁民の集落を中心に続出し地元民に恐れられていたのである。したがって、チッソは、おそくとも汚染魚の浮上など廃水による環境汚染が現実化した時点で、被害の発生を予見しそれを防止する方法を講ずべきであったといわなければならない。

⑶ 患者発見による問題の重大化

1) 水俣湾岸における汚染魚(“狂い魚”)やネコの狂死などの異常事態につづいて、ついに人間に水俣病が発見された。昭和31年5月1日のことである。その日、チッソ水俣工場の付属病院に4人の患者が相ついで運びこまれ、診察に当った医師らはその類例をみない症状におどろき、ただちに水俣保健所に報告した。[†25]

同年5月末、水俣保健所を中心に「水俣奇病対策委員会」が設置され、医師会・水俣市役所・同市立病院・チッソ水俣工場付属病院がこれに加わり、さしあたり伝染病としての対策が講じられるとともに、ただちに調査が開始された。その結果、患者は少なくとも2年半以前より多数発生していることが明らかになった。その間にも水俣湾周辺の漁村を中心に患者の発生はあいつぎ、その恐慌状態は極点に達した。熊本県当局は8月初めに奇病の実態を厚生省に報告するとともに、熊本大学に研究を依頼し、同大学医学部は8月24日に水俣奇病研究班を発足させた。

水俣奇病研究班は、同年11月初めに第1回研究報告会を開き、「奇病の原因は、ある種の重金属ことにマンガンによる中毒が最も疑われ、人体への侵入は魚介類によるものと推定される」と報告した。県衛生部は水俣湾の魚介類の危険性を公表した。

2) 昭和33年6月24日に開かれた参議院社会労働委員会で、厚生省の公衆衛生局長はつぎの見解を発表した。「水俣病の原因は、セレン・タリウム・マンガンの三物質の一つまたは、二つ、三つの総合によるもので、その発生源は新日窒の排水である。」

さらに、同年7月、厚生省は同省科学研究班(主任・松田公衆衛生院疫学部長)の調査研究に基づいて、つぎの通達を出した。「31年から水俣奇病の原因究明を続けていたが、この水俣奇病は水俣市にある新日窒水俣工場の廃棄物が港湾を汚染し、魚介類や回遊魚が、廃棄物にふくまれている化学毒物で有毒化し、これを食べることによって起こるものと推定する。」

3)　さらに同年9月、チッソは従来百間港に放出していたアセトアルデヒド酢酸工場廃水の排出経路を水俣川川口に変更したところ、それまで患者が発生していなかった八幡地区や芦北地方にもあらたな患者が発生しはじめた。

4)　昭和34年7月14日にいたって、熊大研究班は、水俣病の原因物質は有機水銀であるという結論に達し、同年11月12日厚生省食品衛生調査会水俣食中毒部会において、公式に確認された。

5)　一方、チッソ水俣工場付属病院の細川一医師は、同年7月頃よりアセトアルデヒド酢酸工場廃水を直接ネコに投与する実験を開始し、同年10月7日(ママ)ネコに水俣病を発症せしめた。[†13] これによって、チッソは、水俣病がチッソ水俣工場の廃水によってひきおこされたものであることをはっきりと確認した。

以上によって明らかなように、チッソは、水俣病が正式に発見されて重大な社会問題となって以後、水俣工場廃水による被害の発生を予見すべき機会が十分あったにもかかわらず、昭和34年10月ネコ実験によって確認するまで、それを怠りつづけたのである。

1)藤谷超：パルプ工場廃水の水産生物に及ぼす生理学的影響に関する研究,内海区水産研究所研究報告第17号(1962),8〜9ページ.

1)'藤谷超：パルプ工場廃水の水産生物に及ぼす生理学的影響に関する研究,内海区水産研究所研究報告第17号(1962),9ページ.

2)Gurnham, C. F.：Principles of Industrial Waste Treatment, 1955. 内藤・永岡訳:水質汚染防止と産業廃液処理(技報堂),2ページ.

3)柴田三郎:水質汚濁とその処理法,1954(水産庁水産資料整備委員会刊)序.

4)ガーンハム:前掲書(邦訳),2,5〜7ページ.

5)Doudoroff, P. & Katz, M.: Critical Review of Literature on the Toxicity of Industrial Wastes and Their Components to Fish.II.The Metals, as Salts, Sewage and Ind. Wastes, 25:802–839(1953).

6）新田忠雄：工場廃水研究の問題，鉱害に関する文献集・第２輯，水棲生物編，1958（通産省鉱山保安局刊）所収，11ページ以下．

7）科学技術庁資源調査会：水質汚濁防止対策に関する調査報告，1960, 229-302.

8）ガーンハム：前掲書（邦訳），21ページ．

9）宇井・清水・三宅・山県：環境の汚染—廃水の希釈と生体濃縮—，科学，38(12): 636-643(1968).

10）前掲書，鉱害に関する文献集・第２輯，水棲生物編，169ページ以下．

11）宇井ほか：前掲論文，640ページ．

12）武谷三男：原水爆実験，1957（岩波書店），117ページ以下．

三宅泰雄：核兵器と放射能，1969（新日本出版社），73ページ以下．

13）厚生省環境衛生局公害部編：公害関係法規判例集1，1968（帝国地方行政学会）所収．

第10章　チッソは危険防止の措置をとらなかった

1　廃水処理の原則と方法

ガーンハムの教科書[1)]によって、まず廃水処理の原則と方法をみよう。廃水処理計画が、廃水放出先の環境条件の調査研究、廃水の成分や流量の調査研究を前提にして立てられることはすでにのべた。

(1)　処理の原則

危険な廃水はできうるかぎり、工場の外に出さないように処理することである。

(2)　処理の方法

物理的処理―沈殿、化学的処理、生物学的処理の三つがある。沈殿についてだけくわしく見ておくと次の通りである。

「沈殿は下水および廃液処理に最も普通に用いられる最も安価な方法である。明らかにこれは沈殿性の物質にのみ適用せられ、溶解性またはコロイド状の物質には効果がない。……一般に沈殿は、沈殿によつてなされた処理が技術的にも経済的にも可能であるという前提をもつて、より複雑な処理過程の一段階として用いられ、また沈殿し難い汚染物質の除去に用いられる他の方法の１つの段階として用いられるのである。沈殿池は、ほとんど化学的・生物学的処理に先だつて用いられるか、またはこれらの処理の後に形成される沈殿質ならびにフロック除去のために用いられる」。しかしながら沈殿池は、おざなりなものであってはならず、沈殿池の「設計資料は、現在の処理場における研究、実験室における研究または問題の廃液のパイロットプラントによる研究から得られなければならない」のである。

なお「希釈放流」は「それなりにある限度があり、各種の処理をしても、どうにもならない場合の廃水処理法」である。

2　チッソは廃水を無処理排出した

(1)　チッソは処理原則すら守らなかった

チッソが危険な廃水をできうる限り工場の外に出さないようにする研究調査を怠ったことはすでにのべたが、現にチッソはその処置を全くとらなかった。

後にのべるように、チッソがいくぶんでもその処置をとりはじめるのは、水俣病が大きな社会問題になった昭和34年11月以降である。

(2)　チッソは廃水を無処理排出した

チッソ水俣工場の廃水を生ずる各設備について、その操業時から昭和34年9月までの、その廃水の放出方法と放出先をみればIII–36表の通りである。

この表からわかるように排出方法は

ｉ）　全くの無処理排出　　　　　ii）　簡単な沈殿のみを行った排出

iii）　八幡プールを経ての排出

の三通りである。これに従ってIII–36表を分類し直せばIII–37表の如くである。

ｉ)の無処理排出はもちろん説明の要はない。

ii)の沈殿池はいずれも簡単なもので、たとえば、変性硫安廃水は「沈降不充分のため、水俣湾海面は当時黒色を帯びていた」(「水俣工場の排水について」)ほどである。

iii)の八幡プールは重要なので如何なるものかみてみよう(巻末資料参照)。

八幡プールは昭和22年アセチレン発生残渣を利用して海面埋立を行うために、海中に石垣練コンクリート積の築堤を行い(コンクリートの築堤ではなく、石垣であったことに注意すべきである)アセチレン残渣を投入した。残渣廃水は石垣築堤の間からも海中に流出したが、上澄液を直接海面へ放出した。従って八幡プールは沈殿池として設計されたものではなく、海面埋立プールなのである。昭和33年になると、海面埋立がほぼ完了してしまうが、アセチレン残渣で築堤をつくり、約75,000㎡のプール嵩上げを行い上澄液を直接海面に放出するようになった(「海中に新しく堤防をきづいて、残渣を入れるとなると、数千万円とい

III-36 表　水俣工場各廃水の排出方法と放出先

廃水	年月	排出方法と放出先
変性硫安残渣廃水	大正 7 －15	沈澱池を経て百間港へ放出
アセチレン残渣廃水	昭和 7 －21 22－23	工場内池澱池を経て百間港へ放出 八幡プールを経て水俣川川口へ放出
アセトアルデヒド酢酸廃水	昭和 7 －33/9 33/9－34/9	百間港へ放出 八幡プールを経て水俣川川口へ放出
塩化ビニールモノマー水洗塔廃水	昭和 24－34/9	百間港へ放出
硫酸ピーボディ塔廃水	昭和 31/8－32/8 32/8－34/9	百間港へ放出 八幡プールを経て水俣川川口へ放出
燐酸設備廃水	昭和 30/3－34/9	八幡プールを経て水俣川川口へ放出
カーバイド密閉炉廃水	昭和 33－34/9	八幡プールを経て水俣川川口へ放出
重油ガス化設備廃水	昭和 32/4－32/7 32/7－34/9	沈澱池を経て百間港へ放出 八幡プールを経て水俣川川口へ放出

(「水俣工場の排水について」より作成。なおアセトアルデヒド酢酸廃水は、同廃水処理法の変遷 (別表５)においては 21.2→33.9 の間酢酸廃水ピットを経て百間港へ放出されたと記載されているが、本文中に「ピット」の記載はなく、単なる排水溝かその途中の溜部を指すものであろう。)

III-37表　排出方法別廃水の分類

排出方法	廃水
全くの無処理排出	昭和７－33/9のアセトアルデヒド酢酸廃水 昭和24－34/9の塩化ビニールモノマー水洗塔廃水
簡単な沈澱のみを行って排出	大正７－15　変性硫安残渣廃水 昭和７－21　アセチレン残渣廃水 〃 31/8－32/8　硫酸ピーボディ塔廃水 〃 32/4－32/7　重油ガス化設備廃水
八幡プールを経て排出	昭和22－34/9　アセチレン残渣廃水 〃 33/9－34/9　アセトアルデヒド酢酸廃水 〃 32/8－34/9　硫酸ピーボディ塔廃水 〃 30/3－34/9　燐酸設備廃水 〃 33－34/9　カーバイド密閉炉廃水 〃 32/7－34/9　重油ガス化設備廃水

う多額の工費を要し、残渣処理費用は１立方米で大たい百円かゝる。しかも、堤防を築く費用は、数年先きの埋立費用迄一時に前払いすることになるので、もっぱら節約を旨とする会社の現状では、好ましくないわけである。そこで割安に処理する方法として、八幡地区７万５千坪の土地に、残渣で堤防をつくり、すでにできた土地をかさ上げすることを考えた。……そこで１米づつ４回かさ上げし、今後４、５年は、この方法で、残渣処理をしてゆくことになった」と昭和33年12月10日付の水俣工場新聞はのべている)。33年以降の八幡嵩上げプールは費用節約を旨とするアセチレン残渣処理プールであった。従って沈殿池又は八幡プールを経ての排出は要するに、沈殿性物質を極めて不十分に沈殿させたというにすぎない。ましてそのあとの処理方法として、化学的、生物学的処理など全く予定しておらず、溶解性、コロイド状物質はもちろん無処理のまゝ放出されたのである。

以上で無処理排出の実態は明らかになった。

⑶　無処理排出は変わらなかった

水俣病が正式に発見された昭和31年５月以前から排出されていた廃水は、大正年代の変性硫安残渣廃水を除けばアセチレン残渣廃水、アセトアルデヒド酢酸廃水、塩化ビニールモノマー水洗塔廃水、燐酸設備廃水(たゞし燐酸廃水は30年３月以降)の４種類である。昭和22年以降をとってみると次々起る環境異常の発生にもかかわらず、その排出方法は変わらなかった。そもそも危険の発生を予見すべき注意義務が怠られた以上それを防止する措置がとられなかったのは、むしろ当然のことであろう。なおアセトアルデヒド酢酸廃水は33年９月になり、排出先が百間港から水俣川川口に変えられたがその恐るべき結果については後にのべる。

３　チッソの強弁 ― 人殺しの論理

しかるにチッソは、「昭和31年水俣病患者が発見されて以来現在まで、発病原因物質につき種々の見解が表明されてきた」。「被告水俣工場は、……諸見解のうち、工場排水に関係あるものについて承服しえぬ疑問はその都度率直にこれを提示したのであるが、疑問は疑問としても、いやしくも工場排水と関係ありとの説に関しては、……排水処理につきその時々においてあたう限りの努力をしてきた」従ってチッソが「結果回避義務を尽したことは右により明らかである」と主張してはばからない[2)]。

チッソはこの主張で、「水俣病の原因物質の見解に対応して」廃水処理を行ったのだといゝ、どんな基本的方針であったかを明らかにしている。この方針自体、チッソの過失とその非人間性をまざまざと示してあまりがない。なぜなら、

第一に、チッソは工場廃水による危険防止のため万全の注意を払い、もって未然に危害の発生を防止すべき義務を有するのであって、そもそもの操業のはじめから「排水処理につきあたう限りの努力」をしなければならないはずである。工場排水が水俣病の原因である可能性が少しでもあるならば、もはやとりかえしのつかない事態といわなければならない。

ましていわんや、水俣病正式発見後直ちに工場廃水が疑われたときは即刻排水処理につき万全の処置を講ずるのが当然であった。かりにそうしたとしても、もはやあまりにおそきに失した処置としかいゝようがないのである。しかるに、チッソはその義務すら怠りつゞけ、外部の「原因物質の見解」をまって廃水処理の努力をしたとは言語道断の主張である。

第二に、外部の「原因物質の見解」をまって「あたう限りの努力をした」という主張は、チッソ自身は、みずからは原因追及をなすべき立場にないとでもいうつもりなのであろうか。

しかし、チッソは製造工程を排他的に管理し、かつその専門的知識を独占しており、日本でもトップクラスの生産技術を誇る大企業であった。チッソこそ原因解明の鍵を握っており、原因を追及しうる最短コースにいたのである。まして、チッソの廃水こそが犯人と疑われたのである。かゝる立場にありながら、その瞬間にも貴い人命が奪われ、新しい患者が発生しているときに、自らの義務と責任はすべて棚上げし、たゞ座して待つというチッソの態度は許すべからざるものである。しかもチッソが外部の原因

物質の見解に対し、「承服しえぬ疑問はその都度率直にこれを提示した」というがその内容たるや、外部の研究の妨害にほかならなかった。このことは第11章において後述する。

第三に、チッソの主張をみると、まるで「原因物質」が判明しなければ、何一つ廃水処理の努力ができないかの如くである。とんでもないことであって、原因物質が何であるかわからなくても、教科書通り廃水の循環再使用などの措置をとれば、危険は直ちに防止できたのである。チッソはまず工場廃水の排出をとめ、被害の拡大をくいとめるため、万全の処置をとるべきであった。しかもチッソが主張する「あたう限りの努力」の内容がいかにおそまつなものであったかは次にくわしく検討する。

以上、チッソの主張はまことに、もはや正常人の主張ではなく、人殺しの論理としかいいようがないものである。

4　泥縄式の廃水処理

(1)　チッソの説明

チッソは外部の「原因物質の見解に対応して」いかなる措置をとったのか。チッソの第二準備書面によってその主張の要点を摘示すれば、

1)　鉄屑槽

昭和21年2月アセトアルデヒド製造再開後しばらくしてから同製造設備に鉄屑槽をもうけ、同設備の排水を同鉄屑槽を通し、排水に含まれている水銀の回収をはかって百間排水溝へ排出した。右の鉄屑槽及び後記酢酸プールとも塩化メチル水銀を対象とするものでなかったが、最近の実験の結果によれば、鉄屑は塩化メチル水銀に対しても水銀を分離せしめる効力をもつ。

2)　マンガン、セレン、タリウム説との関係

これらの説が発表された当時、被告水俣工場では、マンガンを使用しておらず、またセレン及びタリウムは硫酸の原鉱石である硫酸鉱石に少量含まれているのみであった。31年硫酸設備ピーボディ塔から排水が出ることになったので焼滓置場に専用沈殿池を、更に昭和32年に百間排水溝の一部にも沈殿池を各設置し、これらの沈殿池で固形物を沈降させ、上澄水を排出することにした。昭和32年８月、右のピーボディ排水は更に酸分の中和と固形物除去のため、アセチレン発生残渣と共に八幡プールへと変更した。

3)　サイクレータによる排水総合処理計画

被告水俣工場では、昭和33年秋から排水を総合的に処理するための抜本的方法の検討をはじめて、同34年初頭、サイクレータ(排水浄化装置)を中心とする排水総合処理施設の具体的な計画が立案されるに至った。

被告計画の内容は、概要次の通りであった。

ｉ)　カーバイド密閉炉排水、ピーボディ塔排水、燐酸設備排水、アルデヒド設備排水及び塩化ビニール設備排水をまとめて、サイクレータで処理し、浄化する。重油ガス化排水はまず、セディフロータでカーボンを除去する。

ⅱ)　これら浄化された廃水を使用ずみの冷却用水によって更に約10倍に希釈し百間排水溝へ排出する。

ⅲ)　サイクレータ、セディフロータによって分離された固形分(濃厚な泥状沈殿)を連続的に取り出していったん排泥ピットに入れ、そこからパイプで八幡プールへ送る。右のサイクレータは突貫工事により、昭和34年12月19日、完成し、同12月21日頃には、運転を開始した。

4)　有機水銀との関係

ｉ)　34年７月有機水銀説が発表されたが、被告水俣工場で水銀を使用していたのは、アルデヒド設備及び塩化ビニール設備であった。

被告水俣工場では、両設備の排水を海面へ排出しないようにするための下記方式の工事を行い34年10月30日これを完成直ちに実施した。

(イ) アルデヒド設備及び塩化ビニール設備の排水について、新たに工場構内に鉄屑を入れた大容量(360㎥)の酢酸プールを設置し(10/19日完成)、従前の鉄屑槽を通したうえ、更に右の酢酸プールに入れ時間をかけて水銀分を除去し、少量ずつコントロールしながら八幡プールに送る。

(ロ) 八幡プールから上澄水をアセチレン発生設備に逆送して同設備で再使用する。右方式の実施によりアルデヒド設備及び塩化ビニール設備の両排水とも海面に流出することはなくなったのである。

ii) 前記サイクレータの完成に伴いアルデヒド及び塩化ビニールの両設備の排水はサイクレータを通ずることとなった。しかしサイクレータは、発症物質を有機水銀だとする説が発表される以前に立案計画されたもので水銀の除去のみを目的とするものではなかった。

もちろんサイクレータによって水銀の除去は可能であると考えられていたが、当時は右説の発表の結果水銀を使用する設備からの排水に対し、世間は極度に敏感となっていた。

ところで、サイクレータは初めての設備であり、その排水の末端は海に通じていた。そのため運転上のミスや故障という万一の事態を考慮すれば、むしろ水銀を含む排水は一切製造設備の外に排出しないことが、最善の方法であることは明らかであった。そこで被告はかねてから右のサイクレータ計画とは全く独立のアルデヒド及び塩化ビニール両設備の排水をそれぞれ発生装置内に戻して装置内で循環させるという業界でも前例のない新しい方式の開発をすすめた。そして万一の危険があるサイクレータを利用するよりも、むしろサイクレータ排泥ピットを通して八幡排泥プールに蓄える方式を採用すべきだと考えた。

しかしこの方式をとるには、工事が必要であり、34年12月末から再び前記 i)の方式に戻した。八幡排泥プールに蓄える工事は翌1月24日完成した。装置内循環方式は昭和35年3月着工、5月には試運転に入り、同年8月に完成して稼動するに至った。

⑵　泥縄式の廃水処理の実態

これらの処置をチッソは「その時々においてあたう限りの努力」であったと主張するのである。それがいかなるものであったか一つ一つ明らかにしよう。

1)　鉄屑槽はほとんど役に立たなかった

鉄屑槽は、全真空方式になったアセトアルデヒド６期工場(28年スタート)新５期工場(31年スタート)稼動後真空シールのための精ドレンボックスに接続して設置されたもので、その構造、大きさは巻末資料図の通りである。

チッソがいうように、精ドレン中の水銀の回収を目的としたものであったが、鉄屑槽自体たいした大きさでなく、鉄屑も精ドレンで溶けてしまい、度々補充しなければならない有様であり、水銀の回収はほとんど成功しなかった。

このため、鉄屑槽からの水銀回収は定期的に行われることもなく、一種の「おまじない」にすぎなかった。また労働者間においても、その呼び方は「鉄屑の入ったあの箱」ぐらいのもので、正規の名前すらなかった。そもそも、別にとりあげていうほどのものではないのである。

第３章でのべたように、昭和34年の喜田村の調査で水俣湾から驚くべき多量の水銀が検出されたことからみても鉄屑槽がほとんど何の役にもたたなかったことが分かる。

また、35年８月精ドレン回収工事が完成すると鉄屑槽は撤去されてしまった。

2)　アルデヒド廃水の排出口の変更は恐るべき人体実験である

チッソはマンガン、セレン、タリウム説との関係でアルデヒド設備の廃水の排出口を昭和33年９月、百間港から八幡プールを経て水俣川川口へ変更したのだという。その結果は、従来水俣病の発生をみなかった水俣川川口附近、津奈木、湯浦、田浦にまで患者が発生し、恐るべき人体実験となったのである。

3)　おいつめられての泥縄式廃水処理 ― サイクレータ

チッソは、「昭和33年秋から、排水を総合的に処理するための抜本的方法の検討を始め、34年初頭、サイクレータ(排水浄化設備)を中心とする排水総合処理施設の具体的計画を立案……34年12月19日完成」したという。

なぜ、排水総合処理施設の検討と実施が水俣病正式発見後実に2年も3年もたってからなされなければならないのか。

すでに、昭和32年1月27日、水俣漁協は被告に、① 汚悪水の海面放流中止、② 流す場合は浄化装置を施すとともに、その証明をすることを申入れている。また同年2月15日、水俣市において水俣病に関する対策協議会が開催され、同漁協は再び工場排水の浄化装置設置を申入れた。

これに対するチッソの回答は「水俣湾の海水は23年当時と全く変化ない。かりに海水から毒物が検出されれば善処する」というものであった。

こうしてチッソが何等根本的な危険防止処置をとらない間に患者は次々と発生、また汚染は不知火海全域に広がり、漁獲は激減し、また獲れても売れず、水俣はもちろん、不知火海全域の漁民の生活は全く破壊されてしまった。

そして、34年には水俣病による被害が極限に達して重大な社会問題になり、水俣川川口排水の即時中止、廃水処理設備の設置が強く叫ばれるに至った。

34年8月にはすでにのべたように、水俣漁協がすぐれた浄化装置の設置と1億円の漁業補償を要求、8月12日、8月17日には漁民の工場乱入が起った。

水俣工場は34年9月に工場内臨時沈殿池(800㎥×4槽、予算500万円)を設置し、密閉炉ガス洗滌廃水、硫酸ピーボディ塔廃水、燐酸廃水をこの沈殿池に入れ(以上廃水合計380㎥/H)混合中和し、固形物を沈降させ、沈降物が堆積すると槽を切替使用し、浸透水並びにオーバーフロー水を百間排水溝に放流した。このため八幡プール排水量は、34年7月3日調査で約600㎥/Hだったのが、34年9月29日以降約220㎥/Hに減少した。この臨時沈殿池は泥縄式の文字通り臨時のものにすぎなかった。

これより先、34年8月5日、熊本県議会水俣病対策特別委員会において、水俣工場は、熊本大学の有機水銀説に対して反論を行うが、この委員会においてはじめて「35年3月末までに排水処理設備を完成させる」と公約した。そして34年９月ようやく廃水浄化装置に着工する。昭和32年１月の水俣漁協の浄化装置の設置要求におくれること実に２年８カ月であった。

社会問題化は急激の一途をたどり、34年９月18日には芦北郡下町村長、芦北沿岸漁業振興対策協議会代表が、① 水俣川川口への汚水排水の中止、② 汚水浄化設備の完備を要望、同９月28日津奈木漁協総決起大会において工場排水による漁業被害補償を決議、９月30日芦北漁協、湯浦漁協総決起大会において、① 新日窒の汚水浄化設備完了まで廃水排出の禁止、② 百間港、八幡両海岸のドベ除去、③ 工場廃液による不知火海の汚染海域の化学的調査、④ 漁業被害補償等を決議、10月２日芦北沿岸漁業振興対策協議会で八幡・百間海岸の汚水除去、を決議、10月14日熊本県不知火海区各部会長と熊本県漁連会長、不知火海区水質汚濁防止対策委員会を結成、① 浄化装置完成まで八幡海岸への工場排水ストップ、② 海底の沈殿物の完全除去、③ 漁民の救済措置を新日窒に要求する方針を決定する。10月17日には熊本県漁連主催、漁民総決起大会が開催され、新日窒に団交申入れるも拒否され、漁民が工場に乱入し警官隊が出動する。

10月21日には、通産省がチッソに、① 水俣川川口への廃水流出即時中止、② 廃水の浄化装置を年内に完成するよう指示するに至る（サイクレータ設置を「突貫で」やらせたのも当然である）。

ここに至ってチッソは八幡プールに逆送水ポンプを設置、逆送管を設けて、10月30日には、水俣川川口への排水を中止し工場内に逆送した。またサイクレータは12月20日完成した。なお、34年11月３日衆議院、農林、水産、社会、労働、商工委員及び関係各省よりなる国会派遣調査団（団長・松田鉄蔵）が現地を調査したが「同調査団も廃液処理のカルテに“良”とは書かなかった。逆に、“いまごろ浄化装置をつくるなど、まるで泥ナワ式だ”、“工場は利潤追求の立場でモノをいうな。道義心を起せ”、“こんな重大問題だというのに吉岡社長は東京でゴルフばかりしとる。なぜ水俣に常駐せぬ。こんど社長を農林水産委に呼び出すからそう伝えろ”と非難の集中砲火をあびせた。

“廃液が病気の原因であろうとなかろうと、なぜもっと早くこんな設備をしなかったか”というのが調査団の結論だった」と熊本日日新聞(34年11月)は報じている。

4) 廃水完全循環方式をとりさえすれば危険は防止できた。

かくして文字通り泥縄式に設置されたサイクレータの効力は後にのべるが、廃水処理の基本原則は、廃水をできるだけ工場の外に出さないようにすることであった。チッソ自身、第二準備書面で「水銀を含む排水は一切製造設備の外に排出しないことが最善の方法である」とのべている。

なぜ教科書に書かれている原則—「最善の方法」が昭和35年に至って、ようやく行わなければならないのか。第二準備書面の内容を補足して、アルデヒド設備廃水を例にとり、昭和43年5月アルデヒド工場停止に至るまでの廃水放出方法の変せんをみれば次の通りである。

① 昭和7年〜20年　工作工場附近一帯の沼沢地帯を経て百間港に放出。

② 昭和21年〜33年9月　百間排水溝を経て百間港へ放出。

③ 昭和33年9月〜34年9月　八幡プールを経て水俣川川口へ放出。

④ 昭和34年10月〜34年11月17日　10月19日酢酸プール180㎥×2槽が完成同日以後は同プールを経て八幡プールへ。11月1日〜17日八幡プール上澄液を密閉炉及びアセチレン装置に逆送。

⑤ 昭和34年11月18日〜35年5月　酢酸プール→八幡プール→アセチレン発生設備 →八幡プール。なお、35年2月新日本化学クリンカー工場が稼動。アセチレン残渣は一部新日本化学に送られた。従ってアルデヒド廃水の一部も新日本化学八幡沖排水口を経て水俣川川口へ再び放出されたとみられる。

⑥ 昭和35年6月〜41年5月　酢酸プール→八幡プール→サイクレータ→百間排水溝。なお、35年8月アルデヒド精ドレン回収工事を完成した。これは精ドレン槽から精ドレンを生成器及び撹拌ポンプグランド注水に循環使用するものであったが、オーバーフローなどのため完全な回収はできなかった。また、ポンプグランド洩れ、定期修理洗滌水、掃除余水等は

排出され続け、廃水循環方式としては不十分なものであった。

⑦ 昭和41年6月～43年5月(アルデヒド製造停止)

地下タンク→アルデヒド生成器精ドレン、各ポンプグランド洩れ、掃除余水定期修理時の洗滌水はすべてこの地下タンクに入れ生成器等に循環使用した。これをもってアルデヒド工場廃水ははじめて系内で完全循環され外部へ出なくなった。

このうち酢酸プール設置は、有機水銀説との関連で行ったものと第二準備書面でいうが、別の箇所では酢酸プールは有機水銀を対象とするものでなかったとものべ、自己矛盾におち入っている。

この廃水処理方法の変せんの中で、とにもかくにも廃水処理として重要な意味をもつのは、次の三方法のみである。

ｉ)　八幡プール→アセチレン発生設備再使用→八幡プール(循環)
　(34年11月～35年5月)

ⅱ)　精ドレン循環(35年8月完成)

ⅲ)　地下タンク設置による完全循環方式の採用(41年6月)

ｉ)はすでにみたように水俣川川口への廃水放出中止が強く叫ばれたため八幡プールに逆送管及び逆送ポンプを設け水俣工場の系内において循環させたものである。

ⅱ)はチッソがその準備書面で「アルデヒド設備の排水を発生装置内で循環させる」とのべているものである。

しかし、第7章でのべたように、アルデヒド設備の廃水は、精ドレン、母液洩れ、ポンプグランド洩れ、掃除余水、定期修理時の洗滌水などからなっているが、このとき循環されるようになったのは、精ドレンのみであり、その他の廃水は依然として「発生装置」外に排出された。

また精ドレンの回収循環は、オーバーフローなどのため必ずしも完全でなかった。ｉ)、ⅱ)は不十分で、ⅲ)の地下タンク設置による全廃水の完全循環方式においてのみ、はじめて完全な廃水処理法がとられたのである。

また、チッソはⅱ)の精ドレン回収循環は「業界でも前例がない」ものとさも大研究であるかのように誇張している。

しかし、そもそも母液を循環させて連続酸化させることが、チッソのアルデヒド製造技術の特許内容であったのであり、昭和7年、アルデヒド第一期工場が試運転されたときは、精ドレンは生成器に循環する方式になっていたこと、(本運転で中止になったにしろ)を思い出さなくてはならない。たとえ技術的に困難であったにしろ循環再使用すべきが当然であるが、その内容をみると技術的に大したことはない。

精ドレンのみでなくⅲ)のアルデヒド全廃水の完全循環も日本でトップクラスの生産技術を誇るチッソとしては、極めて容易なことであったといわなければならない。チッソがアセトアルデヒド工場系外に廃水を排出せしめない方針をたて研究しさえすれば、このことは水俣病患者発生前からいつでも可能であったのである。

精ドレン回収循環工事に要した費用は約100万円、廃水完全循環工事(地下タンク設置)に要した費用は約50万円と推定され、当初より完全な廃水循環工事を施行しても、その費用は、僅か合計150万円にすぎない。

昭和41年9月期のチッソの生産設備資産額は66億6,300万円であった。廃水完全循環工事費を150万円として全生産設備資産額に対する割合をみれば、0.02%にすぎない。チッソは生産に直結する設備には66億円余投資しても、安全設備に対する投資は、僅かにその0.02%の費用であっても出し惜しんだのである。

5) サイクレータ設置後も汚染はつづいた

サイクレータが完成すると、チッソは、水銀を含んでいるアルデヒド廃水も、塩ビモノマー廃水もサイクレータを通すから安全だと宣伝した。

その竣工式のときは、寺本熊本県知事を始めとする多数の来賓の前で社長がサイクレータを通した水をのんでみせるという茶番劇までついている。

外部向には虚偽のPRをしておいて、アルデヒド廃水、塩ビモノマー廃水をサイクレータに流さなかったのは、恐らくチッソが、34年10月の細川の猫実験[†13]で、アルデヒド廃水が水俣病を発症させることを知ったためと、サイクレータの効力に自信がなかったからであろう(なお現在進行中の新潟水俣病裁判において、45年３月17日に、被告(昭和電工)側証人安藤信夫は「当時チッソに問い合せたところチッソは『チッソの浄化槽は社会的解決の手段として作られたもので、これは有機水銀の除去には何等役立たない』と回答した」と証言している)。

しかしやがて入梅期を迎え、八幡プールのオーバーフローが心配になると、チッソは、精ドレン循環方式の完成(35年８月)すらまたず、35年６月よりアルデヒド廃水をサイクレータを通し、百間港へ放出しはじめる。

すでにのべたように、アルデヒド廃水は、それ以降41年６月の完全循環方式完成まで、サイクレータを通し、百間港へ放出されたのである。

その結果はどうであったか。

熊本大学衛生学教室入鹿山且朗は、水俣湾及びその附近の魚、及び貝中の水銀量を追跡調査し、その結果をIII−38表及びIII−39表の通り発表した。[3)]

すなわち、水俣湾および附近の魚中の水銀量は、40年までは36年頃に比して著明な減少を示さず、ときに著しい高濃度を示すものがあった。

また、水俣湾のアサリ中の水銀は、37年から40年まで、20〜40ppmであったのが、41年10月には月の浦、恋路島内側で80ppmに達している。

42年は41年に比して減少し、明神で10ppm前後、月の浦で26ppm前後を示したが、恋路島では50ppm附近を示すときもあった。

この数字は43年３月ころまでつづいた。

入鹿山は、廃水処理が「不完全処理であったことは、水俣湾魚介中の水銀がある程度減少してから、それ以上減少しなかったこと、ときに多量の水銀、とくにメチル水銀を含む魚介をみたことで証明された。

その原因としては、八幡プールからの漏水とサイクレーターによる有機水銀除去効果がなかったなどがあげられる。……

……また、サイクレーターによる凝集沈殿法ではメチル水銀が除去されないことも実験的に証明された」「41年６月アセトアルデヒド廃水の循環方式が採用されてからも貝中の水銀が前より減少しなかったのは、八幡プールにたまった

III–38 表　水俣湾およびその附近の貝中の水銀量

採取場所	貝の種類	採取年月													
		37	38	40	41		42					43			
		1	10	5	10	12	4	6	8	10	12	3	6	7	8
月の浦	ヒバリガイモドキ	12	12			8									
〃	アサリ貝		28	33	84		8	15	26	24	20	12	8	9	4
明神	〃	28	12	16	21		7	8	3	16	13	9	10	12	2
恋路島	〃	43	40		81		60	19	48	32	14	45	30		
大崎	〃	5	5	5			6	3	6	5	9	4	3	1	0.7

（ppm / 乾燥重量あたり）

III–39 表　水俣湾およびその附近の魚類の水銀量

採取場所	1961.3 魚種 水銀含有量 ※	1963.10 魚種 水銀含有量 ※	1965.5 魚種 水銀含有量 ※	1966.10 魚種 水銀含有量 ※	1968.5 魚種 水銀含有量 △	1968.6 魚種 水銀含有量 △	1968.7 魚種 水銀含有量 △	1968.8 魚種 水銀含有量 △
水俣湾内	カマス 58 ハシタ 31 クチゾコ 22 シジュウゴ 17	ボラ 1 キス 9 ヒラメ 11 メバリ 2－9 エイ 13	ボラ 1 キス 29 ヒラメ 9 メバリ 6 グチ 21	フグ 1 キス 0.5	キス(肉) 0.5 ガラカブ (肉)2.2	フグ(肉) 0.4 キス(肉) 0.5 ガラカブ (肉)2.2 トラハゼ (肉)0.4	エイ(肉) 0.9 キス(肉) 0.7 ガラカブ (肉)0.9 トラハゼ (肉)0.2 クサビ (肉)0.7	タイ(肉) 0.06 キス(肉) 0.3 クサビ (肉)0.4
八幡沖			チヌ 117					
湯の児沖			タチウオ 5		タチウオ 0.5			

※：ppm/乾燥重量あたり
△：ppm/湿重量あたり

水銀含有水がサイクレーターを通じて水俣湾へ流されたと考える」とのべている。

入鹿山が、ここで不完全処理の原因の一つとしてあげている「八幡プールからの漏水」の最大の例としては、漏水どころか昭和41年5月頃、チッソができるだけ市民の目につかない方法で八幡プールからパイプ3本をひき、廃水を直接海中に故意に放出していたことが発覚している。

これは市民からの通報で水俣市議会公害対策特別委員会委員が摘発している。

(写真参照)

八幡プールからのびていた秘密排水口

入鹿山の追跡調査で明らかなように、有機水銀による汚染は、アルデヒド工場停止のときまでつづき、チッソは、アルデヒド工場を止めるまで危険防止の措置を怠ったのである。

チッソが「結果回避義務を尽したことは明らか」と主張していることが、全くの虚偽であることは以上により明らかであるといわなければならない。

1)ガーンハム：水質汚染防止と産業廃液処理，内藤，永岡訳，技報堂，1958.

2)被告第二準備書面，二，排水処理の沿革，1969.12.27.

3)入鹿山且朗：水俣病の経過と当面の問題点，公衆衛生，33(2), 1969.

第Ⅳ部　加害者チッソの行動様式

ばい塵にかすむ水俣工場：水俣市の環境破壊は工場廃水だけではない。
このばい塵は夜になるとさらに増加する。

第11章　チッソは原因究明を怠り研究を妨害した

昭和31年5月、水俣病が正式に発見された当初から、すでにチッソ水俣工場の廃水がその原因として疑われていた。

因みに、同年8月に設置された熊本大学水俣病研究班も、水俣病が伝染性のものでないことを確認して、早くから研究の焦点をチッソの工場廃水にむけていた。このことは、当時すでに一般にも周知のこととなっていたのであり、新聞も、「……熊大ならびに現地対策委員会では奇病の原因が伝染性のものでないことが明らかになった現在、研究の主力を中毒説に置き解明に全力をあげることになったが、この結果新日窒工場の薬品処理によって生ずる排液が奇病と何らかの関係を持つのではないかとこの点に研究の焦点をしぼることになった」(熊日、昭和31.11.26)と報じている。

したがって、チッソは当然のこととして自らの責任で全力をあげて原因究明に努力しその結果を公表するとともに、熊大を中心とする外部の研究者にも工場を公開し、その研究に積極的に協力して、一日も早く真因を解明し、被害を最少限にとどめるよう努力すべきであった。これが、多数の死者、患者を出してしまったチッソに遅まきながら要求される最低限のモラルであったといえよう。

しかしながら、チッソが現実にとった態度や行動は以下に述べるように、このような最低限のモラルさえ無視するものであった。そのために、原因究明を著しく遅らせ被害を大きくしたチッソの責任はきびしく糾弾されなければならない。しかも、チッソのこのような態度は今日にいたるも全く反省されていない。すなわち、原因究明の過程で、加害者として自ら果さねばならない努力を怠り妨害さえ行っていながら、その被告第二準備書面の冒頭で「昭和三十七年半ば頃、……入鹿山且朗教授らが、被告水俣工場の水銀滓から塩化メチル水銀(CH_3HgCl)を抽出しえたことを発表……するまで、アセトアルデヒドの製造工程中にメチル水銀化合物が生成することは、一般に化学工業の業界、学界において、理論上も、また、分析技術上も予知し得ない事柄であった」と他人事のように述べているのである。原因究明の過程における加害者としてのチッソのはたすべき責任と、外部の研究者のそれとは当然根本的に異なっているにもかかわらず、重大な自らの責任を全く回避し、そのことについて一片の反省も示していないのである。

1　チッソは、自らの原因究明を怠ったのみか、内部における原因究明の努力に対して妨害さえ行った

すでに述べたように、チッソは高度の研究・調査能力をもっていながら、これを駆使して水俣病の原因究明を行う努力を怠った。

水俣病の研究は当初、技術部の特殊試験室で行われたが、そこでの研究方針の特徴は、徹底した外部の研究への追試である。すなわち、銅・鉛・マンガンなどの重金属による多重汚染が問題にされるとさっそく追試の形でこれらの分析が行われ、次いでセレン・タリウムが疑われるとセレン・タリウムの分析と、まったく熊大研究班の成果を追試する形で分析・研究が進められた。自ら積極的に原因を究明しようとはせず、もっぱら、熊大研究班の成果を追試し、それへの反論のためのデータを得ることのみに力を注いだのである。このことは、熊大研究班の有機水銀説に対するチッソの第一回反論「所謂有機水銀説に対する工場の見解」(昭和34.7)でチッソ自ら告白しているところである。すなわち、そのなかでチッソは「……工場は最近迄原因物質として有力視されていたマンガン・セレン・タリウムについては、組織的な研究を行い、充分これを反論するに足る結果を得、これを関係先に発表して来た。今回発表された有機水銀説に対しては、工場としては研究に着手したばかりの段階であり、従って実験結果を裏付けとした見解とする訳には行かないが、熊大の報告内容に就ては、科学常識からみて疑問な点が多々あるので、これに対する工場の見解を表明したい」と述べ、まさに反論のための追試ばかりを行っていたことをはからずも表明している。

昭和34年７月にいたり㋖研究室(奇病研究室)が技術部内にあらたにもうけら

れ、水俣病関係の研究は特殊試験室から㋖研究室へ移行した。水俣病正式発見後、実に３年有余にしてようやく水俣病の研究体制が一応確立されたのである。この㋖研究室は工場長の直轄で特別の予算をもっていたが、ここでの研究ももっぱら熊大研究班の成果の追試とそれへの反論のためのデータ作成に終始し、積極的に原因の究明に努力した形跡はみとめられない。

一方、チッソのこのような一貫した原因究明のサボタージュという困難な状況のもとで、細川病院長を中心とする付属病院の医師達は、原因の究明に努力していたが、チッソはそれに協力しなかったばかりかその実験結果が自己に不利となるや、当時の工場長・技術部長は直ちに実験を禁止し、原因究明の妨害さえ行ったのである。

すなわち、細川博士は、昭和34年６[ママ]月頃から[†13]、工場内の各工程の工場廃水を、直接猫に投与する実験を始めた。ところがこのころ、細川博士から廃水の採取と分析を依頼された技術部員が、それを実行したところ、よけいなことをしたと技術部の上役からひどく叱られ、技術部の協力は得られなくなったといわれている。それでも細川博士は屈せず、自ら廃水を採取しこれを猫に与えていたところ、アセトアルデヒド酢酸工場廃水を投与した猫(実験番号400)が、昭和34年10月７[ママ]日、水俣病を発症するにいたった。直ちに、九大に病理所見を依頼したところ、数日[ママ]後水俣病と推定した結果がもどってきた。これによって水俣病の原因物質の所在が明らかとなり、原因究明は大きく進展することになるはずであったが、この事実を知ると、当時の工場長・技術部長の命令で、この関係の実験は一切禁止されてしまったのである。当然のことながら、細川博士は実験の続行を主張したが許可されず、チッソはその後、動物実験をもっぱら技術部の指示する薬品の投与のみに限定して、無意味な実験を繰返させた[†13]。このように、チッソは、原因物質の所在が明らかになったにもかかわらず、この実験を禁止するという、ゆるすべからざる妨害を行った。このことは、真剣に原因究明に努力しようとする態度が、チッソに全くなかったことを示しているばかりでなく、むしろ、もっぱら原因をあいまいにすることに熱心であったことを如実に物語っているといえる。

また、それよりも先、熊大の研究班が水俣病の原因物質として、水銀を追求していることを知った細川博士は、技術部に対して本格的に水銀の研究を進めるよう忠告したが、相手にされなかった。

このようにチッソは、自らの責任において積極的に原因の究明を行うことを怠ったのみか、一部でなされていた原因究明の努力を禁圧さえしたのである。

2　チッソは、自ら行った実験の結果を秘匿し、そのため原因究明を遅らせた

原因究明が、科学的にかつすみやかに行われるためには、すべての実験結果が公表され、それらが研究者相互の客観的な検討にゆだねられることが必要不可欠である。

ところが、チッソは、自ら行った実験によって得られた結果のうち、熊大研究班の成果に対する反論に有利なデータのみを公表し、真因の解明に資するデータないし自己に不利なデータはすべて秘匿した。

すなわち、先に述べた細川博士の廃水投与による猫の実験結果は、チッソが熊大研究班の研究成果に対する反論として提出した「水俣病原因物質としての『有機水銀説』に対する見解」(昭和34.10末)を発表する以前に明らかになっていたにもかかわらず、しかもそのまえがきで、10月25日までの研究データによるとわざわざ明記していながら、これについては全くふれていない。それどころか「湾内の泥土、工場排水、排水溝泥土を直接動物(猫)に投与したのでは、水俣病を発症せしめ得ないことは、我々に水俣湾泥土及排水に毒物そのものの存在しないことを示している」とあえて明白な虚言さえろうしているのである。

この実験事実は、当初からすでに一部には伝わっていたが、ようやく9年後に新聞にも大きく報道され一般の知るところとなった。その際、細川博士は記者の求めに応じて次のように語っている。「このような実験がおこなわれたのは事実だ。私は実験結果を外部にも正直に出さねばと主張、会社の幹部にも進言した。研究班員の立場も考えて、最後にはあきらめたが、会社は実験結果を

公表すべきだとの信念は今も変っていない」(朝日、昭和43. 8 .27)。ところがこれほど公な事実となった後でも、チッソの入江専務、上妻部長(実験当時の水俣工場技術部次長で、いわばこの実験を禁止した張本人)らは「そうした事実は何も知らない」と主張、かなりの高姿勢だったと翌日の新聞は報道している(朝日、昭和43. 8 .28)。このようにかかる明白な事実をもチッソはあえて否定し、あくまでも犯した過ちから逃れようとするのである。

また、この10月の「見解」の草稿では、クロ貝中の水銀化合物は溶剤によってもほとんど抽出されないという重要な結果をのせているが、これは不利になるので公表文ではけずられている[†26]。もしこれが公表されていたら、その後の研究は大いに促進されていただろう。しかしながら有機水銀化合物が、溶剤によく溶けるがいったん生体中にとりこまれると不溶性になる事実は、昭和37年にイギリスのムーア(Moore)博士の指摘をうけるまでは気がつかれず、したがってこの点の未解明が「有機水銀は、有機溶媒に極めて溶解し易いのに、水俣病を発症せしめるムラサキイ貝をこれらの溶媒で抽出して、それを猫に与えても全然発病しない。したがって、有機水銀は、水俣病の原因とは考えられない」として水銀説に対するかなり有力な反証と考えられていたのであるから、この時点でチッソがこの実験結果を秘匿した責任はきわめて重大であるといわなければならない。

また、前述した工場廃水の猫への投与実験が禁止された後も、細川博士は、原因究明の核心にせまる研究の再開を主張し続けていたが、昭和35年の夏にいたってようやく工場幹部の人事異動もあってそれが可能となった。その結果、工場についての専門的知識をもっているとともに工場廃水を排他的に管理している強味で研究は進展し、昭和37年２月初めには、アセトアルデヒド製造工程の蒸留廃水中の水銀は大部分がメチル水銀化合物であることをつきとめ、これを精製したもので典型的な水俣病を猫に起させることに成功したが、この実験結果も今日にいたるまで公表されていない[†13]。かかるチッソの態度をみると、その他にも未だに隠されている事実が数多くあるのではないかと疑わざるを得ないのであって、このように重要な実験結果を秘匿し、そのため原因究明を遅らせたチッソの責任は、きびしく追求されなければならない。

しかも、前述した如く工場廃水投与による猫の水俣病発症といったような重要な事実をいっさい隠して、当時チッソは、漁業補償・患者補償の交渉を進め、後者の契約書では患者の窮状につけこんで「乙(患者)は、将来水俣病が甲(チッソ)の工場排水に起因する事が決定した場合においても、新たな補償金の要求は一切行なわないものとする」との条項を無理に加えさせるといった非道な行為まで行ったのである。

3　チッソは、熊大を中心とする外部の研究に協力しなかったばかりか、その努力に対して妨害さえ行って、原因究明を遅らせた

熊大の研究班は、当初工場内の各種製造工程や排水方法について、ほとんど正確な資料が得られぬまま研究を進めなければならなかった。各製造工程のフローシートも完全なものは現在にいたるまで入手できていない状態である。このことは、熊大研究班員であった宮川教授らが昭和34年に発表した次にあげる医学論文の一部でも明らかである。「第二次世界大戦の砌には火薬の製造にも従事したが、今では硫酸、硫安、硫燐安やビニール等を製造し、特にここ数年の生産は目立つて著しいものがあるらしい[1)]」。

すなわち、当時の熊大研究班はチッソについて、この程度の知識しか得ることができないまま、研究を進めていかなければならなかった。

このようにチッソは、工場内部についての資料の提供を拒み、原因究明を著しく妨害したのである。

とりわけ、水俣病の原因となったアセトアルデヒド工場については、アセトアルデヒドがオクタノールなどの中間原料であるため、その生産量、製造工程における位置づけ等はチッソの公表文書には何等記載がなく、昭和36年頃まで熊大の研究班にはわからなかった。普通は酢酸の原料として使われる、この物質が、チッソの工場では、チッソが独自に開発したオクタノールの原料とし

て大量に生産されているということは化学以外の分野ではあまり知られていなかったのである。したがって、アセトアルデヒド工場で多量の水銀を触媒として使用することも外部の研究班に分かるはずもなく、その間の事情を、熊大研究班の一員であった喜田村正次教授は「当時原因不明の奇病と騒がれた水俣病の疫学調査を実施し、これが水俣湾内で獲れた魚介類を反復大量に摂取することによつた食中毒症であり、魚介を汚染した原因は工場排液にほかならないと決めつけ、続いて水俣湾から直接送付さした魚介を熊本の公衆衛生学教室内で飼育のネコに投与し、動物実験による最初の水俣病発症例を得た矢先きであつた。水俣病の症状が文献にみられるアルキル水銀中毒の症状に酷似したものであるといち早く気づいたが……水銀のごとき高価なものを大量に工場が排出することもあるまいとの推測も手伝つて、水俣病がアルキル水銀中毒との疑いをはずして水銀の分析にかかるのを取り止めた[2)]」とのべている。このように、チッソが内部の資料について十分な提供を拒んだために、せっかくもう一歩で原因究明がなされるところまでいきながら、この重大な時期に研究につまずきをもたらすことになった。その上有機水銀化合物が原因として明らかにされた後でも、これが直接チッソ工場から流出していることを明らかにするまで、さらに３年の年月を空費しなければならなかったのである。

チッソは、昭和33年７月の「水俣病にたいする当社の見解」で「……厚生科学研究班並びに熊大医学部に対し資料の提供その他出来るだけの協力を惜しまなかった積りである」と記しているが、当時の事実はどうであったか、鰐渕元熊大学長らは次のように語っているのである。「水銀と工場との関係はわれわれだけの力ではできない。これは工場側がすべての資料を出してくれてこそできるのだ。新日窒水俣工場と同種の工場は全国で21ある[†27]。水俣工場だけで病気が起こるのがおかしいといっても排水状況は極秘だということで通産省さえ資料を発表してくれない。実験用に工場排水をもらうにも、公文書を出すとやっと先方が渡してくれる。科学者は自分が欲しいものを、自分の手でとって研究しなければ、確信を持てる研究はできない。工場と熊大が泥試合をしているというが決してそうではない。競争は両方がゴールを目ざすものなのに、今度の問題は水俣工場からタックルしているだけだ。……工場側が生産工程、過去の排水状況などの資料を出すならば、水俣病がなぜ28年から発生したか、排水と水俣病の関係なども究明できる」(朝日、昭和34.11.17)。

また、昭和33年9月、水俣病研究のために来日したハルステッド(Halstead)博士は、帰米後の報告書で「……工場側は当初どのような情報の提供にも応じようとしなかった」が、市長の斡旋でやっと討論だけには応ずることを承知したと、チッソの原因究明にたいする非協力ぶりを指摘しているのである。

それのみか、チッソは熊大研究班の工場敷地外での資料の採取に対してさえ、妨害を行った。すなわち、その当時を回顧して入鹿山教授は、「確証をつかもうと、排水口の近くの海でうろついて守衛にあやしまれ、どなられたこともあった。公衆衛生の喜田村正次先生(現神戸大学教授)などは、守衛につかまり採取したものを取上げられた。結局、三十六年にやっと排水口近くの泥から有機水銀を検出でき、その4カ月あとにはアセトアルデヒド設備の水銀滓から有機水銀を取出すのに成功したのだが……」(朝日、昭和43.9.14)と語っている。

また、世良元医学部長も「廃液入手が遅れている間は、われわれはネコに水俣でとれたイリコを食べさせてみた。早いのは二週間で発狂した。ところが会社は『自分達も研究する』といってイリコの買占めをした。貝のヒバリガイモドキを使って有機水銀の分析をはじめるとこれも買占め、値がつり上がって実験費用が高くなった」(朝日、昭和43.9.4)として、チッソのこのような実験資料の買占めが、結果的に熊大の研究を妨害することになったときびしく批判している。

こうしてチッソは、外部の研究者に対して協力しなかったばかりでなく、外部における原因究明の努力に対して積極的な妨害さえ行ったのである。

4 チッソは、非科学的な反論を提出し、また異説を利用することによって真因の断定をまどわし遅らせた

チッソは、真因究明の過程で、数回の見解を発表したが、これらはもっぱら

熊大の研究の成果にたいする反論として提出したものであった。すなわち、有機水銀説が公表された後、チッソが発表した見解[3)]についてみてみると、「外国の文献にのっていないから」起こり得ない、「化学のことは、工場の技術者の方がベテランだ」といった非科学的な反論がなされているとともに、昭和34年9月に出された見解では、すでに熊大の研究班が検討をすませている爆薬説を提出することによって、積極的に注目を他にそらし、真因をあいまいにしてしまおうとする意図がみられるのである。さらに、チッソが独自で行った反論としては最後のものとなった昭和34年10月の見解では、さきにも述べたように、すでに細川博士によって、工場廃水の投与実験による猫の水俣病発症が明らかとなっていたにもかかわらず、これを秘匿し、そのうえ、このような実験結果を否定するような結論を述べて、反論のための反論を行っている。また、そこでは、「水俣湾以外の他の地方でも水銀の多い魚がとれる」として原因物質としての水銀を否定しようとする意図がうかがわれる。しかし、その比較のために選ばれた他地方とは、ここでは北陸地方某所と記されているだけで具体的な地名は伏せられているが、実は現在、公共用水域の水質の保全に関する法律にもとづく指定水域となっている新潟県直江津の関川で、この川の上流には大日本セルロイド新井工場と日本曹達二本木工場さらに青海には電気化学の酢酸工場と水銀の排出源としての工場が存在する地域であった。したがって、この地域でとれた魚の水銀含有量が多くてもチッソ工場と魚の中の水銀量の相関を否定することにはならない。逆に工場廃水と魚中の水銀の関係を積極的に立証しているともいえるのであって、このような重大な条件をかくして発表する反論が如何に非科学的で、しかも、原因究明を惑わすものであったかは明らかである。若し、ここではっきり地名が明記されていたら、アセトアルデヒド工場廃水と水俣病の関係はもっと早くから明らかにされ得たと考えられる。このように重要なデータを伏せて反論を行ったチッソの責任は、きわめて重大である。

チッソが独自に行った反論は、工場内部で廃水投与による猫の水俣病発症という、その反論の基礎をつきくずすような実験結果が出たため、さすがにこれ以後は提出されなかったが、これにかわって、チッソが所属する日本化学工業協会(日化協)を背景とする外部の学者によって、熊大の研究の成果にたいする反論ないし異説が展開され、チッソはこれを積極的に利用した。

すなわち、その一つは、日化協の大島竹治理事の爆薬説である[4)]。これは、昭和34年9月に「水俣病原因に就いて」と題する調査報告で述べられたもので、そこでは、工場内部の事実は全く伏せたままにしておいて、終戦時に投棄された爆薬が疑わしいとの結論にうまく持って来ている。

チッソは、すでに熊大の研究班によって「茂道地区にあつた弾薬は、終戦後駐留軍により運搬撤去され、残存部品は某会社により買取られて海路運搬されており、これらを海中へ投棄した事実は認められない[5)]」と否定され、自らもそのことを知っていたにもかかわらず、先述したようにこの爆薬説を9月に発表した見解で取りあげ、これを反論のために利用したのである。このことに関して、終戦当時の軍需品処理の責任者は、熊本県の聴問に対して「……袋湾附近には絶対に放棄したり、海中投棄はしてありません。此の件について新日本窒素よりも私に尋ねに参られたので、前述の如き事をはっきりと、話してあるにも不拘(かかわらず)、私が一切何事も語らなかったと言って居られるそうですが、之れは何か工場の方で都合の悪い事があるのではないかと私は疑ふものであります。」(県資料別表15、昭和34.10.20)と、はっきりチッソの主張を否定するとともに、チッソの態度に疑問を表明している。反論のための反論を行うことによって、原因究明をまどわし、ひいては世間の目をあざむこうとするものであったと断定せざるを得ない。まさにこれは、当時の水俣食中毒部会の鰐渕委員長が激しく非難したごとく、「虚構の事実で社会をまどわす人道上の問題」(熊日、昭和34.10.24)である。にもかかわらず、チッソの社長らはこの異説の効果をあげるため、もっともらしく県庁まで出向き、軍需物資の海上探査をやり、場合によっては湾内の掃海を行いたいとして了解を求めてさえいるのである(熊日、昭和34.10.8)。

ついで、日化協を背景とした、東京工大の清浦雷作教授によって、いわゆるアミン説が提出され反論のため利用された[6)]。清浦教授の水俣病に関する見解の最初のものは、食品衛生調査会の厚生省への答申の直前これに対抗するため通産省の手で配布された「水俣湾内外の水質汚濁に関する研究(要旨)」(昭和34.11.10)である。

この中で、清浦教授は、「水俣湾以外にも魚の中に水銀の多い地方があるが、奇病は起っていない」ことを、水銀説への反論の一つとしているが、このデータは、さきにのべたチッソの最後の反論で使われているものと同じものであり、清浦教授の研究がチッソの支持のもとに行われたことを明白に物語っている。それとともに、ここでも、比較のためにとられた他地区の具体的な地名は伏せられ、しかも乾燥魚と生魚の分析値も明確に区別せずに使用している。この反論は、原因の科学的な究明には影響を及ぼさなかったが、しかしながら、化学の大権威(？)清浦博士が熊本大学の論旨に反対したということで、社会的には充分な効果を与え、当時進められていた補償交渉にも影響を及ぼしたのである。

昭和35年４月にいたって再び清浦教授による反論が提出されたが、これは「水俣の魚介類を酵素で加水分解したいろいろな成分をネズミに注射すると水俣病によく似た病気を起すことができるが、この成分の中にはほとんど水銀は含まれていないし、有毒アミンが含まれているらしい、逆に水銀を多く含む成分では毒性が少ない」という内容のものである。これは、熊大の研究班によって医学的にはほとんど無価値な反論として指摘されたものであるが、日化協や通産省の支持があり、それに後になって同じくチッソやチッソの所属する日化協の援助によって実験を行った東邦大の戸木田菊次教授によって支援された[7)]ため反論として大きな効果をもち、真因の断定をおくらせることになったのである。真の原因から注意をそらせるために、あらゆる企てがなされたといってよい。反論に根拠があろうがなかろうが、そんなことはどうでもよいのであって、数多く反論、異説を提出して、人々がそれに気をとられて真の原因を見失うことを意図したものであった。しかも、チッソのこのような態度は、現在にいたるも続いている。すなわち被告第二準備書面においても「昭和31年水俣病患者が発見されて以来現在まで、発病原因物質につき種々の見解が表明されてきた」として、これらの異説を、真因である有機水銀説と同列にあつかって論じ、今なお真因をあいまいにしてしまうことをもくろんでいるのである。

そのうえ、チッソの属する日化協は、人を介して熊大の研究発表を未然にチェックしようとする企てさえ行った。その間の事情を世良元医学部長は次のように語っている。「……35年5月に当時の日本医学会会長の田宮猛雄さん(日化協がつくった田宮委員会委員長)が私のところに来た。こんごとも綜合調査をする必要があるので研究費はいくらでも出すから加勢してくれという。結構な話だと思ったら研究発表は委員会で承認したものだけにしてくれというので断った」(朝日、昭和43.9.14)。まさに、チッソやその属する日化協は、真因の断定をまどわし遅らせるために、あらゆるたくらみを行ったのである。

このように、チッソのためにする反論によって原因究明が妨害され、真因の断定が遅らされた責任はきびしく糾弾されなければならないであろう。それとともに、チッソのこのような態度を支援し、自らも原因究明の妨害を行った日本化学工業協会ならびにそれに連なる学者、および、これに手を貸した通産省をはじめとする行政当局の責任もきびしく問われなければならない。

このようにチッソは、① 自ら原因究明を怠ったのみか、内部における一部の原因究明の努力を妨害し、② 原因究明に資するデータや自己に不利な実験結果を秘匿し、③ 熊大の研究班を中心とする外部の研究に協力しなかったばかりか、妨害さえ行い、その上、④ 非科学的な反論や異説を利用することによって、原因の究明を妨害し、真因の断定をいちじるしく遅らせたのである。

かくして、新潟に第二の水俣病をも発生させるにいたったチッソの責任は極めて重大である。

1）宮川九平太ほか：水俣病の原因とその発生機転に関する研究I：猫の水俣病の症状に就いて，熊本医会誌，33(補3)，1959.
2）喜田村正次：魚介類を介した水銀中毒，日医会誌，57(3)，1967.
3）チッソ：水俣病に対する当社の見解，1958.7.
：所謂有機水銀説に対する工場の見解，1959.7.(8月5日．熊本県議会で工場長が配布）
：有機水銀説の納得し得ない点，1959.9.28.
：水俣病原因物質としての「有機水銀説」に対する見解，1959.10.24.
4）大島竹治：水俣病原因に就て，1959.9.29.
5）喜田村正次ほか：水俣地方に発生した原因不明の中枢神経系疾患に関する疫学調査成績，熊本医会誌，31(補1)，1957.
6）清浦雷作：水俣湾内外の水質汚濁に関する研究（要旨），通産省 1959.11.10.
：水俣湾の魚貝類から抽出した高毒性物質について（概要），1960.4.12.
：水俣病と水汚染，国際水質汚濁研究会議，1963.9.
7）戸木田菊次ほか：ネコの水俣病の原因に関する実験的研究，第51回日本病理学会総会（昭和37.6.28），東邦医学会誌，8(2)，1962.

資　料

有毒ガスをまき散らす水俣工場：裏山の立木は有毒ガスのため立枯れ
となり異様な風景を見せている。

水 保 病 年 表

年	チッソ会社関係	水俣病・その他
1865		Edwards, 実験室作業者のジメチル水銀中毒死亡例を報告
1866		Macadom, パラフィン油の魚類に対する影響について報告
1876 (明9)		イギリス, 河川汚濁防止法制定(水汚染防止に関する最初の法制)
1887 (明20)		H.Hepp, 当時駆梅剤であったジメチル水銀中毒について報告
1889 (明22)		水俣に村制
1890 (明23)		足尾銅山の鉱毒で渡良瀬川の魚類多数死滅(12.)
1896 (明29)		渡良瀬川大洪水で下流に鉱毒による大被害(9.)
1898 (明31)		尾西・一宮の繊維業による宮田用水の汚濁問題化(10.)
1901 (明34)		兵庫県高砂市三菱製紙と加古川沿岸漁民, 汚濁水をめぐり紛争(8.)
1906 (明39)	野口遵, 鹿児島県伊佐郡大口村に曽木電気㈱を創立(資本金20万円)(1.12) 野口遵・藤山常一, 日本カーバイド商会を設立(8.)	
1907 (明40)	曽木電気㈱, 大口鉱山に送電開始, 営業をはじめる(10.1)	谷中村強制撤収(7.)
1908 (明41)	フランク・カロー両氏の石灰窒素製造に関する特許買収(4.27) 日本カーバイド商会水俣カーバイド工場製造開始(8.) 曽木電気㈱, 日本カーバイド商会と合併 **日本窒素肥料㈱発足**(資本金100万円)(8.20)本店を大阪に移す	
1909 (明42)	フランク・カロー式石灰窒素法による肥料工場水俣に完成, 石灰窒素製造研究に着手(11.)	

年	チッソ会社関係	水俣病・その他
1910 (明43)	石灰窒素販売開始 大阪・稗島工場完成，変成硫安試製開始（6. ）	
1911 (明44)	藤山の発明，連続式石灰窒素製造装置（日窒式）により石灰窒素製造開始（1. ）成績は思わしくなかった	Thienemann，トゲウオ・金魚を用いて製紙工場廃水について実験
1912 (大1)		ドイツにおいてアセチレン接触加水反応によるアセトアルデヒド製造はじめて工業化 水俣に町制（12.1）
1913 (大2)	日出工場カーバイド製造開始	
1914 (大3)	鏡工場，カーバイド・石灰窒素・変成硫安製造開始（5. ） 白川発電所完成（11. ）以後，次々に発電所を建設 野口遵「工業上より見たる空中窒素固定法」刊行	山口県和木地区に日本紙業の廃水による漁業被害発生
1916 (大5)	資本金 1,000 万円に増加（9.14） 水俣工場を拡張（9. ）	
1917 (大6)		Powers，産業廃水の魚類に及ぼす毒作用について研究
1918 (大7)	水俣工場，変成硫安・セメント製造開始	岐阜・荒田川汚濁問題発生（紡績・製紙・食品工業からの廃水，下流農民に被害） 呉秀三，体温計製造所工員の水銀中毒 2 例について臨床講義
1919 (大8)		Hiltner & Wichmann「カキが多量の銅・亜鉛などを含むのは精銅工場などの廃水による汚染」と報告
1920 (大9)	朝鮮全羅南道順天郡順天金鉱を買収（2. ） 資本金 2,200 万円に増加（3.20） このころ 10 割 4 分の高配当	神岡鉱業所の鉱毒で稲作減収，富山県上新川郡農会，鉱業所に除害を要求
1921 (大10)	カザレー式アンモニア合成法特許実施権購入（100 万円）(12.12)	Whitmore および Vogt & Nieuwland，**アセトアルデヒド製造工程においてある種の有機水銀が生成される**ことを示唆

年	チッソ会社関係	水俣病・その他
1922 (大11)		神通川流域に奇病発生（11.　）
1923 (大12)	宮崎県延岡にわが国初のカザレー式アンモニア合成工場（現旭化成工業）, 合成硫安製造開始（12.　）	
1924 (大13)		鯉沼茆吾ら水銀中毒多発の計器メーカーを検診，中毒率 10%（中毒43人, 死亡２人）と報告（7.　） 高安，各種工業薬品についての魚類の致死量に関する研究
1925 (大14)	水俣，カザレー式新工場建設着手（7.　）	**漁業組合，水俣工場に対し，廃水による被害補償を要求**
1926 (大15)	朝鮮水電㈱設立（資本金 2,000 万円）(1.27) 旧財閥に先がけて植民地朝鮮に進出 信濃電気と共同で信越窒素肥料㈱を設立（資本金 500 万円）(9.16) **水俣工場，漁業組合に対し，永久に苦情を申出ないことを条件に漁業被害に対する見舞金 1,500 円を支払う**	
1927 (昭２)	水俣新工場（カザレー式）完成, 合成アンモニア製造開始（4.　）爆発事故頻発 朝鮮窒素肥料㈱設立（資本金 1,000万円）(5.2) 朝鮮窒素肥料, 興南工場（電力＝化学コンビナートで世界有数の工場）の建設着手(6.5) 鏡工場を大日本人造肥料㈱（現日産化学）に売却(10.3) 資本金 4,500万円に増加(11.22)	大阪市立工業所の研究により, 国産の合成酢酸技術を確立 日本合成化学研究所設立（4.　）
1928 (昭３)	延岡に硝酸工場完成, 独自の特許による合成硝酸製造開始（9.　） ドイツ・ベンベルグ社より銅アンモニア人絹製造の特許を購入(11.6)	日本合成化学研究所（のち, 日本合成化学工業㈱に改称）日本初の合成酢酸を製造開始（10.　）
1929 (昭４)	日本ベンベルグ絹糸㈱設立（資本金1,000万円）(4.27) 朝鮮・赴戦江水電第１期工事完成（11.）	

年	チッソ会社関係	水俣病・その他
1930 (昭5)	朝鮮窒素肥料㈱と朝鮮水電㈱合併 (資本金3,000万円)(1.15) 興南工場第1期工場硫安製造開始，営業に入る(1.　) 赴戦江第2期工事完成(10.　) 日本窒素火薬㈱設立(12.4)(資本金100万円) 興南工場，硫燐安製造販売開始(12.15) 興南工場第2期工事完成(12.　)	
1931 (昭6)	酢酸合成法の特許(橋本彦七)(1.12) 資本金9,000万円に増加(6.25) 朝鮮窒素肥料㈱，資本金6,000万円に増加(8.20) 興南工場第3期工事完成(11.　) アセトアルデヒド抽出その他の特許(橋本彦七・井手繁)(11.16)	
1932 (昭7)	**第1期アセトアルデヒド工場稼動開始**(5.)*1 アセトアルデヒドから合成酢酸製造。 アセチレン残渣廃水・**アセトアルデヒド工場廃水，百間港へ無処理放出** 以後，水俣工場はアセチレン有機合成化学工場として発展	
1933 (昭8)	**第2期アセトアルデヒド工場稼動開始**(4.　) 長津江水電㈱設立(資本金2,000万円)(5.11) 水俣工場，合成硝酸製造開始(5.～6.) 朝鮮・咸鏡北道，永安工場メタノール製造開始(9.　) 水俣・酢酸合成工場，一期合成塔爆発，死者1名，負傷2名	Coulson「ミドリガキの体内には重金属，特に銅を多量に含む」と報告
1934 (昭9)	朝鮮送電㈱設立(資本金1,500万円)(5.16) 水俣工場無水酢酸製造開始，従業員多数目や手をおかされる(6.　) 水俣・酢酸合成工場，二期合成塔爆発炎上，アルデヒド精溜塔に引火，このころ，合成塔の爆発頻発 **第3期アセトアルデヒド工場稼動開始**(10.　)	

年	チッソ会社関係	水俣病・その他
1935 (昭10)	日窒鉱業㈱設立（資本金 500 万円）(4.23) 水俣工場，酢酸繊維素製造開始（5.　） 朝鮮石油 ㈱ 設立(資本金 1,000万円)(6.25) **第４期アセトアルデヒド工場稼動開始**(9.　) アルデヒド製造技術この頃確立（酢酸部門の生産量，全国生産の 50%） 朝鮮・長津江第１発電所運転開始 (10.10)	ドイツIG社，塩化ビニール(PVC)世界最初に工業化 木曽川本流，紡績工場廃水により汚染，農水産業の被害問題化
1936 (昭11)	朝鮮窒素肥料，大豆化学工業を吸収合併する(資本金 7,000万円)(6.1) 石炭直接液化のため朝鮮灰岩工場建設着手。*2 このころ，細川一医師，灰岩工場付属病院長になる 本宮(興南)工場，カーバイド・石灰窒素製造開始(8.　) 水俣工場，アセチレン法によるアセトン製造開始(11.　)	
1937 (昭12)	水俣工場，アセチレン爆発死者１名，重軽傷20数名 **第５期アセトアルデヒド工場稼動開始**(9.　) このころ，アセチレン利用として塩化ビニールの研究をすすめる	
1938 (昭13)	水俣に硝酸濃縮工場を増設(12トン/日) 朝鮮鴨緑江に水豊発電所建設(出力70万KW)	岡田・本橋，延岡・徳島・金沢から採取したミドリガキ・ウスミドリガキから多量の銅を検出
1939 (昭13)	水俣工場，塩化ビニール試験製造開始，酢酸エチル・酢酸ビニール製造開始	日本亜鉛の鉱毒水溜池の決潰により，下流安中町ほか20数町歩の田に被害発生
1940 (昭14)	興南工場，アセトアルデヒドよりイソオクタン製造開始(年産３万kℓ) このころ，朝鮮に虚川江発電所(出力34万KW)建設終る	D.Hunter, R.R.Bomford, D.S.Russell **イギリスの農薬工場における有機水銀中毒４例の臨床像を報告** 川村麟也他，「咋臘平塚市に突発せる奇病の本態について」発表，井戸水飲用によるマンガン中毒の集団発生事例報告
1941 (昭15)	日窒，朝鮮窒素肥料㈱を吸収合併(資本金４億５,000万円) 水俣工場，塩化ビニール製造開始(11.)	

年	チ ッ ソ 会 社 関 係	水 俣 病 ・ そ の 他
1941 (昭16)	水俣に硝酸工場を増設，硝酸製造能力日本最大	
1943 (昭18)	**漁業被害問題再燃，工場汚悪水，諸残渣塵埃を廃棄放流することによる過去および将来永久の漁業被害補償として15万2,500円を支払う**	カナダ, W.H.Hill　ジエチル水銀中毒2例報告 「水叢書」の1巻として, 柴田三郎「工業廃水」発刊(5.　) 小林純, 三井金属神岡鉱業所より排出の汚悪水による農業被害状況を記した「復命書」を農林省に提出(7.　) 村上俊雄, 北海道イトムカ水銀鉱山における慢性水銀中毒調査
1944 (昭19)	このころ水俣工場生産品中に占める軍需品の割合50%に達する	
1945 (昭20)	水俣工場，五次にわたる空襲で壊滅的被害(3.29 ～ 8.10) 終戦と同時に全財産中80%に及ぶ海外資産を失う（8.15） 水俣工場，生産再開・復旧着手(10.15) 戦前からの技術・興南工場をはじめ海外での技術はすべて水俣工場に承継	
1946 (昭21)	**アセトアルデヒド・酢酸工場製造再開，廃水は百間港へ無処理放出**（2.　） アセチレン残渣廃水，八幡プールへ無処理放出（2.　）	萩野昇医師，神通川流域で多数のイタイイタイ病患者発見
1947 (昭22)	水俣工場，第1次復旧工事完成(10.　)(肥料関係)。細川医師，水俣工場付属病院長となる	
1948 (昭23)	水俣工場第2次復旧工事に着手(1.　)(有機合成関係)	アメリカ, 連邦水質汚濁防止法制定 スウェーデン, A. Ahlmark　水酸化メチル水銀中毒4例, 沃化メチル水銀中毒1例報告 経済安定本部資源調査会, 衛生部会に水質汚濁防止小委(会長・柴田三郎)を設置
1949 (昭24)	第2次復旧工事完成(3.　)	スウェーデン K. D. Lundgren メチル水銀中毒例報告 漁業団体及び漁業権の再編に伴い, 水俣

年	チッソ会社関係	水俣病・その他
1949 (昭24)	第3・4期アセトアルデヒド工場稼動停止(4.) 塩化ビニール生産再開(5トン/月)塩ビモノマー水洗塔廃水，百間港へ無処理放出(10.)	市漁業協同組合設立,日窒との昭和18年補償契約についてもめ,結論でず 水俣に市制(人口,42,137人)(4.1) 東京都,地方自治体初の公害防止条例制定(8.13) **24－25年，水俣湾内でタイ，エビ，イワシ，タコなど獲れなくなる**
1950 (昭25)	日窒解散し,企業再建整備法による第二会社,**新日本窒素肥料㈱を設立**(資本金4億円)(1.) 塩化ビニール15トン/月プラント稼動	
1951 (昭26)	塩化ビニール150トン新プラント工場稼動,新型懸濁重合器採用,以後,事故多発(この年の塩ビ工場の労働災害千人率422となる) 水俣漁協の財政窮乏により,50万円貸付併せて「火共12号漁業権内で,会社の事業により害毒を生じても一切異議は申出ない」との覚書をとり交す 資本金6億円になる(12.1)	資源調査会「水質汚濁防止に関する勧告」を経済安定本部総裁に提出(3.5) 神奈川県公害条例制定 Doudoroff ら魚類にたいする毒性判定法(Bio-assay)に関する研究発表 **26－27年，まてがた，月ノ浦海岸で貝類が減少，水俣湾内でクロダイ，スズキなど浮上，海草類減少，湯堂などでボラ獲れなくなる**
1952 (昭27)	塩化ビニール懸濁重合法を確立(4.) わが国初のアセチレン法オクタノール製造開始，市場独占(100トン/月)(9.)	**夏から秋にかけて百間港内湾の貝類ほとんど死滅**
1953 (昭28)	可塑剤DOP製造設備完成(3.)労働災害頻発 **第6期アセトアルデヒド工場稼動開始**(8.) 日窒労組,社員・工員制の身分差別撤廃・定年延長を要求して会社と団交，決裂によりストライキ突入(10.1) 55日間続く。 昭和28－29年にかけ，水俣工場，日本でトップクラスのアセチレン有機合成化学工場としての地位確立	**茂道南部，出月で「ネコおどり病」によってネコ死亡** 4，5月頃水俣湾沿岸地先一帯,10年ぶり鳥貝が育つが，7，8月頃には沿岸1,000m以内は死滅 Doudoroff & Katz 魚類に対する金属塩の毒性に関する研究発表 **28－29年，湯堂湾などでもタイ，タチなど浮上著しく，海草の海面漂流増加** **水俣病認定患者第1号発病**(12.15) このとき原因不明

年	チッソ会社関係	水俣病・その他
1954 (昭29)	オクタノール生産設備を増強（1.　） 塩ビ製造設備増強 (300 トン/ 月)(3.　) このあと昭 36 まで各生産設備の増強つづく 年間売上高 36 億円を越える（3.　） 特殊試験室を設置（5.　）赤外線分光分析装置 , ポーラログラフ , 炭水素微量分析装置，紫外線分光々度計など分析機器を購入 水俣漁協に対し , 八幡海面埋立承諾要求，漁協毎年 50 万の補償要求，数次にわたる交渉の結果，組合は約 4 万坪埋立を承諾代償として会社は毎年 40 万円支払うとの契約を結ぶ	**月ノ浦，出月，湯堂，明神，まてがた，梅戸，多々良，茂道南部などで「ネコおどり病」でネコ死亡** アメリカ，ビキニ海域で水爆実験，第 5 福竜丸被災（3.1 ）マグロに強い放射能検出（3.14）放射能雨全国に降る（3.　）以後，放射性物質の魚体内蓄積問題化 柴田三郎「水質汚濁とその処理法」発刊（5.　） スウェーデン，O. Höök ら，アルキル水銀中毒例を報告 **D.Hunter & D.S.Russell，農薬工場における有機水銀中毒死亡例の病理所見を報告** 大植ら，カキの緑化現象とその原因についての研究報告第 1 報 ,「緑化の原因は銅などであり，食餌や海水を通じて体内に濃縮蓄積」 **この年認定患者 12 人発病**(成人・小児 12，死亡 5）
1955 (昭30)	資本金 12 億円になる 信越化学㈱と共同で日信化学㈱を設立（3.　） オクタノール生産設備増強（3.　） 燐酸設備廃水，八幡プールをへて水俣川川口へ放出（3.　） 塩化ビニール工場で触媒アセチルパーオキサイドによる爆発事故発生 重油ガス工場建設着手 第 1・2 期アセトアルデヒド工場稼動停止（9.　） この年には，特殊試験室に，半自動ミクロ元素分析装置・自動滴定装置等を備える。以後精密分溜装置 ,X 線分析装置(自動式), 可視線自動分光々度計など次々購入	このころから漁獲物激減(24〜28年平均を100とすると, 29年61, 30年38, 31年21－水俣市調査) C. F. Gurnham“Principles of Industrial Waste Treatment”発刊(6.　) 熊大医学部第 1 内科に水俣奇病患者 2 名はじめて入院(7.　－8.　) **夏ごろから，水俣川下流でスズキ，チヌ、ボラなど浮きはじめる** この年より石油化学工業, 第一期計画に入る **この年認定患者 14 人発病(成人小児 9，胎児 5，死亡 3)**

年	チッソ会社関係	水俣病・その他
1956 (昭31)	第5期アセトアルデヒド工場，全真空方式に改良し，新5期として稼動(5.) 硫酸設備ピーボディ廃水，平畑プールをへて百間港へ放出（8. ） 工場技術部排水分析で, CaO, MgO, Cu, As, Mn, Pb など有毒物を検出(10.) アセテートフィラメント製造のため日窒アセテート㈱設立(11.1) このころ，特殊試験室を拡充	イギリス D.S.Russell エチル水銀化合物中毒1例を報告 イラク, Jalili 消毒剤混入パンの誤食によるエチル水銀集団中毒例を報告 **脳症状を主訴とする原因不明の患者4名発生し入院の旨を，新日窒付属病院より水俣保健所へ報告**，保健所調査にのりだす（5.1) 保健所を中心に，**水俣奇病対策委員会設置**(5.28) 芦北郡津奈木村で**「ネコおどり病」発生**(7.) 熊本県衛生部，水俣奇病の実態を厚生省に報告（8.3) 熊本県の依頼により**熊大医学部に水俣奇病研究班設置**（班長・世良医学部長)(8.24) 水俣奇病の全患者を伝染病棟に隔離(8. −9.) 水俣病研究班，第1回研究報告会で,「ある種の重金属，殊にマンガンによる中毒が最も疑われ，人体への侵入は魚介類によるもの」と推定 (11.3)[*3]工場廃液を疑いはじめる 県衛生部，水俣湾の魚介類は危険との通告を発する（11.4) 国立公衆衛生院，現地で疫学調査 (11.27)[*4] **この年認定患者53人発病（成人小児46，胎児7，死亡10)**
1957 (昭32)	資本金24億円になる 1.27 漁協申し入れに回答,「水俣湾の海水は23年当時と全く変化がない, かりに海水から毒物が検出されれば善処する」(2. 15)	熊大医学部，**水俣病の原因は重金属，それも新日窒の排水に関係あり**と発表（1.) 水俣漁協，水俣湾の魚介類の激減が，新日窒の汚悪水の影響として工場に, ①汚悪水の海面放流中止, ②流す場合は浄化装置を施すとともにその証明をすることを申し入れ(1.27) 水俣奇病研究班，第2回研究報告会，原因物質の決定には至らないが，少なくとも水俣湾内の漁獲を禁止する必要があると結論(2.26)

年	チ ッ ソ 会 社 関 係	水 俣 病 ・ そ の 他
1957 (昭32)	硫安生産合理化のため重油ガス化工場完成（3. ），廃水は百間港へ，7月より八幡プールをへて水俣川川口へ放出 オクタノール月産500トンとなる（5. ） 塩ビ生産能力14,400トンになる(昭25は180トン)(7.) 硫酸設備ピーボディ廃水を八幡プールをへて水俣川川口へ（8. ） パーキンエルマー社より，技術部特殊試験室に自動記録式ガスクロマトグラフを購入（8. ） 年間売上高100億円を突破（9. ） 可塑剤DOP 月産400トンになる(10.) この年，塩ビ工場重合器内で事故，1名死亡	獅子島幣串，片側，御所浦島でネコ発病死亡（2. −5. ） 湯浦町福良でネコ20数匹発病（4. ） 熊本県水試，水俣地先漁場の移植マガキ活力試験（7.31） **水俣病患者家庭互助会結成**(会長渡辺栄蔵)(8.1)*5 熊大で研究打合せ会，新日窒にたいする質問書の件を検討（8.29） 県議会経済委，食品衛生法にもとづき「販売の目的を以ってする水俣湾内の漁獲禁止」措置決定(8.30) 参議院社労委，水俣病に関する質疑，厚生省，食品衛生法の不備を認める 萩野医師イタイイタイ病の鉱毒説を発表（12. ） この年，わが国初の石油化学工業（丸善石油㈱）第2級ブタノール製造開始 **この年認定患者6人発病，(胎児6，死亡2)**
1958 (昭33)	酢酸合成工場合成塔，常圧連続式にかわる。アセトアルデヒド工場連続母液酸化装置完成（3. ） 4万2千KVAのデマーグ式カーバイド密閉電炉完成（5. ） カーバイド密閉炉廃水，八幡プールを経て水俣川川口に流し始める（6. ） 工場長直轄の廃水管理委員会設置(7.) 公衆衛生局長発言に関し「**水俣病に対する当社の見解**」発表（7. ） 水俣病総合研究班に懇談申し入れ，研究班，①懇談内容を一切政治的に利用しない，②懇談内容は医学上の研究に限る，③奇病に対する発表は双方の了解のもとに行うを了承（7.23） 懇談会で新日窒，研究成績を報告（7.29） 副知事に対し，今後の水俣病研究は慎重にと要望(8.1)	McAlpine（イギリス）現地調査（2. ） 水俣病総合研究班会議で，毒性因子は金属・類金属と結論（4. ） 熊大宮川教授タリウム説を発表(5.9) 国会社労委で水俣病についての質疑，公衆衛生局長「水俣病の原因はセレン・タリウム・マンガンの3物質の1つまたは2つ3つの総合によるもので，その**発生源は新日窒の廃水である**」と答弁(6.24) 本州製紙の江戸川汚染事件政治問題化，(6.〜7.)水質2法制定のきっかけとなる 四日市周辺の伊勢湾で異臭魚問題となる 水俣市議会，水俣湾一帯の漁獲および魚の食用自粛を促し，漁獲禁止に伴う特別措置法の立法化促進を検討（8.15） 熊本県，水俣湾海域内での漁獲厳禁を指示通達（8.23） 水俣漁協，魚の売れ行き不振をめぐり漁民

年	チッソ会社関係	水俣病・その他
1958 (昭33)	**アセトアルデヒド酢酸設備廃水を八幡プールを経て水俣川川口へ流しはじめる**（9.　） （その結果，水俣川川口附近・津奈木・湯浦などで新患者発生，のちに人体実験と呼ばれる） 塩化ビニール月産 1,500 トンになる (11.) 千葉県野田市にシリコン製造のための日窒電子㈱設立（12.1）	民大会（9.1） アメリカＮＩＨよりL. T. Kurland, B. W. Halstead 博士現地調査(9.16) 水俣病総合研究班，研究報告会開催(9.26)[*6] 衆議院社労委特別会で，厚相「水俣病の原因は新日窒工場よりの重金属である」と発言 (10.16) 熊本県衛生部長, 市会議長, 患者家庭互助会長ら, 水俣病関係予算計上について大蔵省・厚生省に陳情(10.18) 熊本県水試「水俣地先漁場における生物・水質・底質等の調査概要」発表 (10.23) 昭和 33 年度予備費より水俣病関係予算 804 万円余決定。負担率，国県市 1/3 ずつ (11.10) 水俣漁業補償対策委員会，新日窒排水による漁獲量減少の具体的資料作成 (11.　) ランセット誌上に McAlpine，タリウム中毒説などを紹介, 有機水銀説を示唆(11.20) 「公共用水域の水質の保全に関する法律」「工場排水等の規制に関する法律」制定(12.25) **この年認定患者６人発病（成人小児４，胎児２，死亡５）**
1959 (昭34)	資本金27億円になる オクタノール年産能力12,000トンになる(4.　)(昭27, 1,200トン) 塩化ビニール月産 1,800トンになる(5.)	**芦北郡湯浦町でネコ集団発病**（1.　） この頃から，不知火海一帯の汚染がさらに深刻化 坂田厚相（熊本県選出）現地視察（1.16） 農薬工場において, エチル燐酸水銀, フェニル水銀化合物の混合被曝による中毒が問題となる（3.　） 水俣病患者のための特別病棟，市立病院に完成（工費 808 万円，ベッド数 32)(4.27) **天草郡御所浦島でネコ 18 匹死亡**（5.　） 食品衛生調査会水俣食中毒部会, 現地調査新日窒の研究成績を聴取し, 今後の研究

年	チッソ会社関係	水俣病・その他
1959 (昭34)		方針について打合せ（5.23） **水俣川川口にアユなど大量に死亡して浮上**（5.30）
	付属病院細川[*7]，排水を直接投与して動物実験を開始（6.　）[*8]	**鹿児島県出水市に患者発生**（6. 中旬） **このあと芦北郡津奈木村などにも患者続発** 津奈木でネコ発病（6.16）水俣保健所調査 水俣市鮮魚小売商組合と同市場，水俣病の即時原因究明・即時解決などを要求し集会，デモ行進（6.20）
	工場技術部排水分析行う。八幡プール残渣排水よりCaO, MgO, Cu, Hg, Se, Tl, Mn, Pb など有毒物検出(7.3), 工場排水溝出口よりCaO, MgO, Cu, As, Hg, Se, Tl, Mn, Pb など有毒物検出(7.6) 技術部に㋖研究室（奇病研究室）設置（7.　） **細川，アセトアルデヒド工場廃水投与してネコ実験を開始**（7.21）	熊本県衛生部，不知火海沿岸の各保健所に魚介類水揚げ地区のネコの集団発病について調査を依頼 (7.2) 水俣食中毒患者収容施設落成 , 29 人を公費で入院させる（7.14） **熊大研究班，臨床的病理学的および分析的研究の結果，水俣病は現地の魚介類を摂取することによって惹起される神経疾患で，魚介類を汚染している毒物としては新日窒排水中の水銀が極めて注目されるに至ったと結論し** (7.14), **公式発表**（7.22） 患者家庭互助会総会, 補償問題を討議 (7.26)
	DOP 月産 800 トンになる（8.　） 新日窒，県議会水俣病対策特別委で「熊大の有機水銀説は実証性のない推論」と反論し ,「**所謂有機水銀説に対する工場の見解**」発表 (8.5)「翌年３月末までに排水処理設備を完成させる」と公約 (8.5)	水俣市鮮魚小売商組合総会で，水俣近海の魚介類は絶対買わぬと決議（7.31）漁協と対立 熊大喜田村教授，**水俣湾泥土から最高 2,010 ppm（湿重量あたり）の水銀を検出**（8.　）
	水俣漁協・鮮魚小売商組合，新日窒にデモ。**第一回漁業被害補償交渉**として，①29 年から現在までの漁業被害補償１億円, ②海底に沈澱した汚物の完全除去, ③すぐれた浄化設備の設置を新日窒に要求（第一次漁民紛争はじまる)。新日窒原因不明を主張し，見舞金 50 万円を回答 (8.6) 新日窒, ①見舞金 300 万円, ②水俣湾は公海なので工場の独断では処理できないと回答, 漁民多数工場に押しかける (8.12)。8.17 第三回交渉で「最終回答として補償金 1,300 万円」との工場回答に漁民再度押しかける。工場長，交渉打切り声明。8.18 工場長かんづめ，警官隊出動。8.19 水俣市長・地元県議らのあっせん委に一任	

	チッソ会社関係	水俣病・その他
1959 (昭34)	東工大清浦教授，現地調査開始（8.24）	**出水市米之津天神でネコ発病**，同地区で過去1カ月間にネコ8匹死亡の事実確認される（8.11）**獅子島幣串でもネコ多数死亡確認**
	水俣漁協・新日窒，あっせん案を受諾，「水俣病関係を除く漁業補償として 3,500 万円，毎年 200 万円を新日窒より出す」という内容（8.29）	
	東工大清浦教授，有機水銀説に対し疑問を表明（8.30） 廃水浄化装置（サイクレータ）の工事に着工（予算6千万円）(9.　) 日本化学工業協会（日化協）大島理事，現地調査（9.9）	**牛深市，八代市でネコに水銀検出**（9.　）
	芦北郡下町村長・芦北沿岸漁民・漁業振興対策協議会代表，新日窒に①水俣川への汚水排水の中止，②汚水浄化設備の完備を要望。新日窒，芦北町には無関係と回答(9.18)	
	日化協大島理事「水俣病原因に就て」発表。有機水銀説を否定し，**爆薬説を主張**，新日窒も「**有機水銀説の納得し得ない点**」発表（9.28）	
	津奈木漁協総決起大会，新日窒に対し，工場排水による漁業被害補償を要求。新日窒，根拠がないと拒否（9.28）以後，田浦・芦北・湯浦漁協，新日窒に抗議・補償要求して総決起大会をつぎつぎ開く	
	工場内臨時沈澱池（構内プール）完成，　密閉炉ガス洗滌廃水・硫酸ピーボディ廃水・燐酸廃水を沈殿池を通して百間排水溝へ放出（9.29） オクタノール月産 1,500 トンになる (10.　) 厚生省食品衛生課長，水俣食中毒部会代表と会い非水銀説を強調（10.5） **細川のネコ実験，アセトアルデヒド酢酸工場廃水により，ネコ水俣病を発症**（10.6）*9 新日窒，日化協の報告にもとづき，原因は旧軍隊が水俣湾に捨てた爆薬ではないかと県知事に調査を申し入れる（10.6） 水俣工場長，芦北町代表に来年3月までに排水浄化設備の完工を約束（10.12） 酢酸プール設置 (10.19)	熊本県衛生部「熊本県水俣湾産魚介多量摂取することによって起る食中毒について」刊行（10.　） 食品衛生調査会合同委員会で，水俣食中毒部会，水俣病研究中間報告として有機水銀中毒説を発表（10.6） 不知火海区各部会長と県漁連会長，不知火海区水質汚濁防止対策委を結成（10.14）
	熊本県漁連主催，漁民総決起大会開催(水俣漁協不参加)，新日窒及び政府への要望事項を決議す。新日窒の団交拒否により漁民約 2,000 人工場に押しかけ，警官隊出動 (10.17)	

年	チッソ会社関係	水俣病・その他
1959 (昭34)	通産省，新日窒に①水俣川川口への廃水放出を即時中止し，従来通り百間港の方へ戻すこと②廃水の浄化装置を年内に完成することを指示（10.21） 熊本県漁連に「八幡地区への排水は今月一杯で中止する。その他の要求には応じられない」と回答（10.23） 反論「**水俣病原因物質としての『有機水銀説』に対する見解**」第一報を発表 (10.24) 工場長，水俣市長・市議会対策委員らに工場データを説明, 爆薬説を強調 (10.24) 八幡プールに逆送ポンプを設置（予算は 300 万円）水俣川川口への汚水排出を中止して工場内に逆送開始（10.30） 工場長，10.17 事件につき田浦漁協長らを水俣署に告訴（10.30） 塩化ビニール月産 2,000 トンになる(11.　) 「水俣工場の排水について（その歴史と処理及び管理)」発表 (11.　)	水俣食中毒部会, 県衛生部とともに, 敗戦時に水俣湾内に遺棄されたとされる旧軍需品について現地調査。旧軍の責任者, 爆薬投棄の事実はないと表明（10.20),「事実に反し医学常識を無視したセンスである」と発表 県知事はじめて現地視察, 工場の熊大に対する反論は世間が納得しないと発言(10.31) 国会派遣調査団現地調査。熊本県の怠慢, 少なすぎる研究費, 工場の非常識な行為を批判し, 現在の水質保全法は改正の必要があると発言(11.1)
	不知火海沿岸漁民総決起大会（県漁連主催）水俣市内デモ行進のあと新日窒に団交申し入れ，工場拒否。漁民約 2,000 人工場に押しかけ警官隊と衝突 ,100 余名の重軽傷者を出す（11.2）	
	「我々は暴力を否定する , 工場を暴力から守ろう」のスローガンのもとに新日窒従業員大会（11.4） 新日窒労組代議員会，水俣病の原因が未確定の現在，工場の操業停止には絶対反対などの方針を決定（11.6） **東工大清浦**教授，水俣病の原因は工場廃水とは考えられないとの「**水俣湾内外の水質汚濁に関する研究**(要旨)」を通産省に提出（11.11）	熊本県警 ,11.2 事件につき緊急捜査会議, 悪質者は全員検挙の方針を表明（11.4） 水俣市長・市議長・商工会議所・農協・新日窒労組・地区労，工場排水を止めることは工場の破壊であり市の破壊になると寺本知事に陳情。県警には暴力行為に充分な警備を要望（11.7） 水俣市議会全員協議会，有機水銀説には有力な反証があるので早急な結論を出さぬように厚生省に要請の方針決定 (11.9) 水俣市長，厚生省に「食品衛生調査会の結論は慎重に」と要望（11.11） 厚生省食品衛生課長, 熊大研究班長に対し「結論の発表は慎重に」と申し入れ(11.11)

年	チッソ会社関係	水俣病・その他
1959 (昭34)		**食品衛生調査会**常任委員会開催「**水俣病は水俣湾の魚介類中のある種の有機水銀化合物による**」**と断定**し，厚生大臣に最終答申。有機水銀説の公式確認（11.12） 食品衛生調査会水俣食中毒部会，厚生大臣より解散を命じられる（11.13） 患者家庭互助会「市当局・市議会は水俣病原因究明その他，工場に一方的に向いている」と抗議（11.16）
	アセトアルデヒド廃水を八幡プールから逆送し，アセチレン発生に再使用（11.18）（35年6月頃まで。以後はサイクレータを経て再び百間排水溝へ放出）	水俣食中毒部会，記者会見で，①研究の重大段階で関係各省のナワ張り争いのため解散させられたのは残念，②水俣湾周辺の脳性小児マヒ患者のうち数人は水俣病患者かも知れない，③工場排水採取拒否で科学的な研究ができない，④無機水銀が魚介類の体内で有機化する過程は近い将来に結論，と語る（11.20）
	水俣工場技術部，百間港海底の泥土（ドベ）から CaO, MgO, Cu, Mn, Pb, Se, Tl, As，Hg を検出（11.21）	患者家庭互助会，寺本知事に漁業補償より前に水俣病による死者・患者の補償を行うよう陳情（11.21）
	患者家庭互助会，新日窒に被害補償金２億３千万円（１人当り 300 万円）を要求，新日窒拒否（11.25） 新日窒，互助会に「12 日の厚生省の発表では病因と工場排水との関係は何ら明らかにされていない」としてゼロ回答。互助会，工場正門前で坐り込みに入る（11.28）*10	
	工場廃水によるネコ発症を知った工場幹部，細川実験を禁止（11.30）*11 可塑剤 DOP，月産 1,000 トンになる（12.） 清浦教授，毎日紙上で水俣病はプランクトンの状態を考慮して再度総合的な研究が必要と発表（12.3） 厚生省環境衛生部長，工場を訪ね「原因究明に当っては工場の廃水を疑うという従来のやり方を白紙に戻して研究を再出発するから工場も協力してもらいたい」工場側「原因究明に積極的に協力する」と約束（12.4）	互助会，水俣市内をデモ行進（11.29） 互助会「市当局・市議会は何ら手を打たず不誠実だ」と抗議（11.30） 互助会，今回の調停に患者補償も対象にするよう寺本知事に陳情（12.1） アメリカ NIH 疫学部長 Kurland 博士，水俣病の原因物質は有機水銀であるとの結論を朝日・毎日紙上に掲載（12.8）
	第三回水俣病補償調停委，調停案を熊本県漁連・新日窒に提示。一時金 3,500 万円，立ちあがり資金融資 6,500 万円，患者補償 7,400 万円。廃水が原因と決定しても一切の追加	

年	チッソ会社関係	水俣病・その他
1959 (昭34)	補償を要求しないこと。一時金 3,500 万円のうち 1,000 万円を 11.2 事件の会社損害申立額として相殺など 6 項目（12.16）	
	日化協理事会，水俣病特別委員会の設置を決定（のちの田宮委員会）(12.17) 新日窒，補償調停案受諾 (12.18) 新日窒，鹿児島県知事との会談で鹿児島県内の補償を熊本県と同一水準で行うことを決定（12.19） 排水浄化装置（サイクレータ）完成稼動。(ただしアセトアルデヒド酢酸設備廃水塩ビモノマー水洗塔廃水はサイクレータを通さず) (12.20)	熊本県漁連，調停案を受諾。関係 43 漁協のうち津奈木など 3 漁協は態度保留（12.17） 互助会，水俣病患者補償に関する調停案を拒否（死者 30 万円，生存者に年金として成人 10 万円，未成年 1 万円，葬祭料 2 万円 ）(12.18) 水俣市議会特別委，互助会に調停案受諾勧告の方針を決定 (12.21) 熊本県議会，調停委の人選に重大な問題がある，知事・県会議長は会社と密接な関係ありと追求（12.21） **水俣病患者診査協議会設置** (12.25) 水俣病紛争調停委，患者補償のうち未成年患者年金を 3 万円に改め，互助会に再提示。互助会拒否 (12.25) 水俣市長・市会議長ら互助会を説得（12.27） 互助会 1 カ月にわたる工場正門前での坐り込みを解く (12.28)
	患者家庭互助会・新日窒，調停案を受諾，見舞金契約に調印 (12.30)	
		この年認定患者 23 人発病（成人小児 20，胎児 3，死亡 7）
1960 (昭35)	日化協，田宮委員会設置を検討（2.11） 新日本化学クリンカー工場稼動，アセチレン残渣の一部を送る（新日本化学廃水八幡沖を汚染)(2.　) 年間売上高 150 億円をこえる（3.　） **清浦教授 ,「水俣湾の魚貝類から抽出した高毒性物質について (概要)」アミン説発表**（4.14）	熊本県警，11. 2 事件に関して水俣署に特別捜査本部を設置し，田浦漁協長ら漁民 22 名を逮捕（1.　） 世良水俣病総合研究班長「水俣湾の貝からイオウ化合物を含む有機水銀塩を検出した」と発表（2.14） 水俣漁協，被害補償 (2 億 8,315 万 1,000 円) を要求して新日窒正門前で 30 日間の坐り込みに入る（2.15） Kurland 博士・九大勝木教授・熊大徳臣助教授とともに再び水俣病の現地調査（2.16） 熊大研究陣，アミン中毒説に対して根拠のない学説と反論（4.16）

年	チッソ会社関係	水俣病・その他
1960 (昭35)	新日窒・水俣漁協・地元代議士・水俣市長・市会議長ら，水俣病補償問題で会談，漁協の希望条件をつけ寺本知事の斡旋を受けることを決定。漁協，新日窒本社前の坐り込みを解く（4.20)(斡旋交渉は難航ののち，10 月に妥結)	
	このころ日化協産業排水対策委（委員長安西昭電社長）に田宮委員会を設置（委員長田宮猛雄日本医学会長） 東邦大**戸木田教授**，熊大の**有機水銀説を批判**（5.25)	熊本地方検察庁，11. 2 事件により 55 名を建造物侵入罪などで起訴（4.30) Kurland 博士，World Neurology 誌 5 月号で熊大の有機水銀説を支持（5.　) 芦北郡津奈木村でネコ発病（6.　)
	水俣漁協と新日窒との補償交渉第 1 回斡旋委員会開催 (6.7)	
	水俣漁協の漁業補償に関して新日窒 ,「金は出せない，就職斡旋には応じる」と回答（6.25) アセトアルデヒド廃水 , 塩ビ廃水 , 八幡プールから工場への逆送をやめ，サイクレータを経て再び百間港へ放出（6.　) この頃，細川ネコ実験再開（8.　) アセトアルデヒド精ドレン回収工事完成 (8.　)(オーバーフローなどのため完全な回収はできず)	患者診査協議会，新患者発生にかんがみ水俣病の危険は去ったわけではないと警告 (6.14) 岡山大小林純教授，富山のイタイイタイ病患者の骨・内臓などから大量のカドミウムを検出（7.　)
	補償斡旋委，斡旋打切りを通告（8.13）新日窒，斡旋打切りに伴い，漁協側が態度を変えない限り話し合いは無意味と声明（8.17）水俣漁協より除名された補償交渉並行論者 6 名，新日窒に就労申し入れ（8.17）水俣漁協，すべて白紙委任で再斡旋を要望する方針を決定（8.26)	
	資本金 45 億円になる（9.　) 新日窒，斡旋委の基本的方針に固執しないと回答。斡旋委, 斡旋作業を再開(10.11)	熊大内田教授，水俣湾の貝から有機水銀化合物の結晶体を抽出したと発表 (9.29)
	斡旋委，10 月 12 日に提示した調停案を一部手直しの上，新日窒・水俣漁協に提示「漁協員の立ち上り資金として 750 万円 ,30 ～ 50 名を新日窒に，20 名を子会社に就労斡旋，水俣市の計画する漁業振興会社に 500 万円出資，水俣湾を 10 万坪埋め立て，内一部を漁協に譲渡，損害補償として 1,000 万円，工場排水が原因とわかっても追加補	
	西ドイツアルデヒド社よりエチレン直接酸化によるアセトアルデヒド製造に関する特許権獲得 (12.20)	熊大水俣病研究班「水俣病研究の概要」発表 (12.10) **この年認定患者４人発病（成人小児４，死亡２）**
1961 (昭36)	オクタノール市場占拠率 64%（27 年開発以来の独占ゆるがず) この年以降はじめて労働者に詳細な水銀	石油化学工業第 2 期計画に移行。この頃より，アセチレン有機合成化学工業，次第に石油化学工業に道をゆずる

年	チッソ会社関係	水俣病・その他
1961 (昭36)	の毒性と取扱い上の注意を与える	入鹿山教授，水俣工場百間排水溝，水俣湾の泥土の水銀量の調査。34－5年に比べたら比較的少ないが，まだ大量に汚染されている（1.　）
		熊本地裁，34.11.2 事件判決。田浦・芦北漁協長に懲役１年執行猶予２年，他 50 名にも有罪判決（1.31）
		水俣病総合調査研究連絡協議会（経済企画庁のもとに 35 年１月設置）第４回会合(3.6)以後結論を出さぬまま自然消滅
		熊大**武内**教授，病理解剖により**胎児性水俣病患者の存在を確認**（3.21）
	戸木田教授，腐敗アミンを水俣病の原因として重視すべきだと発表（4.10）	患者診査協議会，不知火海沿岸住民の毛髪中の水銀量を検討（3.23）
	日化協，田宮委員会について経過報告(5.12)	水俣市百間でネコ発病，新たな波紋を呼ぶ(5.4)
		水俣市鮮魚小売商組合大会，ネコ発病による売れ行き減にかんがみ 34 年８月の不買決議を確認（5.20）
		熊大原田助教授（小児）水俣地方に多発の脳性小児マヒは有機水銀と強い因果関係があると発表（6.11）
		萩野医師，神岡鉱山のカドミウムによるイタイイタイ病発生について発表（6.　）
	塩ビ工場でガス爆発，死者４名重軽傷６名，付近の 200 世帯に被害 (8.9)	患者診査協議会，岩坂良子を初めて胎児性水俣病と診定 (8.7)
		第７回国際神経医学会（ローマ）において熊大内田・武内・徳臣，神戸大喜田村，水俣病の原因物質はメチル水銀化合物と発表(9.10)
	塩ビ工場で硫酸噴出事故１名死亡（9.14）	患者診査協議会を廃止し，水俣病患者審査会として発足（会長・熊大貴田教授）(9.14)
	水俣工場にはじめて安全衛生課を設置(10.1)	このころから翌年にかけ四日市にぜんそく患者多発
		日本生化学会総会、熊大内田教授「水俣病を発症させる貝から有機水銀化合物の結晶抽出に成功」と発表（11.4）
	技術部過酢酸試験で爆発事故死亡１名重軽症５名（12.27）	**この年認定患者１人死亡**

年	チッソ会社関係	水俣病・その他
1962 (昭37)	新日窒労組，ベースアップを要求してストライキ突入（2. ） 技術部石原俊一，アセトアルデヒド製造工程の精溜塔廃水中の水銀の大部分はメチル水銀化合物であることを突きとめる（2. ）*12	このころ，エチレン法アセトアルデヒド生産開始（三井石油化学工業㈱） この年，日本ゼオン高岡工場，EDC法（原料石油）塩ビ製造開始（日本初） 元日窒工場長橋本彦七．水俣市長に当選（2.17） 水産庁，病因の追及を断念，水俣病関係研究を打切る（3. ） 東大冲中教授，水虫治療薬メチル水銀チオアセトアミドによる中毒例を報告（4. ） 熊大入鹿山教授，「水俣工場より排出されると考えられる有機水銀と水俣病の機転」発表（4.3）
	田宮委，田宮委員長，水俣病研究経過について報告（5.5）	新日本化学水俣工場と水俣漁協との漁業補償交渉妥結，41年浄化装置完成まで毎年180万円（5. ）
	千葉県五井にチッソ石油㈱設立（資本金1億円）(6.15) 新日窒，労組に安定賃金制実施を提示，大争議はじまる（7. ）(いわゆる安賃闘争) 新日窒，全面ロックアウト宣言（7.23） 新日窒労組分裂，チッソ新労組（第2組合）結成される（7.23） 第2組合によって一部生産再開（8. ）	アメリカ公衆衛生局ウィリアム・フェルシング技師現地調査（5.21）
	会社支持の商店街を中心に水俣市繁栄促進同盟結成（8.25）	山王川水質汚濁事件で農民勝訴（8. ）
	国際水質汚濁研究会議（ロンドン）で，清浦教授「水俣病と水汚染」発表，新日窒に由来する有機水銀説を否定，イギリス，エクゼター州公衆衛生研究所Moore博士と論争（9. ）	写真家桑原史成「水俣病」個展（9.10） Rachel Carson “Silent Spring” 発刊 (9.)
	資本金47億2,500万円となる（10.1）	
	互助会，新日窒に見舞金の改訂交渉を要求。これに対し，新日窒，互助会に労働争議妥結まで交渉延期を申し入れ（11. ）	
		熊大松本助教授（病理），水俣の脳性小児マヒ患者2名は剖検により水俣病と断定されると発表（11.25）*13 水俣病患者審査会，胎児性水俣病患者16名を認定（11.29）

年	チッソ会社関係	水俣病・その他
		この年認定患者２人死亡
1963 (昭38)	新日窒労使，熊本県地労委斡旋案を受諾(1.5) 安賃闘争終る（1.22） 新日窒，水俣病の原因は工場によるものではない。経済企画庁の結論まちの段階であると反論（2.18）	水俣市立病院湯之児分院（リハビリテーションセンター）着工（1. ） 入鹿山教授，「水俣病の原因物質と考えられる有機水銀化合物を新日窒酢酸工場より直接採取したスラッジより抽出」と発表(2.16) 水俣病研究班，「水俣病を起した毒物はメチル水銀で，水俣湾内の貝および新日窒工場のスラッジより抽出した。現段階では両抽出物質の構造式はわずかにくい違っている」と公式発表(2.20)
	互助会，新日窒に補償金改訂の再交渉を要求。新日窒，労働争議の事後処理の終る翌年春まで延期するよう申入れ（3. ）	
	資本金 49 億 6,125 万円になる（4.1） チッソポリプロ繊維㈱を滋賀県守山に設立 八幡地先 33 万平方メートルの埋め立てはじまる（4.11)(水俣病漁業補償のさい，権利取得) 田宮委の田宮委員長死亡，委員会自然消滅（7.11） 過去 1 年の製品売上高 200 億円を越える (9.) カーバイド工場爆発（9. ）	厚生省，水俣病患者の通院費公費負担の方針を決定，水俣市，在宅患者の調査にのり出す（3. ） 四日市に公害対策協議会結成（7. ）この年四日市の第 2 コンビナート本格的操業開始 水俣漁協，水俣湾の一部海域の漁獲禁止解く（8. ） 入鹿山教授，サイクレータの効果調査のため水俣湾泥土中の総水銀量調査，多量の水銀検出（10.5)(公表は 39 年 9 月) 三井三池炭抗大爆発事故，死者 458 名，CO 中毒患者約 800 名（11. ）
1964 (昭39)	資本金 52 億 931 万余円となる 水俣病患者に対する見舞金一部改訂（4.17)(年金成人 10 万 5 千円，重症は 11 万 5 千円未成年 5 万円，成人に達して 8 万円)	吉川政巳，水虫治療剤によるメチル水銀中毒を報告 冲中重雄，水虫治療剤によるメチル水銀中毒の剖検 4 例を報告 厚生省環境衛生局に公害課新設（4. ） 衆院社労委で毒物および劇物取締法の一部改正案の検討，水俣病に関連し，工場廃液もその取扱い対象と厚生省回答（4.21） 新潟県の阿賀野川，このころよりニゴイ，マルタ，ハヤの浮上が話題になる **新潟に有機水銀中毒患者発生**（この時は病名わからず)(6.4)

年	チッソ会社関係	水俣病・その他
1964 (昭39)	戸木田教授死亡，腐敗アミン説消滅（7.2） 五井工場エチレン法アセトアルデヒド製造開始（7. ） 水俣市の降下煤塵量測定値最高を示す(79.212 t / ㎢ / 月)(9.) 過去１年間の製品売上高 250 億円をこえる（9. ） 資本金 78 億 1,396 万余円となる（10.1） 社長，吉岡喜一より江頭豊に交代（12.1）	新潟地震発生 , マグニチュード 7.5(6.16) 水俣漁協，外海面の禁漁区を解禁 (8.) 熊本短大社会事業研究会を中心に「水俣病の子供を励ます会」結成（8.14） 水俣市議会に公害対策特別委員会設置される（9. ） 三島・沼津市・清水町の住民，石油化学コンビナートの進出阻止（9. ） 県衛生部 ,「水俣湾に特に濃厚な汚染，水俣湾泥土３～４ｍの深さまで水銀蓄積」と報告（9.)(調査は 38.10.5 入鹿山） 水俣病患者審査会，熊本県知事に患者の見舞金値上げを要請（10.30） 互助会主催の初の合同慰霊祭（11.25） 水俣漁協未解禁海区を内海に縮少 (12.) 富田八郎『月刊合化』に「水俣病」を連載しはじめる（12. ） **この年認定患者１人死亡**
1965 (昭40)	新日窒，チッソ株式会社と社名変更 (1.1) 水俣工場，酢酸・酢酸エチルの製造停止(４月ごろ) 見舞金一部改訂（5.21)(未成年患者，成人に達したとき年金 10 万円に，重症は 10 万５千円) 工場幹部，はじめて水俣病患者を慰問し見舞金をおくる（8.14）	昭電鹿瀬工場，アセトアルデヒド生産部門(月産 1,200 トン）を閉鎖 (1.1) 新潟県阿賀野川川口の下山部落今井一雄（31 才農業）有機水銀中毒と診断（第１号患者)(1.28) 水俣市議会公害防止対策委，定期的な排水口での水質検査と煤塵測定器５台設置を決定（2. ） 水俣市立病院湯之児分院(リハビリテーションセンター) 完工, 工費２億 5,000 万円, ベッド数 201 床 (3.6) 桑原史成，写真集『水俣病』刊行（3.10） 県衛生研究所，チッソ工場の排水調査を定期的に実施（4. ） 四日市に公害認定患者第１号（5. ） **新潟大医学部「汚染水にすむ魚介類を摂取することによる有機水銀中毒患者が新潟県阿賀野川流域に７名発生，２名死亡」と正式発表 (6.12) このあと一斉検診により 30 名の患者発見** 新潟県民主団体水俣病対策会議（略称民水対）22 団体加入して結成される（8.25）

年	チッソ会社関係	水俣病・その他
1965 (昭40)	水俣工場に公害課を設置 (10.)	水俣市「公害対策について」発表 (9.13) 石牟礼道子『熊本風土記』に「海と空のあいだに」を連載 新潟水俣病患者と家族で,「阿賀野川有機水銀被災者の会」を結成 (12.) **この年認定患者３人死亡**
1966 (昭41)	過去1年間の製品売上高 300 億円をこえる (3.) **アセトアルデヒド工場廃水,完全循環方式に改良** (6.) 見舞金一部改訂 (6.30)(弔慰金を 45 万円葬祭料に 5 万円に) 日窒アセテートを旭化成に売却,旭チッソアセテート㈱となる (12.1)	水俣市長選,橋本彦七再選 (2.17) 厚生省,新潟の水銀中毒の原因は工場排水の疑いが濃いと中間報告 (3.) 新潟水俣病に関する各省連絡会にて,調査研究結果は総て非公開の方針決定 (3.) 熊大医学部水俣病研究班『水俣病－有機水銀中毒に関する研究』発刊 (3.31) 熊本県企画部に公害調査室を設置 (4.1) 喜田村教授,新潟の奇病は工場廃水に由来する有機水銀中毒であると発表 (4.3) 新潟民水対内に訴訟小委設置,青法協支部,訴訟を検討 (4.) 農林省,水銀系農薬の非水銀系への切替え (水銀系農薬の製造禁止) を通達 (5.) 水銀中毒防止会議で新潟水俣病発生にかんがみ他の同種工場の汚染調査を決定 (5.16) 熊大荒木助手 (小児)「先天性水俣病に関する研究」で胎児性水俣病を動物実験で再現 (6.26) 厚生省イタイイタイ病研究班,原因はカドミウム・プラス・アルファとの見解発表 (9.) 新潟水俣病に関し厚生省特別研究班「昭電鹿瀬工場の排水口より採取した水ゴケからメチル水銀を検出」と発表 (9.9) 公害審議会,企業に無過失責任,人間尊重を最優先との基本案を答申 (10.7) 富山県婦負郡婦中町にイタイイタイ病被害者による「イタイイタイ病対策協議会」結成 (11.)

年	チッソ会社関係	水俣病・その他
1967 (昭42)	チッソの水俣市税収入に占めるウェイト22%に低下（35年度，48.5%） 7期アルデヒド工場稼動停止（5.　） 水俣工場再建5カ年計画スタート(8.　)（工場縮少計画，事業合理化のため現従業員数2,700名を47年末までに1,200名に減らすというもの）	昭電総務部長，「たとえ国の結論が新潟水俣病の原因を昭電としても，それに従わぬ」とＮＨＫＴＶで発言（2.　） 水銀中毒被災者の会総会で，昭和電工を相手どり死者1,700万円，重症患者1,000万円，患者700万円の損害補償の民事訴訟を起すことを決定（3.　） 新潟水俣病弁護団結成（3.12） 新潟水俣病に関する厚生省特別研究班「昭電鹿瀬工場のアセトアルデヒド工程の廃水に由来するメチル水銀中毒症」との結果を報告（4.18） 新潟水俣病患者家族13名，昭電を相手どり4,450万円の慰謝料請求訴訟を新潟地裁に起す。28名の弁護団結成（6.12） 公害対策基本法成立（7.　）施行8月 昭電，新潟水俣病裁判で答弁書を提出，工場廃液説を否認し農薬説を主張(7.15) 厚生省食品衛生調査会，新潟水俣病は昭電の工場廃液に由来する疑いが強いとの答申を厚生大臣に提出（8.30） 四日市公害病患者9名，6社を相手どり1,800万円の損害賠償を請求して提訴（9.1） 厚生省イタイイタイ病研究班，神通川流域および神岡の廃液溝からカドミウムを検出したと中間報告（12.　） 通産省，阿賀野川有機水銀の発生源は不明との見解発表(12.　) **この年認定患者1人死亡**
1968 (昭43)		厚生省食品衛生調査会の答申に対し，通産省，有機水銀の汚染源については未だ資料不十分との「新潟県阿賀野川流域における水銀中毒に関する研究」について発表(1.5) **水俣病対策市民会議結成**（会長日吉フミコ）(1.12) イタイイタイ病訴訟弁護団，イタイイタイ病対策市民会議結成（1.　）

年	チッソ会社関係	水俣病・その他
1968 (昭43)	見舞金改訂（3.6)(年金成人14万円，未成年7万5千円) ＥＬチッソ㈱設立（資本金3,600万円）(5.10) 塩化ビニール生産能力6万トンに	富山県イタイイタイ病診査協議会発足（1.　）（認定患者103名） 新潟水俣病患者・弁護団・民水対などの代表12名水俣を訪問（1.21） 互助会・市民会議・新潟被災者の会・民水対，共同声明を発表（1.24） カネミ製ダーク油を飼料とするニワトリ九州・山口地方で多数中毒死（2.－3.) 厚生省，富山県小矢部川が有機水銀に汚染されており，警戒を要すると発表(3.6) 富山県神通川流域のイタイイタイ病患者と遺族28名，三井金属神岡鉱業所に慰謝料6,100万円を請求して提訴(3.9) 互助会・市民会議，熊本県議会に「見舞金は生保の収入認定から除外・就職の斡旋・湯之児分院に特殊学級設置」を請願（3.15） 新潟水俣病弁護団，現場検証のため水俣訪問（3.18～19） 熊本県人権擁護委員連合会，水俣病の原因を国があいまいにし，患者への見舞金がきわめて安いことは人権問題だと見解発表（3.24） 互助会，市民会議，新潟代表とともに，厚生・通産省，科学技術庁に新潟水俣病と同時に水俣病についても正しい結論を早く出すように陳情（3.26） 厚生省イタイイタイ病調査研究班，イタイイタイ病の原因は神岡鉱業所にあると発表（3.27） 厚生省，神通川流域のイタイイタイ病の原因は三井金属神岡鉱業所の排水以外には考えられないと公式見解発表（5.8） 市民会議，厚相に見舞金を生保の収入認定からはずすこと，水俣病の原因をはっきりさせることを陳情，これに対し園田厚相，「水俣病の原因については阿賀野川水銀中毒事件と同時に最終結論を出すと発言（5.15） 市民会議代表，富山県婦中町にイタイイ

年	チッソ会社関係	水俣病・その他
1968 (昭43)	**5・6期アセトアルデヒド工場稼動停止(5.18)**[*14] チッソ旭肥料㈱設立 (7.1) チッソ，保存中の水銀母液約100トンを韓国に輸出計画，第1組合の抗議で中止される（8.29） **第1組合，定期大会で「何もしてこなかったことを恥とし，水俣病と闘う」ことを決議**（8.30） 工場を調査した水俣市会公害対策委に「国の結論に従い，必要なら患者と交渉する」と言明 (9.6) 水俣支社長「政府見解が正式に決まれば34年の契約にはこだわらない」と言明 (9.8) 第1組合，水俣病に関して，①工場廃液のネコ投与実験を明らかにせよ，②サイクレータが水銀除去に有効かどうか公表せよ，③会社としての水俣病の結論を出せ，④互助会，漁民への補償をやり直せ，⑤工場廃水の公共監視体制を確立せよ，⑥水俣病を起こした経営者としての責任を明らかにせよ，と会社に申し入れ (9.10) 社長，第2組合に対し「水俣に異常な状態が出て来てショック，工場再建の自信を失いつつある」と語り，第2組合その旨市民にビラ配布（9.12) 第1組合，会社・第2組合の動きに関し「水俣病の責任追求の動きに対し，再建計画でおどしをかける卑劣なやり方」と市民にアピール（9.15)	タイ病患者を訪問（5.16) スウェーデン国立汚染研究所員，水俣病について現地調査，熊大医学部と意見交換（5.　) 新潟水俣病患者21人，昭電を相手に約4千万円の慰謝料請求の第2次訴訟を起こす (7.8) 宇井純『公害の政治学―水俣病を追って』刊行（7.20) 厚生省「水銀汚染暫定対策要項」を通達 (8.14) 寺本知事「責任の所在が明らかになった段階で補償の再斡旋に乗り出す用意がある」と言明 (9.7) 橋本彦七市長「胎児性水俣病患者のための特殊学級やコロニーなどを設置する」と語る (9.9) 互助会上野栄子，熊本県評の単産地区労合同会議席上，訴訟の決意を表明 (9.12) 水俣市主催で水俣病死亡者の合同慰霊祭 (9.13) 互助会上村好男，訴訟の決意表明 (9.14) 互助会臨時総会，従来の会社との契約書は一応白紙にかえし，①会社と自主交渉，②難航した場合は調停依頼，③最悪の場合は訴訟，との方針決定，新会長に山本亦由

<table>
<tr><th>年</th><th>チッソ会社関係</th><th>水俣病・その他</th></tr>
<tr><td>1968
(昭43)</td><td>副社長，水俣工場の再建計画は既定方針通り実施，縮少撤退の考えなしと語る（9.18）
副社長，工場撤退は考えないが再建計画を再検討と語る（9.20）</td><td>交渉委員13人を選出（9.15）
新潟大医学部滝沢助教授，昭電鹿瀬工場の水銀カスより2.4ppmのメチル水銀を検出と発表（9.15）
互助会山本会長，中津副会長，市民会議に脱会届を出す（9.16）
ストックホルム大学のRamel（遺伝学）水俣病患者を調査（9.17）
互助会交渉委員の初会合，交渉方針決定持越し（9.19）
県議会で寺本知事,「34年調停は原因不明の段階で出したもので，34年契約は再検討の要あり」と答弁（9.20）
寺田県警本部長，県議会で水俣病の刑事責任につき「公訴の時効が成立，新事実が出れば検討する」と答弁（9.20）
新潟水俣病弁護団水俣訪問，市民会議・互助会と補償問題などについて懇談（9.21）
ルンド大学Berlin(衛生学)・カロリンスカ研究所スワンソン（職業衛生学)，水俣病視察（9.21）
このころ大分県奥嶽川のカドミウム問題となる（9.　）</td></tr>
<tr><td></td><td colspan="2">政府，水俣病について正式見解発表，熊本水俣病は「新日窒水俣工場のアセトアルデヒド酢酸設備内で生成されたメチル水銀化合物が原因である」と断定。
新潟水俣病は「昭電鹿瀬工場のアセトアルデヒド製造工程中に副生されたメチル水銀化合物を含む排水が中毒発生の基盤をなした」と判断。
チッソ江頭社長「患者遺族に改めてお詫びする　補償は誠意をもって話合う」と語り「水俣工場再建5カ年計画の見通しは労組・地元の協力次第」と発言。
互助会山本会長「補償交渉には会員の総意で臨む」と語り，市民会議「水俣病の原因を政府に確認させるという第1目標は達成した，世界のミナマタになった当市がこの苦しみを教訓にして人権の重んじられる町に生まれかわることができるかを見届けたい」と声明。
チッソ水俣支社長，互助会幹部宅を謝罪訪問（9.26）</td></tr>
<tr><td></td><td>チッソ江頭社長，患者家庭を詫びてまわる（9.27）
水俣商議所，金融協会，チッソ下請協会，婦人会連合会など30団体，江頭社長の発言にこたえ「水俣市発展市民大会」を開</td><td>新潟水俣病被災者の会近会長，政府見解に対して「被害者無視，企業擁護の政府の姿勢に絶望を感じる」と声明（9.26）
新潟大椿教授，新潟水俣病の政府見解に対して,「学問的結論とは言えない政治的</td></tr>
</table>

年	チッソ会社関係	水俣病・その他
1968 (昭43)	きチッソ水俣工場の再建の遂行を要望(9.29)	見解である」と批判（9.26）
	第2組合「水俣病救援募金本部」に130万円カンパ(組合員1,300人,全員が1,000円カンパ)(10.1)	互助金，胎児性・生存患者・死亡者・一時金打切りの4グループから交渉委を選び自主交渉の方針，補償請求額は1,000万円から5,000万円までまちまちでまとまらず（10.1）
		互助会代表上京，公害認定について厚相にお礼，今後の相談（10.2）
		互助会，厚生省公害部長と補償金問題で話合い，厚生省「まず当事者同士で話合い，解決がつかなければ県・市，最後に国が乗り出す」と語る（10.3）
		互助会総会で，死者1,300万円，生存患者年金60万円との補償請求額を決定(10.6)
	互助会代表，チッソ水俣支社に補償交渉申し入れ（10.7）会社側に正式な補償要求書を提出。会社側即答をさける（10.8）	
		患者審査会，死亡者の判定は不可能と結論（10.8）
		富山県神通川流域のイタイイタイ病患者352名（要観察者を含む）三井金属鉱山を相手どり，総額5億7,030万5,453円の損害賠償請求訴訟（第2次訴訟）（10.8）
		市民会議「互助会の補償要求を支持」とビラ配る（10. 13）
		新潟水俣病訴訟，熊本地裁で出張証人調べ熊大入鹿山・武内教授証言（10. 14－15）
		米ぬか油被害者の会結成（10. 14）
		互助会，第2回補償交渉のための交渉委員会,①会社が補償案を示すように強く働きかける,②交渉の日時場所は第3回から互助会が決定する，との方針決定(10.20)
	互助会・チッソの第2回補償交渉，チッソ「関係各省に補償金額の目安を示してくれるように依頼している」と具体案提示せず（10.24）	
		互助会代表上京，補償金額算出基準について厚相に陳情（11.4）
		互助会代表，園田厚相と会見，補償交渉

<table>
<tr><th>年</th><th>チッソ会社関係</th><th>水俣病・その他</th></tr>
<tr><td rowspan="9">1968
(昭43)</td><td></td><td>の現状打解のため，県知事を中心とした第三者機関設置で意見一致（11.6）
互助会総会で，第3回自主交渉の方針決定（11.10）
患者審査会，審査請求の成人10人，未成年5人診察</td></tr>
<tr><td colspan="2">互助会・チッソ第3回補償交渉。会社，寺本知事らを中心とする第三者機関に補償額の基準設定を依頼したいと発言。互助会これを了承（11.15）</td></tr>
<tr><td>江頭社長，寺本知事に「厚生大臣の指導もあった。県知事を中心とする第三者機関をつくってほしい」と文書依頼（12.3）</td><td></td></tr>
<tr><td colspan="2">寺本知事，江頭社長に会い第三者機関設置を断わる（12.6）</td></tr>
<tr><td colspan="2">知事県議会で「チッソ社長が『補償は34年の契約プラス・アルファーで，会社の好意による』というので，第三者機関の依頼をことわった」と答弁（12.10）</td></tr>
<tr><td></td><td>互助会，知事に補償基準提示を要請。知事,「基準は国が示すべきだ」と断わる（12.12）</td></tr>
<tr><td colspan="2">チッソ，厚生省に補償基準を作る委員会の設置を文書申し入れ（12.19）</td></tr>
<tr><td colspan="2">互助会交渉委員，チッソに「第4回交渉では補償金額を回答するか，少なくとも回答の期限を示せと申し入れ」(12.20）</td></tr>
<tr><td colspan="2">互助会・チッソ，第4回補償交渉。チッソ「厚生・通産両省は基準をつくることを検討すると云っている。互助会も陳情して欲しい」と発言。交渉進展せず，チッソ「1人当り100万円の仮払い」を断る（12.25）</td></tr>
<tr><td>1969
(昭44)</td><td></td><td>互助会総会，補償基準について，各省に陳情の方針決定（1.5）
水俣病の公害認定を機に患者69名の総合資料を作るための一斉検診，水俣市立病院で開始（1.9）
互助会代表，水俣病補償の基準づくりを厚生，通産省，経企庁，総理府に陳情。水俣市衛生課長，県公害調査室係員同行（1.18）
互助会代表厚相と会見。「第三者機関を2月中に作るよう努力する。行政当局の補償額の基準提示は建前上困難」と回答（1.20）
水俣市議会，「水俣病問題の解決に行政措置をとるよう政府などに意見書提出」を決議（1.22）
教研全国集会で熊本市の田中教諭水俣病</td></tr>
</table>

年	チッソ会社関係	水俣病・その他
1969 (昭44)	知事，チッソ専務，水俣市協議。①公害認定をしたのは政府，第三者機関も国を中心に，②知事は見舞金契約あっせんに加わったので，今回は直接タッチすべきでないと態度を表明（1.28） チッソ，厚生省の求めに確約書を提出，補償に関する第三者機関へ白紙委任 (2.26)	の授業について報告（1.25） 互助会代表，知事に補償交渉のための第三者機関にはいるよう要望。知事断わる（1.27） 石牟礼道子『苦海浄土』発刊（1.28） 自治労，公害反対運動活動者会議，四日市で開催。公害反対全国連絡協議会を結成（1.30） 市民会議，チッソに対して，①互助会の補償要求に対して独自の回答をせよ，②これまで市が払っている水俣病に関する医療費を返却せよなど７項目の抗議文（2.15） **厚生省，第三者機関について，「委員選定は厚生省に一任し，結論には一切異議なく従う」との確約書を互助会に提出して欲しいと要請**（2.28） 互助会総会，厚生省要請の確約書は提出せず (3.1)「あっせん依頼書」を出すことに決定。厚生省，「確約書でなければ」と拒否（3.3） 寺本知事，県議会で「確約書を提出するよう，互助会を説得するつもりだ」と表明（3.14） 熊本市の弁護士「水俣病法律問題研究会」を結成（3.17） 参院社労委で，厚生省公害部長「確約書はチッソが書いた」と証言（3.18） 互助会，交渉委員会で，①厚生省の確約書のタナ上げ，②自主交渉再開を決定（3.19） 互助会有志，水俣病法律問題研究会と初会合。訴訟に踏みきれば，弁護を引受ける，と約束（3.23） 熊本県に新公害防止条例施行（4.1） **互助会総会で行詰った補償交渉の打開策について検討。一任派と自主交渉派の対立深まり結論でず流会**，流会後，第三者機関一任派と自主交渉派それぞれ会員の署名を集める（4.5） 互助会一任派「お願い書」(確約書) を厚生省に提出（4.10）

年	チ ッ ソ 会 社 関 係	水 俣 病 ・ そ の 他
1969 (昭44)		互助会自主交渉派（37世帯）チッソに交渉申し入れ（4.12）
		互助会自主交渉派・水俣病法律問題研究会会合，同研究会の11名を訴訟代理人とし，チッソと国に対し訴訟を起すことを決定（4.13）
	第一組合代議員会で「互助会が二つの方法をとるに至っても，患者家庭全員を支援していく」ことを確認し訴訟する患者に1人当り100円カンパを決議（4.14）	水俣市立病院湯之児分院，胎児性患者のための分校開校（4.15）
	互助会自主交渉派の交渉の要求を拒否。第三者機関による解決を再考するよう回答（4.17）	**「水俣病を告発する会」(代表・本田啓吉)発会**（4.15）
		互助会自主交渉派（29世帯）会合，5月末までに訴訟を起すことを決意（4.20）
		互助会の山本会長ら一任派のうち39世帯市民会議を脱退（4.24）
		水俣病補償処理委員会発足，委員に千種達夫・三好重夫・笠松章の3人を選任(4.25)
		補償処理委員会，初の事情聴取会，県知事経過を報告（5.6）
		厚生省「補償処理委員会の経費500万円を水俣市で立て替えて欲しい」と要請（5.9）
	補償処理委，東京で一任派とチッソから事情聴取（5.13）	
		水俣病訴訟弁護団結成。参加弁護士全国で222名（団長・山本茂雄）（5.18）
		「水俣病訴訟支援公害をなくする県民会議」発足（代表幹事・福田令寿）（5.24）
		訴訟派，訴訟費用200万円の補助を水俣市に要望。市拒否（5.26）
		水俣市議会補償処理委の立替え費用480万円を可決（5.27）
		患者審査会，審査申請20名のうち，死者1名を含む5名を正式に水俣病患者と認定（5.29）（認定患者116人になる）
	水俣支社長，新認定患者宅をわびて回り従来の患者と同一基準の見舞金を支給すると表明（5.30）	**熊大武内教授，不顕性水俣病を発見**（5.30）有機水銀は初期に末梢神経を障害することを確認*15
		新たに認定された患者5人のうち4人は一任派に1人は訴訟派に参加（5.31）
		熊大武内教授，患者審査会に辞表提出(6.3)

年	チッソ会社関係	水俣病・その他
1969 (昭44)		水俣病県民会議，熊本県知事に不顕性患者の発見で，①芦北・水俣地区住民の一斉検診，②定期検診の設定③認定基準の再検討を申し入れ (6.5) 熊大医学部「水俣病を考える学生会議」水俣病訴訟支援を訴える全国キャラバンに出発（6.8） 県議会で衛生部長，「一斉検診は技術的に不可能だし意味もない。不顕性患者を患者とみることは疑問」と言明（6.10）
	入鹿山教授の指導で水銀母液中の水銀を回収する装置試運転開始（6.14）	**訴訟派29世帯112名，熊本地裁（民事三部・斉藤次郎裁判長）に総額6億4,239万444円の慰謝料請求の訴えを提起**(6.14) 患者審査会の審査基準を不満として，水俣市月ノ浦 川本輝夫ら，「認定促進の会(仮称)」結成（6.14） 補償処理委，県衛生部長，水俣市立病院長らから事情聴取（6.20）
	補償処理委，水俣現地調査を開始。湯之児病院視察（6.27）患者家庭，チッソを視察。互助会代表と話合い，知事と会談（6.28）入鹿山教授・立津教授より医学的問題について事情聴取（6.29）	
		青年法律家協会九州ブロック,水俣で総会,訴訟の全面的支援を決議（6.29）
	第一組合，付属病院閉鎖に反対して19時間の時限スト決起集会（7.8） 日本珪素工業㈱設立(資本金5,000万円)(7.15)	
	経営不振と医療事情の変化を理由に水俣工場付属病院閉鎖（7.31）	水俣病患者，杉本進死亡，死亡患者44人目（7.29） 第一準備書面提出（7.31）
	水俣支社,412名の千葉県五井工場などへの配転を労組に申入れ（8.7）	訴訟派，訴訟費用200万円の融資を水俣市に要求して，市役所玄関前に座り込み(8.20) 厚生省，43年度の水銀による環境汚染調査の結果を発表,「芳野川，神通川の魚に高濃度の水銀検出」(8.23) 自治省「水俣病訴訟派が要求している訴訟費用の公費援助には応ぜられない」と

年	チッソ会社関係	水俣病・その他
1969 (昭44)		表明（8.28）
		水俣病研究会発足（9.7）
		患者審査会に死亡者4名，生存者24名分の審査請求書を提出（9.8）
		県議会で，寺本知事，「一斉検診の意志はないが，個人的に申請があれば検診する」と答弁（9.11）
	熊本地裁に答弁書・第一準備書面を提出（9.30）	告発する会，公害認定一周年集会。熊本市内をはじめてデモ行進（9.28）
		「三池CO患者を守る会」11名水俣訪問（10.6）
	チッソ，水銀母液処理をいそぐ。完了直前に証拠保全（10.11）	
		第1回口頭弁論，患者は遺影をもって入廷，傍聴者多数のため全員入廷できず，終了後，熊本市内デモ行進（10.15）
		補償処理委，水俣で患者家族と会う。1人10分間の事情聴取（10.27）
	可塑剤DOP・オクタノール工場閉鎖（11.5）	三池大災害七年忌大集会。坂本マスヲ，浜元フミヨら参加（11.8～9）
		田中敏昌（13才）死亡。認定死亡患者45人目（胎児性3人目）(11.11)
		告発する会，80名水俣を訪問，リハビリテーション，患者家庭訪問，交流会（11.23）
		公害被害者全国集会（東京）渡辺栄蔵，松本トミエ，日吉会長参加（11.26），チッソ本社に抗議（11.27）
		川本輝夫，人権擁護委員会へ，未認定死亡患者の人権無視について訴える(12.6)
		告発する会講演会，宇井純「世界の水銀汚染について」報告（12.13）
		弁護団・告発する会・水俣病研究会，裁判上の諸問題について討議（12.14）
	第二準備書面提出（12.27）	公害被害者救済法による「熊本県公害被害者認定審査会」(会長・徳臣晴比古熊大教授）発足（12.27）
		この年認定患者3人死亡
1970 (昭45)		市民会議・告発する会，水俣市内をデモし交流会（1.5）

年	チッソ会社関係	水俣病・その他
1970 (昭45)		第２準備書面提出（1.14）
		第２回口頭弁論（1.16）
		人権擁護委,「未認定死亡患者不審査は人権侵害でない」と回答（1.17）
	自民党・チッソなど水俣市長候補に浮池正基（水俣芦北地区医師会長・元患者審査会委員）を決定（1.26）	認定審査会,「救済法」にもとづき既認定者を再認定（1.26）
		未認定患者佐藤栄一郎死亡（６月 19 日認定）（1.26）
	浮池市長候補,「チッソ合理化再建に全面的協力」を公約（1.31）	
		「公害に係る健康被害の救済に関する特別措置法」施行（ 2.1）
		武内教授，未認定患者佐藤栄一郎を末梢神経生検法などによって水俣病と診断（2.9）
	水俣工場再建の一つの柱として，オキシクロ塩ビ工場建設着手（2.19）	水俣市長選，浮池正基当選（2.10）
		新潟で古山知恵子，初の胎児性患者と認定（ 3.7）
		公害国際シンポジウム開かる（東京)(3.9－12)
		第３準備書面提出（3.14）
		第３回口頭弁論（3.18）会社側，補償処理委に委任したのは物価上昇に見合う見舞金の改訂だと発言，問題となる
		北九州市でカネミライスオイル患者全国連絡会議結成大会（3.22）
		カネミ油症事件で福岡地検が加藤社長らを起訴（3.24）
		一任派山本亦由ら，内田厚相と補償処理委に陳情，処理委４月中に結論と語る（3.27）
	日本珪素水俣工場，フェロシリコン製造開始（年産約１万４千トン）（ 4.1）	市民会議，鹿児島県阿久根市で，28 年以前の患者について調査（3.29）
		熊大藤木講師,「水俣湾は大量の水銀で汚染されている」と発表（4.6）
	チッソ自宅待機者，工場正門前で座り込み（4.25）	告発する会，浮池水俣市長に補償処理問題で抗議（4.30）
		細川一元チッソ付属病院長，ガン研に入院（5.5）
		互助会一任派総会，代表を 13 人とし調印の全権を与える（5.10）

年	チッソ会社関係	水俣病・その他
1970 (昭45)		安中カドミウム事件で東邦亜鉛に有罪判決（5.14） **訴訟派患者・市民会議・告発する会，チッソ東京本社前に，一任派の補償処理に抗議して坐り込み**（5.14）**厚生省（橋本政務次官）に抗議**（5.15）
	自宅待機者24人を復帰，新たに13人に待機を命ず（5.16） 第3準備書面を提出（5.16）	**第４回口頭弁論**（5.20） **補償処理委，あっせん案提示，告発する会抗議行動，13名逮捕さる（東京**)(5.25) **一任派代表，あっせん案受諾調印**（5.27） 市民会議，第1組合，水俣工場前で抗議慰霊集会（5.27）**第１組合，補償処理に抗議して８時間ストライキ**（初の公害スト） 東京「水俣病を告発する会」準備会結成（5.28） 自治省，公害防止に知事権限強化を通達（6.1） **水俣病訴訟弁護団全国総会**（水俣)(6.6－7) 衆院産業公害特別委，水俣病補償問題で論議，参考人の宇井純あっせん案を批判（6.10） 全国公害連総会（東京)(6.11) 補償処理委，患者2名の症度を変更（6.12） 水俣病訴訟1周年，熊本市中デモ。東京の告発する会準備会もデモ（6.14） 一任派，総額1億7,000万円の補償金受けとる（6.18） 水俣市議会，処理委あっせん案で論議，日吉フミコ議員（市民会議会長）発言に関して懲罰処分うける（6.18） 認定審査会，5名（うち死者1名）を水俣病患者と認定（6.19）（認定患者121人となる。）
	第1組合の5.27ストに対し，ボーナス4日分減額を通告（6.28）	**「東京・水俣病を告発する会」発足**（6.28） 第4準備書面提出（7.1）

年	チッソ会社関係	水俣病・その他
1970 (昭45)		東京－水俣巡礼団（代表・砂田明）東京を出発（7.3） 細川博士，臨床尋問で昭和34年10月のネコ実験について証言，当時のメモ提出（7.4） **第5回口頭弁論**（7.10）

水俣病認定患者名簿

昭和45年7月現在

総　数 121人（胎児性23人）
死亡者　46人（ゴチック）

患者番号	氏　　名	生年月日	発病年月日	認定年月日	発病時家業	住　　所	備　考（没年月日）
（訴訟した人たち）							
1	**溝口トヨ子**	S23. 1.11	28. 12.15	31.12. 1	大　工	月浦 171	31. 3.15
7	**三宅トキエ**	M36. 7. 1	29. 6.10	31.12. 1	日　雇	桜ケ丘1番6号	29.10.25
13	**荒木　辰雄**	M31. 7.12	29. 11.	32. 10.15	漁　業	月浦 197の2	40. 2. 6
16	松田　富次	S24. 7.29	30. 5.27	31.12. 1	漁　業	袋 774	
44	**フミ子**	S 2. 8.17	31. 7.13	31.12. 1		（富次の姉）	31. 9. 2
21	**坂本キヨ子**	S 4.12.29	30.11.15	31.12. 1	農・漁	袋 786	33. 7.27
25	**長島辰次郎**	M37. 3.21	31. 4. 2	31.12. 1	無	百間町 1-4-13	42. 7. 9
27	松本ふさえ	S24.10.10	31. 4. 1	32. 10.15	日　雇	月浦 158	
106	俊子	S29. 8.13	31. 6.	39. 3.28		（トミエはふさえ・俊子の母）	
—	トミエ	T12.11.24		45. 6. 19			
28	**田中しず子**	S25.11.24	31. 4.14	31.12. 1	漁　業	月浦 169	34. 1. 2
29	実子	S28. 5. 3	31. 4.24	31.12. 1		（しず子の妹）	
32	**江郷下カズ子**	S25.12.20	31. 4.28	31.12. 1	漁　業	月浦 701	31. 5. 23
33	一美	S20. 4. 9	31. 5. 8	31.12. 1		（マスは母，あとの3人は兄弟）	
34	マス	M45. 2.15	31. 5.16	31.12. 1			
42	美一	S22. 11. 9	31. 6.14	31.12. 1			
38	坂本タカエ	S14. 3. 2	31. 5.13	31.12. 1	農　業	袋 788	
39	**渕上　洋子**	S29. 1.18	31. 5.	31.12. 1	日　雇	袋 3895	32. 7. 11
43	田上　義春	S 5. 3.20	31. 7. 8	31.12. 1	精米業	月浦 170	
49	**浜元　惣八**	M31. 7. 3	31. 8. 15	31.12. 1	漁　業	月浦2170の1	31. 10. 5
50	二徳	S11. 1. 22	30. 7. 20	31.12. 1		（二徳は惣八マツの子）	
58	**マツ**	M33. 2.15	31. 9. 15	31.12. 1			34. 9. 7
52	**坂本真由美**	S28. 8. 5	31. 6. 30	31.12. 1	農・漁	袋 786	33. 1. 3
99	しのぶ	S31. 7.20	同左	37.11. 29		（真由美の妹）	
53	坂本マスヲ	T13. 5. 2	31. 8. 17	32.10. 15	漁　業	月浦 350の12	

患者番号	氏名	生年月日	発病年月日	認定年月日	発病時家業	住所	備考（没年月日）
55	岩本　昭則	S25.11.12	31. 8.23	31.12. 1	漁　業	袋 657	
57	前島　武義	M43.11.20	31. 9.12	31.12. 1	土　工	江添 961	
59	渡辺　松代	S25. 3.31	31. 9.23	31.12. 1	漁　業	袋 536	
61	栄一	S27. 6.22	31. 11. 5	31.12. 1		（松代以下3人は兄弟，シズエは祖母）	
105	政秋	S33.11. 10	同左	37.11. 29			
112	**シズエ**	M33. 7. 4	32. 7.	44. 5.			44. 2. 19
60	尾上　光雄	T 5. 11.10	31.10.10	31.12. 1	理　髪	百間町 2-1-8	
67	**尾上ナツエ**	M41.10. 15	33. 9. 15	33. 10. 2	無	築地3番12号	33.12. 14
70	**中村　末義**	M40. 3. 15	34. 4. 6	34. 4. 24	農　業	浜町3－9－8	34. 7. 14
73	杉本　トシ	T10. 2. 7	34. 8. 15	34. 9. 18	漁　業	袋 2751 の 2	
88	**進**	M38.10. 2	34.6 中旬	36. 8. 7		（トシの夫）	44. 7. 29
82	**釜　鶴松**	M36. 8. 28	34.6 中旬	35. 2. 3	漁　業	出水市下鯖淵	35. 10.12
84	**平木　栄**	M25.12. 5	35. 4. 5	35. 6. 8	漁　業	月浦 661	37. 4. 19
87	牛島　直	M28. 5. 17	35. 10. 8	35. 11. 4	商　業	袋 2917	
97	上村　智子	S 31. 6. 13	同左	37. 11.29	工　員	月浦 380	
102	淵上一二枝	S 32. 5. 18	同左	37. 11.29	無	袋 3895	
110	浜田　良次	S 34.10. 23	同左	39. 3. 28	漁　業	津奈木町福浜	

（補償処理委に一任した人たち）

患者番号	氏名	生年月日	発病年月日	認定年月日	発病時家業	住所	備考（没年月日）
2	金子　親雄	S26. 9.26	29. 4.27	31.12. 1	農　業	明神町1－11	
6	**近**	S 6. 4.25	29. 7.17	31.12. 1		（近は2人の父）	30. 5.15
92	雄二	S30. 8.26	同左	37.11.29			
3	**中岡　義則**	S27. 3.22	29. 5.25	31.12. 1	無	汐見町1	29.10.21
4	津川　義光	T 3. 1.28	29. 5.25	31.12. 1	日　窒	汐見町1－2－90	
5	**柳迫　直喜**	M38. 3. 9	29. 6.14	31.12. 1	農　業	多々良	29. 8. 5
8	**山川　一清**	S21. 3.29	29. 8.20	31.12. 1	漁　業	月浦	30. 6.19
22	**千秋**	T14. 8. 2	30.12.13	31.12. 1		（一清の叔父）	31. 4. 9
9	**塩平　静子**	S26. 5. 6	29. 8.12	31.12. 1	漁　業	汐見町1	29.10. 3
10	**憲行**	M45. 3. 6	29. 8.19	31.12. 1		（2人は親子）	29.10. 9
11	崎田タカ子	S16. 7. 9	29. 8.20	31.12. 1	漁　業	平町1	
12	**川上千代吉**	M38. 2.15	29.11.	32.10.15	漁　業	月浦	31. 6.18
14	中津　芳夫	S6. 9.15	30. 6.20	31.12. 1	漁　業	月浦 345	
45	美芳	M40.12. 1	31. 8. 9	32.10.15		（2人は親子）	

患者番号	氏　　名	生年月日	発病年月日	認定年月日	発病時家業	住　　所	備考（没年月日）
15	**浜下　猶吉**	M34. 7. 9	30. 3.10	32.10.15	漁　業	月浦	31. 4.10
17	**大矢　二芳**	T 6. 7.16	30. 6.17	31.12. 1	漁　業	明神	31.10.17
62	**安太**	M19.11. 2	31.11.15	31.12. 1		（2人は親子）	40. 8.28
18	**米盛　久夫**	S27.10. 4	30. 7.19	31.12. 1	大　工	出月	34. 7.24
19	**武田ハギノ**	T 2. 3.22	30. 8. 1	31.12. 1	日　窒	出月	30.11.21
20	田上　勝喜	M38.10.19	30.11.15	32.10.15	漁　業	梅戸町2－2－30	
23	**岩坂　聖次**	S28.12.27	31. 1.15	31.12. 1	漁　業	袋 794	31. 7.20
96	**マリ**	S31. 5.11	同左	37.11.29		（3人は兄弟）	37. 9.15
104	すえ子	S32.10.29	同左	37.11.29			
24	**岩坂増太郎**	M16.11. 6	31. 2.18	32.10.15	漁　業	袋 745	32. 8. 7
26	一行	S 7. 3. 5	31. 4.10	32.10.15		（2人は親子）	
30	中間テル子	S12. 5.21	31. 4.25	31.12. 1	日　雇	平町1－1－14	
31	**山下十太郎**	M40. 1. 5	31. 4.25	31.12. 1	漁　業	梅戸	31. 7.19
35	池島　栄子	S24. 7.16	31. 5. 5	32.10.15	漁　業	天神町1－2－1	
36	井上アサノ	M33.11.15	31. 5.25	32.10.15	無	月浦 661	
37	村野タマノ	T 3.12. 1	31. 5.25	31.12. 1	漁　業	月浦 750	
40	山本　節子	S17. 6.30	31. 6.15	31.12. 1	漁　業	出月	
41	松永久美子	S25.11. 8	31. 6. 8	31.12. 1		袋 793	
46	清子	S23.11.18	31. 8.	32.10.15		（マサは2人の母）	
－	マサ	T 4.12.20	31. 6.	45. 6.19			
47	丸目　　修	S23. 6.10	31. 6.16	31.12. 1	日　雇	丸島町3－1－17	
48	前島　留次	M42.12.13	31. 6.18	31.12. 1	公務員	月浦 247	
51	石原　和平	S17. 1.11	31. 6.24	31.12. 1	漁　業	月浦 350	
54	前田恵美子	S29. 1.13	31. 2. 8	31.12. 1	漁　業	明神町1－13	
56	竹下　森枝	S17.10.15	31. 9.15	31.12. 1	日　雇	百間町2－2－21	
63	門宮　哲雄	T 3. 4.30	31.11.	31.12. 1	水産加工	大口市八坂町 2218	
64	中村　秀義	T 3. 9.22	31.12. 1	31.12. 1	日　窒	袋 697	
65	生駒　秀夫	S18. 7. 4	33. 8. 4	33. 8.11	無	梅戸町2－4－2	
66	**浜田　忠市**	T14. 2. 1	31. 3.21	33. 8.23	運　送	湯堂	33. 9. 3
68	**田中　ケト**	M34. 7. 1	33. 9.10	33.11.28	漁　業	梅戸	33.11.24
69	森　　重義	M45. 3. 9	34. 3.10	34. 3.26	漁　業	八幡町1－6－5	
71	**島本利喜蔵**	M30. 2.16	34. 7. 2	34. 9.18	漁　業	八幡町	39. 2.26
72	池崎喜會太	M34.12.14	34.6. 中旬	34. 9.18	漁　業	築地3－28	
74	伊藤　政人	T 8. 9.24	34. 9.24	34. 9.18	失　対	山手町2－6－33	

患者番号	氏　名	生年月日	発病年月日	認定年月日	発病時家業	住　所	備考（没年月日）
75	**船場　藤吉**	T14. 1. 7	34. 9. 1	34. 9.23	漁　業	津奈木町岩城	34. 2. 5
76	岩蔵	M25. 6. 1	34. 9.27	34.10.14		（2人は親子）	
77	**篠原　保**	T 2. 5. 6	34.10.15	34.11.19	漁　業	津奈木町福浜	34.11.28
–	シズエ	T 4.11.19	34.11.	45. 6.19		（保の妻）	
78	福山　一喜	S28. 2.27	34.10.	34.11.21	漁　業	津奈木町福浜	
79	**緒方　福松**	M31. 1.25	34. 9.25	34.12.16	漁　業	湯浦町	34.11.27
80	岩坂キクエ	T 7. 5.14	35. 1. 中	35. 2. 3	漁　業	袋 793	
81	**川野　政吉**	M33.11.25	34.11. 初	35. 2. 3	漁　業	芦北町計石	35. 2. 9
83	西　武則	T 4.11.30	34. 9. 初	35. 2. 3	漁　業	出水市下知識	
85	長井　一男	M32. 3.28	34. 8.	35.11. 4	漁　業	出水市下鯖淵	
108	勇	S32. 2.11	同左	39. 3.28		（一男は勇の祖父）	
86	**坂本　万蔵**	M20. 9.24	35.10. 7	35.11. 4	無	月浦	40. 1.15
89	**岩坂　良子**	S33. 9.12	同左	36. 8. 7	漁　業	湯堂	36. 3.21
90	川上万里子	S30. 1.10	同左	37.11.29	会社員	梅戸町 2–3–26	
91	加賀田清子	S30. 8.16	同左	37.11.29	会社員	月浦 136	
93	半永　一光	S30.11. 4	同左	37.11.29	漁　業	八窪町 2–5–6	
94	**田中　敏昌**	S31. 4. 1	同左	37.11.29	工　員	湯堂	44.11.11
95	山田　松子	S31. 4. 4	同左	37.11.29	船　員	江添 730	
115	ナエ	T 4. 1.25	31. 4.	44. 5.29		（松子の母）	
98	滝下　昌文	S31. 7. 7	同左	37.11.29	漁　業	袋 2708	
100	鬼塚　勇治	S31.12. 8	同左	37.11.29	無	袋 2280	
101	中村　千鶴	S32. 2.15	同左	37.11.29	漁　業	袋 2708	
103	森本　久枝	S32. 5.19	同左	37.11.29	無	袋 166	
107	東　正明	S30. 9. 7	同左	39. 3.28	公務員	出水市下鯖淵	
109	山本富士夫	S32. 4.10	同左	39. 3.28	漁　業	田浦町井牟田	
111	永本　賢二	S34. 9. 1	同左	39. 3.28	会社員	梅戸町 1–3–9	
113	山口　勇	T 9. 6.18	34. 2.	44. 5.29		浜町 3–8–3	
114	田上　磯松	M31.10.21	32. 2.	44. 5.29	漁　業	袋 1682	
116	小崎　達純	S34. 9.25	同左	44. 5.29	漁　業	湯浦町女島	
–	黒田留次郎	M37.10.14	33. 6.	45. 6.19	公務員	白浜町 6 の 39	
–	**佐藤栄一郎**	M39.12.13	34. 春	45. 6.19	漁　業	袋 3892	45. 1.26

水俣工場関係資料

1　アセトアルデヒド５期工場フローシート[†28]
2　水俣工場図並びにアセトアルデヒド設備廃水経路 (昭和 33 年９月まで)
3　鉄屑槽略図
4　八幡プール構造図 (平面図・断面図各２面)
5　「水俣工場の排水について」(付図共)
6　排水処理系統 C' (昭和 35 年１月以後)
7　排水処理系統 D' (昭和 35 年８月現在)
8　水俣工場製品製造工程図 (昭和 30 年度)
9　水俣工場製品別生産量推移

○水銀母液貯蔵タンク

43年５月アセトアルデヒド工場停止後、水銀母液を貯蔵していた。始末に困ったチッソは同年８月韓国に輸出を企てるが、第一組合の反対で中止する。その後、熊大入鹿山教授の開発した方法で処理・廃棄を急ぎ、44年10月11日処分完了直前に、熊本地裁は証拠保全をした。

水俣工場図並びにアセトアルデヒド設備廃水経路

（昭和33年９月まで）

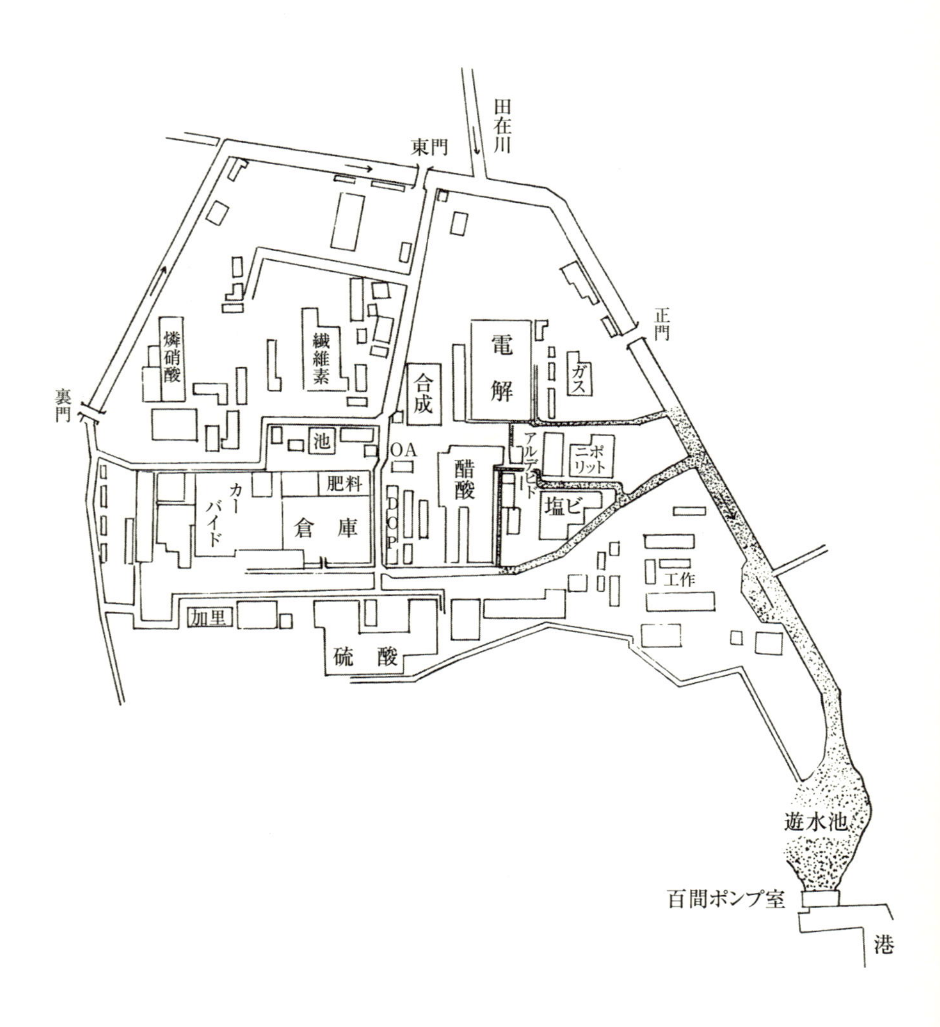

鉄屑槽略図

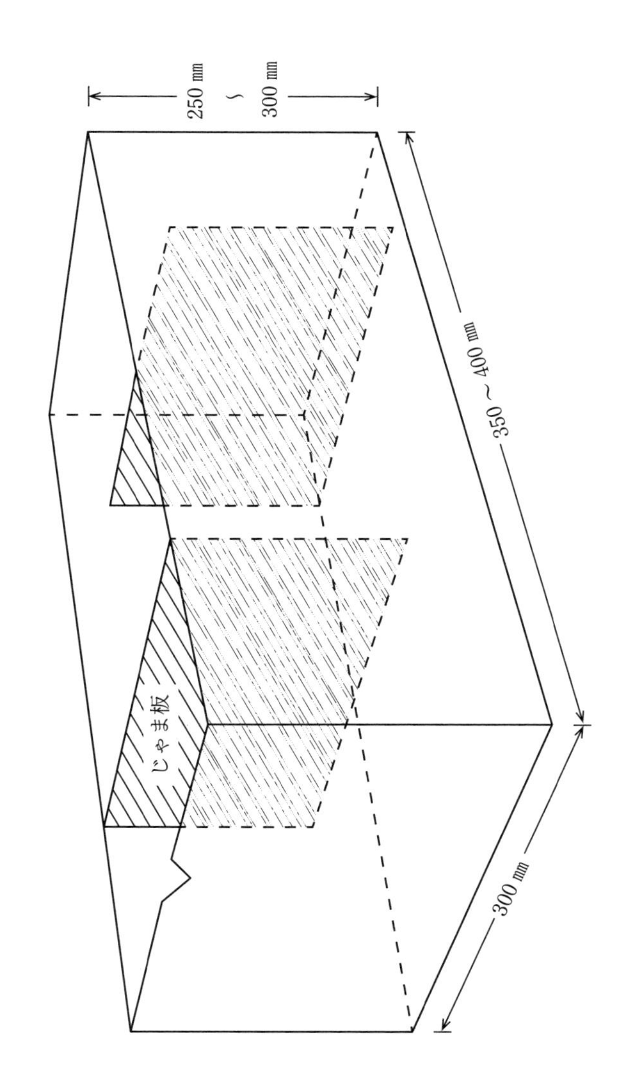

八幡プール平面図

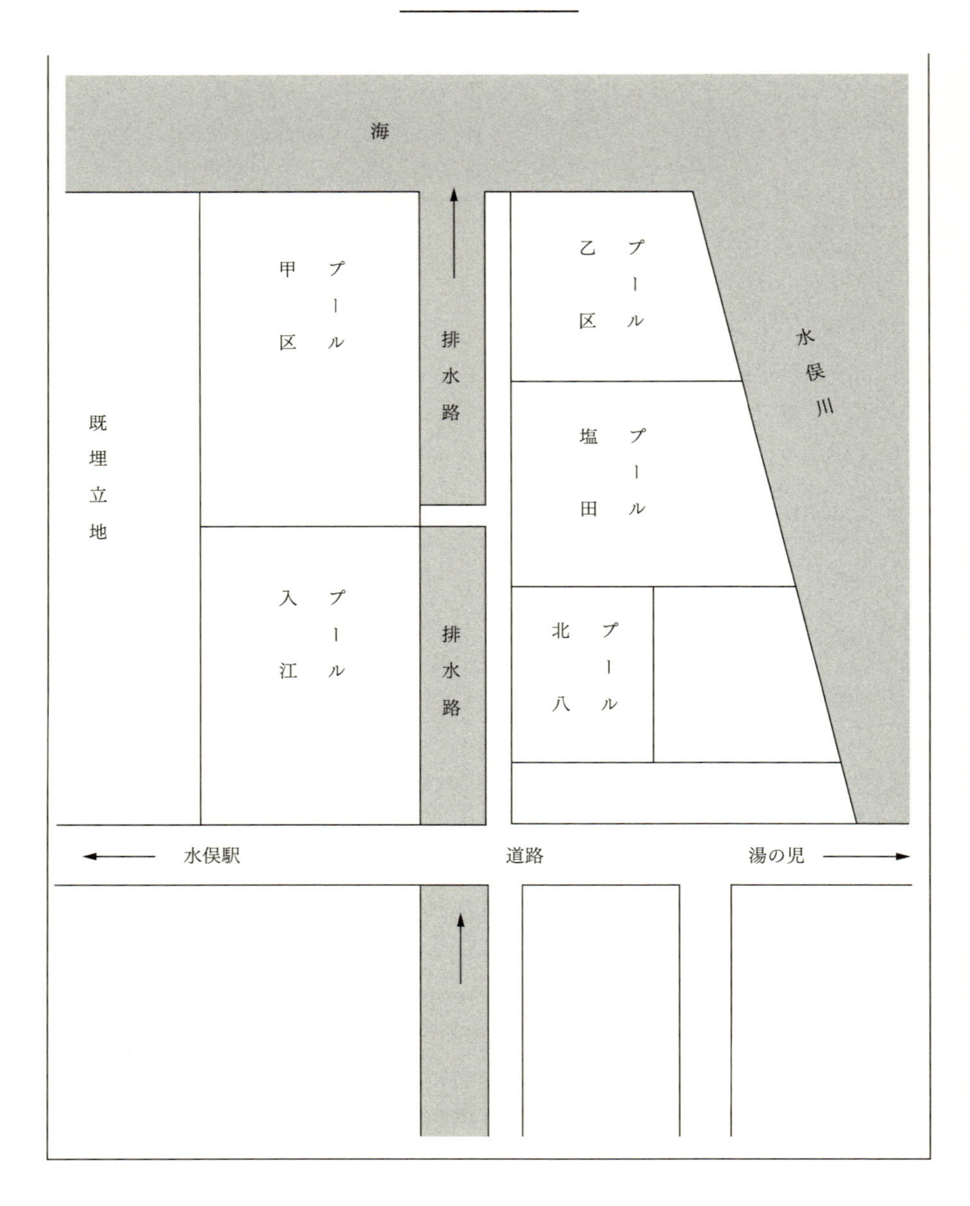

八幡プール断面図（第一回築堤）

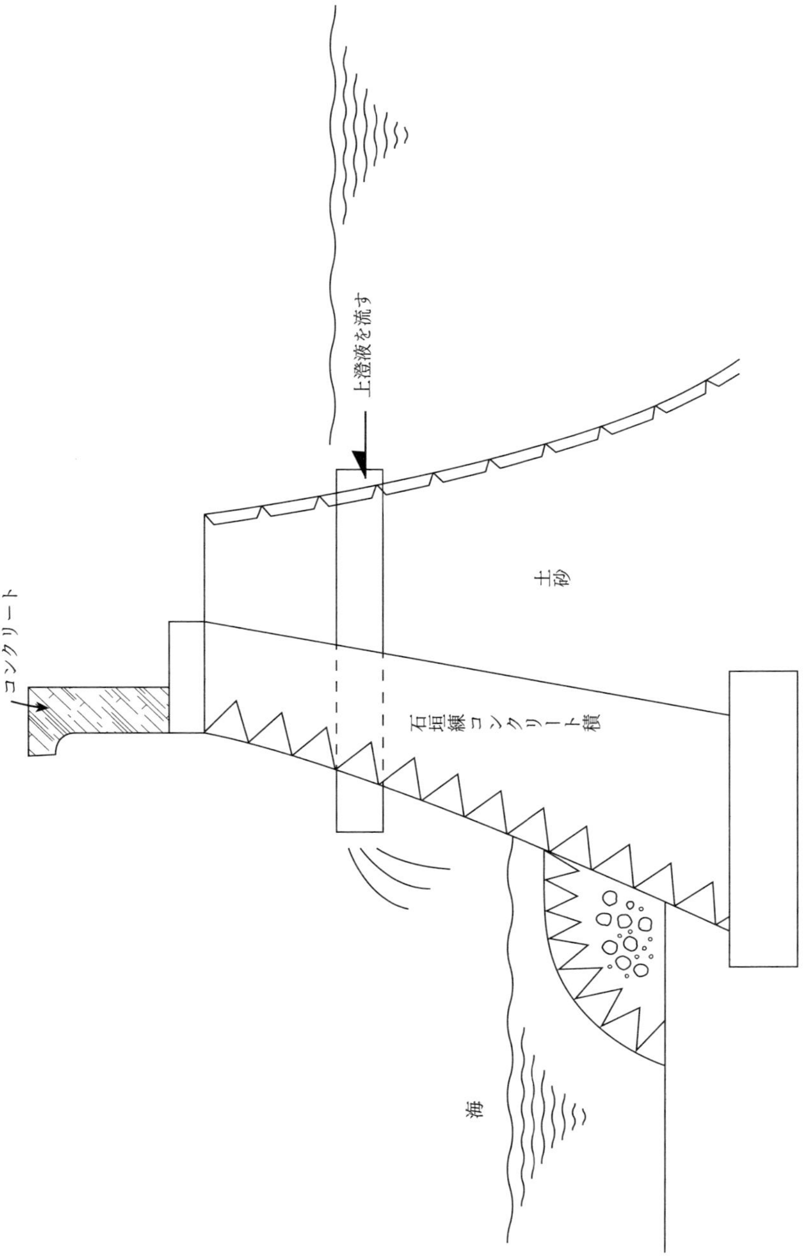

コンクリート
上澄液を流す
土砂
石垣練コンクリート積
海

八幡プール嵩上平面図

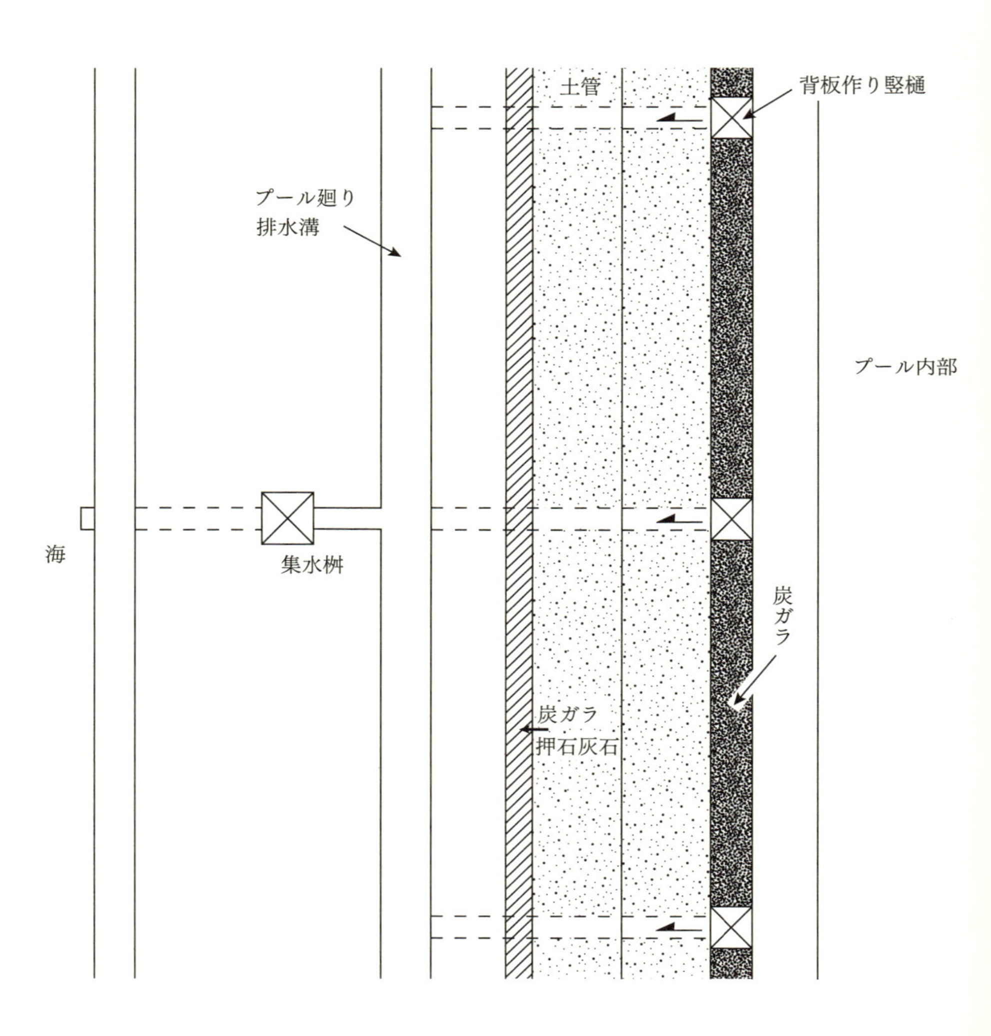

八幡プール断面図（嵩上後）

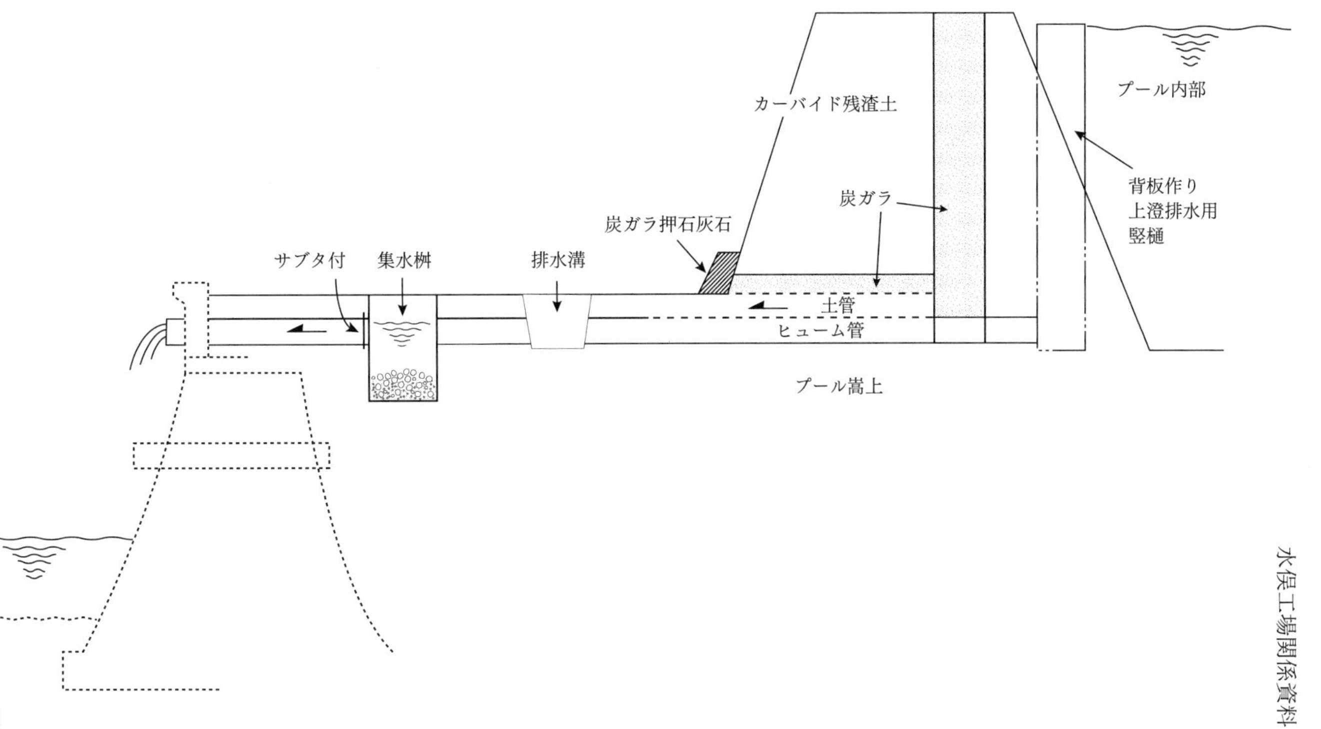

新日本窒素肥料株式会社水俣工場
「**水俣工場の排水について**(その歴史と処理及び管理)」

(昭和34年11月)

水俣工場の排水について

生産方式及び製品変遷の大要

水俣工場の創業開始は明治42年である。これから大正6年まではカーバイドを製造し、これから石灰窒素を造ってきたが、大正7年から石灰窒素を原料としてアンモニアを得、硫酸と作用させて硫安を製造するようになった。

昭和2年からアンモニアの原料を石灰窒素から得ることをやめ、電解水素と空気中窒素からの合成法によることに転換した。このためカーバイドの新用途をアセチレン誘導体の合成に求め、昭和7年アセトアルデヒド醋酸の合成開始以来次々に種々のアセチレン誘導体(塩化ビニールは昭和16年生産開始)の生産を行うようになった。一方アンモニア誘導体でも昭和8年から硝酸の生産を始めた。

今次大戦後も生産方式の変更、新製品の生産開始が続けられたが、生産方式変更の主なものとしては、昭和32年開始した水素原料を新たに重油に求めたことが挙げられる。新製品としては、昭和30年から始められた硫燐安、硫加燐安、昭和27年から始められたオクタノール、DOPが主なものである。

排水の変遷につき以下生産方式及び製品の変遷に応じ数区間に区切って説明する。

明治42年から昭和30年まで

1　石灰窒素生産期(明治42年～大正6年)

所謂旧工場時代で現在の肥後化成炭素電極工場敷地に工場があった時代である。

製品　　製造方式　　生産能力

カーバイド

500KVA　　電炉4台

石灰窒素

カーバイド投入量１T/D　日室式炉　　６台（稼動４台）

生産量僅少で明治42年～大正６年まで

全期間中の出来高　　硫安換算　　3,000瓲

工場用水

当時旧工場前の水俣川河水を使用していた。

排水及び廃棄物

工場用水は冷却水雑用水であり排水廃棄物で特に問題となるものはなかった。

2　石灰窒素変成硫安生産期（大正７年～大正15年）

大正６年新工場即ち現在の工場敷地に移転した。

製品　　製造方式　　生産能力

カーバイド

2000KW　　アーク炉　　６台

石灰窒素

４T/D炉　　24基　　生産能力約 3,000T/M

変成硫安

石灰窒素に圧力蒸汽を加えてアンモニアを造り、硫化鉱石を焼いて鉛室法で製造した硫酸と作用せしめて硫安を造る。

生産能力約40,000T/Y

セメント

石灰窒素からアンモニアを製造する際に発生する残渣（炭酸カルシウム）に粘土石膏を加えて、ポートランドセメントを焼成していた。

工場用水

大正６年工場用水揚水場としての小崎ポンプ室完成し、送水を開

始した。

排水及び廃棄物

石灰窒素からアンモニアを分離した際発生する残渣(黒色であって炭酸カルシウムと炭素が主成分)を含む排水は工場内(醋酸エチル工場附近)に設けられてあった簡単な沈澱池で残渣を沈降させ上澄水をそのまま百間に流していたが、沈降不充分のため水俣湾海面は当時黒色を帯びていたと云われている。(水俣湾底土—所謂黒色ドベ—に炭素及び炭酸カルシウムが多い理由と考えられる)

沈澱池の残渣は堀上げて現在の塩化ビニール工場、アルデヒド工場附近に山積にしてセメントの原料として貯えていたが、残渣生成量とセメント生産量がつりあわないためこの黒色残渣はたまる一方であった。

これ等の残渣は昭和に入ってから正門から醋酸工場までの工場敷地造成の際水田埋立用に使用された。

漁業組合との問題

大正14年2月工場から百間籔佐3,600余坪海面埋立に関し漁業組合の了解を求めているが直ちに承諾が得られず逆に同年10月補償要求を受け、大正15年4月永久に苦情を申出ないことを条件に見舞金1,500円を支払い同年6月百間籔佐地先7,000坪の埋立に関する承諾が得られた。

3　合成アンモニアによる硫安最盛期(昭和2年〜昭和6年)

大正15年12月カザレー法合成アンモニア工場の完成と同時に変成硫安法を中止し、石灰窒素も生産を減らし昭和7年に廃止した。セメントは炭酸カルシウム残渣で生産を続けたが、市況不振のため昭和5年9月以来生産を止めた。

製品	製造方式	生産能力
アンモニア	合成法	1,600T/M
硫酸	鉛室法	2,700　〃
	納塔式	2,000　〃

硫安　　　　　　　　　　6,000　〃

排水及び廃棄物

石灰窒素からのアンモニア製造が中止になったので黒色の排水は出なくなったが、残渣の山は長らく残り一部は終戦直前迄残っていた。

4　有機合成硝酸硫安平行生産期(昭和７年〜昭和20年)

朝鮮興南工場の操業開始により肥料生産の重点は興南に移り、水俣工場は昭和７年以降硝酸並びにカーバイドを使う有機合成工場に転換した。即ち硝酸工場の新設によりアンモニアは主として硝酸に向けられ、有機合成関係は、アルデヒド、醋酸(昭和７年)を始め、無水醋酸(昭和10年)、アセトン(昭和11年)、醋酸繊維素(昭和13年)、塩化ビニール(昭和16年)、醋酸ビニール(昭和19年)等の設備が逐次建設され操業に入った。

製品　　製造方式　　生産能力

別表(1)参照

工場用水

用水増加に応ずるため小崎ポンプ室の揚水ポンプの増設が行なわれた。

排水及廃棄物

昭和７年カーバイドからアセチレンを発生させアセトアルデヒド醋酸の合成が開始されて以来現在の塩化ビニール工場、液体塩素タンク置場附近一帯に残渣沈澱池を設け、ここにアセチレン発生残渣水を入れ上澄液を現在の工作工場附近一帯の沼沢地帯を経て百間港に流していた。百間港は水酸化マグネシウム沈殿のため白濁していた。

沈澱池に沈降した残渣は八幡地区に運搬し、埋立に使用していたが、昭和22年以来現在の方式即ちアセチレン残渣を水と共に八幡地区沈澱池に送り、残渣を沈降せしめて埋立地を造成し上澄水は海面に放流した。

アセトアルデヒド醋酸工場排水も昭和７年以来上記沼沢地帯を経て百間港に流出せしめていた。

漁業組合との問題

昭和18年1月漁業被害の問題が再燃し、会社と漁業組合との間に次の要旨の補償契約が締結された。

(1) 工場の汚悪水、諸残渣、塵埃を組合の漁業権の有る海面に廃棄放流することによる過去及び将来永久の漁場被害の補償として152,500円を支払う。

(2) 組合及組合員は将来永久に一切の損害補償を主張しない。又工場より産出するカーバイド残渣は将来旧水俣川流域方面に廃棄放流する。

(3) 将来漁業組合の権利を承継するものが生じた場合は、同組合はそのものに本契約条項を履行させる責に任ずる。

5　終戦後(昭和21年～昭和30年)

昭和20年3月から7月末日にかけて工場は数回に亘る被爆のため甚大な損害を受けた。特に有機合成設備の被害が甚だしかったが、終戦と同時に復旧に着手し、先ず昭和20年10月に硫安、12月にカーバイド、昭和21年2月醋酸、8月硝酸の順で運転を再開した。

この期間に於ける製品及び製造方式の変更は別表(2)の如くであるが終戦から昭和23年迄の間が肥料関係の復旧合理化時期、昭和24年以降有機関係の復旧、整備、合理化時期である。

工場用水

用水量の変遷については別表(4)参照

排水及び廃棄物

排水量の変遷については別表(5)参照

(1) カーバイドアセチレン残渣排水

昭和21年2月アルデヒド醋酸の再開により残渣排水は22年以来現方式で八幡地区に送るようになったが、カーバイド消費量の増加と共に排水の量も増加した。

(2) アルデヒド醋酸設備排水

アルデヒド醋酸設備排水も従前通り鉄屑槽を経て百間港に流していた。

アルデヒド設備については年約４回解体掃除する時不定時に洗滌水が出るがその量は最高30㎥/H位である。

⑶ 塩化ビニール設備排水

昭和24年再開以来鉄屑槽を経て百間排水溝へ流していた。

⑷ 燐酸設備排水

昭和30年３月から燐酸工場生産開始され副生石膏の洗滌水に石膏微粒子が含まれ白濁するのでアセチレン残渣と共に八幡残渣プールに送り、ここで石膏を沈降せしめた後上澄液を八幡埋立地中央排水溝へ放流した。

漁業組合との問題

戦後漁業団体及び漁業権が再編成されることになり、新法に基いて昭和24年水俣市漁業協同組合が設立され旧組合は解散した。新組合の不作為債務(漁業被害に対する損害補償を将来永久に主張しない)の承継について論ぜられたが、結論が出ない侭に昭和26年組合の財政窮乏による懇請があって50万円無利子で貸付けた、その代償として組合は火共12号漁業権内(即ち西湯の児から鹿児島県境に至る海域)に於て会社の事業により害毒が生じても一切異議を申出ない、又同漁業権内で会社が将来埋立を計画する時は組合は優先的にこれを認めるとの覚書を締結した。

昭和29年会社は残渣沈澱池を増設する八幡海面埋立の承諾を組合に求めた際、組合は毎年50万円の補償金支払を要求し、数次に於ける交渉の結果明神崎海面の埋立を追加し、年40万円を支払うこととして、次の契約及び覚書を締結した。

契約書として

⑴ 会社の事業より生ずる残滓その他一切の工業用汚悪水が会社の善意の処置をしても組合の漁業権を有する海面に流出すること

に対し会社は毎年40万円を支払い組合は今後被害補償その他如何なる要求も会社にしない。此の額は将来著しく物価の変動があった場合は協議の上修正する。

(2) 将来会社が組合の漁業権を有する海面で埋立を計画する場合組合は之を承諾するが、この場合も前項の金額に変更ない、但し埋立により組合が漁場を失う場合の補償については両者協議する。

覚書として

(1) 組合は松の元築地海面(八幡)18,020.5坪、明神崎海面(水俣湾)23,866.74坪を会社が埋立てることを承諾する。

(2) 明神崎海面埋立完了後、その埋立地2,000坪を会社は組合に無償譲渡する。

昭和31年から昭和34年10月まで

1　昭和31年から昭和34年10月まで

製造方式　製品の変遷　別表(3)参照

この内アンモニア製造用水素を従来の水電解以外に重油ガス化による様になったことと、塩化ビニール樹脂、オクタノール等の拡張が目立っている。

工場用水　別表(4)参照

排水量　　別表(5)参照

排水処理の変遷

従来固形物を含む廃水を生ずる設備はアセチレン発生設備が主なものであったが、新に燐酸設備、硫酸ピーボディ塔、重油ガス化設備、カーバイド密閉炉ガス洗滌装置等が加わった。これ等廃水を処理し、水質を向上せしめるためにとった措置を各廃水別に説明する。

排水処理系統図参照　別表(6)

(1) カーバイド密閉炉ガス洗滌排水

(処理前水質)　pH 11.0　固形物1.4g/ℓ　主成分C、CaO

(排水量)　　　最高　250㎥/H

(処理法)

昭和33年6月カーバイド密閉炉運転開始によりこれから生ずるガス洗滌排水を八幡プールに送り固形物を沈降せしめた後、上澄液を八幡埋立地中央排水溝に放流した。昭和34年9月29日工場内に構内プール(臨時沈澱池、800㎥×4槽)が完成したので、硫酸ピーボディ塔廃水、燐酸廃水と混合中和し、固形物を沈降せしめている。

物が堆積すると槽を切替使用し沈降物をポンプでドライングベッドに入れ乾燥せしめてからトラックで八幡埋立地に輸送している。

⑵ 硫酸ピーボディ塔廃水

(処理前水質)　pH 1.5　固形物 4～5g/ℓ　主成分 Fe_2O_3

(排水量)　　　60㎥/H

(処理法)

昭和31年8月硫化鉱粉鉱流動焙焼炉が完成し、附属するガス洗滌装置(ピーボディ塔)から廃水が出ることになった。試運転当時は工場中央の排水溝から東門を経て外側排水溝に入り百間港に排出していたが、微細な固形物が百間ポンプ室外にも一部流出する状態であったので工場内焼滓置場に沈澱池を新設し、昭和31年11月から、ここで固形物を沈降せしめてから、丸島側排水溝末端に放流することにし同時に百間遊水池前に沈澱池を設置したので焼滓微粉が海に流出することはなくなった。更に昭和32年8月から中和と固形物の除去を同時に行なうためアセチレン発生残渣と共に八幡プールに送った。

昭和34年9月29日工場内に構内プールが設置されたのでカーバイド密閉炉ガス洗廃水、燐酸廃水と混合中和し、固形物の沈降除去を行なっている。

⑶ 燐酸廃水

(処理前水質)　pH 5～7　　固形物 7g/ℓ　主成分 $CaSO_4$

(排水量)　　　最初 40㎥/H　最近 70㎥/H

(処理法)

昭和30年３月燐酸工場生産開始により副生石膏の洗滌水に石膏が含まれ白濁するので、八幡プールに送りここで石膏分を沈降せしめた後上澄液を八幡埋立地中央排水溝へ放流していたが、昭和34年９月29日から新設の工場内構内プールに送り固形物の除去を行なっている。

⑷ 重油ガス化廃水

（処理前水質） pH 7.4　固形物 1g/ℓ　主成分 C

（排水量） 運転頭初 60㎥/H　最近 80㎥/H

（処理法）

昭和32年４月重油ガス化設備運転開始以来ガス洗滌水として少量の微粒子炭素（所謂煤）を含む水が出るようになった。昭和32年４月から７月迄は工場の百間側籔佐に新設した沈澱池（容積約20,000㎥）に送り「煤」を沈降除去して上澄水を百間遊水池に放流したが、沈澱池が満杯となったので昭和32年７月からアセチレン発生残渣と共に八幡プールに輸送した。

⑸ アルデヒド醋酸廃水

（処理前水質） pH 1〜1.5　Hg濃度 10〜20ppm

（排水量） 昭和30年３㎥/H　最近６㎥/H

アルデヒド設備は年約４回解体掃除を行なう。この時不定期に洗滌水が最高 30㎥/H出る。

（処理法）

昭和33年９月迄はアルデヒド工場附属の鉄屑槽を経て百間排水溝にそのまま放流していたが、水質向上の見地から酸分の中和、残存金属類の沈澱除去を更に行うこととし、昭和33年９月からアセチレン発生残渣と共に八幡プールへ送った。昭和34年10月19日大容量の鉄屑を入れた処理槽（醋酸プール180㎥×２槽）が完成したので、ここで微量の残存金属を除去して八幡プールに送っている。

⑹ 塩化ビニール廃水

（処理前水質） HCl濃度 1〜1.5%　Hg濃度 0.1ppm

（排水量） 近年 10㎥/H

（処理法）

昭和34年10月19日迄は鉄屑槽を経て百間排水溝に放流していたが、アルデヒド廃水処理槽（醋酸プール180㎥×２槽）の完成に伴いこの槽を通してアルデヒド醋酸廃水と共に八幡プールの循環水系に入れている。

⑺ アセチレン発生残渣廃水

（処理前水質）　pH 12　固形物 80〜90g/ℓ　主成分 $Ca(OH)_2$

（排水量）　110㎥/H

（処理法）

八幡プールに送られていた各廃水の内最も古いものである。固形物を沈降した上澄水は同地区中央排水溝に放流されていたが、昭和34年10月30日以来プールの滲透水を工場に逆送してアセチレン発生等に循環使用することにしたので八幡海域への排水は皆無となっている。

○構内プール、醋酸プール及び八幡プール滲透水逆送管等の設備完成前後の水質比較

これ等設備完成前工場排水は百間港に流入するものと八幡残渣プールから排出されるものと２種類に分かれていた。百間港に流入するものは冷却水を主とした固形物を含まないもの、八幡残渣プールに送られるものは固形物を含んだもので、広大なプールで固形物を沈降した後八幡地区中央排水溝に放流していた。当時の水質は

	百間港への排水 (34.7.6)	八幡残渣プール排水 (34.7.3)
水量	3,200㎥/H	600㎥/H
pH	6.3	11.9
Hg	0.01mg/ℓ	0.08mg/ℓ

構内プール、醋酸プール及び八幡残渣プール逆送水設備の完成後八幡海域への排水は皆無となり百間港への排水が約300㎥/H増加した。その水質は

百間港への排水
(34.11.7)

水量　3,500㎥/H

pH　6.3

Hg　0.009mg/ℓ

pH、Hg濃度は変っていない特に水銀について比較すると工場から排出されるHgの量は約½.5に減少している。この濃度のHgは厚生省令水道法水質基準に合格する。

浄化装置完成後の排水

昭和34年12月下旬組立を完了し、直ちに運転に入ることを目標にして工事中のサイクレーター、セディフローターを主体とする排水浄化装置完成後の排水処理は次の如くである。

1　即ち現在構内プールで処理している

カーバイド密閉炉廃水　約 150㎥/H(常時)

硫酸ピーボディ塔廃水　約 60㎥/H（〃）

燐酸石膏廃水　約 70㎥/H（〃）

及び八幡プールで処理している

アルデヒド醋酸廃水　約 8㎥/H (常時)

塩化ビニール水洗塔廃水　約 11㎥/H(〃)

をサイクレーター(処理能力 450㎥/H)に入れ、酸、アルカリ(硫酸石灰乳を使用する予定)をpHメーターの指示により添加して中和を行ない、アルギン酸ソーダ等の凝集沈澱剤を加えて固形物を沈降せしめ浄化作業を行なう。

2　現在八幡プールで処理している

重油ガス化廃水　約 80㎥/H(常時)

をセディフローター(処理能力 100㎥/H)に入れて凝集沈澱剤としてセパランを添加して固形物を除去する。

3　上記により沈降除去された固形物を濃厚に含んだ泥水(固形物を約 10%含む)約30㎥/Hは連続的に取出されて八幡プールの特定地区に輸送する。

このプールよりの上澄水は八幡の他のプールの上澄水と同様工場に逆送して循環使用する。

4　サイクレーター、セディフローターにて浄化された後の水は

pH　6.2±1

濁度　100以下

色度　100以下

となり一般工場排水と共に百間排水溝に入れる。

5　アセチレン発生残渣水は現在同様八幡プールに送り上澄水は工場内に逆送して循環使用する。

新日本化学マグネシアクリンカー工場運転の場合

新日本化学マグネシアクリンカー工場が、昭和35年1月下旬から操業開始する予定であるが、ここでアセチレン残渣を原料として使用するので八幡プールへの輸送管から分岐して供給するので八幡プールへ入る量は減少する。

供給予定量は、35年2月～3月　消石灰　5万屯/年

4月以降　消石灰　10万屯/年

であるから残渣水量は

35年2月～3月　110～130㎥/H

35年4月　以降　50～70㎥/H

となる。残渣水は今後160～190㎥/Hであるからクリンカー工場の運転により2月～3月は70%に減少4月以降は30%に減少する。

附記1

廃水管理に対する組織と管理方法

廃水管理は戦前から昭和25年迄は個々の廃水を生ずる製造担当部課に於て別々に管理され特別に統一した担当部門がなかったが同年5月管理課が設置され廃水を統一的に管理することになった。

昭和29年7月工場組織合理化の一環として、工場長補佐機関「工場長室」が

設置された時、工業廃水の問題が全国的に重視される傾向があるのに鑑み、廃水管理業務もここに移され一段と管理の強化がはかられた。

更に水俣病が再び発生した昭和33年７月工場長直属の補佐諮問機関として廃水委員会を設立し、強力な権限を与えた。その担当する業務の主なものは、

1　廃水、水質の監視、検査、報告、記録

2　現場廃水管理方法に関する調査研究、指示助言、廃水管理の重要性についてのPR活動

3　廃水問題に関する社外調査

4　廃水水質の改善方策に関する企画研究、計画の立案と実施の促進

日常の水質監視は委員会の監督下に保安係所属の水質監視要員が昼夜各１回工場内排水溝重要地点に於けるサンプルを採取し、pH、濁度、色度等の検査を行ない毎日報告し、必要に応じてサンプルの一部を技術部に送り分析を実施させている。

尚監視要員は、外見上異状を認めた場合は直に報告し、且つ発生原因に関する調査を行う。

この外、不定期に毎月一回全排水溝各点に就て水質検査を行い担当部課の水質管理成績をきめ別に安全委員会委員が工場内各排水溝の清掃成績をきめているが、これと併せて総合的な管理成績として発表している。

又各廃水毎にpHの範囲を決め百間側排水溝末端に於けるpHが適正範囲におさまるよう管理に努めている。最近自動記録式のpH計を設置し、連続的な監視が可能となった。

工場内排水溝にはところどころ多数の木製の堰を設け油類、浮遊物の補集に努めている。この外各地他工場の廃水施設見学、廃水に関する講習会、学会には委員を出張せしめる方針が採られている。

附記２

百間港海底の泥土(ドベ)について

百間港海底の泥土分析の結果は次の通りである。

試料採取場所	百間港桟橋附近
試料採取月日	昭和 34 年 11 月 21 日
灼熱原料	24.35 %
SiO_2	34.20
Al_2O_3	15.25
Fe_2O_3	4.94
CaO	1.36
$CaCO_3$	9.28
MgO	5.18
SO_3	0.58
S(硫化物として)	1.06
全炭素	4.07
遊離炭素	2.95
窒　素	0.16
Cu	0.032
Mn	0.1
Pb	0.02
Se	0.0008
Tl	0.00005
As	0.005
Hg	0.022

考察

炭酸カルシウム($CaCO_3$)の多いことは、石灰窒素を変成してアンモニアを分離した時に副生する残渣に起因すると思われる。

註　遊離炭素中には有機物炭素をも含む。

別表(1)

水俣工場製品並に生産方式の変遷

(昭和7年～昭和20年)

製品	生産方式	生産能力(最高)
稀硝酸	酸素式　昭和8年開始	
	空気式　昭和18年～昭和20年	1,800 $／M
濃硝酸	ポウリンク式　昭和8年開始	840 $／M
醋酸	回分式　昭和7年開始	1,000 〃
無水醋酸	エチリデン法　昭和10年開始	60 〃
アセトン	醋石法　昭和11年開始	180 〃
醋酸繊維素	昭和13年開始	30 〃
アルデヒド樹脂 (セラック代用品)	昭和15年開始	20 〃
醋酸エチル	昭和15年開始	30 〃
アルドール		
ナフチルアミン (ゴム安定剤)	昭和14年開始	5.5 〃
ブチルアルデヒド		
アニリン (ゴム硫化促進剤)	昭和17年開始	2 〃
塩化ビニール樹脂	昭和16年開始	10 〃
醋酸ビニール樹脂	昭和19年開始	40 〃
カーバイド	昭和9年　2台を抵抗炉に改造	2,000 KWアーク炉 2,000 KW抵抗炉
	昭和12年　1台を抵抗炉に改造	4,000 KW抵抗炉 5,000 KW抵抗炉
アセトアルデヒド	昭和7年開始	900 $／M

別表(2)

水俣工場製品並に生産方式の変遷

(自昭和21年　至昭和30年)

製品	生産方式	生産能力(最高)
水素	水電解設備二系列(272槽増設)昭和22年4月～11月	3,600KW×2(増設分)
硫酸	鉄塔式硫酸設備増設　昭和22年10月	120 ㌧/D(増設分)
醋酸ビニール樹脂	液相法を気相法に転換　昭和24年6月	90 ㌧/M
無水醋酸	エチリデン法を直接法に転換 昭和24年(5月迄)	100 ㌧/M
アセトン	醋石法を熱分解法に転換 昭和25年転換　昭和28年中止	20 ㌧/M
塩化ビニール	(生産再開)	
	昭和24年新設	5 ㌧/M
	昭和25年増強	15 ㌧/M
	昭和26年6月(別敷地に新設)	150 ㌧/M 旧工場の運転を中止
	昭和28年増強	300 ㌧/M
	昭和29年 〃	400 ㌧/M
	昭和30年 〃	500㌧/M生産可能となる
カーバイド	(炉の改造)昭和25年2月	5,000KWを 7,000KWに
	昭和27年9月	4,000KWを 7,000KWに
稀醋酸濃縮	オスマー式　昭和27年1月1基新設	5 ㌧/D
	仝年　12月1基増設	10 ㌧/D
醋酸繊維素	昭和26年6月	40 ㌧/M　に増強
	昭和27年7月	85 ㌧/M　〃
	昭和31年8月	135 ㌧/M　〃
醋酸人絹スフ	昭和26年6月	1 ㌧/D　〃
	昭和27年7月	2.5 ㌧/D　〃
オクタノール	昭和27年9月新設 (昭和29年1月増強)	100 ㌧/M (200㌧/M)
D.O.P	昭和28年2月新設	150 ㌧/M
アセトアルデヒド	(昭和25年　二基撤去 昭和28年8月　一基増設(真空式)	720 ㌧/M 1,300 ㌧/M
濃硫酸	昭和28年12月設備転換	72 ㌧/D
硫燐安,硫加燐安	昭和30年3月新設	112,600 ㌧/Y

別表(3)

水俣工場製品並に生産方式の変遷

（自昭和31年　至昭和34年10月）

製　　品	生　産　方　式	生産能力（最高）
醋酸人絹フィラメント	昭和31年1月新設	1 ㌧／D
D.　O.　A	仝月新設	70 ㌧／M
硫化鉱流動焙焼炉	昭和31年8月新設	100 ㌧／D投鉱
アセトアルデヒド	昭和31年7月二基撤去，一基増強	1,800 ㌧／M
	昭和33年7月二基増強	2,250 ㌧／M
	昭和34年4月二基増強	3,000 ㌧／M
重油ガス化	昭和32年4月新設	アンモニア1.45〃
	昭和33年12月増強	1.8〃
アセチレン発生	昭和32年6月	カーバイド10㌧/M
	{アセチレンの需要増加に応ずるため別場所に，アセチレン発生設備を新設し，旧設備を廃止した。}	
塩化ビニール	昭和32年8月	1,200 ㌧／M
	{塩化ビニール樹脂の需要増加に応じ別の場所に新設備を造り，旧設備を廃止した。その後重合設備を増して33年10月 1,500㌧／M，34年7月 1,800㌧／Mの能力となった。}	
無水醋酸	直接法をワッカー法に転換　昭和32年9月	10 ㌧／D
オクタノール	昭和32年10月増強	500 ㌧／M
	昭和34年5月　〃	1,000 ㌧／M
	昭和34年10月　〃	1,500 ㌧／M
カーバイド密閉炉	（Demag式）昭和33年6月新設	25,000 KW
醋酸	バッチ式を連続式に転換　昭和33年9月	900 ㌧／M
D.　O.　P	昭和33年10月増強	500 ㌧／M
	昭和34年2月　〃	540 ㌧／M
	昭和34年9月　〃	800 ㌧／M

別表(4)

用　水　バ　ラ　ン　ス

（昭和21年１月～昭和34年９月）

	補給			排出		
	水俣川	海水	計	一般用水	排水	計
昭和 21年	1,500 m^3/H		1,500	1,489	11	1,500
22年	1,900		1,900	1,884	16	1,900
23年	2,200		2,200	2,179	21	2,200
24年	2,400		2,400	2,378	22	2,400
25年	2,400		2,400	2,378	22	2,400
26年	2,800		2,800	2,767	33	2,800
27年	2,600		2,600	2,573	27	2,600
28年	2,600		2,600	2,566	34	2,600
29年	2,800		2,800	2,756	44	2,800
30年	2,800	400（7月）	3,200	3,114	86	3,200
31年	2,900	400	3,300	3,133	167	3,300
32年	3,200	450	3,650	3,366	274	3,650
33年	3,200	600	3,800	3,246	554	3,800
34年	3,200	600	3,800	3,214	586	3,800

別表 (5)

廃水を生ずる製品の生産量と

		21	22	23	24	25	26	27	28
カーバイド密閉炉廃水	炉負荷能力	KW 13,000	13,000	13,000	2 月 13,000	14,300	9 月 14,300	16,300	18,300
	廃 水 量								
硫酸設備ピーボディ塔廃水	H_2SO_4 生 産 量	T/M 3,000	6,000	6,000	6,000	6,000	7,000	7,000	7,000
	廃 水 量								
燐 酸 設 備 廃 水	燐酸生産量								
	廃 水 量								
重油ガス化設備廃水	NH_3生産量								
	廃 水 量								
アルデヒド醋酸設備廃水	アルデヒド 生 産 量	2 月 T/M 200	200	300	370	370	520	520	(6期) 700
	醋酸生産量	T/M 200	200	300	320	230	270	130	150
	廃 水 量	m³/H 1	1	1	2	2	2	2	2
塩化ビニールモノマー水洗塔廃水	塩化ビニール生産量				10 月 T/M 5	15	150	150	300
	廃 水 量				m³/H 0.1	0.1	1	1	2
カーバイド・アセチレン残渣廃水	カーバイド 消 費 量	2 月 T/M 1	1	1.4	1.6	1.6	2.3	2.3	2.5
	廃 水 量	m³/H 10	15	20	20	20	30	25	30

廃水量及び廃水処理法の変遷

29	30	31	32	33	34	廃水処理法の変遷
18,300	18,300	18,300	18,300	6月 密閉炉 43,000	43,000	33.6→34.9 八幡プールへ
				m^3 /H 250	250	
7,000	7,000	8月 流動炉 9,800	9,800	9,800	10,000	31.8→32.8 平畑プールを経て百間排水溝へ
		m^3 /H 60	60	60	60	32.8→34.9 八幡プールへ
	3月 T/M 700	700	1,200	1,400	1,400	30.3→34.9 八幡プールへ
	m^3 /H 40	40	70	70	70	
			4月 T/D 38	44.4	44.4	32.4→32.7 籔佐プールを経て百間排水溝へ
			m^3 /H 60	80	80	32.7→34.9 八幡プールへ
750	900	1,300	1,500	1,600	2,500	21.2→33.9 醋酸廃水ピットを経て百間排水溝へ
170	200	200	320	550	800	33.9→34.9 八幡プールへ
2	3	4	4	4	6	(年4回程度不定期に装置洗滌水が排出される) 30 m^3 /M
400	500	500	1,200	1,200	1,500	24.10→34.9 鉄屑槽を経て百間排水溝へ
2	3	3	10	10	10	
3.3	3.7	5	7	7	10	21.2→34.9 八幡プールへ
40	40	60	80	80	110	

別表 (6)

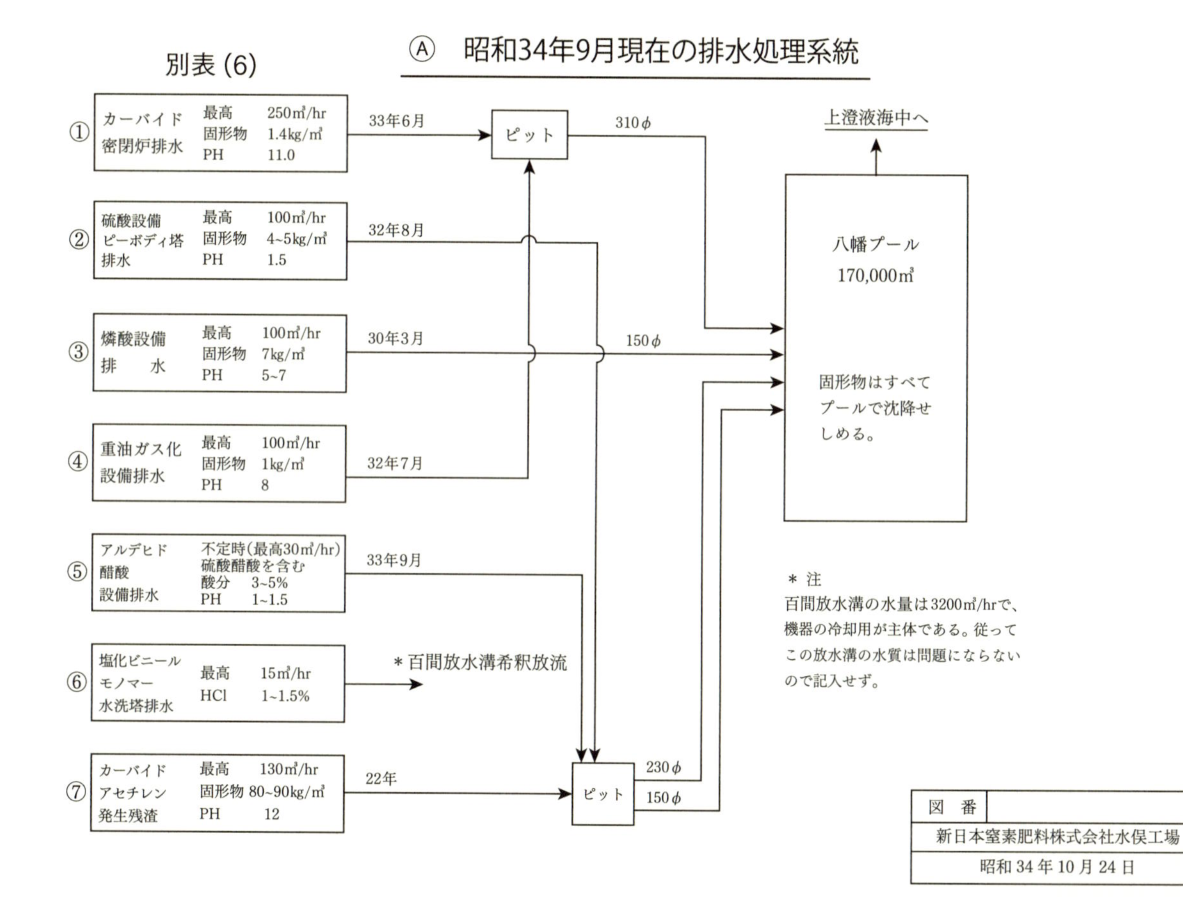
Ⓐ 昭和34年9月現在の排水処理系統
① カーバイド 密閉炉排水
最高 250㎥/hr
固形物 1.4kg/㎥
PH 11.0
② 硫酸設備 ピーボディ塔 排水
最高 100㎥/hr
固形物 4~5kg/㎥
PH 1.5
③ 燐酸設備 排 水
最高 100㎥/hr
固形物 7kg/㎥
PH 5~7
④ 重油ガス化 設備排水
最高 100㎥/hr
固形物 1kg/㎥
PH 8
⑤ アルデヒド 醋酸 設備排水
不定時(最高30㎥/hr)
硫酸醋酸を含む
酸分 3~5%
PH 1~1.5
⑥ 塩化ビニール モノマー 水洗塔排水
最高 15㎥/hr
HCl 1~1.5%
⑦ カーバイド アセチレン 発生残渣
最高 130㎥/hr
固形物 80~90kg/㎥
PH 12
33年6月
32年8月
30年3月
32年7月
33年9月
22年
ピット
310φ
150φ
230φ
150φ
ピット
＊百間放水溝希釈放流
上澄液海中へ
八幡プール
170,000㎥
固形物はすべて
プールで沈降せ
しめる。
＊ 注
百間放水溝の水量は3200㎥/hrで、
機器の冷却用が主体である。従って
この放水溝の水質は問題にならない
ので記入せず。
図 番
新日本窒素肥料株式会社水俣工場
昭和 34 年 10 月 24 日

Ⓑ　昭和34年10月から昭和34年12月までの排水無処理系統

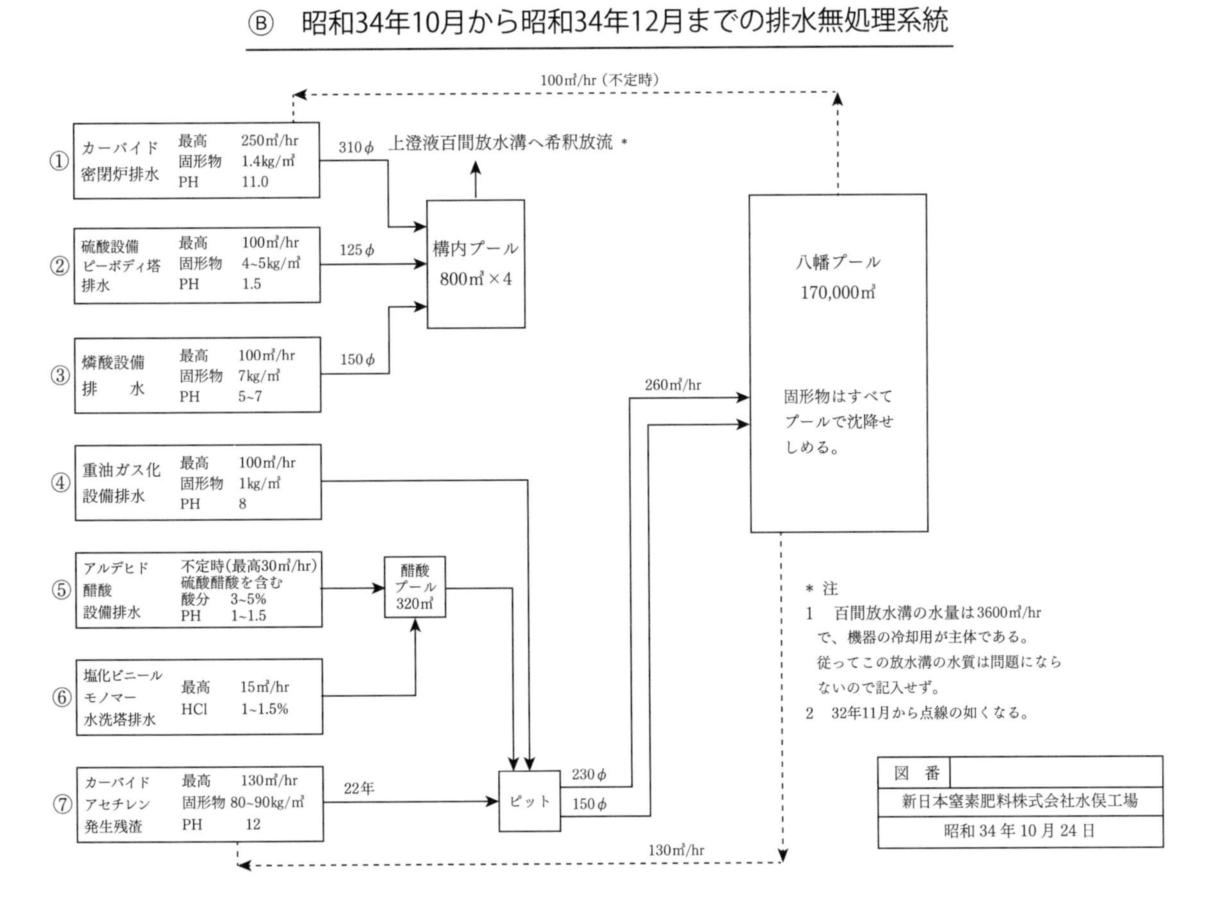

＊ 注
1　百間放水溝の水量は3600㎥/hrで、機器の冷却用が主体である。
従ってこの放水溝の水質は問題にならないので記入せず。
2　32年11月から点線の如くなる。

図　番	
新日本窒素肥料株式会社水俣工場	
昭和 34 年 10 月 24 日	

ⓒ 昭和35年1月以後の排水処理系統

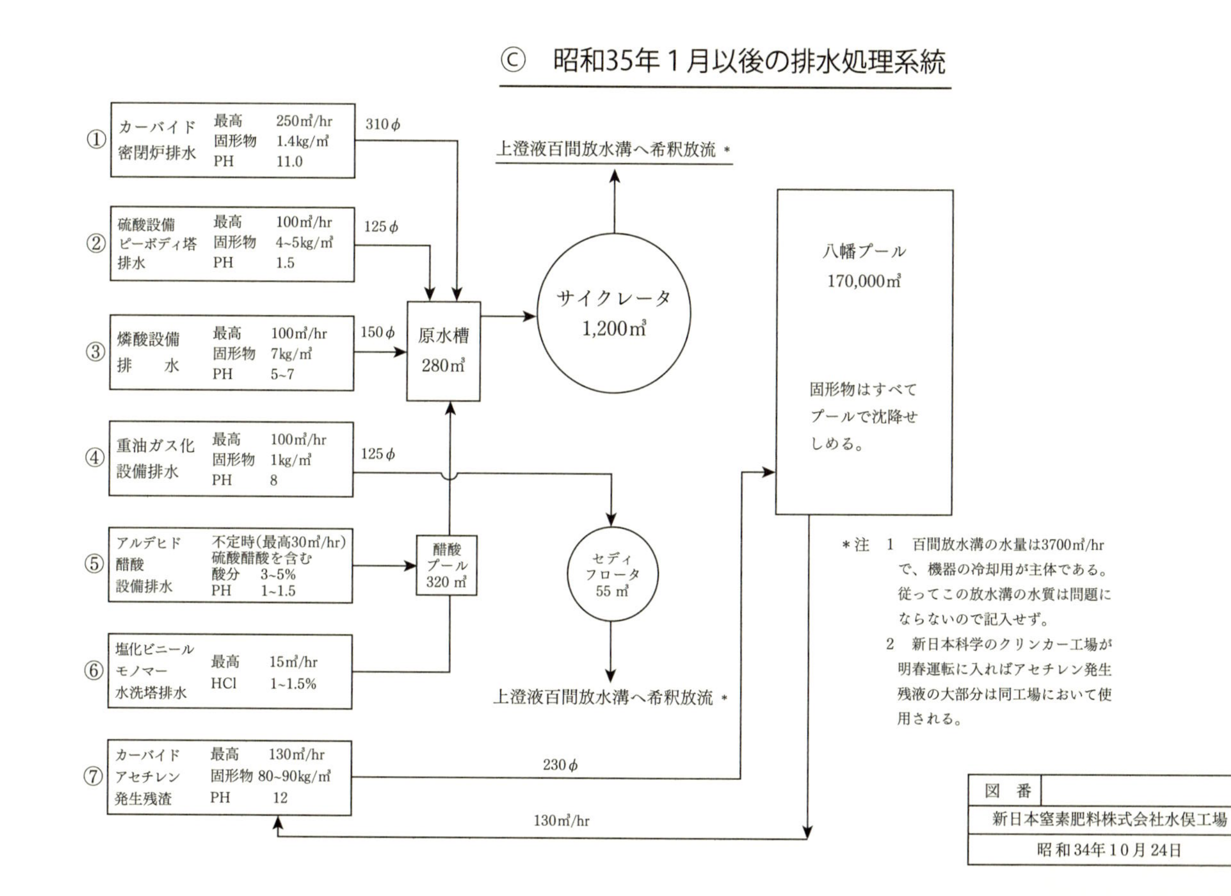

＊注 1 百間放水溝の水量は3700m³/hrで、機器の冷却用が主体である。従ってこの放水溝の水質は問題にならないので記入せず。

2 新日本科学のクリンカー工場が明春運転に入ればアセチレン発生残液の大部分は同工場において使用される。

図 番	
新日本窒素肥料株式会社水俣工場	
昭和34年10月24日	

Ⓓ　新日窒水俣工場並その周辺の排水溝並排水処理施設綜合計画概要図

昭和34年10月（点線11月）から昭和34年12月まで

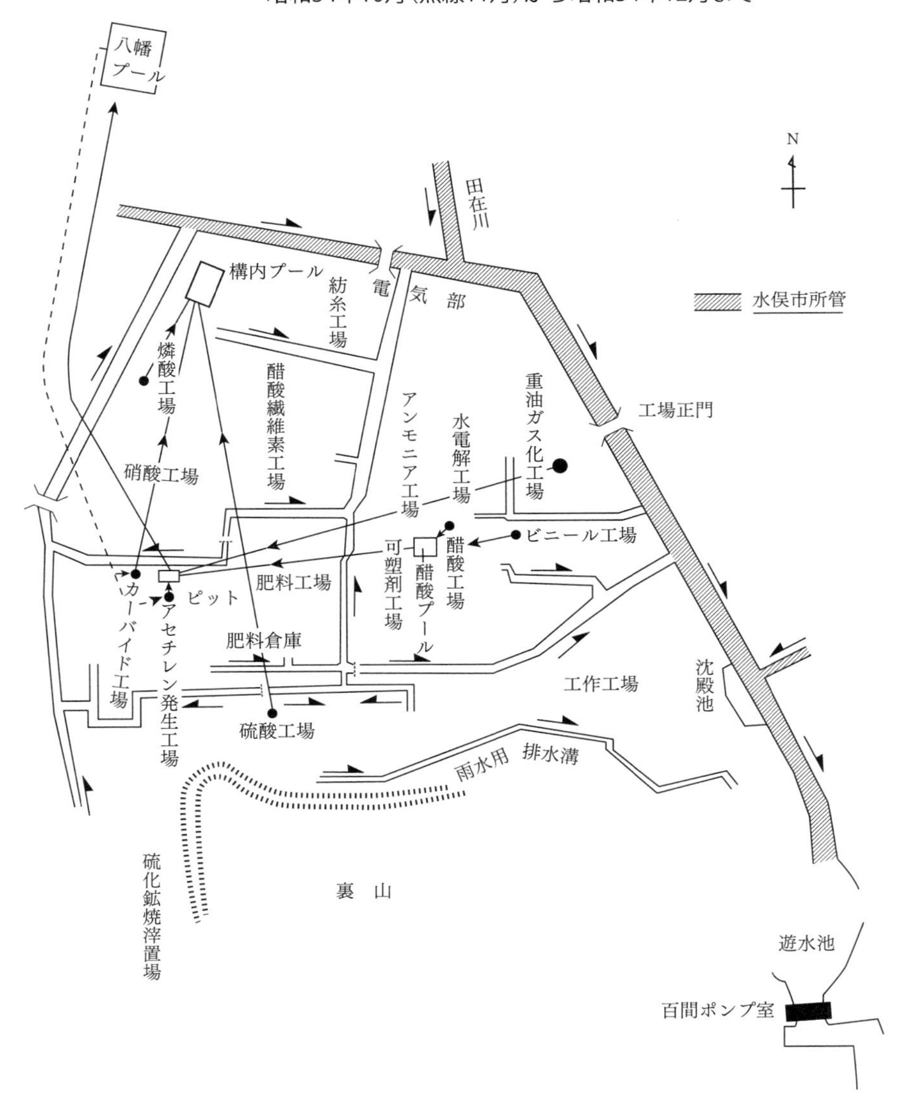

Ⓔ　新日窒水俣工場並その周辺の排水溝並排水処理施設綜合計画概要図

昭和35年１月以後

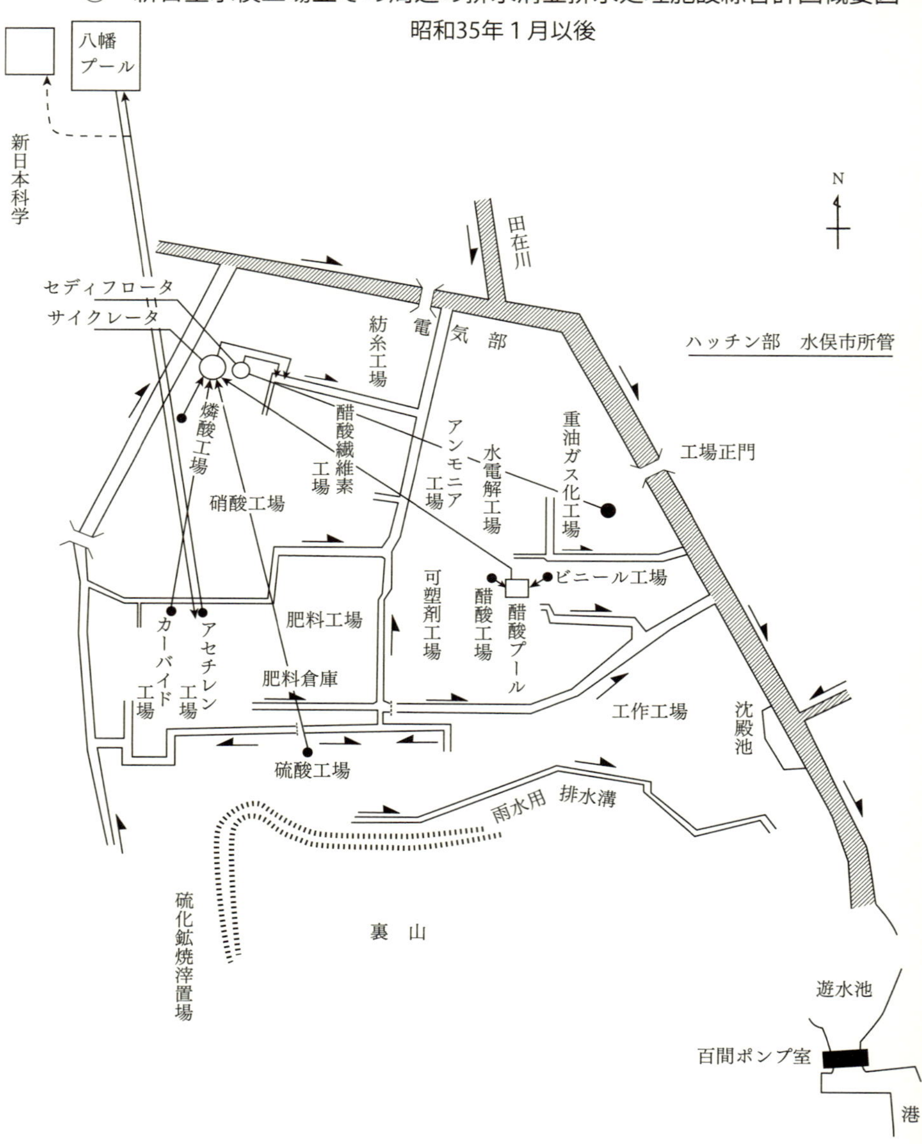

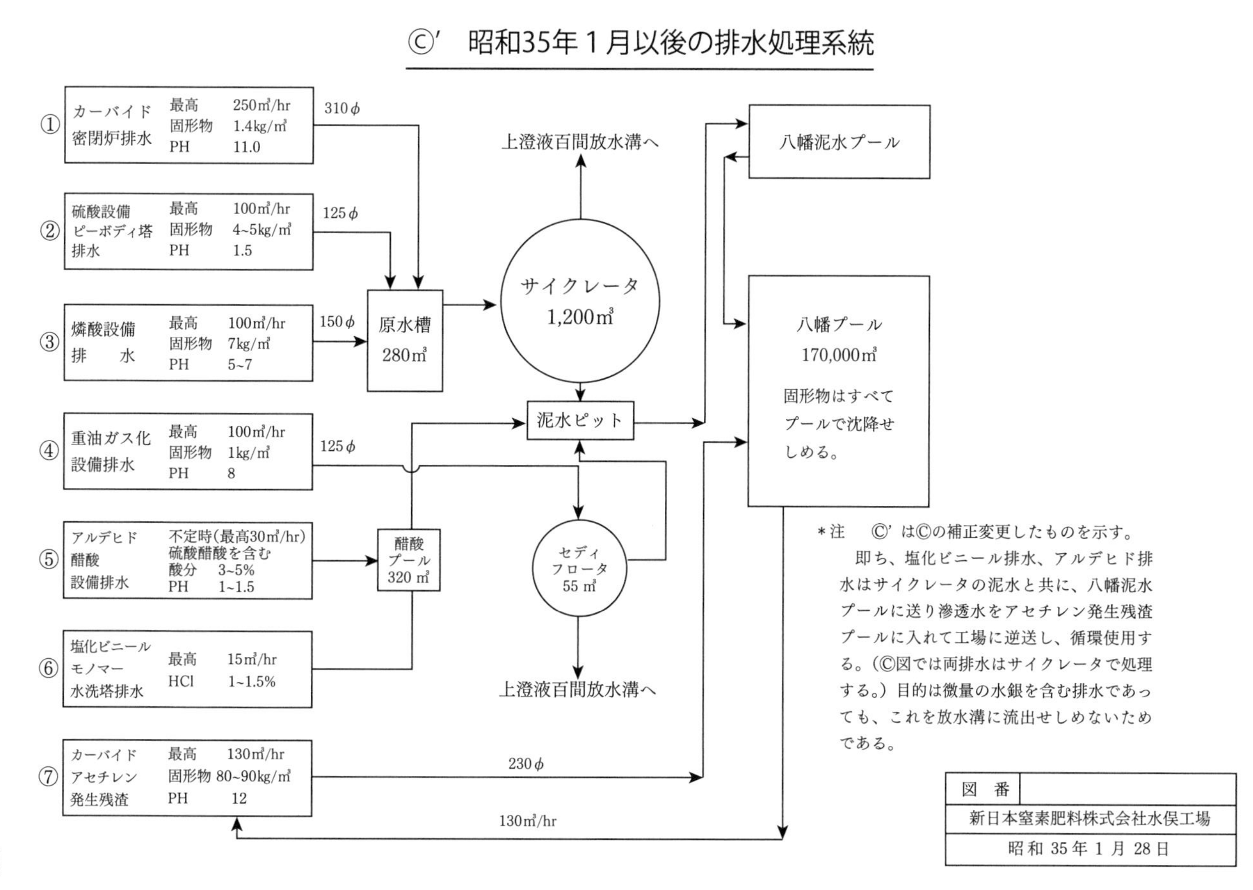

＊注　Ⓒ′はⒸの補正変更したものを示す。
即ち、塩化ビニール排水、アルデヒド排水はサイクレータの泥水と共に、八幡泥水プールに送り滲透水をアセチレン発生残渣プールに入れて工場に逆送し、循環使用する。（Ⓒ図では両排水はサイクレータで処理する。）目的は微量の水銀を含む排水であっても、これを放水溝に流出せしめないためである。

Ⓓ′　昭和35年８月１日現在の排水処理系統

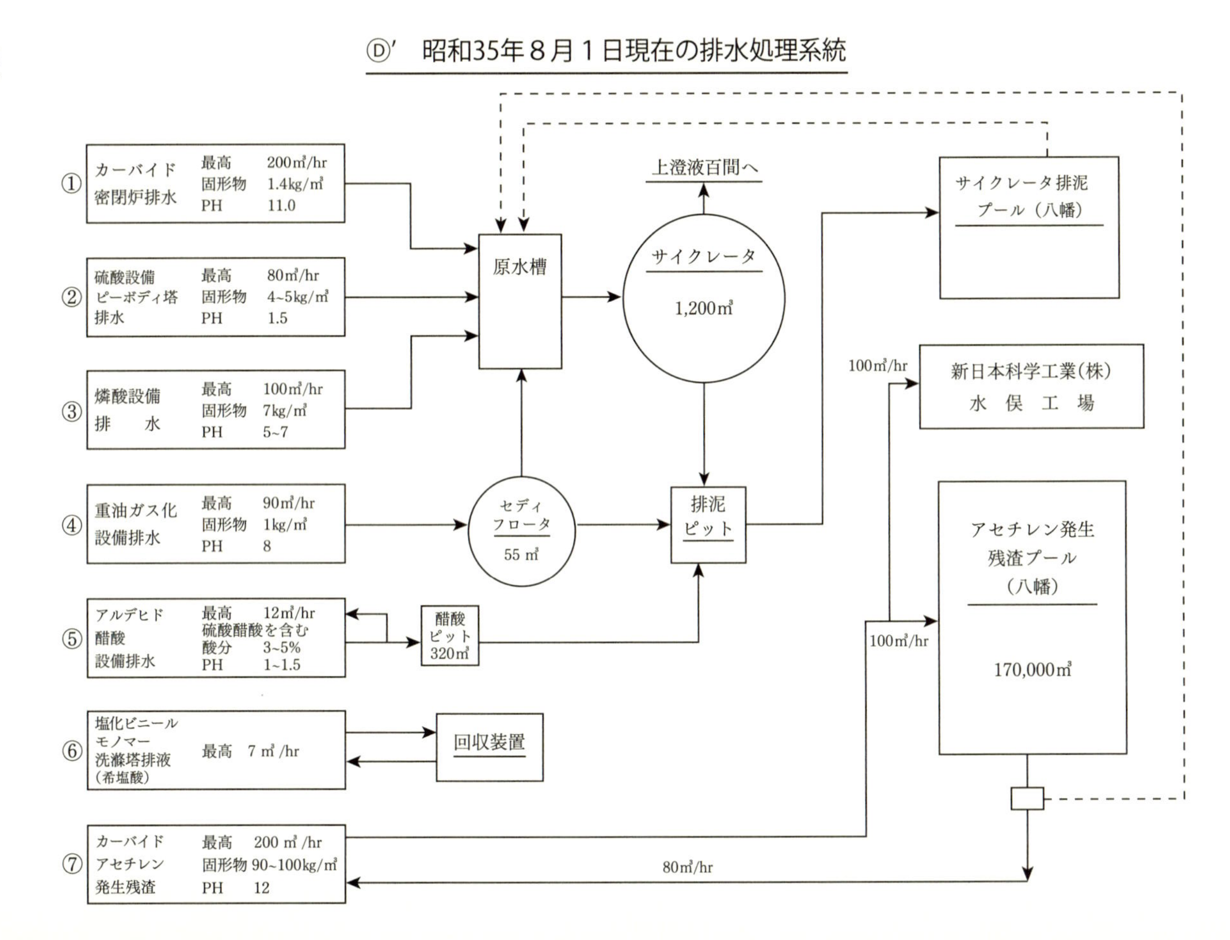

新日本窒素製品製造工程図（昭和30年）

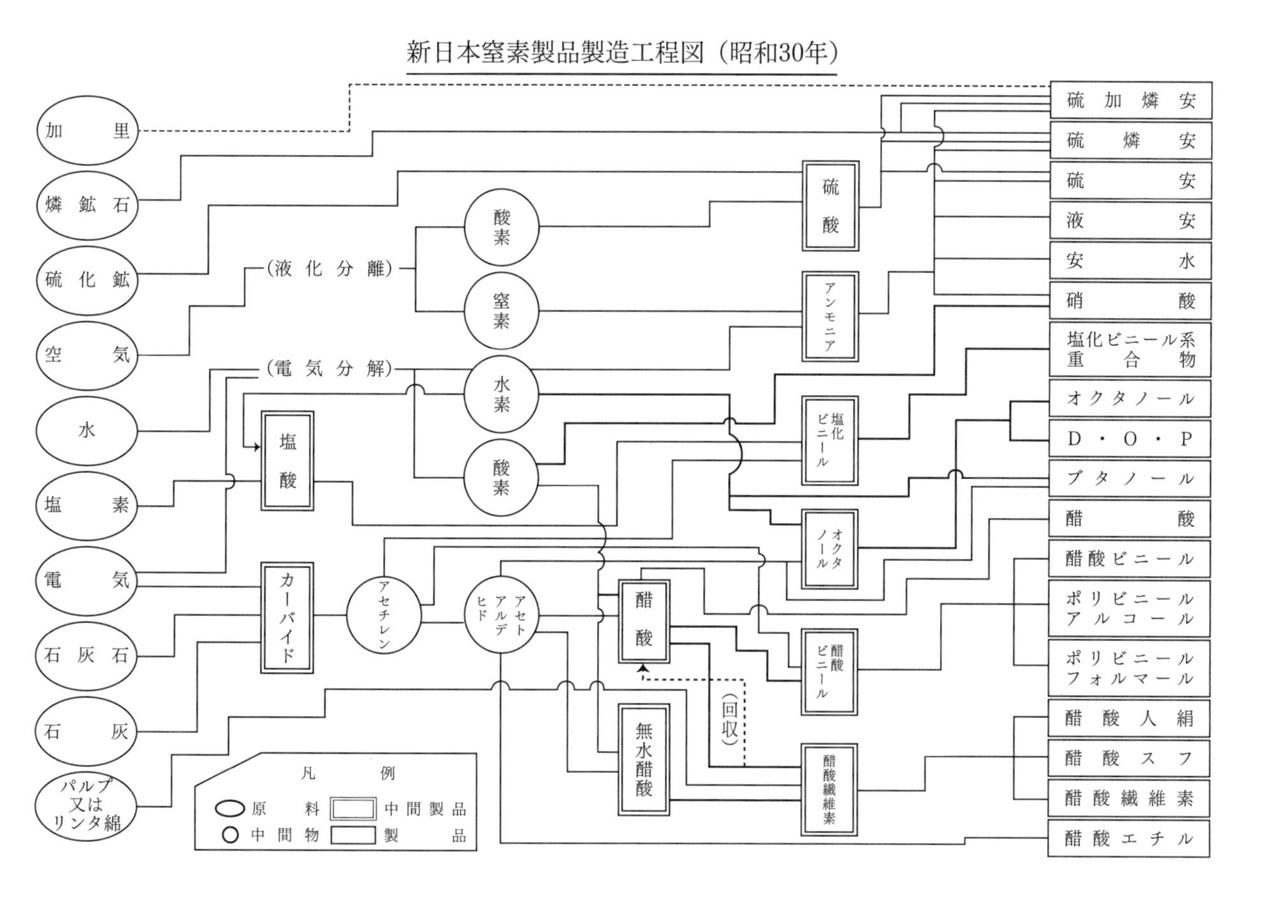

水俣工場製品別生産量推移

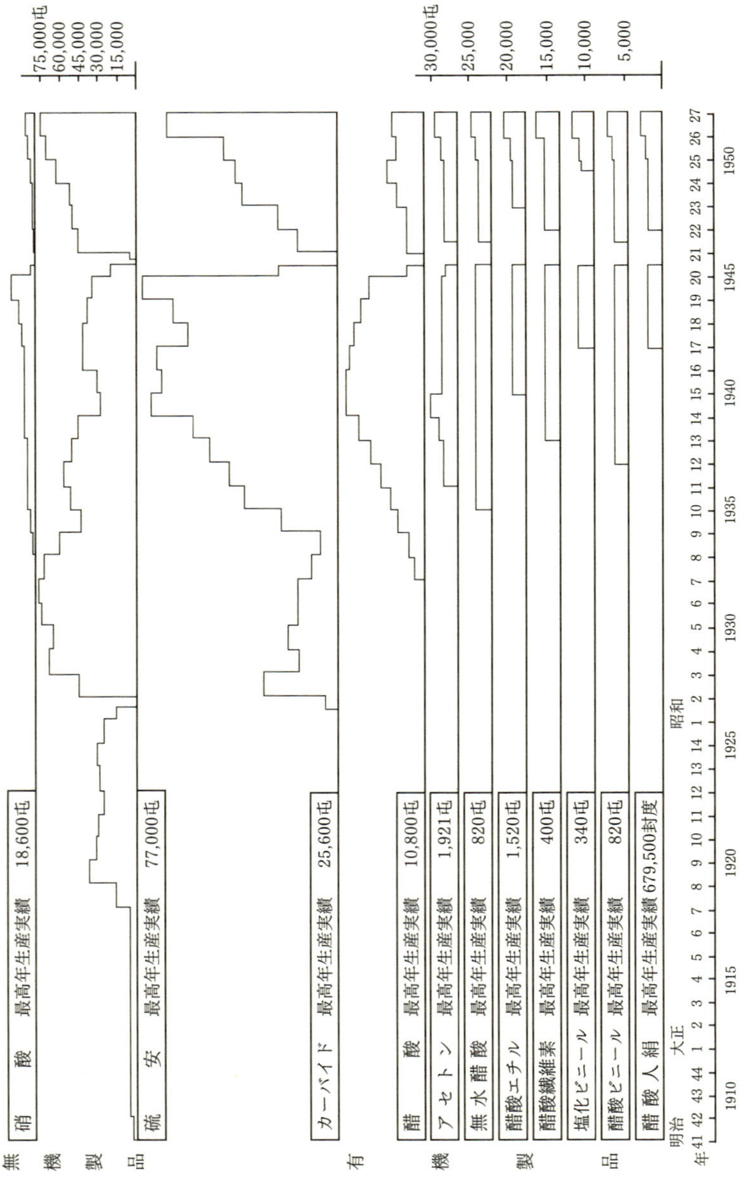

無機製品

硝　酸　最高年生産実績　18,600屯

硫　安　最高年生産実績　77,000屯

カーバイド　最高年生産実績　25,600屯

75,000屯
60,000
45,000
30,000
15,000

有機製品

醋　酸　最高年生産実績　10,800屯

アセトン　最高年生産実績　1,921屯

無水醋酸　最高年生産実績　820屯

醋酸エチル　最高年生産実績　1,520屯

醋酸繊維素　最高年生産実績　400屯

塩化ビニール　最高年生産実績　340屯

醋酸ビニール　最高年生産実績　820屯

醋酸人絹　最高年生産実績 679,500封度

30,000屯
25,000
20,000
15,000
10,000
5,000

年　明治 41 42 43 44　大正 1 2 3 4 5 6 7 8 9 10 11 12 13 14　昭和 1 2 3 4 5 6 7 8 9 10 11 12 13 14 15 16 17 18 19 20 21 22 23 24 25 26 27

1910　1915　1920　1925　1930　1935　1940　1945　1950

訴 訟 関 係 資 料

訴　　状

原告

　別紙原告目録記載の通り

右原告訴訟代理人

　別紙訴訟代理人目録記載の通り

大阪市北区宗是町１番地

被告　チッソ株式会社

　右代表者　代表取締役　江頭　豊

損害賠償請求事件

　訴訟物の価格

　金　642,390,444円

　貼用印紙額

　金　3,213,300円

本訴提起とともに訴訟救助付与申立中

請求の趣旨

被告は、別紙原告目録記載の原告等に対し、別紙請求債権一覧表記載の各金員を支払え。　　訴訟費用は被告の負担とする。

との判決並びに仮執行の宣言を求める。

請求の原因

第１　総　論

１　当事者

原告らは、別紙患者一覧表記載の本人、または、その親族であり、被告は肩書地に本店を置く総合化学工業会社であって水俣市野口町にある同社水俣工場においてアセチレンから、水銀触媒を用いて、アセトアルデヒドを合成していたものである。

2　不法行為

⑴ 被告は、同工場で昭和7年頃から、アセトアルデヒドの製造を行なっていたが、その製造工程中に生ずる廃液を同年から同41年6月迄右工場周辺の海域に放出していた。

⑵ 右廃液中には、アセトアルデヒド合成工程中で触媒として使用される硫酸水銀ないし右工程中で副生されるメチル水銀化合物が多量に混入しているので、これら水銀化合物を包含する廃液を海中に放出するときは、廃液中のメチル水銀化合物は、水中に棲息する魚介類を継続的に汚染し、その体内にメチル水銀化合物を蓄積させ、このように汚染された魚介類を人が反覆して、多量に摂食することにより、これが人体内に移行蓄積し、その結果、中毒性中枢神経系疾患(以下「水俣病」という)をおこさせるものである。

⑶ しかるに、被告は、水俣工場において、右危害を防止すべき義務があるにも拘らず、これを怠り、水銀化合物が多量に混入していた廃液を無処理のまま、右工場周辺の海域に放出していたため、アセトアルデヒドの生産量の増加とともに、右海域の汚染度も増加し、ここに棲息する魚介類の体内に前記水銀化合物のうちメチル水銀化合物が蓄積され、この魚介類を別紙患者一覧表記載の者らが、摂食を繰りかえすうちにその体内にメチル水銀化合物が移行蓄積するに至った。

⑷ 右メチル水銀化合物の人体内への移行蓄積の結果、別紙患者一覧表記載の患者等は第2各論記載の被害を蒙った。

第2　各　論

1　患者亡渡辺シズエ、患者渡辺松代、同栄一、同政秋関係

(1) ① 亡渡辺シズエは、昭和32年4月頃より手足のしびれと頭痛を訴え始め同年9月手のしびれ及び頭痛が激しくなり足がもつれて一人歩きが危い状態となった。高血圧も併発し同34年1月には苦痛のため寝たままとなり、同36年頃から四肢が強直状態となって屈曲化し寝返りさえできなくなり、44年2月に

は流動物しか口に入らなくなり、日々その量も少くなって注射のみとなり、発病以来11年10ヵ月後の同年同月19日死亡した。水俣病認定は昭和44年5月29日。

② 原告渡辺松代は昭和31年９月23日(当時６年６月)道路で運動会の練習中突然手足の自由がきかなくなり(膝関節痛)、又視力がほとんどなくなり手のふるえその後も視野狭窄及び視力障害、歩行障害、言語障害、知能障害、聴力障害が継続し、最近少々回復に向いつつあるも現在身体障害者第２種４級の言語障害、視野狭窄、歩行障害等の後遺症が残っている。水俣病認定は昭和31年12月１日。

③ 原告渡辺栄一は昭和31年11月(当時４年)畑で飛び回って遊んでいる最中急に口がきけなくなると同時に歩行が困難で手の自由を失い、その後も運動失調、言語障害、視野狭窄(障害)、知能障害等が継続し日常諸動作の拙劣で現在身体障害者第２種３級の言語障害、知能障害、視力障害等の後遺症が残っている。水俣病認定は昭和31年12月１日。

④ 原告渡辺政秋は昭和33年11月10日生れたのであるが、生後泣く声を発せず３ヵ月になっても首が座らず、又手足も固く話しかけても片言もしゃべらないし時々発作的にけいれんを起す次第であったが、２年後になってやっと座ることだけができるようになった。口も耳も完全に機能を失い、現在身体障害者第１種２級の両耳聾完全な言語障害が残っている。水俣病認定は昭和37年11月29日。

(2) ① 亡渡辺シズエは発病当時56才であったが前述のような症状で且つ死亡する迄約12年間特にそのうち８年間は寝た切りの状態で苦しみ廃人同様の生涯を送って死亡したのであって、それ等の精神的肉体的苦痛を慰藉するためには800万円が相当である。

② 原告渡辺栄蔵は右シズエの夫として、同女慰藉料の３分の１、2,666,666円を、原告渡辺保、同石田良子、同石田菊子、同渡辺三郎、同渡辺信太郎、同渡辺大吉は右シズエの子として各自同じく慰藉料の３分の２の６分の１たる888,888円也をそれぞれ相続した。

③ 原告渡辺栄蔵は前述①記載の渡辺シズエの夫であったが、昭和２年１月

７日結婚以来、30年間の永い間仲むつまじい生活を営み、子供は勿論孫の養育にも力を入れて来たところ、右シズエが、昭和32年４月頃より前述の症状を呈し、12年間の病苦の末遂には衰弱死したのであるが、その間真の病因(性質)がわからず、凡ゆる治療を尽し、その看病のため心身をすり減らして来たのであって、その夫としての精神的肉体的苦痛は甚大であり、それ等の苦痛を慰藉するためには400万円が相当である。

④ 原告渡辺保、同石田良子、同石田菊子、同渡辺三郎、同渡辺信太郎、同渡辺大吉は前述①の渡辺シズエの子であるが、同女が前述の症状と経過を経て死亡したことによって、前述の父栄蔵と同様の精神的肉体的苦痛を蒙ったのであって、その苦痛を慰藉するためには各自300万円が相当である。

⑤ 原告渡辺松代は、当年19才の女性であるが、前記の症状が生涯継続すると思われ、又それによって、将来結婚生活などの希望も失われている。これ等の精神的肉体的苦痛を慰藉するためには、600万円が相当である。

⑥ 原告渡辺栄一は、当年16才の男子であるが、前述の症状のため、やっと中学も特殊学級を卒業したのであり、今後も生涯不具者としての生活を余儀なくされているのであって、これらの精神的肉体的苦痛を慰藉するためには、700万円が相当である。

⑦ 原告渡辺政秋は、当年10才の少年であるが、いわゆる胎児性水俣病患者で生来前述の症状であり、そのため聾唖学校に通うはめとなり、今後も生涯右症状が継続すると思われ、完全な不具者としての生活を送らざるを得ないのであってその精神的肉体的苦痛を慰藉するためには800万円が相当である。

⑧ 原告渡辺保、同渡辺マツは、右３名の者の父母であって、同人等が次々に水俣病にかかり、各々前述の状態であってそのため生きている限り心痛が続くと思われ、それは想像に余りあるものであって、それに対する精神的肉体的苦痛を慰藉するためには、各自金700万円を相当とする。

(3) よって被告に対し、原告渡辺栄蔵は相続した慰藉料2,666,666円と固有の慰藉料400万円計6,666,666円、原告石田良子、同石田菊子、同渡辺三郎、同渡辺信太郎、同渡辺大吉は各自相続した慰藉料888,888円と固有の慰藉料300万円以上各自3,888,888円並びに以上各金員のそれぞれについて、昭和44年2月20日から支払済まで、原告渡辺松代は600万円、同渡辺栄一は700万円、同渡辺政秋は800万円並びに以上各金員のそれぞれについて訴状送達の翌日から支払済まで、原告渡辺マツは右三子の母として固有の慰藉料700万円也並びに右金員について訴状送達の翌日から支払済まで、同渡辺保は　①相続した慰藉料888,888円及び固有の慰藉料300万円計3,888,888円並びに右金員に対する昭和44年2月20日から支払済まで　②父としての固有の慰藉料700万円並びに右金員に対する訴状送達の翌日から支払済に至るまで以上各金員に対する民法所定の年五分の割合による各金員を併せて支払うよう求める。

2　患者亡釜鶴松関係(以下略)

昭和44年6月14日

右原告等訴訟代理人

熊本地方裁判所　御中

原告第1準備書面(44. 7 .31)

原告らは、その主張事実を明確にするため次のとおり陳述する。

1　はしがき

水俣病は、水俣湾(及びその附近の水域)産の魚介類を長期かつ大量に摂取したことによって起った中毒性中枢神経系疾患である。その原因物質は、メチル水銀化合物であり、新日本窒素水俣工場のアセトアルデヒド酢酸設備内で生成されたメチル水銀化合物が工場廃水に含まれて排出され、水俣湾(及びその附近の水域)内の魚介類を汚染し、その体内で濃縮されたメチル水銀化合物を保有する魚介類を地域住民が摂食することによって生じたものである。(昭和43年10月9日付官報登載の昭和43年9月26日政府発表参照)

右政府見解発表時の水俣地方の水俣病患者は、発生数111(昭和28年から昭和35年まで)その内死亡数42(昭和29年から昭和42年まで)であったが、水俣病審査会(水俣病を診定する熊本県知事の諮問機関、会長貴田丈夫熊大教授)は、昭和44年5月29日新患者5名(内死亡1名)を追加認定し、その頃右審査会の一員である武内忠男熊大教授は、公定の認定患者以外にその体内を、メチル水銀化合物によって浸触されながら、水俣病の症状を現わさない不顕性水俣病患者が存在する事実を発見しこれを発表した。(この事実は胎児性水俣病患者の因果関係に関連ある事実である。)

2　被告の行為と水俣病発生の間の因果関係

⑴ 被告水俣工場の製造工程におけるメチル水銀の生成

① アセトアルデヒド生産工程略図(略)

被告水俣工場における、アセトアルデヒドの生産工程は「アセトアルデヒド生産工程略図」に示したとおりである。これはアセチレン接触加水反応を利用するものである。すなわち、生成器に硫酸、硫酸鉄、水銀及び水で作られた触媒液を入れておき、一定温度(60〜70度摂氏)に保ち、アセチレンを吹きこむと、水加されてアセトアルデヒドを生じ、触媒液にアセトアルデヒドが溶けて、稀アセトアルデヒド液が得られる。この稀アセトアルデヒド液(約15%)よりアセトアルデヒドを分離するため、真空蒸発を行なう。アセトアルデヒドと水蒸気は第一精溜塔に入り触媒液は生成器にもどる。第一精溜塔で大部分の水が下部より抜け(精ドレン)、第二精溜塔で副生クロトンを分離して、高純度のアルデヒドをアンモニアで冷却して取り出す。

アセトアルデヒド(CH_3CHO)は、昭和7年に合成酢酸の原料として製造されたが、誘導品の多種化及びその増産にともない、年年増産され、昭和36年には月産3,380トンにも達した。昭和21年から昭和35年に至る月産量は次のとおりである。

昭和21年	200トン	昭和26年	520トン	昭和31年	1,300トン
〃　22年	200トン	〃　27年	520トン	〃　32年	1,500トン
〃　23年	300トン	〃　28年	700トン	〃　33年	1,600トン
〃　24年	370トン	〃　29年	750トン	〃　34年	2,500トン
〃　25年	370トン	〃　30年	900トン	〃　35年	3,300トン

アセトアルデヒドからの誘導品として酢酸、無水酢酸、酢酸エチル、酢酸ビニール(チッソニール)、三酢酸繊維素、並びに可塑剤の主原料であるオクタノール、可塑剤としてDOP、DOA等を生産し、アセトアルデヒドはこれらの原料として全量工場内で自家消費されていた。

昭和39年7月被告五井工場(千葉県)において石油化学法アセトアルデヒド製造装置(年産45,000トン)が完成したので、昭和40年から被告水俣工場では、酢酸エチル及び酢酸の製造を停止し、その後毎年アセトアルデヒドの生産量は減少し、昭和43年5月に至ってその生産を全面的に止めた。その直前の月産量は1,700トンであった。

② メチル水銀の生成

アセチレン接触加水反応において、触媒たる硫酸水銀は反応をくりかえすうちに触媒機能を劣化させる。それを抑制し触媒の寿命をいくらか延長させるため、硫酸鉄を助触媒として添加するのである。アセトアルデヒドを生産する反応が主流反応であり、この触媒機能劣化反応が、副反応であって、この副反応の中で硫酸メチル水銀〔$CH_3Hg(SO_4)_{1/2}$〕が生成され、更に反応液中に含まれる塩素イオンによりCH_3HgClとなる。この物質は揮発性をもっているので、アセトアルデヒドと一しょに第一精溜塔へ行くが、アセトアルデヒドより沸点が高いので、先に凝結して水とともに塔底にたまり、この水は精ドレンとして放出されることになる。しかも被告は、昭和43年に至るまで、メチル水銀の回収を考えもしなかった。

③ メチル水銀化合物の性質と挙動

メチル水銀化合物とはCH_3-Hg-Xなる一般式をもつ一群の化合物を指すものであって、純粋な物質は一般に有機溶媒によく溶ける。

右式のXがハロゲン(塩素Cl 臭素Br 沃素I)である化合物は水にもある程度溶解する。

メチル水銀化合物を溶かした場合一部は水中で解離してイオンとなる。この場合メチル水銀基(CH_3Hg基)が正に荷電した陽イオンとなり、Xは一般に陰イオンとなる。この場合CH_3とHgとの間の結合は、かなり安定であり、相手の

Xは色々と変化しても、メチル水銀化合物としての一貫した性質は変らない。メチル水銀基に対する親和力は、塩素Clは、硫酸基SO_4より強く、臭素沃素より弱い。

動物体の主要構成成分である蛋白質は、その化学構造の中に-SH基、-NH_2基、-COOH基など水銀化合物と結合できる基をもっている。そこでメチル水銀基が動物体内にとりこまれると、生化学反応により蛋白質と結合する。ここにメチル水銀化合物の魚介類体内蓄積の生化学的基礎がある。

⑵ 水俣病の発生機序

① 水俣病の定義と症状

水俣病とは、工場排液中に含まれたメチル水銀化合物が広汎な水域に流出し、これをその水域にすむ魚介類が、後述のような過程を経て体内に蓄積し、その魚介類を反復大量に摂取した人びとの中から発症者をみるメチル水銀中毒症をいう。

水俣病患者は、水俣湾ないしその周辺の不知火海において専業または兼業で漁業を営むもの、及び趣味としてまたは生計補助のため多量に魚介を採るものならびに上記二種の人びとの家族であり、いずれも右水域で捕獲された魚介を長期にわたって反復大量に摂食したものばかりである。(但し胎児性水俣病患者の場合は、その母親がこの要件に該当したものである。)

水俣病の症候は、多くは手足および口のまわりのしびれ感、関節痛、指硬直、知覚障害、聴力障害、求心性視野狭窄、指々指鼻試験拙劣、言語障害、歩行障害など、小脳症状を中心とし、一部錐体外路症状、大脳皮質症状、末梢神経症状などの固有の症状群が認められる。

② 水銀化合物の毒性について

水銀は毒物及び劇物取締法に規定する毒物であり(同法第2条第1項、別表第1の15号)水銀化合物は少数の例外を除き毒物である(同法第2条第1項、別表第1の28号、毒物及び劇物指定令第1条第1項17号)。右少数の例外にはメチル水銀化合物、エチル水銀化合物、プロピル水銀化合物、フェニール水銀化合物は含まれていない。

単体の金属水銀、諸種の無機水銀化合物、および諸種の有機水銀化合物は、原形質毒としてすべての生物に対して毒性を示すものであるが、いずれも急性毒性(致死量)に大差は認められないものである。しかるに亜急性ないし慢性の毒性については、決して一様でない。

水俣病の原因物質たるメチル水銀化合物(およびエチル、プロピル各水銀化合物総称して低級アルキル水銀化合物という)は少量ずつ摂取しても体内での蓄積性が大でやがて中毒症状を呈する。

故に水俣病の原因物質たりえるのである。すなわち低級アルキル水銀化合物摂取によって生物が死ぬなら、人は斃死した生物は通常食べないので、かかる生物は水俣病発生の媒体たりえないのである。しかるに、低級アルキル水銀基は親油性を有し、蛋白と結合しやすく、しかも有機水銀結合が容易に切れないので、生体内に吸収されやすく、排出され難く、しかも急性毒性が微量では発揮されないので、生物の体はかなりの濃度にまでアルキル水銀を蓄積保有するに至る。しかもアルキル水銀は、動物の脳神経系を侵すのみで、肝腎、胃腸、血液像等にほとんど変化を起さないから、異常に蓄積し、生存している魚介があるので、それを摂取して水俣病をおこしたものである。

魚介類のすむ環境のメチル水銀化合物による継続的な稀薄濃度汚染あるいは頻回に反復する一過性の少量汚染は、エラ呼吸、餌を介する経口ならびに体表通過の三径路によりメチル水銀化合物の魚介類体内侵入蓄積を起すと考えられるが、要は早急に死なないような稀薄濃度のメチル水銀に絶えず曝露されることが要件となる。実験時にも0.003ppm溶液中で金魚を飼えば、メチル水銀化合物の蓄積が認められ、また水俣湾に他海域から移殖したカキが1～3ヵ月間に有毒化した。魚介類の体内におけるメチル水銀化合物蓄積には、汚染源から水域への絶えざるメチル水銀流出が絶対に必要である。

③ 人および動物における水俣病の発症

水俣病は、広大な水域に流出し、稀釈されたメチル水銀化合物が前記の過程によりその体内に濃縮、蓄積された有毒魚介類を反復大量に摂取した人間の間から発症するものである。生物はその体内にとり入れたメチル水銀を一方では分解し排出するから、その出入量がプラスにならない限りその蓄積は起らない。魚介類も生物であるから、むやみに大量のメチル水銀を蓄積して生存することは不可能であって、その保有量には限度がある。したがって、人や動物の魚類摂取量が異常に大きくなければ発症に至るまでの蓄積は容易に起らない。水俣地方において水俣病を発症したのは、ほとんど全部が漁業を業とするものないし、趣味または生計の助として漁をするものすなわち自分で捕獲して無制限に水俣湾およびその附近水域の魚介類を喫食したものおよびその家族で同様の喫食を行なったものである。(なおネコは捨てられた魚までを食べ、一般に魚を多食するので、人よりも早くからまた範囲も広く発症している。)

3　本件関係患者らの水俣湾ないしその付近水域産魚介類喫食の時期

別表記載のとおり。

4　被告の過失について

(1) 第2項(2)②「水銀の毒性について」の冒頭に記述したとおり、水銀および水銀化合物(少数の例外を除く)は毒物および劇物取締法に規定する毒物であり、同法第11条第2項は「毒物(中略)又は毒物(中略)を含有する物であって政令で定めるものが、その製造所、営業所若しくは店舗又は研究所の外に飛散し、漏れ、流れ出、若しくはしみ出、又はこれらの施設の地下にしみ込むことを防ぐのに必要な措置を講じなければならない」と規定し同法第15条の2は「毒物若しくは劇物又は第11条第2項に規定する政令で定めるものは、廃棄の方法について政令で定める技術上の基準に従わなければ、廃棄してはならない」と規定し、毒物及び劇物取締法施行令第40条は、これをうけて「法第15条の2の規定により、毒物若しくは劇物又は法第11条第2項に規定する政令で定める物の廃棄の方法に関する技術上の基準を次のように定める。

1　中和、加水分解、酸化、還元、稀釈その他の方法により、毒物及び劇物並びに法第11条第2項に規定する政令で定める物のいずれにも該当しない物とすること。

2ないし4(略)

5　前各号により難い場合には、地下1メートル以上で、かつ、地下水を汚染するおそれがない地中に確実に埋め、海面上に引き上げられ、若しくは浮き上るおそれがない方法で海水中に沈め、又は保健衛生上危害を生ずるおそれがないその他の方法で処理すること。」

しかるに、被告は、同法第11条第２項によって義務ずけられた必要な措置を講ぜず、また同法第15条の２に規定する技術上の基準に違反して毒物を廃棄した。（その期間は昭和７年頃から昭和43年５月頃までである。）

過失とは一定の結果の発生することを知るべきでありながら、不注意のためそれを知りえないで、ある行為をするという心理状態である。なお、一定の結果の発生とは、不法行為についていうと、損害の発生ではなく、そのもとになる権利侵害ないしは違法な事実の発生を指すものとされる。水俣病というような限局確定された結果の認識またはその認識可能性までが要求されるのではない。毒物劇物においては、該当物質が保健衛生上有害危険な物質であるので、一般的にその取扱者に特別な義務が課せられているので、各毒物劇物が個々に特定の症状を呈することの認識可能性の有無を条件として義務を発生させる趣旨のものではない。

被告は、右規定による義務を無視して、毒物たる水銀ないし水銀化合物を工場外に排水に含めて流れいでさせ、その結果第２項記載の経過により訴状患者一覧表記載のものに水俣病を発生せしめたのであるから、過失責任を免れない。すなわち、アセトアルデヒドの生産に際して完全に消耗され、補給されねばならない水銀量は普通１トンの生産にあたり、500ないし1,000グラムとされ、たとえば、昭和27年において3.12トンないし6.24トン、昭和28年において4.2トンないし8.4トン（以下逐年急増した）の水銀が生産工程外に排出されているものと認められる。

被告の法定義務違反は以上の事実によって明白である。

⑵ なお、原告らが本準備書面第２項記載の因果関係を確然と知ったのは、昭和43年９月26日付の政府発表によってであるが、これより先すでに昭和34年10月７（ママ）日被告付属病院長細川一の動物実験により被告水俣工場酢酸工場排水の投与によりネコの水俣病が発症し、同月20日頃被告はこの事実を確認し

ていた。しかるに、被告は水俣病の原因物質が右工場排水中に含まれていることを知りながら、これを分離除去し、無害の排水として工場外に排出し、もって人畜に被害を与えることを防止すべき義務あるにかかわらず、これを怠たり、従来にもましてアセトアルデヒドを増産し廃水の排出を続けた。

昭和34年10月20日以降の被告の行為については、ほとんど故意に近い責任がある。

以　上

水俣病患者魚介類喫食状況一覧表(略)

答　弁　書

原告　渡辺栄蔵　外　111名

被告　チッソ株式会社

右当事者間の損害賠償請求訴訟事件について、被告は、別紙のとおり答弁する。

昭和44年９月30日

右被告訴訟代理人

熊本地方裁判所

民事第３部御中

第１、請求の趣旨に対する答弁

原告らの請求を棄却する。

訴訟費用は、原告らの負担とする。

との判決を求める。

第２、請求の原因に対する答弁

１　訴状請求の原因第１の１後段記載の被告に関する主張は認める。同前段の原告らに関する主張及び第２各論記載事実については認否を留保する。

２　同第１の２については、

⑴ 被告水俣工場で昭和７年頃から昭和43年５月までの間アセトアルデヒドの製造を行なっていたこと、その製造工程中の精溜塔からの排水(以下精ドレンという。)を昭和34年10月までの間、水銀回収設備である鉄屑槽や沈澱池を通すなどの処理を施した上で工場周辺の海域に排出していたこと、水俣湾周辺の魚介類を訴状別紙患者一覧表記載の者らが摂取したこと及び中毒性中枢神経系疾患に罹患したことは認める。

⑵ また、アセトアルデヒド合成工程中に塩化メチル水銀が微量生成すること、精ドレン中には右の化合物のうちの一部が存在すること、更にその一部が海中に流出していたこと及び前記疾患の原因物質が或る種の有機水銀化合物であることは認める。但し、以上の点は、患者発生後相当期間を経、昭和37年半ば頃に初めて明らかにされたことであって、患者発生当時においては、被告はもとより当業者更には専門学者ですら知り得なかった事柄であった。

⑶ メチル水銀化合物が海中に存在すれば海中の魚介類を汚染してその体内に蓄積され、また、これら魚介類を人が長期かつ多量に摂取すればメチル水銀化合物が人体内に移行蓄積して中毒性中枢神経系疾患をおこさせる、との原告主張については、敢えてその可能性を否定するものではないが、右の可能性が現実化するための諸条件及び本件においてこれを充足していたか否かは不知。

なお被告は、患者発生当時、もとより右のような可能性に関し全く知る由もなかったのである。

⑷ 被告が精ドレンを無処理のまま海中に放出していたことその他被告に過失ありとの主張は否認する。

第３、被告の抗弁

被告と原告らとの間には、すでに和解契約が締結されている。右契約によれば、被告は原告らに対し慰藉料を含む相当額の損害賠償を支払うべきことが定められており、被告は右契約に従って履行しているものである。よって原告らの本訴請求は失当である。

以　上

被告第1準備書面(44. 9 .30)

1　原告らの第１準備書面１中、水俣病診査会により認定された患者の数についての原告らの主張及び武内忠男熊大教授が所謂不顕性水俣病患者が存在すると発表したことは認める。その余の事実に対する認否は、答弁書記載の通りである。

2　⑴ 同準備書面２(1)①記載の事実に関しては、概ね原告主張のとおりであることを認める。なお、触媒母液中の水銀とあるのは酸化水銀(但し昭和35年まで)、温度摂氏60度～70度とあるのは70度～75度C、稀アセトアルデヒド液(約15%)とあるのは(約1.5%)、真空蒸発とあるのは減圧蒸発、被告五井工場とあるのは訴外チッソ石油化学株式会社、そのアセトアルデヒド製造装置(年産45,000トン)とあるのは(年産30,000トン)であり、又、水俣工場がアセトアルデヒドの生産を止めた直前の月産量は約500トンである。

同２⑴ ②中、アセチレン接触加水反応の際、水銀触媒の機能が次第に劣化すること、これを防止するために硫酸第二鉄が添加されていること及び右反応中に塩化メチル水銀が微量生成し、その一部が第一精溜塔へ溜出すること、次いでさらにその一部が水とともに右塔の底部から精ドレンとして系外に排出されていたことがあること及び塩化メチル水銀が極めて僅かの揮発性をもっていることは認める。塩化メチル水銀が原告主張のごとき反応機構を経て生成しているか否かは不知。被告が昭和43年に至るまでメチル水銀の回収を考えもしなかったとの主張は否認する。前述したごとく、被告は、昭和34年11月以降は精ドレンを工場外には排出していない。

同２⑴ ③中、メチル水銀化合物がCH_3-Hg-Xなる一般式をもつ一群の化合物であって、右式のXがハロゲンである化合物は一般に有機溶媒に溶け、水にも僅か溶解すること、蛋白質の化学構造の中に-SH基、-NH_2基、-COOH基などが存在することは認めるも、その余の主張は不知。

⑵ 同準備書面２⑵ ①記載の事実のうち、水俣病患者及び水俣病の症候についての主張は概ねこれを認めるが、水俣病の定義に関しては、水俣病とは「水

保湾産の魚介類を摂取したことによって起った中毒性中枢神経系疾患である」という限度でこれを認める。

同2⑵②中、水銀が毒物及び劇物取締法に規定する毒物であること(但しこれは昭和39年7月10日法律第165号による同法の改正後のことである)及び水銀化合物が少数の例外を除き毒物であって右少数の例外中にはメチル水銀化合物等が含まれていないこと、単体の金属水銀、諸種の無機水銀化合物及び諸種の有機水銀化合物が生物に対して毒性を示すが、亜急性ないし慢性の毒性は一様でないことは認めるも低級アルキル水銀化合物を魚介類が摂取した場合の作用等そのメチル水銀化合物蓄積の機序に関する主張は不知。

同2⑵③中、水俣病患者が水俣湾附近の魚介類を摂食した者の中から発症していること、その大部分が漁業生活者、趣味または生計の助として漁をしていたものないしそれらの家族であったこと、ネコに所謂猫の水俣病が発症したことは認める。メチル水銀が魚介類に蓄積する条件及び過程並びに人及び動物において水俣病発症にいたる経過に関する原告の主張は、それが事実に適合しているか否かは不知。

3　同準備書面3記載事実は不知。

4　⑴ 同準備書面4⑴中、現行の毒物及び劇物取締法に原告主張のような規定がなされていることは認めるも、右の規定をもって被告に過失があったとする原告らの主張は否認する。なお、水俣工場におけるアセトアルデヒドの生産に際して損失された水銀量は昭和27年約4.4トン、同28年約4.1トンである。

⑵ 同4⑵記載事実は否認する。

以　上

原告釈明書(44.12.24)

1　釈明事項⑴について

廃液の放出

始期　昭和7年

終期　昭和41年6月

昭和41年6月から被告は廃液を工場内における完全循環方式にしたから工場外には放出されなくなった。

しかし、右循環廃液にはメチル水銀化合物が含まれていたのであるが、昭和43年に至って漸く、右メチル水銀化合物を回収する方法を考え、44年に至って初めて之を実施したものである。

2　釈明事項⑵について

⑵の1について

被告会社が認識し得べかりし時期は昭和7年である。

⑵の2について

廃液を無処理のままとあるのは、沈殿池乃至鉄クズ層によっては実質的に水銀及び水銀化合物は回収できず従って実質的に回収設備を施さなかったとの趣旨である。

以　上

被告第2準備書面(44.12.27)

第1　被告の無過失について

1　予見義務—予見可能性の不在—

⑴ 昭和37年半ば頃、熊本大学医学部衛生学教室の入鹿山且朗教授らが、被告水俣工場の水銀滓から塩化メチル水銀(CH_3HgCl)を抽出しえたことを発表(Kumamoto Medical Journal, Vol.15, No.2, 1962及び日新医学第49巻第8号)するまで、アセトアルデヒドの製造工程中にメチル水銀化合物が生成することは、一般に化学工業の業界、学界において、理論上も、また、分析技術上も予知しえない事柄であった。

即ち、

1) 水銀触媒を用いアセチレンと水からアセトアルデヒドを合成するいわゆるアセチレン接触加水反応については古くから報告されており、かつ、その場合のアセトアルデヒド生成の反応機構ないしは触媒の作用機構についてもこれまで種々論じられてきているのであるが、右の合成工程においてメチル水銀化合物が生成することもしくはその生成の可能性を記述し、または示唆した報文は、前記入鹿山教授らの発表以前には見当らない。

しかして、右のアセトアルデヒド合成工程中における塩化メチル水銀の生成反応機構を理論上明らかにすることは非常に困難で、塩化メチル水銀が確認され、有機水銀化合物の分析技術が進歩した最近に至って喜田村正次教授、瀬辺恵鎧教授らによってその生成反応機構が始めて提案されているにすぎないほどである。

まして塩化メチル水銀を分析検知する以前においては、理論上の問題として右の如き塩化メチル水銀生成反応の生起すること自体を認識することは到底不可能のことであった。

このことは、昭和34年７月、臨床症状及び病理所見がメチル水銀化合物の中毒例と酷似していること等を理由に発症物質は有機水銀であるとの説を発表した当の熊本大学ですら、その有機水銀の由来については無機水銀が魚介類の体内で有機水銀に変化し有毒化するなどの見解をとっていたこと、昭和34年11月、厚生大臣の諮問機関である食品衛生調査会が行なった大臣答申においても、主因をなすものは「ある種の有機水銀化合物」と述べているにすぎないこと、昭和35年１月、経済企画庁を中心とし、厚生省、通産省など関係各省庁によって有機水銀の発生源や魚介類有毒化の過程を総合的に研究するため、新たに水俣病総合調査研究連絡協議会が設置されていること、昭和42年６月、前記入鹿山教授らが、水銀を触媒としてアセチレンよりアセトアルデヒドを合成するアセトアルデヒド施設の反応管においてメチル水銀化合物が生成することは「従来全く想定されなかったことである」と述べている(日本衛生学雑誌第22巻398頁)こと等々によっても裏付けられることである。

2) 有機水銀化合物の分析方法は、最近、アルキル水銀化合物が注目されるに至って急速に進歩しているものであって、昭和36、7年以前の段階においては、有機水銀化合物を分析検出しうる方法は未確立の状態であり、まして工場排水などに含まれる微量の有機水銀化合物の分析検出は不可能であった。即ち、当時、水銀化合物の分析方法として、ジチゾン法、ポーラログラフ法、紫外線吸収スペクトル法、ジエチルジオカルバミン酸銅法、ペーパークロマトグラフ法等があったが、その後開発されたガスクロマトグラフ法、薄層クロマトグラフ法に比して、いずれも感度、精度が著しく悪く、微量の有機水銀化合物を正確に分析検出することはできなかったのである。

3) 塩化メチル水銀の確認については、入鹿山教授らは、塩酸処理等独自の処理を試みた末、ようやく前記の如く水銀滓から塩化メチル水銀の抽出に成功したのである。なお、被告水俣工場においても各種排水関係の研究を重ねていたが、昭和36年6月頃から装置内循環方式採用後の精ドレンの分析を始め、溶剤抽出法により結晶体を抽出し、昭和37年6月、これを塩化メチル水銀であると考えていた。これが前記入鹿山教授らの研究の成果により確認されたのである。

以上の如く入鹿山教授らの前記研究が発表される頃までは、被告はもとより一般に化学工業の業界、学界において塩化メチル水銀生成の事実は到底認識しえないことであった。

⑵ 原告は、工場排液中に含まれたメチル水銀化合物が広汎な水域に流出し、これをその水域にすむ魚介類がその体内に蓄積し、その魚介類を人が反復大量に摂取し、これにより罹患するメチル水銀中毒症が水俣病であって、右の経路により水俣病が発症するためには、少くとも工場からのメチル水銀化合物が海水によって、魚介類を急死せしめない程度の、しかしその体内に蓄積をおこさせる程度の、適当な濃度に稀釈された状態で、絶えず供給されることが必要である、と主張している。

しかしながら、被告と同じくアセチレン接触加水反応によりアセトアルデヒドを製造してきた工場は、世界各国は勿論、日本においても多数存在するにかかわらず、右の如き形態で発生するメチル水銀中毒症はかつて類例をみないし、また、被告水俣工場においては、昭和7年以来多年に亘りアセトアルデヒドの製造を行ってきたが、本件以前において有機水銀中毒症の発生した例はない。

また、一般に水銀化合物は毒性を呈するものとされているが、これは直接人体内に摂取された場合に比較的少量で機能障害もしくは致死の結果を招来するためと考えられているからであり、毒物及び劇物取締法における毒物、劇物も、経口投与、皮下注射、静脈注射等、直接投与の各場合の致死量を基準に指定されている。従って、この法律自体は、大量の水によって一旦無害な程度にまで稀薄化された毒物が、その後海中の魚介類に蓄積するという経路を経て再び有毒化するという事態を全く予想していないものであった。

しかして、海中に拡散稀釈された極微量のメチル水銀化合物が、海中の魚介類の体内に蓄積—その魚介類を死に至らしめない程度に—され、その魚介類を人が摂取することによってメチル水銀中毒症になるというような考え方は、水俣病発生後の長期に亘る研究の結果始めて提唱されるに至ったものであって原告ら発病当時にはかかる理論は全く想定されなかったものである。

従って、アセトアルデヒド合成工程中におけるメチル水銀化合物の生成すら認識しえなかった被告が、微量のメチル水銀化合物の排出を予測し、更に、海中で稀釈されたメチル水銀化合物が前記経路を経て人にメチル水銀中毒症を発生させるということを予想ないし認識しえなかったのは、けだし当然というべきである。

それのみでなく、被告水俣工場における昭和28、9年のアセトアルデヒド生産量がその前年、更には前々年等の生産量と大差がないのに、昭和28、9年になって何故水俣病が突然に、しかも集団的に発生したのか、またこの関係で原告のいう適当な濃度とは具体的にどの程度をいうのか等、右のメチル水銀蓄積の理論には多くの疑問点が存するのであって、それ自体直ちに肯定し難いものである。

従って被告は、これらの疑問が解明されぬ以上、本件水俣病の発症が被告水俣工場の排水によるとの点については、未だこれを不知といわざるをえない。

(3) 以上により明らかな如く、仮りに被告水俣工場のアセトアルデヒド製造設備の排水中に存在した塩化メチル水銀と水俣病とが何等かの経路を経て結びつくとしても被告は前述の如く昭和37年半ばになって塩化メチル水銀が抽出、分析検知されるに至るまで、右排水中に塩化メチル水銀が存在することを到底認識しえず、認識せざるにつき過失はない。まして、右排水中の塩化メチル水銀が海中で魚介類に蓄積し、これを摂取した人間が水俣病に罹患するに至るという経路を認識することは全く不可能であって、これまた前記の如き理由から認識せざるにつき過失はないのである。

2　排水処理の沿革

昭和31年水俣病患者が発見されて以来現在まで、発病原因物質につき種々の見解が表明されてきた。これを年代順に述べると、昭和31年11月マンガンが最も疑わしいとする説(熊本大学医学部)、同32年7月マンガン、セレン、タリウムが疑わしいとする説(厚生省科学研究班)、同33年5月タリウムであるとする説(熊本大学医学部宮川九平太教授)、同年7月セレン、タリウム、マンガンが疑わしいとする通達(厚生省公衆衛生局長)、同34年7月有機水銀が疑わしいとする説(熊本大学医学部内文部省科学研究班の3教授)、昭和34年7月、同35年4月再度にわたりタリウム説(熊本大学宮川教授、同教授は前記文部省科学研究班の一員)、同34年9月爆薬説(日本化学工業協会大島竹治専務理事)、同35年4月アミン系毒物による中毒症説(東京工業大学清浦雷作教授)、同36年アミン説(東邦大学戸木田菊次教授)等々である。ちなみに、有機水銀を主張する説においては、有機水銀の由来が明らかでなく、無機水銀が魚介類の体内で有機水銀に変化し有毒化するとの推論をなすにすぎないものであった。これが被告水俣工場から排出されたメチル水銀が原因であるとの説に転化して行くのは、1で述べたところで明らかな如く、昭和37年半ば以降のことである。

被告水俣工場は、右記の諸見解のうち工場排水に関係あるものについて承服しえぬ疑問はその都度率直にこれを提示したのであるが、疑問は疑問としても、いやしくも工場排水と関係ありとの説に関しては、次に述べるように、排水処理につきその時々においてあたう限りの努力をしてきたものである。

(1) 鉄屑槽

昭和21年2月アセトアルデヒド製造再開後しばらくしてから同製造設備(以下アルデヒド設備という)に鉄屑槽をもうけ、同設備の排水を同鉄屑槽を通して百間排水溝へ排出していた。

鉄屑に無機水銀化合物の溶液を接触させると水銀が分離することは古くから周知であり、右の鉄屑槽はアセトアルデヒド製造工程において触媒として使用される水銀の一部が排水に混入しているのを回収するためもうけられたものである。

被告がアルデヒド設備内に塩化メチル水銀が存在することを認識しえたのは前述の如く昭和37年半ばに至ってからのことであり、従ってそれ以前に設置された右の鉄屑槽及び後記酢酸プールとも塩化メチル水銀を対象とするものではなかったが、最近の実験の結果によれば、鉄屑は塩化メチル水銀に対しても水銀を分離せしめる効力を有することが明らかとなっている。

(2) マンガン、セレン、タリウム説との関係

これらの説が発表された当時、被告水俣工場ではマンガンは使用しておらず、またセレン及びタリウムは硫酸の原鉱石である硫化鉱石に少量含まれているのみであった。

昭和31年８月硫酸設備で硫化鉱粉鉱焙焼炉が完成し、これに付属するピーボディ塔(ガス洗滌装置)から排水が出ることになったので、焼滓置場に専用沈殿池を、更に昭和32年に百間排水溝の一部にも沈殿池を各設置し、これらの沈殿池で固形物を沈降させ、上澄水を排出することにした。昭和32年８月、右のピーボディ排水は更に酸分の中和と固形物除去のためアセチレン発生残渣と共に八幡プールに送られるようになった。

アセチレン発生残渣はそれ以前から水と共に八幡地区に送られ、残渣の沈降物(主として消石灰分)でプールが埋立てられ、上澄水が海面へ排出されていたものである。

しかして、アルデヒド設備の排水は前述のように百間排水溝へ排出されていたが、昭和33年９月、右のピーボディ塔排水と同様酸分を中和し、かつ鉄分などを沈降除去させるため、排出先を百間排水溝から八幡プールへと変更した。

即ち、前記の鉄屑槽で処理したアルデヒド設備の排水をアセチレン発生残渣ピット(アセチレン発生残渣水の主成分は石灰でアルカリ性である)に送り、そこからアセチレン発生残渣及びピーボディ塔排水と共に八幡プールへ送ったのである。

⑶ サイクレータによる排水総合処理計画

被告水俣工場では、昭和33年秋から、排水を総合的に処理するための抜本的方法の検討を始め、同34年初頭、サイクレータ(排水浄化設備)を中心とする排水総合処理施設の具体的計画が立案されるに至った。

同計画の内容は概要左記の通りであった。

㈠ カーバイド密閉炉排水、ピーボディ塔排水、燐酸設備排水、アルデヒド設備排水及び塩化ビニール設備排水をまとめてサイクレータで処理し、浄化する。重油ガス化排水はまずセディフロータでカーボンを除去する。

㈡ これら浄化された排水を使用ずみの冷却用水によって更に約十倍に稀釈し、百間排水溝へ排出する。

㈢ サイクレータ、セディフロータによって分離された固形分(濃厚な泥状沈澱)を連続的に取り出していったん排泥ピットに入れ、そこからポンプで八幡排泥プールへ送る。

しかして右のサイクレータは、発注先の荏原インフイルコ株式会社の積極的な協力もあって、突貫工事により昭和34年12月19日完成し、同12月21日頃には運転を開始した。

⑷ 有機水銀説との関係

1) 前述のようにマンガン、セレン、タリウム説に加え、昭和34年7月新たに有機水銀説が発表されたが、被告水俣工場で水銀を使用していたのはアルデヒド設備及び塩化ビニール設備であった。被告水俣工場では、両設備の排水を海面へ排出しないようするための左記方式の工事を行ない、同34年10月30日これを完成、直ちに実施した。

㈠ アルデヒド設備及び塩化ビニール設備の排水について、新たに工場構内に鉄屑を入れた大容量(360㎥)の酢酸プールを設置し(10月19日完成)、従前の鉄屑槽を通したうえ、更に右の酢酸プールに入れ、時間をかけて水銀分を除去し、少量ずつコントロールしながらアセチレン発生ピットを通して八幡プールに送る。

㈡ 八幡プールから上澄水をアセチレン発生設備に逆送して同設備で再使

用する。なお、八幡プールでの上澄水量を減少させるため、水銀と無関係の硫酸設備の排水は、八幡プールと切離し処理する設備をする。

右方式の実施により、アルデヒド設備及び塩化ビニール設備の両排水とも海面に流出することはなくなったのである。

2) 前記サイクレータの完成に伴い、アルデヒド及び塩化ビニール両設備の排水はサイクレータを通ずることとなった。しかし、サイクレータは発症物質を有機水銀だとする説が発表される以前に立案計画されたもので、水銀の除去のみを目的とするものではなかった。もちろんサイクレータによって水銀の除去は可能であると考えられていたが、当時は右説の発表の結果、水銀を使用する設備からの排水に対し、世間は極度に敏感となっていた。

ところで、サイクレータは始めての設備であり、その排水の末端は海に通じていた。そのため、運転上のミスや故障という万一の事態を考慮すれば、むしろ水銀を含む排水は一切製造設備の外に排出しないことが最善の方法であることは明らかであった。

そこで、被告は、かねてから右のサイクレータ計画とは全く独立に研究を続けていた、アルデヒド及び塩化ビニール両設備の排水をそれぞれ発生装置内に戻して装置内で循環させるという業界でも前例のない新しい方式の開発をさらに強力に押しすすめることとした。

そしてこの方式の完成までの間も前記のような社会情勢を考慮し、万一の危険があるサイクレータを利用するよりはむしろサイクレータ排泥ピットを通して八幡排泥プールに蓄える方式(前記 1)同様工場外に排出されない)を採用すべきだと考えた。しかし、この方式を採るには、工事が必要であり、昭和34年12月末から再び前記 1)の方式に戻した。八幡排泥プールに蓄える工事は翌1月24日完成したがいずれにしても装置内循環方式が稼動するまでの間、アルデヒド及び塩化ビニール両設備の排水が工場外に流出することはなかった。

しかして、右の画期的な装置内循環方式は昭和35年3月着工、5月には試運転に入り、同年8月に完成して稼動するに至った。

なお、従前の八幡排泥プールへ送る排水処理系統の設備は存置して二重の安全をはかることとした。

⑸ 結果回避措置

以上の如く、被告は水俣工場の排水処理につきその時々において当時の技術水準上あたう限りの努力を重ねてきた。

殊に昭和37年半ば、被告がアルデヒド設備の排水中に塩化メチル水銀の存在することを認識しえた時には、すでに同設備について装置内循環方式を行なうなど、同設備の排水が工場外へ流出しない処理を完成させていたのである。仮りに右の塩化メチル水銀と水俣病とが何等かの経路を経て結びつくとしても被告が結果回避義務を尽したことは右により明らかである。

第２　和解契約について

１　被告は、昭和34年12月30日、昭和35年４月26日、昭和35年12月27日、昭和36年10月12日、昭和37年12月27日、昭和39年８月12日及び昭和44年６月16日の７回にわたり、原告らのうち、それぞれ後記一覧表⑴、⑵、⑶、⑷、⑸、⑹及び⑺、各記載の水俣病罹患者本人、その父母、配偶者、子供及び死亡者の相続人と左記内容による和解契約を締結した。但し、年金、弔慰金、葬祭料の金額については後述の通り、昭和39年４月17日、昭和40年５月21日、昭和41年６月30日、昭和43年３月６日と４回にわたり増額変更されたので、右の昭和39年８月12日及び昭和44年６月16日の各和解契約における年金等の金額は、それぞれ右により変更された金額と同額に定められた。

１　被告は水俣病患者（すでに死亡した者を含む。以下「患者」という。）に対する見舞金として次の要領により算出した金額を交付する。

⑴ すでに死亡した者の場合

① 発病の時に成年に達していた者

発病の時から死亡の時までの年数を10万円に乗じて得た金額に弔慰金30万円及び葬祭料２万円を加算した金額を一時金として支払う。

② 発病の時に未成年であった者

発病の時から死亡の時までの年数を３万円に乗じて得た金額に、弔慰金30万円及び葬祭料２万円を加算した金額を一時金として支払う。

(2) 生存している者の場合

① 発病の時に成年に達していた者

(イ) 発病の時から昭和34年12月31日までの年数を10万円に乗じて得た金額を一時金として支払う。

(ロ) 昭和35年以降は毎年10万円の年金を支払う。

② 発病の時に未成年であった者

(イ) 発病時から昭和34年12月31日までの間、未成年であった期間については、その年数を３万円に、成年に達した後の期間については、その年数を５万円に乗じて得た金額を一時金として支払う。

(ロ) 昭和35年以降は成年に達するまでの期間は毎年３万円を、成年に達した後の期間については毎年５万円を年金として支払う。

(3) 年金の交付を受ける者が死亡した場合

すでに死亡した者の場合に準じ弔慰金及び葬祭料を一時金として支払い、死亡の月を以て年金の交付を打切るものとする。

(4) 年金の一時払いについて

① 水俣病患者診査協議会(以下「協議会」という)が症状が安定し、又は軽微であると認定した者(患者が未成年である場合はその親権者)が年金にかえて一時金の交付を希望する場合は、被告は希望の月をもって年金の交付を打切り、一時金として20万円を支払うものとする。但し、一時金の交付希望申し入れの期間は本契約締結後半年以内とする。

② ①による一時金の支払いを受けた者は、爾後の見舞金に関する一切の請求権を放棄したものとする。

２　被告の相手方に対する見舞金の支払は、所要の金額を日本赤十字社熊本県支部水俣市地区長に寄託し、その配分方を依頼するものとする。

３　本契約締結日以降において発生した患者(協議会の認定した者)に対する見舞金については、被告はこの契約の内容に準じて別途交付するものとする。

4　被告は将来水俣病が被告の工場排水に起因しないことが決定した場合においては、その月をもって見舞金の交付は打切るものとする。

5　相手方は将来水俣病が被告の工場排水に起因することが決定した場合においても、新たな補償金の要求は一切行なわないものとする。

6　前記見舞金には患者の近親者(父母、配偶者、子)に対する慰藉料を含むものとする。

7　将来物価の著しい変動を生じた場合は、当事者何れかの申し入れにより双方協議の上年金額の改訂を行なうことができる。

2　その後、前記年金、弔慰金、葬祭料は、次の通り増額変更された。

⑴ 昭和39年4月17日変更契約

① 発病時成年に達していた者の年金額を年額10万5千円とする。但し、重症と認められる者については、年額11万5千円とする。

② 発病時未成年であった者の年金額を、成年に達するまで年額5万円、成年に達した後年額8万円とする。

③ 以上の変更は、昭和39年2月1日より実施する。

⑵ 昭和40年5月21日変更契約

① 発病時未成年であった者が成年に達した後の年金額について、満25歳に達した後は年額10万円とし、重症と認められた者についてはこれを年額10万5千円とする。

② 以上の変更は昭和40年5月1日より実施する。

⑶ 昭和41年6月30日変更契約

① 年金の交付を受ける者が死亡した場合の弔慰金を45万円とし、葬祭料を5万円とする。

② 以上の変更は昭和41年6月30日より実施する。

⑷ 昭和43年3月6日変更契約

① 発病時成年に達していた者の年金額を年額14万円とする。

② 発病時未成年であった者の年金額を、成年に達するまで年額7万5千円、成年に達した後年額14万円とする。

③ 以上の変更は昭和43年３月１日から実施する。
３　しかして被告は、前記水俣病罹患者本人、その父母、配偶者、子供または相続人である原告らに対し、前記和解契約に基づき後記一覧表記載の通り年金、弔慰金、葬祭料等の支払をなしてきたものである。
以上の点からみても、原告らの本訴請求の理由なきことは明らかである。

１　水俣病罹患者並に和解金支払一覧表
(但し、支払金は、昭和44年９月30日現在の金額)
⑴ 昭和34年12月30日契約　表略(以下同じ)
⑵ 昭和35年４月26日契約
⑶ 昭和35年12月27日契約
⑷ 昭和36年10月12日契約
⑸ 昭和37年12月27日契約
⑹ 昭和39年８月12日契約
⑺ 昭和44年６月16日契約

第３　訴状第２各論及び訴変更申立書に対する認否
訴状患者一覧表記載の者がメチル水銀中毒症患者であることまたは同患者であったこと及び左記⑴、⑵の点を除きこれらの患者らが原告ら主張の日に出生し、発病し、水俣病認定を受け、死亡したことは認める。また原告らの身分関係については、左記⑶の如き疑問があるので、原告らの釈明をまって認否する。その余は不知。
⑴ 出生日の相違する者。表略(以下同じ)
⑵ 水俣病認定日の相違する者
⑶ 身分関係が相違していると思われる者
① 親子関係が相違していると思われる者
② 子供の数が相違していると思われる者

以　上

原告第２準備書面（45.1.14）

第１　過失

１　化学工場では、製造過程で多種多量な危険物を使用し、その中間生成物や完成した製品も危険物であることが多い。

又、この製造過程及び触媒反応も非常に複雑で、触媒機構がまだ十分解明されていない状態で、これらの危険物をそのまま原料・触媒等として使用し、危険な物質を生じることが多い。

従って、化学工場廃液には、未反応原料・触媒・中間生成物・最終生成物などのほかに予想しない危険な副反応物などが混入していることがありうる。

これらの危険物が混入している廃液をそのまま河川や海水中に放出すれば、動植物、人体に危険を及ぼすことは当然である。そこで廃液を放出する場合には、事前に右廃液の動植物及び人体に対する影響の有無を科学的に調査し、有害又はその安全性に疑がある場合には、これを防止するために必要な手段をこうじて、廃液の放出による危害を未然に防止する高度な注意義務を有するというべきものである。（甲府地判昭33.12.23下民集９巻12号、2532頁参照）

被告会社は、その規模、危険物質の使用、生成、排出量の点から、この危険な化学工場の最たるものであり、前述の高度な注意義務を課せられていたものである。

しかるに、被告会社は、徹底した利潤優先、生産第一主義、人命軽視の営業方針の下に、後述のように、これが注意義務を怠った。

２　水俣工場は、明治42年創業後肥料工場として発展して来たが、昭和７年以降硝酸並びにカーバイドを使う有機合成工場に転換した。このうち、有機合成は、昭和７年にアルデヒド醋酸工場が、昭和13年に醋酸繊維素工場が、昭和16年に塩化ビニール工場がそれぞれ建設稼動するなど、第２次大戦前において早くも独自の展開を遂げていた。

水俣工場は戦後肥料並びにカーバイド有機合成工場として再建された。

昭和21年以後の水俣工場は、とりわけ、カーバイド有機合成工場として著しく発展を遂げた。

即ち、昭和21年にはアルデヒド工場、昭和24年には塩化ビニール工場の運転を再開し、昭和27年には、アルデヒドの新たな誘導品であるオクタノールの製造を開始し、この頃から主力製品の需要の増大に応じて、塩化ビニール、オクタノール及びその中間原料たるアセトアルデヒドの工場の増設また増設をくりかえし、市場においても高い占拠率を示した。

水俣工場の特質は、有機合成化学工場たる点にある。

3　(1) 水俣工場は、有機合成化学工場として、アセトアルデヒド製造工程(昭和７年から同20年迄・同21年から同43年迄)における水銀及び水銀化合物、硫酸、硝酸、塩化ビニール製造工程(昭和16年から同20年迄・同24年以降)における塩化第２水銀(昇汞)、醋酸製造工程(昭和７年から同20年・同21年以降)における重クロム酸ナトリウム等の有毒物質を触媒として使用し、それ等は、その製造工程及び同排水経路を経て、工場外へ排出されるのみならず、又それ等の製造工程中では、原料及びその他の諸条件、特に触媒作用の過程で、他の危険物質への転化の可能性を含んでおり、更には、排水過程においては、同工場の他の製造工程より排出される汚悪水との合流による化学的反応の可能性もある。

尚、同工場には、他にも無水醋酸製造工程、醋酸エチル製造工程等もあり、それ等の各工程及び排水過程における化学的変化による危険物質の生成も考えられる。

以上の過程からは、水銀化合物その他の有毒物質が生成され、被告会社は、これらの有毒物質を含む工場汚悪水を大量且つ継続的に百間港及び水俣川々口周辺海域に放出した。排出された危険物質は同海域の地理的条件、潮流の関係より、そこで停滞し、右海域外に運ばれて稀釈され、無害化されることはない状況にある。

この様な危険物質を含む工場汚悪水を放出する場合には、以上の諸条件及び汚悪水の動植物、人体への影響の有無を事前に調査確認の上、廃水処理の対策を講じ、有害又はその安全性に疑がある場合には、これを防止するために必要な手段を講じて、汚悪水による危害を未然に防止する義務がある。しかるに、被告は、何等有効適切な防止手段をとることなく、右汚悪水を工場外に放出した。

⑵ 水銀化合物は、毒物及び劇物取締法に規定されている毒物であるが、被告会社においては、アセトアルデヒド製造工程だけでもこの毒物を大量に(昭和27年約3.12トンないし6.24トン、昭和28年約4.4トンないし8.4トン)、工場外に放出していたものである。しかも、水銀化合物を含む工場汚悪水の危険性は、その後現実化した。即ち右汚悪水により昭和28年12月最初の水俣病患者発生の数年前から、水俣湾周辺において以前より増して魚獲量が激減し、被告会社においても漁業補償をなして、右汚悪水による魚介類に対する危害の事実を認めていた。

その他、右患者発生前、猫の狂い死、鳥類への影響が現実化して社会的な問題と化しつつあった。以上の事実は、水銀化合物を含む工場汚悪水の危険性を徴表するものである。

従って、当時、被告の水俣工場から排出する工場汚悪水については、その安全性が疑われていたのみならず、被告会社は、前述のように、その危険性を認識していた。よって、工場汚悪水は、工場外へは排出すべきではなかった。又、放流するとすれば、危害を防止するに足る手段措置を講ずべきであった。少なくとも、斯る事態に於いては、魚介類の死滅・減少の過程を単に傍観することなく、科学的に究明することにより、魚介類について人間の摂食による危険を具体的に問題とすべきであり、そうであれば、調査も人体への具体的な影響の角度から(例えば、右魚介類を使用しての動物実験等)追求さるべきであった。

⑶ 調査の方法としては、初歩的なものとして、生物検定法というものもあり、例えば、工場排水系統の一過程に魚池を造って養魚し、そこに工場汚悪水を通過させ、魚の生存の有無及び行動の異常により、水質汚染の可能性を検討すること等も考えられ、又その他の動物実験も充分考えられる。その

他の方法についても、可能な方法は、すべて尽すべきであり、それ等の研究も継続的に行うべきであった。

以上のような調査義務を尽せば、汚悪水による人体への危害を当然に予見し得た。

しかるに、被告は、何等これらの調査及び結果発生防止の手段を尽さなかった。防止手段としては、例えば被告会社が後に至って行ったような工場廃水を工場の生産工程の系内において完全に循環させ一滴も工場外に流出させない方法も、とられ得た筈である。然るに、被告は、当時このような方法さえもとらなかった。したがって、被告には、過失がある。

第２　毒物及び劇物取締法の解釈

⑴ 被告は、昭和44年12月27日付準備書面６頁において、

「また、一般に水銀化合物は毒性を呈するものとされているが、これは直接人体内に摂取された場合に比較的少量で機能障害もしくは致死の結果を招来するためと考えられているからであり、毒物および劇物取締法における毒物劇物も経口投与、皮下注射、静脈注射等、直接投与の各場合の致死量を基準に指定されている。従って、この法律自体は、大量の水によって一旦無害な程度にまで稀薄化された毒物がその後海中の魚介類に蓄積するという経路を経て再び有毒化するという事態を全く予想していないものであった」と主張する。

⑵ 右主張の基盤には、毒物劇物に対する被告の誤った定義の観念がある。同じく毒物劇物と認められる性質を有するものも、医薬品の規制は薬事法によって行われ、毒物及び劇物取締法による規制は、医薬品以外の右物質を対象とする。したがって、右の性質は右二法律において共通である。毒物及び劇物取締法においては、毒物および劇物に対する定義は形式的であって、実質的性質の表示を含んでいない。ところが、薬事法旧法(昭和23年法第197号、薬事法新法昭和35年法第145号の施行によって廃止)の第２条第12項は、

「この法律で『毒薬』又は『劇薬』とは、人又は動物の身体に、これが摂取され、吸入され、又は外用された場合は、極量が致死量に近いため、蓄積作用が強いため、又は薬理作用が激しいため、人又は動物の機能に危害を与え、又は危害を与える虞がある医薬品であって、厚生大臣の指定したものをいう」と、実質的内容を主とする定義を定めている。

毒劇物に関係する右二法の関連性からして、右の定義の実質的内容は毒物及び劇物取締法の対象物質に適用あるものと認めらるべきである。

しかるに、被告は、毒物劇物の被害対象からほしいままに動物を除外して人体にかぎり、さらに蓄積作用は法の予期せざるところと主張するのであるが、これは、被告の独自の見解であって、法の明文に反し採用することはできない。薬事法における毒薬劇薬が医薬品なるが故に(毒物及び劇物取締法の毒物劇物に比して)動物を被害対象に追加しまた蓄積作用の規定を加えたという合理的理由はない。

(3) 被告は、「大量の水によって一旦無害な程度にまで稀薄化された毒物」と主張するが、前掲の定義は有害無害の判定は蓄積作用をも考慮に入れてなすべきことを指示しているのである。蓄積作用をも含めて人又は動物の機能に危害を与えまたはその虞がある場合、これは正に毒物劇物の性質を依然帯有するのであって、右相当稀薄化の段階においてこれを無毒ないし無害と判定すべきものではない。

(4) 原告らは、被告の工場排水処理が毒物および劇物取締法の規定に違反していると主張するものであるが、仮に右違反がないとしても、そのことが直ちに被告の行為の違法性ないし責任性を阻却する事由とはならない。

第３　主張訂正

１　被告提出第１準備書面２(1)冒頭記載の事実について

被告は

「(原告らの第１)準備書面２(1)①記載の事実に関しては、概ね原告主張のとおりであることを認める。なお、触媒母液中水銀とあるのは、酸化水銀(但し、昭和35年まで)、温度摂氏60度－70度とあるのは70度－75度C、稀アセトアルデヒド液(約15%)とあるのは(約1.5%)、真空蒸発とあるのは減圧蒸発、被告五井工場とあるのは、訴外チッソ石油化学株式会社、そのアセトアルデヒド製造装置(年産45,000トン)とあるのは(年産30,000トン)であり、又水俣工場がアセトアルデヒドの生産を止めた直前の月産量は約500トンである」と主張するが、原告はアセトアルデヒド生産停止直前の月産量を除き、その他の事実は、被告主張のとおり認める。

但し、減圧蒸発について、被告水俣工場においては真空蒸発と通称され、チッソ石油化学株式会社のアセトアルデヒド年産30,000トンというのは公称であって、実質生産能力は年産45,000トンであった。

第4　求釈明

1　答弁書第2、2⑵第1行目において、被告は「アセトアルデヒド合成工程中に塩化メチル水銀が微量生成すること」と陳述しているが、「微量」とは如何なる量か、また全水銀中の割合を明示されたい。

2　被告は、その第2準備書面第19頁以下において、原告らとの間に、昭和34年12月30日から昭和44年6月16日まで7回に亘り、和解契約を締結したと主張するが、右契約は民法第695条による和解契約であるか、無名契約であるか。

もし、前者であるなら、その根拠如何。すなわち、譲歩の対象となった当事者双方の権利義務は如何なるものであったか。

被告釈明書(第1)(45.3.6)

1　⑴ 求釈明事項

「答弁書第2、2⑵第1行目において、被告は「アセトアルデヒド合成工程中に塩化メチル水銀が微量生成すること」と陳述しているが「微量」とは如何なる量か、また全水銀中の割合を明示されたい。」

⑵ 釈明

アセトアルデヒド合成工程中における塩化メチル水銀の生成反応機構更にはその生成量は、現在においても未だ確定されるに至っていない。従って、被告は、右「生成量」或は「全水銀中の割合」を確言することはできない。

いずれにしても、昭和33、4年当時における精ドレン中の全水銀量は10ないし30ppm(1ppmは百万分の1)程度であり、塩化メチル水銀はその1部、換言すれば数分の1程度と考えられるので「微量」と主張したのである。

2 (1) 求釈明事項

「被告は、その第2準備書面第19頁以下において、原告らとの間に、昭和34年12月30日から昭和44年6月16日まで7回に亘り、和解契約を締結したと主張するが、右契約は民法第695条による和解契約であるか、無名契約であるか。

もし、前者であるなら、その根拠如何。すなわち、譲歩の対象となった当事者双方の権利義務は如何なるものであったか。」

(2) 釈明

被告の主張する和解契約は、民法第695条の和解契約である。

争の対象は、水俣病による損害賠償請求権の存否及び金額であり、当事者双方のなした譲歩の内容は、被告の第2準備書面第2、記載の通りである。

以 上

原告第3準備書面(45. 3. 14)

第1 被告第2準備書面における和解契約の主張に対する答弁。

被告主張の和解契約の抗弁については否認する。

第2 原告の主張

1 被告主張の契約は、民法695条にいう和解契約ではなく、無名契約たる見舞金契約である。

(1) 右契約は、水俣病が、被告の工場廃液に起因するか否かが全く不明であるという立場で締結されており、被告工場の廃液により起きた損害を賠償するという趣旨で結ばれた契約ではない。

　且つ、この契約においては、当事者間の権利義務についての互譲がない。

⑵ この原因不明ということは右契約第４条、第５条がこれを明確に示しており、又支払われる金員を「見舞金」という文言で統一していること、及びその金額が、被害の甚大さに比して、極端に低額であることからも明らかである。

⑶ 被告会社も昭和43年９月26日、政府によって水俣病の原因は被告会社水俣工場排水であると認定されるや、ここで初めて正式に被害者の損害賠償の要求に応じ「水俣病補償処理委員会」なるものの仲裁案に従うという態度を示している。

　以上の事実により、被告主張の契約は損害賠償を内容とする民法695条の和解契約ではなく、無名契約たる見舞金契約であることは明らかである。

⑷ 契約書記載第４条、第５条は当事者間において合意がなく、契約としては成立していない。

　即ち、本見舞金契約は、昭和34年12月30日午前２時頃になって、ようやく締結の運びとなったものであるが、原告らは、後述第２⑵項記載のように窮状にあえぎ、見舞金の額だけを問題にしていた。

　そこで、右契約締結の交渉においては、最後の最後まで金額の多寡についてのみ交渉が行われ、右金額について合意が成立して、後契約書が作成され、その段階になって被告側より突如第４条、第５条が契約条項として挿入されたものであって、之については何らの討議もなされていず、勿論合意はなされていない。

⑸ 仮に右条項が契約として成立したとしても、これは後述のような事情のもとに、おしつけられたものであるから、公序良俗違反であって、無効である。

２　仮に右契約が見舞金契約でなく民法695条にいう和解契約として成立したとしても、次の理由によって無効である。

⑴ 本契約は「水俣病が被告の工場排水に起因するか否かが不明である」ということを前提として、締結された。

　この事実は、契約書自体に明示されている。

水俣病が、被告の工場廃液に起因するという事実が前提とされたならば、本契約における僅少な金額が、原告側によって受諾される筈はなく、これはまさに「通常人を規準として当該の場合につき合理的判断をなしても其錯誤なかりせば、表意者が其意思表示を為さざるべかりしもの」と認められる場合に該当する。

よって、法律行為の要素に関する錯誤があり、民法95条により無効である。

(2) この契約が最初に締結された当時、原告らは、あるいは家庭の支柱を失い、親、子供、妻を失い、あるいは自ら、水俣病特有の悲惨な病状に苦しみ、あるいは同様に苦しむ患者をかかえ、僅かばかりの家財道具さえも売り払い、治療代はおろか、明日の米代すら事欠くという言語に絶する惨憺たる状態であった。

被告会社は、年の瀬もおし迫った昭和34年12月30日この原告らの窮状につけこみ、原告らをして、この機会をのがせば、二度と再び見舞金はもらえないという焦燥感をかりたて、極めて低額の見舞金で、しかも金額及び支給条件が定まり、調印の運びとなった段階で突如としてこの第４条、第５条を持ち出し、原告らに押しつけた。

加えて、被告会社は一連のネコ実験の結果により、すでに水俣病が被告工場廃液に起因することを知りながら、厚顔にも、これを秘して右契約を結ばせ、僅かばかりの金額で一切の損害賠償請求権を失わせるもので、公序良俗に反し、民法90条により無効である。

3　右第２項記載の理由により無効でないとしても、本契約の締結される以前の昭和34年10月、被告会社は一連のネコ実験により、すでに自己の水俣工場廃液が水俣病の原因であることを知っていた。

それにもかかわらず、原因が不明であると原告らをあざむき、原告らに右契約を締結させたのは、まさに、詐欺によるものであり、原告らは本準備書面において右契約取り消しの意思表示をなす。

4　右見舞金契約におくれて、それぞれ個別に結ばれた契約においても事情は同様であり、右契約と同様に解すべきである。

原告釈明書(45. 3.14)

第１　釈明事項(1) について

右釈明は訴状請求原因第１の２にメチル水銀化合物と記載されているので、過失の要件としてもメチル水銀化合物の認識乃至認識可能性が要求されるとの前提に立っているものと思われるが、原告第１準備書面第４項においてすでに明らかにしたように、要件の一としての認識可能性としては一般的に他人の法益侵害についての認識可能性があれば足り、その結果のうちの水俣病というような限局確定された結果の認識可能性までが要求されるものではなく、人体に対する危害を及ぼす危険性の認識可能性あれば足るというべきである。

第２準備書面第１、第２は右の点を明確にした事実の主張であって、過失並びに違法性の内容の具体的な記載であり、もちろん事情ではない。すなわち本件で問題にしているのは、メチル水銀化合物等を含む工場汚悪水であり、それによって被告側の予見義務も考えられるべきである。

第２　釈明事項(2) について

水銀化合物は無機水銀化合物と有機水銀化合物の２種に大別され、水俣病を起す物質は有機水銀化合物中のアルキル水銀化合物である。有機水銀化合物であってアルキル水銀化合物中に含まれないものとしてはフェニール水銀化合物等がある。

アルキル水銀化合物とはメチル水銀化合物、エチル水銀化合物及びプロピル水銀化合物の総称である。分類上メチル水銀化合物の中に含まれるものは塩化メチル水銀、硫酸メチル水銀、硫化ヂメチル水銀等種々の物質があるが、これはいずれもメチル水銀基(CH_3Hg)を持つ物質である。従って、原告のいうメチル水銀化合物に塩化メチル水銀が含まれるのは当然である。

裁判官の釈明は、メチル水銀化合物の中に塩化メチル水銀以外のものがあるという事実に基づき、塩化メチル水銀の上位類概念たるメチル水銀化合物を水俣病の原因物質と主張することと、塩化メチル水銀をそれとして主張することでは被告側の予見義務に差異があるとの前提に立っていると認められるが、原告はその間に差異はないと主張するものである。

第3　釈明事項(3)について

然り。なお過失については本釈明第1点で述べているところにより了解していただきたい。

第4　釈明事項(4)について

(1) もちろん人体への具体的な影響を主張するものである。

(2) なお、訴状記載の請求の原因第1の2の主張との関係は、本釈明第1点で述べている通りである。

第5　釈明事項(5)について

原告の毒物及び劇物取締法に関する主張は被告の過失および違法性の内容として主張するものである。

被告第3準備書面(45.5.16)

第1　和解契約について

1　原告の主張する要素の錯誤、公序良俗違反による無効及び詐欺による取消の再抗弁は、いずれも否認する。

(1) 要素の錯誤による無効の主張(原告ら第3準備書面第2、2、(1))について

右についての原告らの主張は必ずしも明確でないが、被告のいう和解契約は「水俣病が被告の工場排水に起因するか否かが不明である」ということを争のない前提として締結されたものであるから要素の錯誤により無効であるとするもののようである。

しかしながら、後に詳述するとおり右の契約当時原告ら水俣病患者らは水俣病が被告工場の排水に起因するものであるとして被告に対しその損害賠償金の支払を要求し、被告はこれを否定していたのであって、まさに水俣病が被告の工場排水に起因するか否か、ひいては被告が水俣病による損害賠償義務を負うか否かが最大の争であった。

しかしてかような争を解決するために締結されたのが右記の和解契約である。

即ち、原告らが契約の前提であると主張している事項は互譲によって解決された争の対象そのものに外ならない。

原告らの前記主張の理由なきことは右により明らかである。

⑵ 公序良俗違反による無効の主張(原告ら第３準備書面第２、２、⑵)について

被告会社が年の瀬もおし迫った昭和34年12月30日、原告らの窮状につけこみ、原告らをして焦燥感をかりたて、極めて低額の見舞金でしかも金額及び支給条件が定まり調印の運びとなった段階で突如として第４条、第５条をもち出し原告らに押しつけた旨、更に被告会社は一連のネコ実験の結果により、すでに水俣病が被告工場廃液に起因することを知りながらこれを秘して契約を結ばせた旨の主張については、昭和32年５月頃から同37年秋頃まで、被告会社付属病院においてネコによる実験をしていた事実は認めるが、水俣病が被告工場廃液に起因することを被告会社が知っていたこと及びその他の事実はいずれも事実に反するので否認する。

本和解契約は後述の経緯により不知火海漁業紛争調停委員会(以下調停委員会という)の調停案に基き締結されたものであり、被告が原告らに押しつけたとか、金額が極めて低額であるということは全くない。

⑶ 詐欺による取消の主張(原告ら第３準備書面第２、３)について

被告会社付属病院においてネコによる実験をしていたことを除きその余はいずれも否認する。即ち、被告は工場廃液が水俣病の原因であることを知らなかったし、ましてこの点に関し原告らを欺罔するなどということはありえない。

⑷ 更に原告らは、昭和34年12月の契約におくれてそれぞれ個別に結ばれた契約においても事情は同様であり、右契約と同様に解すべきである旨主張する(原告ら第３準備書面第２、４)。これらについての要素の錯誤、公序良俗違反による無効及び詐欺による取消の主張は、以上⑴ないし⑶で述べたところと同じ理由によりいずれも否認する。

２　和解契約成立の経緯

原告らは、本和解契約は民法第695条にいう和解契約ではないと主張し、本

契約は被告工場の廃液により起きた損害を賠償するという趣旨で結ばれた契約ではない、当事者間の権利義務についての互譲がない、支払われる金員を「見舞金」という文言で統一している、金額が極端に低額である、本契約は昭和34年12月30日午前2時頃になってようやく締結の運びとなったが、その段階になって被告側より突如第4条、第5条が契約条項として挿入されたものであってこれにつき合意はなされていない、等々を挙げている(原告ら第3準備書面第2、1)。

又、原告らは年の瀬もおし迫った昭和34年12月30日になって、被告が原告らに本契約を押しつけ締結させたものであるなど主張している(同書面第2、2)。

しかしながら、以上の原告らの主張は全く事実とかけ離れた理由のないものである。

以下、本和解契約成立にいたる経緯に即して原告らの右記主張に反駁を加える。

(1) 本和解契約は、そもそも原告らが被告に対し水俣病による損害補償金の支払を要求し、かつ熊本県或は水俣市に対し再三にわたり調停委員会による患者補償の斡旋を求める陳情をなしたことにはじまり、その結果、同調停委員会の提示した調停案に基き昭和34年12月30日締結されたものである。

これより先、昭和34年10月以来、熊本県漁業協同組合連合会(以下県漁連という)から被告に対する水俣病による売上減その他の漁業補償の要求が激しくなり、大挙して被告水俣工場におしかける等のこともあったが、遂に同年11月2日には遠く天草の漁民を含む約2,000人の漁民が水俣に集まり、その大半が同工場に乱入、工場の建物、器具、備品等を破壊し、多数の人身傷害をひきおこすなど、所謂不知火海漁民騒動と云われる事件が生ずるにいたった。その結果、県漁連の漁業補償問題は大きな社会問題となるにいたった。

同月下旬になって、右の事態にたちいたった漁業補償問題を斡旋により解決するため、熊本県知事を中心とする5名の調停委員による前記調停委員会が成立し斡旋を開始した。

かような事態を背景として、原告ら水俣病罹患者家族の集団である水俣病患者家庭互助会(以下互助会という)は、昭和34年11月16日から同年12月1日までの間、再三再四、熊本県及び水俣市に対し、被告水俣工場の排水が水俣病の原因であるとして県知事の斡旋にあたっては患者補償問題もとり上げること、調停委員会の調停の対象に患者補償も加えることなどにつき陳情或は要望をくり返した。

この間、昭和34年11月25日、互助会から被告に対し、水俣病は被告水俣工場の排水によるものであることを理由に被害者78名の補償金として2億3,400万円(一人平均300万円)の支払を要求する書面が提出された。

これに対し、被告は同年11月28日、水俣工場排水と水俣病の原因との関係が明らかでないことを理由に右の補償金の要求には応じられない旨の回答をなした。

被告の右の回答を不満とする互助会は、回答文の受取りを拒否し、直ちに被告水俣工場正門前で数10名が座り込みを始めた。この座り込みは翌12月27日まで1ヶ月間続いた。

以上のとおり、本件においては当初から被告水俣工場の排水が水俣病の原因であると主張して損害賠償を要求する原告らと、工場排水と水俣病の原因との関係が明らかでないとし右の要求を拒否する被告との間に深刻な争が存在していた。しかして、原告らは右の損害賠償の要求を実現するため熊本県、水俣市に対し強く働きかけるとともに、被告水俣工場正門前に座りこみを続けていたのである。

被告が本和解契約を原告らに押しつけ締結させたとの原告らの主張が全く事実に反するものであることは、右の当初の経緯からみても明らかである。

⑵ 前記互助会の被告に対する補償金の支払要求、県、市への度重なる陳情、被告水俣工場正門前での長期の座り込み、更にこれらの動きが連日のように新聞各紙に報道されたこと等々により患者補償問題もまた社会問題となった。かような背景において、当初県漁連の漁業補償問題の解決を目的として成立し、同問題解決のための斡旋を行っていた調停委員会は、昭和34年12月上旬水俣病に関する紛争を一切解決するため漁業補償問題と共に患者補償問題をもとり上げることとなった。

かくて昭和34年12月17日、前日の漁業補償についての調停案の提示に次いで調停委員会から被告及び互助会に対し左記内容の調停案が内示された。

1　被告は水俣病患者(すでに死亡した者を含む。以下「患者」という。)に対する見舞金として、次の要領により算出した金額を交付するものとする。

(1) すでに死亡した者の場合

① 発病時に成年に達していた者

発病時から死亡の時までの年数に10万円を乗じて得た金額に弔慰金30万円及び葬祭料2万円を加算した金額を一時金として支払う。

② 発病の時に未成年であった者

発病の時から死亡の時までの年数に1万円を乗じて得た金額に弔慰金30万円及び葬祭料2万円を加算した金額を一時金として支払う。

(2) 生存している者の場合

① 発病時に成年に達していた者

(イ) 発病時から昭和34年12月末日までの年数に10万円を乗じて得た金額を一時金として支払う。

(ロ) 昭和35年以降は毎年10万円を支払う。

② 発病時に未成年であった者

(イ) 発病時から昭和34年12月末日までの年数に1万円を乗じて得た金額を一時金として支払う。

(ロ) 昭和35年以降は、成年に達するまでの期間は毎年1万円を支払う。

(ハ) 成年に達した場合は毎年5万円を支払う。

(3) 年金の交付を受ける者が死亡した場合

すでに死亡した者の場合に準じ弔慰金及び葬祭料を支払い、年金は打切るものとする。

2　見舞金の交付対象人員は78人とする。

3　被告は見舞金を交付するに当っては、所要の金額を日本赤十字社熊本県支部に寄託し、その配分について依頼するものとする。

4　本日以降において発生した患者に対する見舞金については、被告はこの調停案の内容に準じ別途交付するものとする。

5　将来水俣病が被告の工場排水に起因するものと決定した場合においても患者は新たな補償金の要求は一切行わないものとする。

右の調停案の支払金総額は、8,686万円余(1人平均109万円余)となる(年金については統計上の余命年数により算出)。しかしその後の互助会からの要求もあり、右の調停案1、⑴、②及び1、⑵、②(イ)(ロ)の未成年の年金額1万円は右内示後間もなく3万円に変更された。この変更により調停案の支払金総額は、9,237万円余(1人平均116万円余)となった。

しかして右の調停案の金額は、調停委員会が被告に賠償義務があるとの前提にたって当時の生活保護法、自動車損害賠償保障法、労働者災害保障保険法等の基準及び他の災害の補償例を考慮して算定したものということである。

被告は調停委員会に対し水俣工場の排水が水俣病の原因であることが明らかでない以上金額的には賠償金に外ならない右の調停案に対し難色を示した。しかし調停委員から社会的には水俣工場の排水に原因があると認められている以上、社会問題の解決として患者補償問題を解決しなければならないとの強力な説得があったので右の調停案を受諾するのやむなきに立ち至った。

但し、被告は調停委員会に対し、将来水俣病が被告の工場排水に起因しないことが決定した場合においてはその日をもって見舞金の交付を打切るものとする、との条項(契約書第4条に相当する条項)をつけ加えることを求め、これは最終調停案にとり入れられた。

他方互助会は、前記調停案につき調停委員会、熊本県、水俣市らから説明及説得を受け、総金額については了承しながらも、支払方法或は年金額についての成年者、未成年者間の相違など患者間の配分の問題でなかなか意見がまとまらなかったといわれる。しかし、昭和34年12月27日に至り、ようやく意見の一致をみて調停案を受諾することとなり、同年11月28日から続いた水俣工場正門前の座り込みを解いた。

なお調定案の支払金が見舞金となっているのは、水俣工場の排水が水俣病の原因であることを認めることはできないとの被告の意向を調停委員会が考慮したことによるものであるが、しかし、その金額は損害賠償の計算を基にして算定されていること前記のとおりである。このことは本和解契約の内容に「見舞金には患者の近親者に対する慰藉料を含むものとする」との条項のあること(被告第2準備書面第2、1)からも明らかである。

金額が極端に低額であるとし、支払われる金員を見舞金という文言で統一していることをもって本和解契約が民法第695条の和解契約でないとする原告らの主張が事実を無視するものであることは右により明らかである。

(3) かくて昭和34年12月29日午前10時半、水俣市役所において調停委員会から互助会及び被告に対し前記内示された調停案に対し、双方の要求を入れ、同案1、(2)、②の(イ)に「発病時から昭和34年12月末日までの年数に1万円を乗じて得た金額を一時金として支払う」とあるのが「発病時から昭和34年12月末日までの間未成年であった期間についてはその年数に3万円を、成年に達した後の期間についてはその年数に5万円を乗じて得た金額を一時金として支払う」と変更され、また、同案1、(2)、②の(ロ)の金額1万円が3万円に増額され、そのほか

「年金の一時払いについて

(1) 水俣病患者診査協議会が症状が安定し又は軽微であると認定した患者(患者が未成年である場合はその親権者)が年金にかえて一時金の交付を希望する場合は、被告は希望の日をもって年金を打ち切り一時金として20万円を支払うものとする。但し、一時金の交付希望申入れの期間は、水俣病患者診査協議会の認定後半年以内とする。」

(2) 前項により一時金の支払いを受けた者は爾後の見舞金に関する一切の請求権を放棄したものとみなす。」

という条項及び

「将来水俣病が工場排水に起因しないことが決定した場合においてはその日以降の見舞金の交付は打ち切るものとする。」

という条項の付加された最終調停案が提示された。互助会及び被告ともその内容を了知した上これを受諾し、これに基いて和解契約を締結することに同意した。

同日午後3時から、契約書、覚書の作成に入ったが、覚書原案の年金の額は

国の支給する恩給が物価の変動によって改訂された時はその基準に準じて改訂されるものとする、との条項について、被告はこれを著しい物価の変動を生じた場合に改訂する趣旨とすることを主張した。

右のスライド条項についての話合は難航したが、30日早暁これを覚書から外し了解事項の形式で「将来物価の著しい変動を生じた場合は、当事者何れかの申し入れにより双方協議の上、年金額の改訂を行うことができる」とすることで合意に達した。かくて同日午後0時30分、契約書、覚書、了解事項の形式で本和解契約は締結されるにいたったのである。

昭和34年12月30日午前2時頃になってようやく本契約締結の運びとなった段階になって被告側より突如第4条、第5条が契約条項として挿入されたものであって、これにつき合意はなされていない、或はその段階になって被告により押しつけられたとする原告らの主張が全く事実と相違する理由のないものであることは云うまでもない。

なお、本和解契約締結にあたり、原告らが所謂第4条、第5条の内容を了知していたことは、以上の経緯のほかにも本和解契約を締結した直後原告らが契約書写の交付を受け、その内容を知りながら本訴訟提起に至るまで何ら異議を申述べることなく和解金の受領を継続してきたこと、昭和35年4月26日、同年12月27日、同36年10月12日、同37年12月27日、同39年8月12日、同44年6月16日の各和解契約も昭和34年12月30日の前記契約条項と同一条項をもって、しかもいずれも互助会会長ら幹部立会の上締結されたにかかわらず、何らの異議も述べられていないこと、などによっても十分に裏付けられることである。

(4) 以上の経緯により明らかなように、本和解契約は、水俣工場の排水が水俣病の原因であるとし、かつ、2億3,400万円という極めて多額の補償金を要求する原告らと、原因が明らかでないとしてこれを否定する被告、更には金額についても不満を示す当事者双方の間にあって、調停委員会が公正な斡旋者の立場から紛争の解決のための妥当な補償額による調停案を示し、両当事者が同案に基き和解することに同意しこれにより締結された契約である。右の両当事者の主張及び要求と本和解契約の内容を対比すれば、両当事者がそれぞれ譲歩をなしていることは明らかである。

かかる和解契約が民法第695条にいう和解契約にあたることは多言を要しない。

第２　原告らの主張する過失について

１　原告らは、過失の内容としての結果の認識可能性としては、水俣病というような限局確定された結果の認識可能性までが要求されるのではなく、人体に対する危害を及ぼす危険性の認識可能性があれば足りるとし、本件ではメチル水銀化合物を含む工場汚悪水によって被告の予見義務を考えるべきである旨主張する（原告らの昭和45年３月14日付釈明書第１、同じく第１準備書面４、第２準備書面第１）。

もとより過失の要件として、損害の発生についての認識可能性まで要求されるものではないとしても、特定の権利侵害という結果についての責任が問われる以上、その権利侵害についての認識可能性が必要とされるのは云うまでもないことである。

本件において原告らは、権利侵害の事実として被告水俣工場排水中のメチル水銀化合物によりメチル水銀中毒症に罹患し又は死亡したことを主張して被告の過失責任を追及しているのである。かかる原告らの主張からするならば、工場排水中のメチル水銀化合物以外の物質は権利侵害の原因物質ではなく、それにつき認識可能性を云々する余地は全くない。

原告らは、メチル水銀化合物を含む工場汚悪水によって被告の予見義務を考えるべきであると云うが、これは右により明らかな如く、本件においてはとりもなおさず工場排水中に水俣病の原因物質が存在し、これが魚介類を経て人体内に摂取され同中毒症を発症させることの予見義務に帰着すること多言を要しない。

２　なお原告らは、被告水俣工場では有毒物質を含む工場汚悪水を大量且つ継続的に放出したとか、又危険物が混入している廃液をそのまま河川や海水中に放出すれば人体に危険を及ぼすことは当然であるなど述べている。

しかしながら被告水俣工場においては、従前から排水処理について化学工業界で一般に行われている相当な処理を施した上で排出してきたものであり、原告らの云う如く有毒物質を含む排水をそのまま放出するなどということは全く事実に反する。このことは、昭和32年ないし同34年当時の被告水俣工場排水分析値を、当時最も厳しいとされた大阪府事業場公害防止条例(昭和29年４月14日大阪府条例第12号、以下大阪府条例という)、昭和34年施行された公共用水域の水質の保全に関する法律(以下水質保全法という)及び水道法の各水質基準と対比させることによって客観的に明らかとなる。

⑴ 大阪府条例の排液基準との対比

有害物質	大阪府条例の基準 ppm	被告水俣工場排水	
		32.11. 9 ppm	34. 7. 6 ppm
シアン化合物	0.2	—	—
ひ素	0.1	0.001	0.56
銅	10	5	0.07
亜鉛	20	—	—
バリウム	100	—	—
鉄	100	2	6
硫酸塩(硫酸として)	100	676	335
ソーダ(Na_2Oとして)	100	2,700	1,536
コバルト	10	—	—
ニッケル	10	—	—
水銀	10	0.02(32.2.1の測定値)	0.01

⑵ 水質保全法により指定水域に指定された淀川の水質基準との対比

有害物質	水質保全法による淀川の水質基準 mg/ℓ (ppm)	被告水俣工場排水	
		32.11. 9 ppm	34. 7. 6 ppm
フエノール類含有量	1	—	—
シアン含有量	1	—	—
クロム含有量	2	—	—
亜鉛含有量	10	—	—
マンガン含有量	100	0.17	0.22

なお水質保全法は、河川、湖沼、港湾、沿岸海域など公共用水域の水質の保全を図ることを目的として制定されたものであるが、同法によれば、右の公共用水域のうち当該水域の水質の汚濁が原因となって関係産業に相当の損害が生じ若しくは公衆衛生上看過し難い影響が生じているもの又はそれらのおそれのあるものを水域を限って指定水域として指定すると共に当該水域につき水質基準を定めるものとされ、当該指定水域に排水を排出する工場等はその水質基準を遵守すべきものとされている。

しかして右の指定水域の指定は昭和37年4月以降行われてきたが、これまで指定された指定水域中、染色、化学工場等の排水で汚染されかつ上水道の水源として保護する必要などから指定されるにいたった淀川の水質基準が、他の指定水域の水質基準より比較的詳細なので、前記の対比の対象としてとりあげたものである。なお水俣川及び水俣湾周辺については、昭和44年2月3日、指定水域に指定され、メチル水銀についてのみ水質基準が定められた。

⑶ 水道法の水質基準との対比

有害金属	水道法の水質基準 ppm	被告水俣工場排水	
		32.11.9 ppm	34.7.6 ppm
銅	1	5	
鉄	0.3	2	
マンガン	0.3	0.17	
亜鉛	1	—	—
鉛	0.1	—	—
水銀	水道法所定の検査方法で検出されないこと	水道法所定の検査方法で辛うじて検出できる程度（32.2.1）	水道法所定の検査方法の検出限界以下

但し、以上⑴ないし⑶の被告水俣工場排水中には水俣市の下水等の排水が含まれている。なお、前記被告水俣工場排水中、ソーダNa_2Oの含有量が比較的多量なのは冷却用水に海水を使用しているためである。また、前記⑴ないし⑶の各表中「—」は、主として被告水俣工場に発生源がないので測定しなかった

ものである。

以上の如く被告水俣工場の昭和32年ないし同34年当時の排水は、当時の大阪府条例の排液基準及び工場排水の規制が厳しくなりその後、水質保全法の実施をみてからの同法による水質基準のいずれにもほぼ適合しており、更に水道法による現行の水質基準と対比してもさほどの差はないのである。このことは被告水俣工場の排水処理が適切に行われていたことの何よりの証左である。

なお原告らは、被告水俣工場の排水を汚悪水と称し、多くの有毒物質が混入している如く主張しているが、その理由なきことは右記の同工場排水分析値によって明らかであるほか、熊本大学医学部衛生学教室が、昭和32年水俣病の原因物質究明のための疫学的研究の一環として同水俣工場排水路廃液、同排水路泥土、及び水俣港湾内泥土の分析を行った際の要検査項目が左記項目であって、水銀その他原告らの主張する有毒物質は、要検査項目に含まれていなかったこと(熊本医学会雑誌第31巻補冊第2、「水俣港湾の汚染状況と水俣病との関係について」)によっても裏付けられる。

検査項目

透明度　色相　臭気　pH　アンモニヤ性窒素　アルブミノイド性窒素　亜硝酸性窒素　硝酸性窒素　総窒素　蒸発残渣　熱灼残渣　熱灼減量　C.O.D.(吸収法)　沃素消費量　Clイオン　SO_4イオン　Fe(鉄)　Pb(鉛)　Mn(マンガン)　Cu(銅)　Zn(亜鉛)

第3　時効の抗弁

仮りに、これまでの被告の主張が認められないとしても、原告らは各々水俣病に罹患し、又は同病により死亡したことによる損害が発生し、かつ加害者を知ったときから即ち、原告らのうち、被告第2準備書面第2の一覧表(1)記載の者については遅くとも昭和34年11月25日被告に対し損害補償金の請求をしたときから、その他の者については、それぞれ水俣病であるとの認定を受けたときから、すでに3年以上の時日が経過している。

よって、原告らの本訴損害賠償請求権は、すでに時効により消滅している。

第４　原告らの昭和45年４月25日付求釈明書に対する釈明

１　⑴ 求釈明事項

「被告はあえてこの「見舞金」なる語を損害賠償金と同じ意味だというのか。被告は原告らに対し加害及び損害の賠償義務を認めて契約したのか。」

⑵ 釈明

被告は原告らに対し加害及び損害賠償義務を認めて契約したものではない。従って、「見舞金」というのは右の義務に基づいて支払う損害賠償金ではなく、紛争解決のための和解金であるが、実質上は原告らの損害を補填するものである。

２　⑴ 求釈明事項

「右契約に基づく金額の算定基準を明らかにされたい。」

⑵ 釈明

本準備書面第１、２、⑵ 記載のとおりである。

以　上

被告釈明書（第２）(45. 6 .23)

１　求釈明事項

⑴「被告提出の第３準備書面中、２頁⑵の７行目以下に、「昭和32年５月頃から同37年秋頃まで被告会社付属病院において猫による実験をしていた事実は認める。云々」とあるが、それは「被告会社が同付属病院に猫実験をさせていた」という趣旨か、否か。」

⑵「若し、させていた訳ではないとすれば、同病院が猫実験をしていたということを、被告会社は、いつ知ったか。」

⑶「また、右猫実験による結果を被告会社はいつ知ったか。尚、具体的な点が不明の場合は、一般的にどういう形で実験の結果を知っていたか。」

２　釈明

⑴　求釈明事項⑴については、第４回口頭弁論期日における被告の釈明のと

おり(第4回口頭弁論調書被告2の記載)であるが、更に次のとおり補充する。

水俣病研究のため猫を飼育し、種々の投与物質を投与し、その結果を観察するという実験は、被告会社付属病院所属の医師のうち数名の者(以下病院側という。)が細川一医師を中心としてこれを行っていたものである。但し、投与物質については病院側が独自に決定したものもあり、また被告水俣工場技術部側から投与を依頼したものもある。

(2) 求釈明事項(2)については、第4回口頭弁論期日における被告の釈明のとおり(第4回口頭弁論調書被告3の記載)である。

(3) 求釈明事項(3)について

工場技術部側と病院側とが水俣病に関する打合せを行った折、また工場技術部側から投与を依頼した投与物質による実験結果の問合せをしたとき、或は水俣工場として水俣病に関する研究結果をまとめるため病院側に対し実験結果などの資料提供を求めたときには、前記実験の結果についての報告があった。

しかし、同付属病院での実験は、約800匹に及ぶ多数の猫について行われたものであって、その各実験結果は一々その都度報告することにはなっておらず、また報告がされた場合も主として口頭でなされたので、現在となってはすべての実験例について報告がなされたか否か、またそれぞれにつきどういう報告がなされたかを明確にすることはできない。

以　上

原告第4準備書面(45. 7. 1)

第1　昭和45年3月18日第3回口頭弁論において、裁判長が原告に釈明を求めた第(3)項に対する釈明

メチル水銀化合物には、塩化メチル水銀(CH_3-Hg-Cl)以外に、硫化ヂメチル水銀(CH_3-Hg-S-CH_3)、硫化ビスメチル水銀(CH_3-Hg-S-Hg-CH_3)、沃化メチル水銀(CH_3-Hg-I)、水酸化メチル水銀(CH_3-Hg-OH)等があり、これらは何れも動物実験に使用され、水俣病原因物質たることを証明されたものである。(甲

第２号証「水俣病」371頁参照）

右のうち塩化メチル水銀は、昭和37年熊本大学入鹿山且朗教授が被告水俣工場排出の水銀滓からの抽出に成功した物質であり、硫化ヂメチル水銀は、熊本大学内田槙男教授が水俣湾産ヒバリガイモドキからの抽出に成功した物質である。

第２　昭和45年３月18日第３回口頭弁論において裁判長が原告に釈明を求めた第⑸項に対する釈明

原告は兄弟姉妹も民法709条、同710条により固有の慰藉料請求権を有するとの立場に立つ、ところで判例は、

⑴ 身体傷害の場合にも民法711条明記の近親者は、709条、第710条により固有の慰藉料請求権を有するという（昭和31年㈴第215号、同33年８月５日最高裁第３小法廷判決、昭和38年㈴第3730号同39年１月24日最高裁第２小法廷判決）、又、

⑵ 被害者（死亡）の兄弟姉妹にも711条に準じて709条、710条により固有の慰藉料請求権を認めている（東京地裁昭和42年㈷第7180号、同43年７月20日判決、横浜地裁昭和37年㈷第1080号、同39年２月17日判決）。

そこで身体傷害の場合の兄弟姉妹の慰藉料についても、少くとも、

⑴ 傷害の程度が死に比肩すべきとき

⑵ 被害者と密接な生活関係にあること

の２要件が具備すれば、民法709条、710条に基づいて慰藉料請求権を有すると解する。

原告渕上道子、同田中昭安は、訴状にみる如く、いずれも右２要件を具備しており、固有の慰藉料請求権を有する。

第３　昭和45年３月18日第３回口頭弁論において、裁判長が原告に釈明を求めた第⑷項に対する釈明

１　⑴ 昭和34年12月30日締結された第１回の見舞金契約の後の、第２回ないし第６回の見舞金契約は、当事者間に合意がなく、契約としては成立していない。

すなわち、右は新たに水俣病と認定がなされる毎に、その都度第１回の見舞金契約が、新認定患者に形式的かつ、自動的に適用されたような形になっているが、契約が締結されたわけではない。

当時、新認定患者ないしはその相続人らの１人が、当時日本赤十字社の業務を代行していた水俣市役所に、同市役所から呼び出され、同役所吏員より印鑑提出を求められて印鑑を提出はしたが、右印鑑は、これを受け取った市役所吏員が、それぞれの見舞金契約に押捺した模様であるが、そのことは、市役所に出向いた右患者、ないしは相続人さえ、全く知らなかったものである。というのは、これらの者は、契約書を示されたこともなく、また契約内容の説明を受けたこともなかったからである。

つまり、契約条項につき、何ら話し合いがなされず、勿論合意もなされていないのである。従って、関係原告らにおいても、その際契約を結ぶという意識は全くなく、水俣病と認定されたから、それに当然付随する見舞金を受け取るという意識しかなかったものである。

右のような次第であるから、契約第４、５条の存在等勿論念頭になかった。

しかして、これらの者が、見舞金を受け取ったのは、すでに第１回あるいはその後の見舞金契約を結んだ者らが、これを受け取っているので、水俣病と認定されれば、それに当然付随する給付金として受理できるものと考えていたからである。

⑵ 仮りに、強いて契約が成立したというのであれば、それは被告において一定の見舞金を、新患者ないしはその相続人らに支払い、これらの者は右金員を被告より受け取るという内容の契約として成立したものである。

⑶ 仮りに、右主張も理由がなく、強いて契約が成立したものであるとすれば、これらの契約については、原告第３準備書面第２項１ないし３記載の主張が、第２、４、６回の契約締結時期がそれぞれ年末でなかった点を除いては、全部妥当する。

右第２、４、６回の契約はそれぞれ、４月、10月および８月の時点で結ばれているが、原告らの生活窮迫の事態は、他の契約締結時と同様であった。

2　⑴ 第７回見舞金契約（患者亡渡辺シズエ分）についても、その性質は、原告第３準備書面第２、第１項記載と同一理由によって見舞金契約である。

⑵ 仮りに民法上の和解契約であるとしても、右契約は昭和44年６月16日、右亡渡辺シズエの相続人である原告渡辺栄蔵が、これを結んだものであるが、同栄蔵は右シズエの共同相続人である原告渡辺保、同石田良子、同石田菊子、同渡辺三郎、同渡辺信太郎、および同渡辺大吉らからの代理権授与はされておらず、右６名の関係については、この点から無効である。

⑶ 原告渡辺栄蔵関係については、錯誤により無効なものである。すなわち同人は、本契約締結に際しては、前第１項⑴記載のように本件契約金は、水俣病認定に当然付随して受領できる見舞金と考え、新たに契約書を結ぶというものではなかったのである。右契約内容も、第１回ないし第６回見舞金契約と同様であり、かつ、これらの契約を栄蔵関係においても承認するという形のものである。

もし、右契約が、第１回ないし第６回見舞金契約と異った損害賠償契約であるということであれば、勿論原告は、本契約を締結するはずはなく、これまさに「通常人を規準として当該の場合につき合理的判断をなしても、其錯誤なかりせば、表意者が、其意思表示を為さざるべかりしもの」と認められる場合に該当する。

よって右は、法律行為の要素に関する錯誤があり、民法第95条により無効である。

第４　被告第３準備書面　第３　時効の抗弁について

時効の抗弁は否認する。民法724条に短期消滅時効の起算点として、被害者が「損害及び加害者を知った時より」とあるのは不法行為による損害賠償請求権を行使し得る時点を定めたものであり、被害者が現実の加害者ないし損害を合理的な方法で挙証し得る程度に、具体的資料にもとづいて知りたる時と解すべきである。（東京地裁昭和35年㋻3751号、同45年１月28日判決〔メーデー事件〕参照）。

被告は、右起算点を昭和34年12月のいわゆる見舞金契約及び水俣病認定時とするが、この当時原告等は単に新聞等によって、水俣病の原因について被告水俣工場の廃液に疑が向けられているという程度のことを知っていたにすぎず、他方、被告側は自己の工場廃液であることを徹底的に争っていたし、右被告見解にそう学者の反論もなされていたのであり、結局、原告等の認識は単なる憶測にすぎなかったものである。

その後、新聞等によって発表された事実等によっても原告らの認識は基本的には変らず昭和43年９月26日、水俣病についての政府見解発表(甲第１号証参照)によって、右原告等の憶測していたことが真実であった事を知ったのである。

即ち原告等は此の段階になって始めて加害者を知ったものである。

以　上

参　考　文　献

〔Ｉ〕水俣病の実態

石牟礼道子『苦海浄土―わが水俣病』(講談社, 1969)

宇井　純『公害の政治学―水俣病を追って』(三省堂, 1968)

富田八郎『水俣病』(水俣病研究会資料, 水俣病を告発する会刊, 1969)

桑原史成『写真集・水俣病』(三一書房, 1964)

首藤留夫『生ける人形の告発―水俣病15年の記録』(労働旬報社, 1969)

水俣病を告発する会『告発』(1969年6月創刊, 毎月1回発行)

厚生省「水俣病に関する見解と今後の措置―昭和43年9月26日発表」(昭和43年10月 9 日付官報, 1968)

〔II〕水俣病の医学

熊本大学医学部水俣病研究班編『水俣病―有機水銀中毒に関する研究』(いわゆる赤本, 1966)

熊本大学医学部水俣病研究班編「熊本県水俣地方に発生した原因不明の中枢神経系疾患について」第 1 報, 熊本医会誌, 31(補1), 1957

同上, 第 2 報, 熊本医会誌, 31(補2), 1957

同上, 第 3 報, 熊本医会誌, 33(補3), 1959

同上, 第 4 報, 熊本医会誌, 34(補3), 1960

Hunter,D. & Russell,D.S.; Focal cerebral and cerebellar atrophy in a human subject due to organic mercury compounds. Neurol.Neurosurg. & Psychiatry, 17; 235, 1954.

井上　赳「水俣湾産ヒバリガイモドキより結晶化した有機水銀化合物(methyl methylmercuric sulfide)の同定について，その合成及び分析化学的研究並びに本物質の水俣病発症性について」(熊本医会誌, 36；877, 1962)

入鹿山且朗ほか「メチル水銀化合物の毒性と水俣病原因物質に対する考察」(日

新医学, 50；491, 1963)
宇井　純「衛生工学の立場からみた水俣病」(神経進歩, 13；1, 1969)
宇井　純・喜田村正次「水俣病の衛生工学的解析」(土木学会論文報告集, 164, 1969・4)
喜田村正次「毛髪中の水銀量—水俣病研究の一端」(西海医報, 143；3, 1960)
喜田村正次ほか「ガスクロマトグラフによる有機水銀化合物の分離, 定量—2, フェニル水銀の分析」(医学と生物学, 73；276, 1966)
喜田村正次「水俣病の発生機序」(神経進歩, 13；135, 1969)
近藤孝子「水俣病原因物質の有毒化の経路, とくに水俣酢酸工場水銀滓中の有機水銀と水俣湾産貝中の有機水銀」(熊本医会誌, 38；353, 1964)
瀬辺恵鎧・伊津野吉亮「有機水銀化合物と水俣病, 微妙な生体内での動向」(日新医学, 49(9)；607-631, 1962)
武内忠男「水俣病の病理—特にその病理発生について」(神経進歩, 13；95, 1969)
Takeuchi,T. et al.：A pathological study of Minamata disease in Japan. Acta Neuropath., 2 ；40, 1962.
立津政順ほか「子宮内中毒による精神薄弱」(神経進歩, 12；181, 1968)
立津政順ほか「後天性水俣病の後遺症—発病後平均4½年と7½年における症状とその変動」(神経進歩, 13；76, 1969)
立津政順ほか「先天性水俣病の実験的発生」(神経進歩, 13；130, 1969)
椿忠雄ほか「阿賀野川沿岸の有機水銀中毒症よりみた臨床知見」(神経進歩, 13；85, 1969)
弟子丸元紀「母乳経由による実験的有機水銀中毒症—乳児ラット脳の電子顕微鏡学的研究」(精神経誌, 71；506, 1969)
戸木田菊次「ネコの水俣病の原因に関する実験的研究・第1報」(東邦医会誌, 8；1381, 1961)
徳臣晴比古「水俣病—臨床と病態生理」(精神経誌, 62；1816, 1960)
原田正純「水俣地区に集団発生した先天性・外因性精神薄弱」(精神経誌, 66；

429, 1964)

藤田英介「有機水銀中毒に関する実験的研究—水俣病原因物質のラッテ母体から胎盤あるいは母乳を経由しての仔ラッテへの移行，および母体内での動向について」(熊本医会誌，43；47, 1969)

Matsumoto, H. et al.：Fetal Minamata disease. A neuropathological study of two cases of intrauterine intoxication by a methyl mercury compounds. J. Neuropath. Experiment. Neurol. 24；563, 1965.

松本英世ほか「中毒性多発神経症の病理学的研究(I)メチル水銀による多発神経症の実験的形成」(神経進歩，13；660, 1969)

松本英世ほか「有機水銀中毒症の病理学的研究—ヒト水俣病脳内水銀の組織化学的知見補遺」(神経進歩，13；270, 1969)

宮川九平太「水俣病の原因とその発生機転—動物実験を中心としての研究」(精神経誌，62；1887, 1960)

宮川太平「実験的水俣病—水面下の氷山を探る」(自然，25(5)；48, 1970)

Morikawa, N.：Pathological studies on organic mercury poisoning in agent of Minamata disease. II. Experimental production of congenital cerebellar atrophy by bimethyl mercuric sulfide in cats. Kumamoto Med. J., 14；87, 1961.

Ramel.C.：Genetic effects of organic mercury compound. Heriditas, 61；208, 1969. & 61；231, 1969.

〔III〕公害その他

宇井純・清水誠・三宅泰雄・山県登「環境の汚染—廃水の希釈と生体濃縮」(科学，38(12)；636, 1968)

科学技術庁資源調査会「水質汚濁防止対策に関する調査報告」(科学技術庁資源調査会報告第15号，1960)

Carson, R.L. Silent Spring. 1962.(青樹簗一訳『生と死の妙薬』新潮社，1964)

Gurnham, C.F.：Principles of Industrial Waste Treatment. 1955(ガーンハム『水質汚染防止と産業廃液処理』技報堂，1958)

佐藤竺・西原道雄編『公害対策I・II』(有斐閣, 1969)
柴田三郎『工業廃水』(水叢書IV)(東京昭光社, 1943)
柴田三郎『水質汚濁とその処理法』(水産庁水産資料整備委員会, 1954)
庄司光・宮本憲一『恐るべき公害』(岩波書店, 1964)
武谷三男編『安全性の考え方』(岩波書店, 1967)
武谷三男『原水爆実験』(岩波書店, 1957)
通産省鉱山保安局編『鉱害に関する文献集・第2輯　水棲生物編』(通産省鉱山保安局, 1958)
都留重人編『現代資本主義と公害』(岩波書店, 1968)
Doudoroff, P. et al.：Bio-assay Methods for the Evaluation of Acute Toxicity of Industrial Wastes to Fish. Sewage and Ind. Wastes, 23；1380-97, 1951.
Doudoroff, P. and Katz, M.：Critical Review of Literature on the Toxicity of Industrial Wastes and their Components to Fish. II. The Metals, as Salts. Sewage and Ind. Wastes, 25；802-39, 1953.
三宅泰雄『核兵器と放射能』(新日本出版社, 1969))
宮本憲一『日本の都市問題』(筑摩書房, 1969)
Löfroth, G.「自然界に放出された水銀化合物とその害I, II」(科学, 39；592, 1969., 科学, 39；658, 1969)

戒能通孝編『公害法の研究』(日本評論社, 1969)
加藤一郎編『公害法の生成と展開』(岩波書店, 1968)
加藤一郎『不法行為』(法律学全集22, 有斐閣, 1957)
加藤一郎編『注釈民法(19)』債権(10), §§709～724(有斐閣, 1965)
沢井　裕『公害の私法的研究』(一粒社, 1969)
西原道雄「産業公害における企業の過失(1)」(事故と災害, 社会保険新報社, 2(1), 1968)
我妻　栄編『事務管理・不当利得・不法行為(判例コンメンタールVI)』(日本評論社, 1963)

〔IV〕チッソ関係

日本窒素肥料(株)『日本窒素肥料事業大観』(1937)

野口遵翁追懐録編纂委員会『野口遵翁追懐録』(1952)

新日本窒素肥料(株)水俣工場尚和会『芦火化学教室』(1952)

同上,『日本窒素の歩み』(1952)

同上,『芦火』各集

水俣工場『水俣工場新聞』(昭和30年6月10日から月刊,41年2月に『チッソ水俣』と改称,今日に至る)

合化労連新日窒労働組合『さいれん』(機関紙,週2回発行)

新日本窒素肥料(株)「水俣工場の排水について(その歴史と処理及び管理)」(1959.11)

大島幹義『プロセス工学―研究を工業化する技術』(化学工業社,1959)

五十嵐赳夫「水銀触媒によるアセトアルデハイド合成反応速度の解析」(触媒,4;234-247,1962)

徳江　毅「チッソの技術―技術のチッソ」(チッソ社内パンフ,1969.6)

チッソ「水俣病に対する当社の見解」(1958.7)

チッソ「所謂有機水銀説に対する工場の見解」(1959.8.5)

チッソ「有機水銀説の納得し得ない点」(1959.9.28)

チッソ「水俣病原因物質としての『有機水銀説』に対する見解」(1959.10.24)

チッソ「水俣病問題の経過と現状」(1970.6)

チッソ(株)総務部「水俣病について」(1970.7)

解説　『水俣病にたいする企業の責任―チッソの不法行為』《復刻版》*

富樫貞夫

本書は、水俣病研究会の研究報告書として、1970年８月、水俣病を告発する会から刊行された。発行部数は5,000部。その大半は当時の支援者の手に渡ったものとみられ、現在、古書店でも入手は困難な状況にある。

本書は、水俣病第１次訴訟を理論面から支援するというきわめて実践的な目的で刊行されたものである。これをまとめた水俣病研究会は、1969年９月、患者支援組織である水俣病市民会議（水俣）と水俣病を告発する会（熊本）の呼びかけに応じて結成された。そのメンバーは、医学、工学、法律学、社会学等の専門家のほかに市民会議と告発する会に属する市民有志からなり、専門家と非専門家が対等の立場で議論するという、それまでほとんど例のないユニークな研究グループとして発足した。

水俣病第１次訴訟とは、1969年６月14日、訴訟派の患者家族28世帯がチッソを相手どって提起した損害賠償請求訴訟をさす。水俣病50年の歴史のなかで、患者側が起こした最初の訴訟であり、これを契機に被害者が加害者に対して反撃に転じたという意味でも事件史上画期的な意義をもつ裁判であった。しかし、提訴後、患者側はチッソの過失責任をどう組み立て、それをどう立証するかという難問を抱え、このままでは勝訴の見通しが立たないという状況に置かれていた。それを打開して、理論的に勝訴の見通しをつけること、それが水俣病研究会に与えられた課題であった。

この訴訟は、民法709条に基づいてチッソの不法行為責任を問うものであったため、原告である患者側は、①工場排水と水俣病発生との因果関係、②水俣病を発生させたチッソの過失、および③患者らが被った損害額を証明する必要があった。このうち、チッソの過失の有無がこの訴訟の最大の争点になった。

それまで過失の有無は予見可能性の有無で決まるとする考え方が支配的であった。水俣病は、工場排水に含まれるメチル水銀により汚染された魚介類を繰り返し摂食することによって発生し(後天性水俣病)、また、汚染魚介類を介してメチル水銀に曝露された母体を通じても発生する(胎児性水俣病)。問題は、水俣病の発生前にチッソの技術者等がこのような結果を予見できたかどうかである。予見できれば、結果の発生を回避できたはずであり、それにもかかわらず結果を発生させたとすれば、チッソは過失責任を免れないということになる。チッソは、工場排水が原因で水俣病が発生することはまったく予見できなかったと強調し、チッソに過失はないと主張した。被害者たちにとってみれば、水俣病を引き起こしたチッソの非は明らかであり、チッソに法律上の責任がないという主張はとても容認できるものではなかった。こうした患者家族のもつ道義感覚と過失をめぐる法律論との間には大きなギャップがあり、それを埋めることは容易なことではなかったのである。

研究会の活動は、まず熊本大学医学部水俣病研究班編『水俣病—有機水銀中毒に関する研究—』(いわゆる赤本)や合化労連『月刊合化』に連載された宇井純氏の現地調査レポート(のちに富田八郎『水俣病』として水俣病を告発する会より刊行された)をテキストとして、それまでの水俣病研究の経過とその到達点を確認するとともに、水俣病に対する企業の責任を問う際に議論の基礎となる関係資料を可能な限り収集するように努めた。しかし、これだけではもちろん不十分である。チッソを過失なしとする従来の過失論を乗り越えるためには、まったく新しい視点から過失論を再構築する必要があった。そのヒントとなったのが、武谷三男氏の「安全性の考え方」である。

水俣病研究会は、チッソのように有機合成化学工業を営む企業には高度な安全確保義務が課せられていると考え、その内容を具体的に明らかにした。そのうえで、これらの義務を怠れば、企業は過失責任を免れないと主張した。実際、水銀を使う製造工程の危険性やそこで生成する化学物質の毒性に関する文献調査、定期的な排水分析をふまえた適正な排水処理、排出後の環境汚染の調査等をきちんと実施すれば、水俣病のような被害を未然に防止することは十分可能だったのである。

いま思えば、研究会の結成からわずか1年で本書の刊行までこぎ着けたのは驚異的である。訴訟はすでに始まっており、その進行をにらみながらの調査研究であったとはいえ、このような作業はメンバーのもつ深い危機意識とそこからくる集中力なしには到底不可能であったと思われる。

本書に盛り込まれた研究成果は、水俣病訴訟弁護団により原告側の準備書面として裁判所に提出された。1973年3月20日に言い渡された第1次訴訟の判決で、熊本地裁は、患者側の主張に沿って水俣病に対するチッソの過失責任を明快に断定した。こうして本書の当面の目的は十分達成されたといってよい。

本書の刊行からすでに37年になるが、その間の最も目立った変化は被害者の数であろう。本書の資料によれば、1970年7月現在の認定患者は、わずか121人(うち胎児性患者23人)である。その居住地をみると、大半は水俣市の住民であり、それ以外の地区の住民はきわめて少ない。とくに、この時点では鹿児島県在住の患者はほんの数えるほどしかいない。今日からみると、被害者の絶対数が少ないだけではなく、地域的な偏りが著しい。

2006年6月末現在の認定患者は、2,265人(うち鹿児島県関係が490人)である。このほか、1995年の政治解決で救済の対象になった未認定の被害者は1万人を超える。さらに、2004年10月の関西訴訟最高裁判決以後、新たに5,000人を超える認定申請者が被害者としての救済を求めている。

たしかに認定患者の数は1973年以降急増したが、それは水俣病被害者の一部でしかない。その他の被害者は未認定のまま救済の対象になっている。同じメチル水銀によると思われる被害者が認定制度によって分断された格好だが、これは現在の水俣病医学とそれに基づく認定行政がもたらした結果にほかならない。水俣病の判断基準や主要症状のとらえ方については、まだ決着がついたとはいえない状況である。

1970年以降変転のはげしい医学上の問題と比べて、本書が提起した安全性の考え方は、基本的には現在でもそのまま通用する考え方である。その後の判例をみる限り、「安全確保義務」や「安全配慮義務」という言葉自体はかなり定着したようにみえる。しかし、安全性の考え方そのものがどれだけ深く理解されているかは疑問である。水俣病事件に限ってみても、水俣病に対する行政の責任を確定した2004年の最高裁判決には、残念ながらこのような考え方はみられない。行政の安全確保義務論を構築する作業は、まだ手つかずのまま残されているのである。

また、安全性の考え方は、過失論の再構築という狭い枠を越えて、環境保護における予防原則とどう結びつけるかも重要な検討課題であろう。環境被害を防止するためのリスク評価やリスク管理は、安全性の考え方に裏打ちされてはじめてその目的を達成できるものだからである。

なお、この復刻版は、大学等の研究機関においてもっぱら研究目的で利用する学術資料として刊行される。そのため、患者に関するデータを含めて刊行時の形そのままに復刻して刊行することとした。

2007年３月

（熊本学園大学教授・水俣病研究会代表）

＊この解説を付した復刻版は、水俣学研究資料叢書１『水俣病にたいする企業の責任―チッソの不法行為　復刻版』として、熊本学園大学水俣学研究センターから2007年に発行された。

注：「患者家族28世帯」とあるが、提訴後に浜元家の姉弟を別世帯とされたことにより、29世帯として訴訟は継続された。

解題　『企業の責任』と水俣病研究会の歩み―増補・新装版に寄せて

有馬澄雄

『水俣病にたいする企業の責任－チッソの不法行為』(以下『企業の責任』)は、水俣病研究会の出発点となった最初の報告書である。1970年8月に発刊されてから半世紀を経たが、いま読み返しても全く色あせていないことに驚く。問題の全体像、アプローチの方法論、事実認識をめぐる議論を重ねて完成した本書は、水俣におけるメチル水銀中毒事件(いわゆる〈水俣病〉事件)の核心部分を明らかにし、今日に至るも多くの知的刺激を提供している。本書の骨格をなす新しい「過失論」は、チッソのみならず現代企業が負うべき「安全確保義務」論であり、今日の国際社会で問題とされている「予防原則」に他ならない。この問題提起は、新しい事態に対処する方法論として現在も生きている。

裁判(第一次訴訟：1969年6月～1973年3月)が進行中という「待ったなし」の状況で完成した本書を、岡本達明は「単なる準備書面の枠をはるかに超え、法学、医学、工場実態などからの水俣病についての総合的な研究書となっており、今日においても基礎文献としての意義を有している」(岡本達明『水俣病の民衆史』第3巻、日本評論社2015)と評している。専門家だけではなく労働者や市民が集まり、切迫した課題に共通の問題意識で激論を交わし、若さと情熱で一冊を仕上げていく過程を経験したことは、筆者を含めメンバーのその後の生き方を変える力があった。原田正純は、後年、水俣病研究会について以下のように書いている。

> この研究会のあり方は私に深い感銘をあたえると同時に、共同研究とはなにかということを少なからず教えてくれた。医学、工学、経済、法律などのあらゆる分野からさまざまな文献が出され、検討され、討論された。討

論されたことはメモとして残り、新しい問題点は分担してさらに解明したり資料を集めたりし、結局そこに共同作業の結果として個人はまったく姿を消し、会としての集団の作業が残ったのである。専門家とうぬぼれていると、とんでもないことになる。むしろ問題の本質をつく問題提起は、しばしば専門以外の分野の人から出されることが多いのである。(原田正純『水俣病』岩波新書1972)

水俣を中心に発生したこの中毒事件は、1956年に公式に確認されて以来、現在に至ってもなお被害者の補償・救済をめぐって多くの係争事例が存在する希有の事件である。この事件では、長年にわたって工場廃水を無処理放出しメチル水銀で海域を汚染し続けたチッソ(吉岡喜一社長)の責任を第一に問わなければならない。しかし国や県もまた原因企業チッソを擁護し、原因はわからないとして被害者救済と予防対策に有効な手段をとらなかった。その背景に国の化学工業重視の政策がある。

1959年末、患者家族は加害責任を認めないチッソと「見舞金契約」を結ばされ、事件は解決したとされた。チッソの城下町と言われた水俣で、患者家族は孤立し、その後10年間黙らされてきた。そして1965年、新潟阿賀野川流域で第二のメチル水銀中毒事件が確認される。政府はこの間、化学工場の原料転換＝石油化学工業化政策を進め、〈水俣病〉発生の原因となったアセチレン法アセトアルデヒドの生産がすべて停止した1968年を待って、ようやく〈水俣病〉の原因がチッソ水俣工場アセトアルデヒド製造工程で副生したメチル水銀であると断定した。患者家族の復権の闘いは、このときに始まったと言える。『企業の責任』が報告している患者は事件史上もっとも初期に確認された重症の人たちであり、1970年当時〈水俣病〉と「認定」されていた患者は111名に過ぎなかった。

1　メチル水銀中毒事件の解明と隠蔽

1) 水俣湾周辺漁村における「奇病」の多発——事件の顕在化

チッソ水俣工場は操業開始以来、廃棄物処理を一切行わなかった。それと同時に、安全を考慮しない工場運転を続けた。爆発などを伴う危険な操業は、必然的に廃水による汚染で漁業被害を発生させ、何度も漁民とトラブルとなった。また、騒音、煙害、臭気、農作物の枯死など、周辺住民にさまざまな被害を与えた。しかしチッソは防止措置を全くとらず、永久示談の低額補償で漁民・住民を黙らせてきた。『企業の責任』執筆時は資料を入手していなかったが、1952年には漁協の要請で熊本県水産課の三好礼治技師が水俣湾の汚染調査を行っている。三好は対策の必要性を復命したが、熊本県の上層部は動かなかった(編者注†21)。そして水俣湾周辺集落に「奇病」が発生した。

1956年4月、水俣工場附属病院に2人の姉妹が原因不明の中枢神経疾患で運び込まれ、5月1日、細川一病院長は、担当の野田兼喜小児科医長に水俣保健所(伊藤蓮雄所長)へ異常事態の発生と調査の必要性を知らせた(いわゆる公式確認)。そして、日常診療のかたわら細川は内科と小児科の医師とともに初動調査を始めた。一方、水俣保健所長の伊藤は、附属病院の他、水俣市衛生課、水俣葦北郡市医師会、水俣市立病院を加えた水俣奇病調査委員会の結成を働きかけ、調査を進めた。3カ月にわたる調査の結果、「奇病」の発生は約3年前に遡り、主に水俣湾周辺集落を中心に30名ほどの患者が見つかった。その結果、汚染源はチッソ水俣工場の廃水がもっとも疑われた。細川と伊藤は、チッソ城下町と言われる現地ではこれ以上の究明は望めないと判断し、同年8月、熊本大学医学部へ調査研究を依頼した。

熊本大学研究班には、勝木司馬之助教授(内科学)、長野祐憲教授(小児科学)、武内忠男教授(病理学)、六反田藤吉教授(細菌学)、喜田村正次教授(公衆衛生学)、入鹿山且朗教授(衛生学)らが参加した。研究班発足から約3カ月後の11月3日、第1回研究報告会が開かれ、「奇病」の原因は水俣湾産魚介類を食べて起きた食中毒で、重金属、とくにマンガンが疑われ、汚染源は水俣工場排水の可能性があるというものだった。さっそく漁業組合は動き、1957年初頭、排水停止をチッソに申し入れた。チッソは、漁協の要求に、「昭和23、4年当時と廃水の性状に変化ない」と主張し、対策をとらず相手にしなかった。また熊本県は、1957年8月、食品衛生法に基づく漁獲禁止措置を進めることの是非を厚生省に照会したが、省は「水俣湾全部の魚介類が有毒化している証拠がない」と回答し、県衛生部は漁獲禁止を見送った。この対応が更なる被害拡大を許すこととなった。

2) 熊本大学研究班による原因究明

熊大研究班は中毒の原因物質として、マンガン、セレン、タリウムを標的に挙げたが、いずれも決定打がなかった。汚染源と目されたチッソ水俣工場は非協力的であり、石油化学工業化を進めていた通産省はチッソを擁護した。そのため研究は紆余曲折を辿る。そうした中で、厚生省は1958年半ば、汚染源はチッソ水俣工場で原因は3物質による中毒とし対策を進めようとした。しかし、チッソや通産省から研究の不備や弱点を突く反論が出され、汚染源断定は見送られた。その後、イギリスにおける有機水銀中毒事例を報告した Hunter & Russell の論文をてがかりに、1959年7月の研究班会議で武内から「有機水銀説」が提起される。

有機水銀説は水俣工場排水が汚染源である蓋然性を高めるものであった。1959年7月の有機水銀説の発表は、社会的・政治的に衝撃を与え、漁民補償や患者補償をめぐって水俣市民や市および県行政を巻き込んでいった。魚小売商による不買運動に端を発した水俣漁協の第一次漁民闘争、不知火海沿岸30漁協による第二次漁民闘争、そして患者家族による補償要求へと続いていった。しかし水俣市では「オール水俣統一戦線」(宇井純『公害の政治学』三省堂1968)と呼ばれる市民組織がチッソを擁護し、反漁民・反患者の機運がつくられていった。その間、有機水銀説へのチッソによる反論は数度におよび、日本化学工業会やその意を受けた清浦雷作東京工業大学教授などによる異説、そして通産省による政治的な擁護工作などにより、「原因不明」という社会的状況が作り出され政治問題化した。通産省は、世論の沈静化を図るため、チッソに対しアセトアルデヒド排水路を水俣湾に戻すこと、サイクレータ(廃水浄化装置)の設置を急ぐことを指示した。また社内研究による反論は止めるよう指示し、事態収拾へと動いていった。1959年11月2日には、水俣市を訪れた国会調査団がチッソの対応を叱るという場面もあった。チッソと県・市行政は、漁民への補償を決着させ、12月30日には窮迫する患者家族に「見舞金契約」を締結させる。

3) チッソ社内研究

『企業の責任』執筆時には十分に把握していなかったが、1954年頃から急性発症患者が起こった原因として、西田栄一水俣工場長は1957年初め頃、消去法でアセトアルデヒド廃水が怪しいと考えていた(刑事裁判調書1976)。技術者としては当然のことである。その一方で、西田工場長らチッソ幹部は工場が汚染源であることを強硬に否定し、原因物質を明示して証拠を示さない限り「責任はない」と主張した。外部の研究には協力せず、排水停止も行わなかった。

汚染源としてもっとも疑わしいアセトアルデヒド工場廃液は水俣湾奥の百間港に流されていたが、チッソは1958年9月、八幡プールを経て水俣川河口へと排水路を変更した。河川流で希釈して汚染源を隠そうとしたに違いないが、半年後に水俣川河口周辺で漁業を営む漁民がつぎつぎと発症する事態を招く。河川流と海流により汚染は不知火海全域に及び、患者発生は北へ南へと拡がっていった。

工場技術部は、水俣川河口周辺の貝類が汚染されているかどうかを確かめるため、1959年5月、八幡や大崎鼻の貝類を投与するネコ実験を行っている。その結果、投与45日ほどでネコが3匹とも発症した。この時点で技術部は、アセトアルデヒド工場廃水が汚染源であると確証をえた。また、1959年6月18日から始めた、百間排水直接投与ネコ実験(ネコ374号)で9月28日に発症し、百間排水にも毒物が含まれることを確認した。技術部の方針では、発生のメカニズムに従った間接投与実験で順次証明する方法論が正しいとされた。ここで初めて直接投与という方法を試した。端的に汚染源を調べる方法として、遅きに失したと言える。ネコ374号は経過観察することなく、発症した日に屠殺されている。この実験結果は、チッソの反論書に「発症せず」と記載された。その大脳・小脳標本は、後述する田宮委員会で大八木義彦が分析し多量の水銀が含まれることを確認した。

附属病院の細川は、汚染源を特定するため、1959年７月21日から水銀使用２工程(アセトアルデヒド工程、塩化ビニール工程)の廃水を直接投与するネコ実験を開始した。細川は、一切の責任をとるつもりで誰にも内容を語らずに実験を始めている。10月６日、アセトアルデヒド廃水を投与したネコ400号が発症した。10月24日、ネコ400号は屠殺解剖され、病理検索は九州大学医学部遠城寺宗知助教授に依頼した。11月16日、遠城寺から届いた病理検索結果は自然発症ネコと同じ病理所見であり、汚染源がアセトアルデヒド廃水であることを示していた。しかしチッソは、この実験結果を反論書に載せなかった。

一方、技術部の川崎克彦は市川正技術部次長の指示でアセトアルデヒド廃水(精ドレン)から有機水銀の検出を試み、11月10日、精ドレンに有機水銀が含まれることを次長に報告した。そして、11月30日、急に社内研究班会議がひらかれ、徳江毅技術部長から研究中止の方針が伝えられる。細川が希望したネコ400号実験の追試は事実上禁止された。

すなわち1959年11月までに、チッソ幹部はアセトアルデヒド廃水が汚染源であり、メチル水銀が原因物質であることを把握していた。以上の社内研究の結果をチッソは公表していない(有馬澄雄「チッソ社内研究と細川一」水俣病研究会編『〈水俣病〉の発生・拡大は防止できた』弦書房2022を参照)。

4)　見舞金契約

「原因不明の中枢神経疾患」は、地域社会の中では忌まわしい「病気」であった。寄る辺ない境遇に置かれた患者家族は1957年８月に水俣奇病罹災者互助会(会長渡辺栄蔵、のちに水俣病患者家庭互助会と改称)を結成し、チッソ正門前に座り込むなどして県・市に被害補償を求める陳情を続ける。これに対し、寺本広作熊本県知事らによって構成される調停委員会はチッソの要望を軸に調停を進め、低額永久補償のいわゆる「見舞金契約」を12月30日に成立させる。

この契約はチッソの加害責任を明示した被害補償ではなく「見舞金」であった。

1. 発病時成年の死者：発病から死までの年数×10万円の一時金、弔慰金30万円、葬祭料2万円、
   同未成年：年数×3万円(成年後は5万円)と成年と同じ弔慰金と葬祭料。
2. 生存患者：発病から12月末までの年数×10万円、以後年金10万円、発病時未成年：同様年×3万円(成人後は5万円)など細かく決められた。
3. 対象は79人(うち死者32人)で、総額試算は9,200万円余と見込まれた。
4. さらに、将来チッソの工場排水が原因であると判明しても一切の補償を請求しないという条項が入った。

孤立し窮迫した患者家族は、この調停案を受け入れるしかなかった。これをもって患者家族の問題は解決したとされ、その後10年間、患者家族は沈黙を強いられることとなる。

5) 原因究明をめぐるその後の状況

1959年11月12日、漁民補償・患者補償が争点となる中で、厚生省食品衛生調査会水俣食中毒特別部会は8項目の根拠を挙げ、〈水俣病〉の原因は有機水銀化合物の中毒であると答申した。しかし通産省の横やりで、水俣食中毒特別部会は中間報告答申の直後に解散させられた。これにより熊大研究班は原因究明のための公的な研究資金を絶たれる。

1960年、日本精神神経学会は熊大研究班の発表を中心とした「シンポジウム水俣病」を開催し、議論の末「有機水銀説」を承認した。また1961年、アメリカNIH(国立衛生研究所)のカーランドの勧めによりローマでの国際神経学会に班員の内田槙男、武内、徳臣、喜田村が参加し、〈水俣病〉が有機水銀中毒であると国際的にも受け入れられた。

1960年以降、研究班では有機水銀化合物はどこから出ているか、原因となった有機水銀化合物とは何かが問題となった。チッソは「水銀は使っているが、無機水銀である」と強硬に主張したので、熊大研究班は当初、水俣湾内で生物学的変換を経て水銀が有機化するというシナリオを考えたが、その後、入鹿山(衛生学)はアセトアルデヒド工程の水銀滓からCH_3HgClを検出した。これに

より、原因物質はチッソの工程内で副生されたことが判明し、汚染源の決着がついた。熊大研究班は、1963年２月、〈水俣病〉の原因物質はアセトアルデヒド工程で副生された廃水中の塩化メチル水銀であると発表する。しかしこの時点では事件は終わったことにされており、発表は注目されなかった。また、この事件に関し、警察も検察もチッソの行為を犯罪として裁く立件を見送った。

水俣食中毒特別部会を解散させた政府は、原因についてさらに検討するとして経済企画庁に「水俣病総合調査研究連絡協議会」を立ち上げた。また日本化学工業会は、日本医学会会長田宮猛雄(元東京大学医学部教授)を会長に据え東京大学グループで「水俣病問題懇談会」(通称田宮委員会)を立ち上げ、有機水銀説の検討を始めた。これら二つの組織は有機水銀説を否定するための研究班であったため、根拠の怪しいアミン説なども取り上げ、原因について結論を出すことなく自然消滅していった。この時間稼ぎの政治的効果は絶大で、有機水銀説が確定的ではないことを社会的に演出した。

6)　1960年以後のチッソ社内研究

〈水俣病〉事件を処理した西田工場長は、1960年５月、本社へと栄転する。このとき細川は辞表を携え、400号の追試をやらせてくれと西田に談判した。西田は、結果を発表しないことを条件に、技術部長に申し送っておくと許可した。これにより1960年８月、細川はアセトアルデヒド廃液投与実験を再開する。細川と市川技術部長のイニシャルをとってHI実験と称する、400号実験の追試である。この実験で、ほぼ全例ネコが発症することを1961年３月までに確認した。

一方、技術部の新入社員であった石原俊一は、1961年５月から、アセトアルデヒド廃水(精ドレン)からメチル水銀の抽出・同定をはじめた。その後、附属病院小嶋照和とともに、条件を変えてネコとラッテによる発症実験を行い、廃液中のメチル水銀で発症することを確認した。1962年２月、石原は「精溜塔廃液について」を技術部に提出した。この中で石原は、精ドレン中水銀化合物はメチル水銀で〈水俣病〉の原因物質であるとまとめ、CH_3Hg-が作用基で毒性を持つことを明らかにしている。続いて1962年６月、石原はアセトアルデヒド廃水(精ドレン)中のメチル水銀は、CH_3HgClであることを確認する。熊大研究班入鹿山がCH_3HgClを抽出・同定する半年以上前、チッソ内部で〈水俣病〉原因を究明したこれらの研究は、技術部幹部からは軽く扱われ、発表されることなく葬られた(前出、有馬2022を参照)。

これと前後して、1962年4月17日にいわゆる「安定賃金闘争」が始まる。新日窒労働組合のストライキに会社側はロックアウトで対抗し、外部からの応援も手伝って総資本対総労働とも称される争議に発展した。技術部の石原も会社側の第二組合へと動員され、必然的に社内研究班による〈水俣病〉研究は立ち消えになった。

2　奇病患者から「公害」被害者へ——補償交渉のはじまり

1)　第二の中毒事件、そして被害者運動へ

1965年、新潟県阿賀野川流域で第二のメチル水銀中毒事件が発覚した。この事件は、昭和電工(現レゾナック・ホールディングス)鹿瀬工場の廃液が阿賀野川上流から流され、生態系を汚染することで起こった。ニゴイ、ウグイ、フナやオイカワなど食用魚類には、食物連鎖を通じて高濃度のメチル水銀が蓄積していた(有馬澄雄編『水俣病−20年の研究と今日の課題』青林舎1979所収の喜田村正次・滝澤行雄・本間義治の各論文を参照)。

新潟での中毒事件発生の確認は、新潟大学医学部附属脳外科研究施設の神経内科教授に内定していた椿忠雄が新潟を訪れ、1965年1月、一人の患者を診察したことに始まる。椿は症状から有機水銀中毒を疑い、東京大学薬学部の星野乙松助教授に頭髪の分析を依頼した。星野は320ppmの水銀を検出した報告をし、椿は有機水銀中毒と診断した。次に問題となるのは、中毒患者発生の実態調査であり汚染源の特定であった。同年5月には阿賀野川下流沿岸集落に有機水銀中毒患者の散発が確認され、6月には新潟県と新潟大学が、阿賀野川流域に有機水銀中毒患者が7人発生、2人死亡と公式に発表した。新潟県では北

野博一衛生部長がいち早く動き、６月16日には新潟県・新潟大学合同で新潟県水銀中毒研究本部が設置された。そして、椿らと協力して阿賀野川流域住民の一斉検診や下流域の漁獲禁止など対策を進めていった。７月末までに26人の患者が見つけ出され、汚染源として昭和電工鹿瀬工場のアセトアルデヒド製造設備が注目されるに至った。９月には厚生省新潟水銀中毒事件特別研究班が発足し、疫学班は1966年３月、原因を鹿瀬工場廃水中のメチル水銀と結論づけた。しかし昭和電工は農薬説を主張し、横浜国立大学の北川徹三(安全工学)による塩水くさび説などが出され、水俣と同様に汚染源の特定は迷走する。

1965年４月には、民間の医療機関である沼垂診療所(斎藤恒所長)が患者調査に乗り出した。８月には新潟県民主団体水俣病対策会議が結成され、12月には新潟有機水銀中毒被災者の会が発足する。そして1967年６月、新潟の患者３世帯13人が昭和電工を相手取り損害賠償請求訴訟を新潟地裁に提起した。その前後から新潟と水俣の間で患者らの交流が始まり、1968年１月には新潟の患者・支援者の水俣訪問が計画された。水俣ではその受け入れのため急きょ水俣病対策市民会議(会長日吉フミコ、事務局長松本勉、のちに水俣病市民会議と改称)が結成された。岡本は『水俣病の民衆史』第３巻の「水俣での胎動」の項で以下のように書いている。

> 水俣病患者家庭互助会の患者たちは59年の見舞金契約締結以降、地域社会から忘れ去られ、地獄の中に放置されていた。水俣の外では、67年６月の新潟水俣病提訴に始まり、各地の公害患者たちの裁判闘争が相次いで起こっていた。水俣現地で患者たちの孤絶を破ったのは、68年１月、日吉フミコ、松本勉らによって結成された水俣病市民会議である。石牟礼道子も発起人の一人だった。その直接の契機となったのは、新潟代表団の来水である。(岡本2015)

水俣で患者家族を支援する最初の市民組織が生まれたのは、こうした経緯による。水俣病対策市民会議は、①政府に水俣病の原因を確認させると共に、第

三、第四の水俣病の発生を防止させるための運動を行う、②患者家族の救済措置を要求し被害者を物心両面から支持する、という目標を掲げた。以後、汚染源と病因物質の早期発表を政府に働きかけるにあたり、新潟と水俣は共同歩調をとった。こうして生まれた交流は、水俣で孤立していた患者家族を少しずつ解放していく。

かつて、安定賃金闘争で会社と対峙した第一組合(新日窒労組)員は、争議に敗れ会社から首切り・自宅待機・配置転換など極端な差別を受けた。その境遇から見えてきたものは、〈水俣病〉患者に対する会社の仕打ちであった。1968年８月30日、組合定期大会で「何もしてこなかったことを恥とし、水俣病と闘う」ことを決議(いわゆる「恥宣言」)し、ストライキを決行した。組合員は水俣病市民会議に参加し、患者家族を全面的に支援した。のちに裁判闘争を支える市民会議裁判班は、このメンバーから形成された。

2)　公式確認12年後の政府見解と江頭社長の詫び

1968年９月26日、政府は〈水俣病〉の原因を公表した。水俣を中心に起きた第一の事件についてはチッソ水俣工場の廃水中のメチル水銀と断定し、新潟の第二の事件については昭和電工鹿瀬工場の廃水中のメチル水銀が基盤になるという見解であった。化学工業の原料転換政策で石油化学工業化を果たし、チッソ水俣工場のアセチレン法アセトアルデヒド工程の稼働停止を待っての公表であった。

この原因断定によって水俣の患者家族は事件の被害者としての地位を獲得し、チッソに対し加害責任を前提とした正当な補償を要求できることとなった。そして、患者家族の前に初めてチッソの社長が現れた。「チッソの江頭社長は、わび状と羊羹三本を持って一軒一軒わびてまわった。被害者たちは、『これで青空が仰げる』『胸を張って補償要求ができる』と喜こんだ」と石牟礼道子編『不知火海』(創樹社1973)は患者家族の思いを伝えている。しかし「誠意を持って補償します」という社長の言は、水俣工場の縮小・撤退をほのめかすことで水俣社会を混乱に陥れ、すぐに破られることになる。

3)　補償交渉へ

1968年10月６日、患者互助会(山本亦由会長・89世帯)は総会を開き、①自主交渉、②誠意ある回答がなければ知事に斡旋依頼、③それでも誠意が認められなければ訴訟、という方針を出し、つづいて死者一時金1,300万円、患者年金60万円という要求をとりまとめた。当初、死者および胎児性患者は、2,500万円を請求することを申しあわせたが、市民や隣人からの非難などで請求額を減額したという。10月８日の第１回交渉で互助会は補償要求書を提出したが、チッソは即答を避けた。10月24日の第２回交渉でチッソは、「基準がないので、国に目安を依頼したら」と具体案を示さなかった。11月15日の第３回交渉では、チッソは「県知事ら第三者機関で補償額の基準設定をしてもらいたい」と主張し、患者互助会も了承せざるを得なかった。これはまさに、見舞金契約でチッソが行った手口の再現に他ならなかった。12月３日には、江頭社長は寺本熊本県知事に会い、知事を中心とした補償処理に関する第三者機関の設置を依頼した。またチッソは12月19日には厚生省に対し、「補償基準を作る委員会を設置」するように要請した。このように、見舞金契約へと追い込まれた1959年末と同じような経過を辿る中で、12月25日に第４回交渉が持たれた。チッソは「国に算定基準を示してもらうように努力している」と逃げ、１人当たり100万円の仮払いという互助会の要求も拒絶した。これがチッソの「誠意」であった。

チッソとの４回の交渉は、「進展せぬまま越年／チッソ、補償額示さず」「寒空に座込んで待機／交渉物別れ」と熊本日日新聞が書いたように行詰まった。患者互助会はまず寺本知事(1959年の調停で見舞金契約を成立させた)へ斡旋を依頼したがことわられ、やむなく1969年１月20日、厚生省に第三者機関設置の斡旋を陳情することとなった。市民会議もチッソや行政機関に対し抗議や陳情活動を行って自主交渉を支援し続けたが、チッソにボイコットされたまま数カ月が過ぎ、事態はチッソと行政のもくろみ通りとなった。らちがあかない状況に、一部の患者家族は訴訟も視野に入れ市民会議の手を借りて、裁判で先行していた新潟の情報を聞くことになった。２月15日、市民会議と患者互助会有志は、新潟の坂東克彦弁護士を囲んで訴訟問題で討議しているが、山本互助会会長と中津美芳副会長は欠席している。

1969年２月26日、「委員選定は厚生省に一任し、結論には異議なく従う」という確約書を厚生省に提出した。そして厚生省は２月28日、同じ確約書の提出を患者家族に求めた。これは白紙委任状に等しいもので、その文案はチッソが作成したものであることがのちに明らかになった。

石牟礼編『不知火海』(1973)によると、「被害者が白紙委任を出すいわれはない。裁判にもちこもう」という少数派で市民の言う「悪い患者」と、「会社のことや水俣市のことも考えなければ。とにかく国が作ってくれる機関にまかせよう」という多数派、すなわち「良い患者」の対立が明らかとなり、チッソや隣人による切り崩しと差別扱いが激しくなった。互助会は厚生省へ出す確約書を「お願い書」に変えたが、白紙委任の内容には変りがなかった。３月23日、互助会の有志は熊本市で結成された水俣病法律問題研究会(代表・森有度弁護士)と会い、訴訟になれば弁護を引き受けるという回答を確認した。

4)　患者互助会の分裂と訴訟への道

チッソ、厚生省、県、市の四者が一体となったチッソ防御工作の中で、４月５日、患者互助会は総会を開き、確約書提出をめぐって激論した。互助会多数派(山本会長ほか54世帯)は、「お願い書」を提出して斡旋をうけることに同意し市民会議を脱退した。見舞金契約の再現は許さない、二度とだまされないと決意した少数派(渡辺栄蔵ら34世帯)は「お願い書」提出を拒否し、患者互助会は分裂した。

４月12日、渡辺ら少数派は、なおチッソに交渉を申し入れたがにべもなく断られる。４月20日、少数派は自主交渉を断念し訴訟を提起することを正式に決定した。

こうした中、４月17日、熊本市の渡辺京二と小山和夫は、患者家族の自主交渉を支持し、チッソと厚生省に抗議してチッソ正門前で座り込みを行った。渡辺らが核となり、訴訟患者および市民会議の活動の全面的支援を打ち出す「水俣病を告発する会」が、４月20日に熊本市に結成された。そして訴訟支援のため情報を発信するミニコミ誌『告発』を発刊し、水俣の状況を逐一全国に知らしめることとなった。５月18日、熊本市に熊本水俣病訴訟弁護団(団長山本茂雄ほか参加弁護士全国で222人)が結成され、訴訟支援のために５月24日、水俣病訴訟支援・公害をなくす県民会議が結成され、患者互助会の訴訟は現実味を帯びてきた。

そして水俣の地で、切り崩し攻勢をくぐり抜けた渡辺ら患者家族29世帯(いわゆる訴訟派)は、市民会議の支援を受けながら、６月14日に熊本地裁に訴訟を提起した。この裁判はのちに見るように、皮肉にもチッソ幹部を原告側証人として被害者の面前に呼び出して追及する手段となり、患者家族にとって、被害者としての復権の闘いと化していった。一方、多数派患者家族(いわゆる一任派)は、政府を信頼し水俣病補償処理委員会へ任せる道へと進んだ。約１年後に示された補償処理案は、見舞金契約の再現と言える惨憺たるもので、一任派は期待を完全に裏切られた結果となる。

渡辺京二は石牟礼道子編『水俣病闘争－わが死民』(現代評論社1972)の解説の中で次のように書いている。

> 68年９月、厚生省による水俣病公害認定がなされると、水俣市では「資本についたオール水俣戦線」(宇井純『公害の政治学』)が猛然と活動を始めた。59年の漁業補償交渉から見舞金契約締結にいたる時期にはじめて出現したこのオール水俣戦線は、今回はさすがに水俣病患者支援を口にしないわけにはいかなかったが、むろん本音は会社支援にあり、会社側に立っての再燃した水俣病問題の収拾、患者封じ込めにあった。第二組合、市民組織、水俣市、業者団体などがチッソの意をうけてチームワークよろしく患者に先制打をかけ、孤立化をはかって行く。

チッソは補償交渉を第三者機関の調停に持ち込み、見舞金の増額で処理しようと画策した。このチッソの意図は成功するかに見えたが、少数派患者家族の闘いと市民会議や告発する会を中心とした支援の盛り上がり、そして患者の思いを法理論化し事実調査の裏付けによりチッソの犯罪を明らかにした水俣病研究会による『企業の責任』発刊が事態を変えていくこととなる。

3　裁判提起と弁護団

1)　少数派の裁判提起の意味

患者家族が求めた道理は、チッソの最高責任者が加害を謝罪し、患者家族の苦労を聞き取った上で賠償をすることだった。その思いは、水俣病を告発する会代表の本田啓吉が述べるように「仇討ち」であった。加害者と相対の場で回答を求めたが、チッソの軽いあしらいに患者家族は慚愧の思いだった。残る手段は裁判で、チッソ幹部を法廷に引き出しその責任を追及するしかなかった。患者家族は、チッソの背後に国家権力の存在を見すえていた。本田は「水俣と私」(石牟礼編『不知火海』1973) に次のように書いている。

> わたしたちは水俣病裁判支援ニュース『告発』をつくった。／『告発』創刊号は6月25日付、部数3千部であった(引用者注：最高発行部数は1万9,000部)。これを役に立ちそうな人々に片っぱしから送りつけた。／『告発』創刊号の1面トップの見出しは「チッソに宣戦布告・熊本地裁に訴状提出」。その日は6月14日、裁判に立ち上った全世帯から患者家族の誰かが、朝早く水俣をたって熊本市にやってきた。訴訟派患者家族代表の渡辺栄蔵さんのあいさつ。／「今日ただいまから、私たちは国家権力に対して立ちむかうことになったのでございます。」／……74歳の漁師のおじいさんから「国家権力に対して立ちむかう」ということばを聞こうとは思いがけなかった。熱いものがわたしの胸をはしり、改めてわたしたちが「助太刀する」という「仇討ち」がいかなるたたかいなのかを思って、わたしは首すじ背すじを正したのである。(本田1973)

2)　法的課題と弁護団――市民会議裁判班の危機感

1969年６月14日、弁護団は訴状を提出した。弁護団は200人以上参集したが、県外の弁護士は名前を連ねただけで、実働は熊本の20人ばかりの弁護士が担った。しかし、事務局長の千場茂勝弁護士が述懐しているように、全く態勢が整っていなかった。第１回口頭弁論が10月16日と決まったが、肝腎な責任追及の「過失論」を提出できなかった。７月31日、弁護団はチッソの不法行為責任について、ようやく第１準備書面を裁判所に出した。「毒物劇物取締法に違反して水銀を流したから過失がある」と書いた。弁護団は水俣病の実態を知ろうとせず、通常の法廷戦術・戦略で突破できると考えていた。

一方、被告チッソは兼子一法律事務所に弁護を依頼した。兼子一は元東京大学法学部教授で民事訴訟の専門家である。兼子が書いた民事訴訟法の教科書は法学部の学生が学ぶ標準的なもので、もちろん通説として法学会・法曹界に通用していた。傘下の村松俊夫も民事事件の実務専門家であり元東京高等裁判所の裁判官、さらに若手も優秀さで知られていた。たとえば畔柳達雄は、のちに『戦後政治裁判史録』全５巻（第一法規1980）に「水俣病事件－裁判を乗り越えた患者たち」、「阿賀野川水銀中毒事件－工場廃水か農薬か」を書いた弁護士である。

チッソの賠償責任は民法709条(不法行為法)に基づき判断される。水俣病発生の因果関係のほかに、①チッソの故意または過失、②患者家族の権利・利益を違法に侵害し、③責任能力があることの証明が必要であった。政府の「原因断定」で、因果関係はチッソも認め、③も問題が無かった。第一次訴訟では、チッソに①の故意・過失があると立証することが原告側に求められていた。故意の立証は難しく、廃水を流したことで〈水俣病〉が起きると予見可能であり、「過失があり」と言えるかどうかが争点となった。チッソは予見が不可能で過失がないと主張した。それに対抗する肝腎な過失論を原告側弁護団は出せないでいた。水俣病市民会議裁判班で訴訟に責任を持っていた岡本は、こう書いている。

チッソは弁護士を厳選し、万全の体制で訴訟に臨んできた。チッソは彼らの意見を聞きこの裁判は勝てると判断していた……(原告)弁護団はどうか。県外約200人……が名前参加で、実体は約20人の県内弁護士。坂東(克彦)は新潟訴訟弁護団幹事長……参加してくれたが、弁護団は……よそ者扱いした。……理論家は1人もいない。患者のことも知らなければ、まして水俣工場のことなど何一つ知らない。筆者(水俣病市民会議裁判班の岡本)は、弁護団会議に出席してみて愕然とした。役割分担も決まっていなければ、責任体制もない。急な寄せ集めだから弁護団としての体をなさないのだ。(岡本2015)

原告側弁護団は、いわゆる「公害」訴訟が、たとえば先行した新潟裁判が科学裁判となり、宇井純(環境工学者)を補佐人にして闘うほど難しい裁判であることを理解していなかった。第1準備書面の過失論にもそれが表れていた。岡本は次のように続ける。

腹を立てているひまはなかった。この弁護団が突然変異を起こしてチッソの弁護団を凌駕して勝訴をかちとる見込みはない……筆者は苦悩した。市民会議は患者家族に対し裁判について全責任を負っている。……弁護団の結成の仕方は筆者にも責任がある。公害訴訟は、従前にない新しい質の訴訟である。……弁護士だけでは担いきれない。熊本弁護団は能力を云々する以前に準備ができていない。だが……深く考えもせず弁護士に任せればいいという安易な考えだった。……水俣のアセトアルデヒド工場の製造技術の変遷も、廃水処理もいまだ何一つ研究していない。……筆者は決断した。この訴訟を勝つには、法学者、医学者、自然科学者、市民、裁判班の工場労働者らで研究会をつくり、その研究会が準備書面を書く以外にない。告発する会の本田啓吉に相談し、熊大の研究者らに水俣病研究会の結成を呼びかけた。(岡本2015)

本田は当時の様子を次のように書いている。

> 裁判の第一回口頭弁論は44年10月ときまった。裁判の争点が過失の有無にあることは明らかだった。原告弁護団は、訴状では、各原告の損害請求を出しただけで、裁判をたたかう法律論には全然ふれていなかった。裁判では当然水俣現地の事実経過が中心になる。市民会議の中に裁判班がつくられ弁護団と連絡をとることになった。／しかし、残念ながら正直に言って弁護団の腰は重かった。一ケ月二ケ月とたっても弁護団の本格的なとりくみは始まらなかった。10月をひかえいら立った裁判班から「熊本市で裁判のための水俣病研究組織をつくってほしい」と頼んできた。／……
> 水俣病の研究会をひらくことにし、弁護団に連絡した。ここで弁護士の「先生方」にわたしたちと一しょに水俣病を勉強してもらおうというのが目的だった。しかし、はじめから弁護団の出席はよくなかった。(本田1973)

4　水俣病研究会と安全確保義務論(新しい過失論)

1)　水俣病研究会を立ち上げる

1969年９月７日、以下のメンバーが参加し水俣病研究会は発足した。熊本大学から原田正純(神経精神科)、二塚信(公衆衛生学)、富樫貞夫(民事訴訟法)、丸山定巳(社会学)、有馬澄雄(法文学部学生)。市民会議裁判班からは岡本達明、花田俊雄、山下善寛、小坂谷義。水俣病を告発する会からは本田啓吉、宮澤信雄、半田隆、小山和夫、石牟礼道子らが参集した。このほか宇井純、坂東克彦、近藤完一、阿部徹らが外部から協力した。

富樫貞夫のノートから水俣病研究会の歩みを摘記してみる。

1969年９月７日　研究会発足についての打合会(電電会館)
1969年９月18日　第１回研究会(消防会館)　裁判の当面する諸問題

1969年10月6日　第2回研究会(不知火荘)　年表にみる水俣病問題(二塚)
1969年10月27日　第3回研究会(不知火荘)　過失論－判例・学説の検討(富樫・田中・篠倉)
1969年11月17日　第4回研究会(不知火荘)　工場廃水レポート(水俣・岡本)
1969年11月24日　第5回研究会(不知火荘)　企業責任論レポート(富樫)
1969年12月2日　第6回研究会(不知火荘)　過去における有機水銀汚染(二塚)
1969年12月9日　第7回研究会(不知火荘)　水俣湾の漁業被害(丸山)
1969年12月14日　第8回研究会(市民会館)　企業責任論－中間総括－(富樫、岡本、二塚)
1969年12月26〜30日　研究会合宿(正竜寺)「中間レポート」の作成(執筆者)
1970年1月4〜5日　「中間レポート」原稿点検　(富樫、丸山、岡本、宮澤、本田、小山)

研究会のメンバーは、一部を除いて〈水俣病〉事件について知識はゼロであった。この当時〈水俣病〉事件を追跡したものは、熊本大学医学部の医学論文のほかは、『月刊合化』に連載された宇井純(ペンネーム富田八郎(とんだやろう))による「水俣病」しかなかった。後者は、告発する会によって合冊製本され水俣病研究会資料『水俣病』として発刊された。法理論をどう構成し立証をどうするか、メンバー各自がレポートを担当し勉強しながら厳しい議論が続いた。「公害」という新しい事態を裁く裁判は、従来の判例や学説では勝てないことが次第に明瞭になってきた。肝腎の弁護士は、最初のころ数人が数回参加しただけで、「実際の法廷では弁護士しか立てない」と啖呵を切って出てこなくなった。

2)　被告による反論――第1、第2準備書面

危機感はすぐに現実のものとなった。1969年9月30日、被告側は原告主張にたいする答弁書と第1準備書面を提出してきた。さらに12月27日、被告第

２準備書面が提出された。そこには、1962年半ばにメチル水銀が抽出されるまで、アセトアルデヒド合成設備でメチル水銀が副生する事実をチッソは知り得なかった。従って予見しようがなく〈水俣病〉に対して責任がない。すなわち賠償責任はないと書かれていた。チッソの主張の要点を、岡本(2015)の記述から引用する。

訴訟の最大の争点は過失の有無である。小手先の過失論は通用しない。民法709条は不法行為の要件と効果について次のように定めていた。

民法第709条〔不法行為の要件と効果〕　故意又ハ過失ニ因リテ他人ノ権利ヲ侵害シタル者ハ之ニ因リテ生シタル損害ヲ賠償スル責ニ任ス

学説によると、同条の過失とは違法な事実の発生、または発生の可能性を予見すべきなのに、不注意のためそれを予見しないである行為をするということであると定義される。つまり過失とは予見可能性である(通説)。従来の判例もほぼこれを踏襲していた。／チッソは同条の過失はないと主張した。その要点を……被告第二準備書面でみると、次のようになる。

第一に、被告はメチル水銀による水俣病の発生について予見可能性がなかった。62年半ば頃まではアセトアルデヒド製造工程中に塩化メチル水銀が生成するという事実は理論上も分析技術上も予見し得ないことであったし、メチル水銀化合物によって水俣病が起こるということも予見不可能であった。水俣工場と同じ方法でアセトアルデヒドを製造してきた工場は他にも多数存在するが、かつて水俣病を発生したという例をみない。また魚介類への移行・蓄積を経て人に水俣病を発生させるという理論は、原告らの発病当時にはなかったものである。

第二に、被告は結果回避義務をつくした。発病原因物質につき種々の見解が表明され、被告は承服し得ぬ疑問はその都度率直に提示してきたが、いやしくも工場排水と関係ありとの説に関しては、排水処理につきその時々においてあたう限りの努力をつくしてきた。以上から被告に過失はない。

このチッソの主張の第一点は、従来の判例・通説に沿ったものであるといえる。裁判所を納得させるに足りる新たな過失論を構築しない限り、この裁判の勝ち目はなかった。

チッソが流したメチル水銀によって死者や重症者が出ているのに、「予見可能でなければ過失はない」「賠償責任は免れる」という法律論である。本田が書いているように、「素人のわたしは『そんなバカな話があるものか』と思ったが、あわてたのはわたしだけではなかった。裁判班からは貴重な資料が提供されたが、過失立証の論理が組み立てられない」(本田1973)という状況であった。岡本は次のように書いている。

> 被告第一準備書面……には、「水銀が毒物及び劇物取締法に規定する毒物であることは認める。但しこれは昭和39年7月10日法律第165号による同法の改正後のことである」と書かれていた。原告弁護団は形なしである。このままでは敗訴という危機感は、研究会の全メンバーに直ちに共有された。／待ったなしの状況の中で、研究会の真剣勝負の討論が始まった。そもそも水俣病とは何か、医学定義から検討し直すという徹底したものだった。結果からいうと、短期間でこれほどの成果をあげた研究会は稀であると思われる。／研究会は、医学的因果関係(担当・二塚)、水俣工場の運転実態およびその廃水処理(同・裁判班)、過失論(同・富樫)、違法論(同・丸山)などについて抜本的な研究を行った。担当者が提出するレポートには、厳しい全員討論が待っていた。(岡本2015)

3) 「公害」を斬る過失論の模索

宇井純は、独自に加藤一郎東京大学法学部教授など著名な法学者を幾人も訪ね見解を求めた。どの学者も、学説・判例に従うと予見不可能で過失が認められず、この裁判は被害者側が負けると断言した。「結局、和解するしかないという意見が全部だった」と宇井は研究会で報告した。しかも法的には「予見可能」かどうかは被害者側に立証責任があるとされていた。すべての情報はチッソが握っており、被害者がどう立証し裁判で闘うかが問題となった。

責任追及を放棄する和解路線は、患者家族の思いを考えると研究会ではあり得なかった。そこで裁判官を納得させる過失論の構築は、法学者である富樫の肩にかかった。富樫はたまたま『朝日ジャーナル』1969.11.16号を読んでいて、農業に及ぼす被害(公害)について核物理学者の武谷三男らによる座談会「農業の人体実験国・日本」をみつけた。富樫はメモに、「武谷三男氏　農業に限らず薬物を使うというときには、無害が証明されないかぎり使ってはいけないというのは、基本原則と思うのですね。それで有害が証明されないから使っていいというのは非常に困るんですね。ここらへんにぼくは基本的な問題があると思うのです。」と抜き書きし、続いて「化学工場の廃液放出についても同じことがいえるのではないか。それが人体に有害だということは知らなかったし、科学的にもはっきりしていなかった、だから責任はない、と企業は主張するけれども。有害の可能性のある危険物を使用する企業としては、むしろ積極的に調査研究して無害について相当の確信を持ってから排出すべきであろう。／まだ科学的に有害の証明はないことを口実にして、安全性を考えず、ひたすら利潤追求をこととしてきたのが、日本の産業資本ではないか。保健薬、農業、食品公害すべてしかり」と感想を書きつけた。

富樫は、アメリカのカルフォルニア州最高裁判所判例を含む国内外のさまざまな法律の論文や判例を検討して使えそうなものをメモし、過失論をどう構成すべきか悩み抜いていた。これでようやくヒントをつかんだのである。岡本は富樫の奮闘について、「このチッソの主張の第一点は、従来の判例・通説に沿ったものであるといえる。裁判所を納得させるに足りる新たな過失論を構築しない限り、この裁判の勝ち目はなかった。その重責はただ一人の法学者である富樫にかかった。合宿討論の最中に過労で倒れたりもした。原田が懐中電灯で富樫の眼を診て、『しばらく寝かしておけば大丈夫』と言った」(岡本2015)と記録している。

4)　安全確保義務論の構想

富樫が提起した過失論（安全確保義務論）について、岡本が簡潔にまとめている。

富樫は、武谷三男編『安全性の考え方』（岩波新書1967）に依拠して新たな過失論をつくり上げた。この頃核実験についてアメリカの多くの学者は、現時点では有害という証明がないから容認されると主張した。これに対し武谷は「人間を実験に供するに等しい誤った考え方」であり、被害が現実のものとなった時点では原状回復の可能性はないと批判した。この考え方に立って富樫は従来の判例・通説を検討し直した。「不注意のため予見しない」という過失の予見可能性は、注意義務を前提とし、注意義務によって規定されると考えられる。これが「富樫理論」のポイントである。したがって過失の本体は、予見可能性ではなく、注意義務の怠りであるといえる。富樫はこれを踏まえ、注意義務の程度、内容を詰めていった。それは次のように要約される。

注意義務の程度

他人に被害を与える危険の大きい事業を営む者は、安全確保のため、一般人よりも高度の注意義務が要求される。チッソは、その営む事業の性質、その置かれた地位、その操業条件に応じた高度の注意義務が課せられている。

注意義務の内容

チッソのように高度な専門的知識と複雑な装置をもって大規模に営まれる事業においては、危険の発生を予知し、それを未然に防止するためには、それを目的とする組織的かつ継続的な調査・研究を行うことが不可欠である。危険の発生を予知し、それを未然に防止するに必要な研究・調査を怠り、その結果被害の発生を回避し得なかったとすれば、危険の発生を予見すべき注意義務の怠りは明らかであり、すでにその点で過失がある。

工場廃水についての必要な研究・調査の内容

チッソは工場廃水から生じる危険を予見し、それを未然に防止するために必要な研究・調査を怠った。その調査・研究は、高度なあるいは非常に経費のかかるものでなく、次に示すごく基礎的なもので足りる。

① 工場廃水放出先の環境調査（事前調査）
② 工場廃水の成分と流量の研究・調査
③ 廃水処理方法の研究調査
④ 廃水放出後の監視調査（事後調査）

このうち③についていえば、廃水処理の根本原則は、危険なものはできるだけ外に出さないということである。そのために、製造工程の改善や廃水の循環再使用などがまず研究されなければならない。以上の研究・調査のどれ一つ欠いても、環境の安全は確保することができない。この廃水処理についての原則は、C・F・ガーンハム『水質汚染防止と産業廃液処理』(技報堂、1958年、原著1955年)によった。(岡本2015)

武谷の考えをもとにしたこの安全確保義務論は、現実に起こった〈水俣病〉被害だけでなく将来の被害予防をも射程にした法理論であった。工場廃棄物の放出は、防御措置をするか無害の確証がある場合にのみ許される。危険性がある廃棄物を放出するのは、地域住民を人体実験に供することに他ならない。多くの場合工場廃棄物の被害は、急性症状は示さない。危険であることが実証されるのは、環境が汚染され地域住民の生命・健康が破壊されたときとなる。安全確保義務論は、環境汚染の現状から導き出された新しい法理論であり、今日、環境科学の分野で主張されている「予防原則」の先駆をなす考え方であった。

5)　中間レポート(研究会独自の準備書面)の作成

富樫による新しい過失論は、「水俣病における企業責任－第２回口頭弁論を控えて」と題して『告発』第７号(1969年12月25日)に掲載された。骨格をなす過失論ができ、研究会は集中してまとめにかかった。

岡本はチッソの労働者であり裁判班の責任者であって、『企業の責任』の中核部分となるチッソの内部資料を収集提供し、さらに分析してレポートを書いた。その頃チッソの水俣撤退をほのめかす労働者の首切り攻勢にさらされていた岡本は、以下のように裁判班の苦労を書いた。

研究会の目的は研究成果をもって原告準備書面とするという実践的なもの……過失論が固まった……研究方針も鮮明になった。裁判班がなすべきことは、チッソの安全性無視の企業体質、水俣工場の危険性、危険性の現実化、工場廃水の危険性と処理実態、環境汚染の実態などの実証と論述となった。……内部資料もできるだけ集めなくてはならない。中でも廃水処理の変遷と実態は大変わかりにくかった。／このとき裁判班は、工場労働者として研究会の他のメンバーにはない深刻な立場にあった。……69年８月に至りチッソは水俣工場縮小、首切り攻撃を開始したのである。……／このチッソの攻撃の中、組合員は体を張って協力してくれた。この頃、チッソは工場各部課で水俣病関係資料の焼却をはかった。市民会議会員である吉海二男はこのとき技術部に配転されていた。「これを焼却炉で焼いてくれ」と言われ、見るとチッソが行政に提出した「水俣工場の排水について」(59年11月)という文書や工場廃水管理委員会(58年７月設置)の極秘資料の一部だった。焼かずに秘かに持ち出して筆者に届けてくれた。のどから手が出るほど欲しかったものである。守衛に見つかれば首である。アセトアルデヒド工場の操業マニュアル、図面なども集まってきた。／筆者が入手した工場安全衛生委員会の内部資料(50〜61年)は、水俣工場の驚くべき労働災害の実態をまざまざと示していた。／このとき行った調査で特筆すべきものに、花田俊雄と田上信義が、水俣湾の漁師11人に集まってもらって行った水俣湾の経年環境異変調査がある。これはチッソが廃水放出後の環境監視調査をいかに怠ったかという動かぬ証拠となった。／こうして裁判班は四人が一致協力して、求められたレポートを研究会に提出することができた。(岡本2015)

研究会は中間レポートの作成を目指し、12月から年明けにかけ集中的に討議検討した。そして１月10日に「水俣病研究会研究報告　第１報」として『水俣病にたいする企業の責任』(中間レポートＡ４約100頁)が印刷された。中間レポートは準備書面の体裁をとり、Ⅰ 因果関係論、Ⅱ 過失論、Ⅲ 違法論という構成になっていた。このレポートはもちろん弁護団各氏に送ると共に、専門家や有志の方々に広く意見と助言を求めた。

弁護団は、1月16日に開かれる第2回口頭弁論へ向け、第2準備書面を出すことができた。岡本はその頃の心境をこう書いた。

> 研究会の中間レポートを受けとった弁護団は、これに依拠して70年1月14日、原告第二準備書面を提出した。弁護団は同月16日の第二回口頭弁論までに被告第二準備書面に対する原告準備書面を提出するよう裁判所から求められていた。研究会の研究は訴訟の進行に追いついた。／これを見て筆者は安堵した。もはや理論面でチッソに負けることはない……水俣病研究会の発足は、遅すぎることはあっても、早すぎることは決してなかった。力を合わせて状況を切り開いた(岡本2015)。

一方、研究会では訴訟進行が実際どうなって行くのか危機感を覚えていた。富樫ノート(12月26日)には、「現在の弁護団の組織ではとにかくこまる。……半年で、120万円使っている。大半は日当……訴状と第一準備書面を作っただけ。金のつかい方がなっていない」とメモされている。おそらく事務局の本田から報告されたものと思われる(富樫は克明にノートを残している。現在、富樫ノートは、1969年から1974年までの18冊が確認されている)。

1969年10月頃から70年6月頃にかけて、市民会議裁判班、告発する会、研究会のメンバーは、この裁判を担う弁護士像を求めて議論しつづけた。法廷では弁護士が被害者を代弁して主張する。しかし、その弁護士が、主張すべき法律論を作れないでいた。そこで岡本や本田、富樫らは専従できる弁護士を探すなど弁護団のてこ入れをさまざま試みたが、ことごとく失敗した。

> 研究会も裁判班も、弁護団とは独立した立場を堅持した。訴訟の維持進行はあくまでも弁護団の責務である。『企業の責任』が発刊されてから、筆

> 者は告発する会と相談して、有能な弁護士が弁護団に新たに参加してもらえるよう努力した。だが、弁護団によって参加を拒否された。一方、共産党も弁護団の補強をはかった。こちらはすんなり受け入れられ、党員弁護士二名が加わり、その一人、馬奈木昭雄が71年2月から水俣に常駐することになった。(岡本2015)

のちに弁護団は、この第一次訴訟の判決を待たずに、未認定患者を原告とする第二次訴訟(1973年1月提訴)を主導する。このことが、第一次訴訟原告患者家族の弁護団に対する不信へとつながっていく。

5 『企業の責任』の発刊と裁判闘争

1) 裁判班、研究会、そして弁護団

中間レポート完成後、研究会は準備書面の発想から離れ、各章内容の充実を図った。成書とするため、事件の全貌把握に新たな章を加え、年表などの資料を補充していく。富樫は、中間レポートの欠陥と今後の課題をノートに記している。

「○ 研究会合宿を終わって　1970・1・1

1．中間レポートの特徴と欠陥

- われわれのレポートは安全性の考え方に立つ。
  安全性の論理は資本の生産の論理に対決し、それと斗う思想的武器である。
- 過失論は安全性の論理に貫かれなければならない。
  安全性の論理は、生産のための技術体系の反人間性を告発し、その担い手たる工場技術者をも告発し、責任を問う。(研究調査義務)
- 過失論の中心(独自性)

調査義務の懈怠である。(被告はノーコメント)　さらに、結果回避義務の懈怠である。

調査義務論は、安全性の思想の上に、原子力の安全管理について発展している考え方に学びつつ、さらに展開しなければならない。

・産業廃水による水汚染(環境汚染)

公害の歴史研究に属する。まとまった研究は存在しない。この空白は、今後の研究会活動によって埋め合わせなければならない。そのことを通して、さらに多くのことを学びうるだろう。

2．研究会の運営

その現状分析。現時点での研究・調査能力。改善の方向・方法はなにか。」

「○　水俣病を告発する市民運動

<市民運動>

この運動は、チッソ資本の犯した社会的犯罪を人間の名において告発していく運動である。

水俣病を告発することを通して、共犯の関係に立つ一切のものを告発していく運動である。

裁判斗争はその一環をなす。

この運動は、水俣病を告発することを通して社会に向って、たえず新たな問題を提起し続けようとする。(問題提起をしなくなった運動はつぶれるだろう。)

<弁護団対策>

現弁護団が、この裁判斗争をにないえないことは明らかだ。

しかし、弁護団の解体・再編は実際問題として非常に困難だろう。

そうだとすると、名目的な弁護団を残した形で、再編を考える以外にないだろう。

問題は、再編後の弁護団と市民運動との関係である。そこで市民運動における弁護団の位置づけ、市民運動にとって弁護士とは何かが問われねばならぬ。
最少限、有能であること、問題提起を受けとめて、みずから自由に研究しうる者であることが必要。」

研究会や裁判班のメンバーは、患者家族が受けた理不尽な被害をどのような法理論で救済すべきか議論を続けた。それに対し弁護団は、被害の立証と弁護活動が仕事と割り切り、「自らの枠」を踏み越えようとはしなかった。今後どう裁判を進めるべきかを考えれば考えるほど、弁護士との間に大きなジレンマがあった。

富樫ノートを見ると、中間レポートのまとめに専念するかたわら、研究会の今後が模索されている。裁判班の岡本からは「市民の裁判論」が提起され、この裁判の主体は誰か、患者の位置づけは、と議論された。その上で研究会の位置づけを議論し、市民会議、告発する会のいずれの組織にも属さない第三の組織として運営していく、などとメモがある。このような議論を通じ、水俣病を告発する運動の一環として、進行する裁判の全体に対して「裁判批判」が必要との意志を固めていった。

1970年１月11日、富樫は「○裁判のすすめ方(討論)」と書き、市民会議メンバーを加えてこの裁判をどう闘っていくかを議論している。1970年１月18日には中間レポート検討会を行い、レポートの１頁毎に問題点を検討した。

「1970年１月31日～２月１日　合同研究会
＜第１日＞　水俣病の実態(原田)
　　　　　　因果関係(二塚)
＜第２日＞　宇井氏入る
　　　　　　過失論
　　　　　　違法論(丸山)　　」

ここから中間レポートを再構成し、どこまで実態に迫れるかが課題とされ、新たに水俣病の医学的実態(原田正純)と社会的実態(石牟礼道子)が加えられた。そして因果関係論、過失論、違法論それぞれのパートのデータ補充と論理的な強化が図られ、精力的に仕事を進めていった。

2)　『企業の責任』編集と研究会の独自性確立

月３、４回の日程と精力的な議論により、５月半ばには『企業の責任』が形作られてきた。富樫ノートによると、1970年４月22日に弁護団との話し合いを行っている。弁護団は『企業の責任』の公刊は敵に手の内を見せるからと発刊を取りやめるよう働きかけてきた。研究会は、被害の実態からつみ上げた論理で堂々と闘えと一蹴している。この時点で、研究会は裁判に対して批判的に意見を述べていくことを決め、独自の活動を目指し〈水俣病〉事件の全貌把握へと軸足を移していった。

「 1. 資料公開－
　　－事実資料
　2. こちらの手のうちをみせてしまう。
　　－論理構成
　3. 研究会は弁護団の下請機関か
　4. ５月連休に
　　　研究会ともう一度話しあうチャンスを作る。」

「1970年５月14日　○研究会打ち合わせ(正竜寺)
　<研究レポート出版計画>
1. 第２章、第９章のみペンディング。
　５／17(日)には脱稿見込み。
　第３章　通しての通読検討をどうするか。
　5／19に煮詰める。　　7.00 p.m.　togashi 研
　(岡本)、富樫、丸山、宮澤、本田、半田。」

さらに、富樫ノートには、「1970年６月17日 『企業の責任』の編集」とメモされ、印刷所との打ち合わせと水俣病年表や資料部分の補充を行うなど最終稿に近かったようである。そして、８月30日、『水俣病にたいする企業の責任－チッソの不法行為』は完成し、水俣病を告発する会から出版された。本書は5,000部印刷され、機関誌『告発』を通じて実費販売された。全国的に購入が広がり、事件の全貌を一般にも知らしめる絶大な効果をもった。

3) 『企業の責任』の完成と富樫論文の連載

『企業の責任』は、水俣におけるメチル水銀中毒事件の全貌を捉えようと試みた最初の著作である。その特徴は、以下のようにまとめられる。

1. 加害の態様と被害実態を明らかにし、被害者の思いを論理化した新しい過失論(安全確保義務論)を核に、総合的に〈水俣病〉事件を解明し判決を通して法曹会に認めさせた
2. 環境問題では、工場労働者の安全確保と環境汚染は同じ原因であることを指摘した
3. 専門家に労働者・市民が協力し、内部から操業実態と環境汚染のデータを示し、環境汚染を防止するための新しい方法論と追究の論理を示した
4. 事件は進行中で〈水俣病〉の実態はまだ明らかにされておらず、今後の課題であることを指摘した
5. 真の意味で、モデルとなる学際的な研究を実現した

本書で展開された過失論を最初に訴訟で主張したのは、第二のメチル水銀中毒事件の新潟訴訟(1967年６月12日提訴)であった。新潟訴訟弁護団の幹事長であった坂東克彦は、「公害裁判」の困難を克服しながら訴訟を遂行してきた。水俣の松本勉らと早くから交流があり、1969年に水俣の患者家庭互助会が訴訟を模索しはじめたころ、アドバイスのため新潟から出向いている。熊本地裁に訴えが提起されると弁護団に名を連ね、何度も熊本へ出向いた。積極的に議

論に参加し、研究会とも良好な関係にあった。しかし熊本の弁護団は坂東を「よそ者扱い」(岡本)にした。坂東は、訴訟の関係で細川一(元水俣工場附属病院長)とも交流があった。そして石牟礼道子の要請で愛媛に赴き、細川一から聞き取りをする。1969年7月4日に証拠保全として行われた細川の臨床尋問で、ネコ400号実験の要点を聞き出し、その後の裁判に方向づけられたのも、細川が坂東を信頼していたからである。その坂東は、先行していた新潟訴訟でいち早く『企業の責任』の過失論を取り入れて主張した。そして1971年9月29日の新潟地裁判決は、その主張を認めた。

『企業の責任』が出版された後、富樫は法曹関係の専門誌『法学セミナー』に「水俣病訴訟の問題点」という論文連載を始めた。無名の若手法学者に連載させるというのは、異例の編集長判断だった。富樫によると、3～4回分の論文を書きためて編集部に持ち込んだという。1970年10月号で、まず第1回として「訴訟の提起・因果関係論」をまとめ、引き続き「水俣病における企業の過失」1～3(11月号、12月号、1971年1月号)、「水俣病と見舞金契約」1、2(3月号、4月号)、「水俣病と時効」(7月号)、「慰謝料請求について」1、2(8月号、9月号)、「未認定患者の訴訟提起」(10月号)と1年間書き続けた。現在進行形の裁判事例について、法学者としてあらゆる角度から掘り下げ論じたこのシリーズは、原告側の法的主張を支えた。これ以降も富樫は〈水俣病〉事件に深く関わった法学者として、『告発』紙、新聞、雑誌、専門誌、あるいはマスコミのインタビューなどを通じ、法的側面からこの事件を発信していく。これらの論文などは、のちに富樫貞夫『水俣病事件と法』(石風社1995)にまとめられた。

4) 訴訟進行と弁護団－幻の準備書面と立証計画

賠償責任を論拠づける法的主張(主に過失論)を準備書面として出すよう、弁護団は裁判所から促されていた。1970年6月30日、弁護団は第4準備書面と第5準備書面を提出した。前者は1月10日に研究会が出した中間レポートに表紙をつけたものだった。後者は、裁判長から指摘された求釈明に関する釈明が主であった。中間レポートそのままの第4準備書面は、市民会議裁判班、研究会や告発する会、そして弁護団内部からも批判があり、7月1日、弁護団はそれを撤回し第5準備書面を第4準備書面として差し替えた。そして10月16日の第6回口頭弁論が迫る中、9月14日、弁護団は第5準備書面を提出した。その内容は『企業の責任』をリライトしたものであった。これでようやく主張のレールが敷かれた。問題は、勝訴のためにどのような戦略と戦術で臨むかであった。

裁判を今後どう進めていくか、11月以降年明けにかけて、研究会と弁護団は何度も協議した。そこで問題となったのは立証計画であり、証人をどうするか、現場検証で裁判官に何を見せるか、証拠資料をどう提出するかが話しあわれた。研究会は、弁護士一人一人の担当に証拠資料の提供とアドバイスを怠らなかった。富樫ノートには、その詳細がメモされている。

「1970年11月7日　弁護団との協議(於　消防会館)
－立証について－　千場、福田、青木、馬奈木、荒木　各弁護士出席
1. 11／20までに人選を決める必要はない(つもりはない)
医者－水俣病の恐しさ。市民－家族の悲惨さ(日吉)
2. まず、12月公判で工場・患者をみてもらう。
おそくとも1月に。
G.に水俣病とはなにか、を頭に叩きこむ。
3. 廃水の危険性の立証のしかた
市民・漁民の生活維持を通して、具体的につみ上げていくつもり。
希釈放流、微量汚染についてはどうか。
4. 書証
研究会保管のもの(文献・資料)をみたい。
㊙のとりあつかい方。
全部みたい。　　／11月末頃　　丸山研究室で。」
(注：上記参加弁護士は、千場茂勝、福田政雄、青木幸男、馬奈木昭雄、荒木哲也の各氏である。また、G.はGerichtの略で、裁判所・裁判官を示す)

5)　立証計画・現場検証・敵性証人

裁判は準備段階を終え、証人尋問などの実質審理が迫っていた。1971年1月8、9日は水俣現地で現場検証が予定され、1月20日までに証人を申請、2月から証人尋問が行われる予定となっていた。だが直前になっても弁護団はチッソ第一組合の労働者をあてにするばかりで、立証計画も証人も決められずにいた。1970年末から正月にかけて研究会は立証計画で合宿し、「患者の思いをどう表現するか」(富樫)を詰めてきた。1月5日には新潟の坂東弁護士や東京大学の宇井なども参加して弁護団と検討が予定されていた。その協議に向けた富樫のメモは、裁判にたいする研究会のスタンスが明瞭である。

「○　立証計画について

1．過失論との関係

過失論は立証計画とはならない。……立証計画は、過失論の構築とはちがった観点から考えなければならない。

2．チッソの犯罪をあばきだす。

チッソとはどのような企業＝資本であり、これまでなにをやってきたかを克明に描き出し、それによって水俣病がまさに起きるべくして起きたことを明らかにしたい。／そのためには、まず出発点になるのは水俣工場論、廃水論であろう。これを具体的にどう展開し実証するか。／実証の問題は、実証する手段によって大きく制約される。／工場の特質－なにをどのように生産してきたか。廃水の危険性－危険性をいかなる手順、方法で立証したらよいか(宇井氏の意見は？)。／水俣工場はなにをしてきたか－内部では労働者に対して、外部では漁民・住民に対して．操業開始以来の犯罪史をできるだけ具体的に克明に描き出したい。

3．データはチッソに出させる。

住民側は公表された以外は知らないという前提で考えていく。それ以外の、とくに工場内部のデータはチッソに出させるべきだ。

4．調査義務と予見可能性

たんなる予見可能性は被告の論理。こちらはそれを批判していく立場である。／こちらは、注意義務とくに調査義務をふまえた予見可能性をもって追及しなければならない。

5．過失成立の時点(これを最初から問題にするのは被告の論理)

これは最初から考えるべき事柄ではない。出てきた資料によって、最後に帰納的に決着をつければよい問題である。／未認定患者の訴提起の可能性を考えれば、昭和28年以前に遡りうる論理でなければならないし、そうした余地をあけておかなければならない。

6．研究会はどこまでタッチしうるか。

弁護団の相談に応じる程度。「企業の責任」の論理が貫かれているかどうかに主として焦点を絞る。(できない、請け合えない)ことはできないということ。」

1月4日の研究会は、工場、水俣湾、患者家庭などの検証、証人の人数、チッソ内部データをどう出させるかなど検討して弁護団との会合に備えた。1月5日は、新潟の坂東・片桐敬弌両弁護士、東大の宇井が参加した。そこで弁護団は「立証計画書」を示した。富樫は詳細に記録している。

「1971年1月5日

弁護団との協議－坂東・宇井両氏をまじえて(市民会館)

10:50am ～6:00pm　　司会　千場・青木

Ⅰ　訴訟の経過報告　(千場)

Ⅱ　団長挨拶　(山本)

<宇井氏挨拶>

Ⅲ　立証計画について　」

とくにⅢの立証計画については、誰がどう発言したかその要旨が10頁にわたり記録されている。弁護団の「立証計画書」は、さまざまな角度から問題が指摘された。なかでも、本人確認も何を立証するかも詰めず提出された50人の証人をめぐって激論となった。弁護団が証人としてあてにしていた水俣工場第一組合労働者からは、立場に配慮がなく時間的にも拙速と反発を受けた。議論が宙に浮く状況で富樫は一つの提案を行い、当の労働者や裁判班、坂東、宇井、本田らも賛成してようやく方針が決まった。富樫の提案をノートから抜粋する。

㊦　……一つの提案をしたい。……公害一般についていえることと思うが、原告である被害者住民は水俣工場内部のことはなにも知らない、というところから出発すべきだろう。したがって工場の沿革や運転状況、製造工程、製品の生産量、廃水の成分や処理状況などについては、被告側から立証に必要なすべての資料を出すのが当然である。そういう観点に立つと、まず工場の責任者や技術者をこちらから証人として尋問し、その証言によって工場の危険性を立証していくべきものだろう。むろん、現在、われわれは工場関係のデータをいろいろ入手はしている。しかし、これをこちらから出して立証すべきとは思わない。それをにぎりながら、あるいは十分活かしながらも、先方から必要なデータを提供させるべきではないかと思う。

このときのことを、本田はこう回想している。

「企業の過失を被害住民の側から立証しようという考えそのものが無理な話だ。チッソの責任者を証人にして過失を立証していく以外に道はない」。この富樫さんの発言は、朝から室内を覆っていた暗い気分に、サッと明るい光をさしこんだ。第一日目の夜にはいっていた。たちまちみんなが「そうだ、そうだ」と言って、当時の吉岡チッソ社長・水俣の西田工場長・徳江技術部長・市川技術部次長を冒頭から証人として呼ぶことをきめた。興奮の中で、心からほっとしたのは忘れられない。苦しい一日だった。……／かくて2月4日の第9回口頭弁論(第8回までは書証提出と釈明のみ)から、証人として西田元工場長が登場する。そして彼は、翌年1月の第29回口頭弁論まで、出張尋問をのぞく証人尋問41回(証人27名)のうち連続21回も証人として登場したのである。／……西田追求の最大の武器は45年7月4日の細川一博士に対する、臨床尋問の証言だった。肺ガンで入院中の博士は、そのあと10月13日に死去された。内科医である博士が、自分の病状から死を覚悟された中での証言は、「水俣病の患者を自分が死ぬという時まで助けて下さった」と患者さんたちが言う通りであった。細川証言はいくら西田・徳江・市川らが否定しても、彼等の証言のすべてがまことにそらぞらしいものに過ぎぬことを決定することになってしまう効果を運命的に持っていた。／……間もなく永眠される博士から証言が得られたのは水俣病患者にとってまことに幸運であったと言わねばならない。(本田1973)

第一次訴訟は民事訴訟であったが、1971年1月8～9日、裁判官が出向いて現場検証が行われ、水俣工場や患者家庭およびその環境などを実検した。のちに富樫は、刑事裁判に見まがう「現場検証や、普通の民事では考えられない敵側幹部を証人として喚問し追及するという、異例ずくめの裁判だった。しかし、これらのことが実現できて、この裁判は山を乗り越えた」と筆者に語った。

6) 熊本地裁判決

こうして裁判は進行し、1973年3月20日、熊本地裁(斎藤次郎裁判長)は原告患者家族の勝訴を言い渡した。それは『企業の責任』の主張に全面的に沿うものであった。1959年の見舞金契約を熊本地裁の判決は、患者家族の窮迫に乗じて結んだもので民法の規定する「公序良俗違反」に当たり無効とした。これは研究会を側面から支えた阿部徹が、論考「いわゆる『見舞金契約』の法的効力について」(『告発』1970年8月25日号)でつとに結論づけたとおりであった、その上で判決は、「安全確保義務」を果たさず〈水俣病〉を発生させたとしてチッソの賠償責任を認め断罪した。判決は以下のように述べた。

地域住民としては、その工場でどのようなものがいかにして生産され、またいかなる廃水が工場外に放流されるかを知る由もなく、かつ知らされもしないのであるから、本来工場は住民の生命・健康に対して一方的に安全確保の義務を負うべきものである。……被告(注；チッソ)工場は全国有数の技術と設備を誇る合成化学工場であったのであるから、その廃水を工場外に放流するに先立っては、常に文献調査はもとよりのこと、その水質の分析などを行って廃水中に危険物混入の有無を調査検討し、その安全を確保するとともに、その放流先の地形その他環境条件およびその変動に注目し、万が一にもその廃水によって地域住民の生命・健康に危害が及ぶことがないように努めるべきであり、そしてそのような注意義務を怠らなければ、その廃水の人畜に対する危険性について予見することが可能であり、ひいては水俣病の発生を見ることもなかったか、仮にその発生を見たにせよ最小限にこれを食い止めることができたともいうべきところ、被告工場において事前にこのような注意義務を尽くしたことが肯定されないばかりでなく、その後環境異変・漁業補償・水俣病の原因究明・工場廃水の処理・ネコ実験などをめぐって被告工場または被告によって示された対策ないし措置等について見ても、何一つとして人々を首肯させるに足るものはなく、いずれもきわめて適切を欠くものであった。

この判決を導き出すまでの裁判闘争は、他の事例を比してもきわめて異彩を放っている。それは裁判で異例な戦略・戦術がとられただけでなく、水俣病を告発する会が中心となった「水俣病闘争」という法廷外闘争に支えられた裁判闘争だったからである。訴訟派患者家族は、チッソが相対の場で謝罪したうえで誠意を持って被害者への補償を果たすことを求めていた。その患者らの思いに真正面から答えたのが、水俣病市民会議や水俣病を告発する会の支援運動であった。水俣病研究会もその運動原理を共有していた。

「水俣病闘争」の原則は、あくまで主役は患者家族であり、支援者は「黒子」「義勇兵」で「助っ人」に徹するというものであった。一切の留保無しで患者家族を支援することを自らに課した運動原理は、イデオロギーや党勢拡大を主にした既成の左翼・新左翼の運動と一線を画すものであり、石牟礼道子と渡辺京二の存在が大きかった。法廷外の「告発する運動」に主体的に身を投じ行動した患者家族のエネルギーは、法廷内へと持ち込まれた。また現場のすさまじさを検証した裁判官らも、人間としてこの事件を受けとめたに違いないのである。

熊本地裁判決は、チッソの控訴断念で確定判決となる。これは、「権力を利用し低額永久示談で事を収める」チッソの手法が否定されたことを意味した。この裁判は、民事裁判ではあったが、あたかもチッソを断罪する刑事裁判のようであった。裁判所による早期の現場検証は犯罪現場の検証であり、会社幹部を証人として法廷に呼び出し徹底して尋問する異例の手法は、まさに犯罪を裁く場と言える状況だった。

研究会は患者家族と並走し、運動に触発されながら『企業の責任』を著したが、それは患者家族の思いを理論化し支える運動であった。研究会は「患者の思いをどう実現するか」を根本的動機とする実践的な研究集団であり、そこでは「個として何ができるか」が問われた。そうして研究会は「患者家族が受けた理不尽なチッソによる加害が、どうして起こったかをすべて解明する」という課題へと必然的に向かうこととなった。

岡本は『企業の責任』を作り上げた研究会に参加して、「メンバー一人一人にとって新たな出発点となった。……筆者が得たものは限りなく大きい。筆者は初めて水俣病と正面から向き合い、その巨大な意義を理解する……もう終わった問題という筆者の認識は、研究会の徹底した討論の中で根底からくつがえされた。膨大な数の潜在患者の存在は明らかで、事件は終わったどころか依然として進行中なのだ」(岡本2015)と語っているが、これは研究会メンバーの共通した感想であったように思われる。

おわりに——判決とその後

1) 水俣病研究会の将来構想

富樫ノートを見ると、水俣病研究会は約20人のメンバーが集まった1970年２月14日、すでに今後どう運営するかを検討している。１月10日に中間レポートを出し、裁判に必要な最低限の準備書面をつくった直後である。

活動方針には12項目が挙げられ、次の大きな課題として「水俣病にたいする行政の責任－行政の告発」を挙げている。注目されるのは「未認定患者の問題」で、「水俣病の定義　行政との関係　運動論との関係」を挙げている。これは当時進行中であった川本輝夫による未認定患者の発掘運動を意識したものである。ノートは別項で「水俣病にたいする行政の責任／企業の告発につづいて、行政の告発をとりあげ、調査検討のうえ第二レポートとしてまとめる。／国や自治体の水俣病対策や公害対策を全面的に検討する。／これとの関連で、未認定患者の問題を検討する。／また、『公害』の概念についても批判的に検討する。そのイデオロギー批判」と書かれ、また「水俣病の実態調査(医学的、社会的)／水俣病の実態はまだよくわかっていない。医学・社会学・経済学など、さまざまな角度から分析のメスを入れる必要がある。／市民会議の『白書』づくり、熊大の公衆衛生学や社会学の調査との連携を考える」としていた。

さらに、富樫ノートでは「水俣病関係資料の収集も研究会の仕事である」と位置づけていて、それは20年かけて『水俣病事件資料集・上下巻』(葦書房1996)に結実していった。しかし資料収集が先行せざるを得なかったこともあって、次の課題で第二レポートと位置づけた「行政の責任」は残念ながら実現しなかった。

2) 行政不服審査請求支援と『認定制度への挑戦』

川本輝夫ら９人の未認定患者は、1970年８月18日、熊本県の水俣病認定申請棄却処分を受けて厚生省に対し行政不服審査請求を行った。水俣病研究会は裁判と並行して川本らの闘いを支援した。『企業の責任』刊行の翌月、９月19

日には水俣現地で研究会を開き、川本輝夫を中心に未認定問題や認定審査の実態などを討論した。９月30日には未認定問題を中心に研究会を開き、１．医学的実態、２．社会的実態、３．行政の対応について、課題や方針・調査計画を討議している。

行政不服審査請求では、県の弁明書に対する反論書提出、現場検証、証人喚問など、裁判に準じた手続きが進められた。研究会の主たるメンバーは、進行中の裁判を支えることで手が回らず、川本らの闘いは、主に東京の後藤孝典弁護士・土井陸雄ら東京・水俣病を告発する会のメンバーが支援した。ただ「反論書」の骨格は熊本のメンバーによって作られ、原田による詳細な診察記録と11項目にわたる「認定診断」の問題点、有馬・桜井国俊による認定制度の歴史と問題点などが整理された。これらの成果は、東京・水俣病を告発する会によって『反論書－水俣病にたいするチッソ・行政・医学の責任』(1970)として公表された。これに有馬と東京のメンバーが資料などを補充し、1972年５月、『認定制度への挑戦－チッソ・行政・医学の責任』(東京・水俣病を告発する会刊)としてまとめられた。

その後有馬は、1973年、独立プロ青林舎の高木隆太郎と土本典昭の誘いに応じ、『医学としての水俣病・三部作』(1974～75)、『不知火海』(1975)などのスタッフとして取材・撮影・編集に加わる。映画完成後、医学書(通称「青本」)『水俣病－20年の研究と今日の課題』(青林舎1979)の編集に携わり、しばらく研究会から離れることとなる。一方、熊本の研究会では、富樫・丸山を中心に、川本によるさまざまな裁判提起に助言するとともに、資料集編纂作業を続けていた。

3)　『水俣病事件資料集』と『水俣病研究』

1980年代には有馬の復帰とともに資料集編纂を進めるとともに、富樫・丸山が編集委員、有馬が分野委員となって『熊本県大百科事典』(熊本日日新聞社1982)の「水俣病」の項を構成・執筆した。さらに、水俣在住の岡本の提案で、1985～89年、水俣におけるメチル水銀汚染の実態把握を目指す「現地研究会」を開催した。各集落の漁業者を訪ねて聞き取りをし、専門家を招いて話を聞くなど、メチル水銀中毒事件の始まりと全貌を埋める努力をした。それらの成果は、西村肇・岡本達明『水俣病の科学』(日本評論社2001，同増補版2006)、岡本『水俣病の民衆史』全6巻(日本評論社2015)へとつながっていった。

20年にわたる資料集編纂は、1996年7月、『水俣病事件資料集・上下巻』(葦書房)として完成した。資料集は、前史、1956〜59年、1960〜73年の三つに時期に分け編集された。それぞれの時期の解説を、有馬、宮澤、丸山が担当した。その3本の解説を核に、水俣病事件史をまとめないかと葦書房から提案があった。そこで研究会では宮澤が原稿を担当し、その原稿を検討しながらまとめることを目指した。しかし研究会のメンバー間で事件史理解に食い違いが生じ、途中から宮澤単独で執筆を進め、宮澤信雄『水俣病事件四十年』(葦書房1997)となった。その後宮澤は、関西訴訟(1995年より控訴審)支援へと軸足を移していく。

資料集発刊後の研究会は、資料を解析した論文の発表と重要資料の活字化を進めるため、『水俣病研究』の定期刊行を進めた。第1号(葦書房1999)は1995年以降の動向を受け、特集のテーマを「水俣病問題の政治解決」として、いわゆる「政治決着」と「もやい直し」に焦点を当てた。以後、当時進行中であった関西訴訟を背景に、第2号(葦書房2000)は「水俣病医学の再検討」、第3号(弦書房2004)は「水俣病論争のすすめ」、第4号(弦書房2006)は「水俣病関西訴訟最高裁判決をめぐって」を特集テーマに据え、論文、資料、書評などを掲載した。『水俣病研究』の計画当初は、年1回発行し、10年間で10冊とすることを志したが、編集を担当した有馬の力不足により2006年の第4号で挫折した。

これと並行して、鶴田和仁を中心に、2002〜03年には不知火海汚染地域G地区住民と対照地区宮崎県K地区及びA地区住民の比較対照研究で、メチル水銀中毒者の感覚障害と運動機能障害の実態把握を試みる疫学調査を実施した。その結果については鶴田により学会報告がなされたが、研究会として報告書の形にできなかったのが残念である。

以上述べた作業を通じて水俣病研究会が探索入手した資料は膨大なものとなった。それらの資料は、最初は丸山定巳研究室、のちに熊本大学附属図書館、さらに熊本大学学術資料調査研究推進室へと、熊本大学内で保管場所を移した。しかし熊本大学の責任者が入れ替わるとともに資料保管が困難になり、資料は熊本学園大学の好意により熊本学園大学水俣学研究センターに拠点を移したが、やがて諸般の事情により研究会活動は下火となった。こうした結果、研究会所蔵資料は熊本大学と熊本学園大学に分散して保存されたままになった。なお、熊本大学学術資料調査研究推進室の資料は熊本大学文書館(2016年設置)に移管されている。

4)　水俣病研究会のその後

1998年、熊本大学生命倫理研究会(高橋隆雄代表)の主催で水俣病研究会が協力し、第1回「水俣病シンポジウム－水俣病問題・過去・現在・未来」(4月)、第2回「外から見た水俣病の医学－現状と評価」(11月)で、熊本大学として初めて水俣病医学を取り上げて検討がなされた。2005年2月には、熊本大学学術資料調査研究推進室・熊本大学附属図書館共催、シンポジウム「問い続ける水俣・水俣病－水俣病50年を前にして」(司会・慶田勝彦)を開催した。50年の研究史を振り返るこの企画には、多数の市民参加があった。その後、熊本大学学術資料調査研究推進室(責任者・慶田)は、2012～16年にかけて12回のセミナーを開催した。このセミナーのうち、4回にわたる富樫の講演「〈水俣病〉研究60年の歩みとその評価」は、のちに富樫の論文と資料を加えて、富樫貞夫『〈水俣病〉事件の61年―未解明の現実を見すえて』(弦書房2017)として刊行された。その冒頭で、富樫自ら水俣病研究会の足跡を語っている。

そのころ、『水俣病研究』第5号を出すべきと富樫から提案があり、研究会を毎月定例開催するようになった。そこでの議論を通じて研究会では、「環境汚染を基盤としたメチル水銀中毒の実態は、症候・病変の組合せで構築された〈水俣病〉というモデルでは把握ができない」という認識に変わった。そして「症候・病変の組合せを〈水俣病〉とする認識が、実態解明にさまざまな障害をもたらし、60年余も続く争いの要因となった」という理解に至った。こうした視点から〈水俣病〉事件を「水俣におけるメチル水銀中毒事件」としてとらえ、『水保病研究』第５号に代えて、『日本におけるメチル水銀中毒事件研究2020』(弦書房2020)、『〈水俣病〉事件の発生・拡大は防止できた』(弦書房2022)を刊行した。

並行して、有馬は熊本大学文書館(慶田・香室結美ら)と協働し、かつて阿南満昭がデジタル化したＹ氏に関する資料を再検討し、『〈水俣病〉Ｙ氏裁決放置事件資料集』(弦書房2020)として刊行した。このＹ氏の事例は、行政不服審査請求に対する裁決を、約20年間放置した事件である。担当官が「水俣病相当」とする裁決起案書を作ったにもかかわらず、環境省上層部は熊本県の要請をいれ、決裁をしないという政治的判断を行った。これが三度にわたって繰り返された。認定審査は従来ブラックボックスとなっており、認定審査の資料は申請者にも開示されなかった。この事例では認定審査の資料が初めて公となり、貴重な資料集となった。

研究会はその後、関西訴訟の経過と判決がもつ意味を明らかにすることを課題と位置づけた。関西訴訟は、1982年チッソと国・県を相手取り大阪地裁に提訴、1995年に第１審判決が出た。このとき原告は、いわゆる「政治決着」を受け入れずに訴訟継続を選んだ。2001年に大阪高裁判決、2004年には〈水俣病〉の国家賠償に関し初めて最高裁判所判断が確定した。その結果、原告側の主張にはない「メチル水銀中毒症」という概念設定など、さまざまな問題をはらんだ大阪高裁判決が認容された。その後、原告らが行政により〈水俣病〉と認定されたとき、チッソは補償協定の適用を拒否し、新たな係争を生じさせた。富樫は講演で、この一連の問題を「関西訴訟の法学的検討」として総合的に捉え直すよう問題提起したが、論文化には至らなかった。

高齢となった富樫は、1970年以来務めてきた水俣病研究会の代表を2020年に有馬に引き継いだ。富樫は研究会の活動を振り返って、〈水俣病〉事件における「行政の責任」と「医学の責任」を根本的に問い直すことができなかったと語っている。富樫の問題意識は、法治国家のあり方を根源から問い直すことに向けられており、これはまさに研究者が生涯をかけて取り組むべき課題だといえる。水俣病研究会は、今後これらの課題を受け継ぎながらどう活動していくかを模索している。

2024年現在、水俣病研究会は、有馬澄雄、鶴田和仁、高峰武、東島大、向井良人らを中心に月例会を開催している。この増補・新装版にも上記のメンバーが関わった。

増補・新装版　編者注

†1 (p.6)

チッソ(株)は、1908年に日本窒素肥料(株)として出発し、1950年に新日本窒素肥料(株)、1965年にチッソ(株)と改称した。「水俣病被害者の救済及び水俣病問題の解決に関する特別措置法」に基づき2011年に新事業会社 JNCを設立して全事業を譲渡し、チッソ(株)はJNC の持ち株会社として〈水俣病〉の補償のためにのみ残された。

†2 (p.8)

本書は、1969年9月7日に発足した水俣病研究会(当初は「裁判研究会」と称した)によって、1970年8月に完成した。その執筆には、水俣病市民会議のメンバーでもあるチッソの第一組合(新日窒労組)の組合員4人が参加していた。被告チッソに加害責任を認めさせるための研究会であったため、4人は仮名にして本書に記載された。以下に本名を記す。

谷　共義　→　小坂谷義　　田村　俊　→　花田俊雄(故人)
永岡達也　→　岡本達明　　中山善紀　→　山下善寛

そして、執筆者も、すでに亡くなった方がいる。以下、名前と没年を列記する。

石牟礼道子(1927〜2018)
花田俊雄(1921〜1996)
原田正純(1934〜2012)
本田啓吉(1924〜2006)
丸山定巳(1940〜2014)
宮澤信雄(1935〜2012)

なお、本書には名を連ねていないが、裏方で支えた多くの人がいる。たとえば日吉フミコ、伊東紀美代である。

†3 (p.17, 26)

水俣病研究会発足後、最初に議論されたのが「水俣病」の定義である。本書における定義は、熊本大学医学部研究班の研究報告集成『水俣病−有機水銀中毒に関する研究』1966(通称「赤本」)からまとめられた。1970年「公害の影響による疾病の指定に関する検討委員会」(佐々委員会)では、これと同じ定義で「水俣病」を政令に定める病名として取り扱うことを答申し、現在に至っている。

1960年以降、患者認定制度が設けられ、〈水俣病〉の診断は認定審査会が独占している。いくつかの改変はあるものの、認定制度は現在まで続く。本書出版当時、チッソから〈水俣病〉として補償を受け取るためには、本人がまず認定審査会に審査を申請することが条件であった。審査会では詳細な検診を実施し、1953年頃から1960年にかけて水俣湾周辺地域に長年住み、汚染魚介類を継続して多食し、手足のしびれから始まり、眼、耳、言葉、歩行の障害など主要神経症状がそろった患者(認定審査会で検診後、委員10人で検討し全員一致で認められた者＝徳臣モデル)を〈水俣病〉患者と認定した。本書当時〈水俣病〉患者は111人で、もっとも初期に「認定」された重症患者である。

中毒診断ではない方法が認定審査に採用されたのは、1959年に見舞金契約を締結する際、「権威ある診断委員会が認めた者にしか見舞金を支給しない」とチッソが強硬に主張したことに基づく。この〈水俣病〉の診断モデルから外れたメチル水銀中毒患者は、被害者と認められないまま放置された。補償を受けられない被害者たちは、その認定の基準をめぐって争い、行政不服審査や裁判を通じて今日まで救済基準論争が続いている。

今日の眼から見ると、この〈水俣病〉の定義はメチル水銀中毒の重症例のみを表しており、科学的にも問題がある。国際的には病因論的病名で metylmercury poisoning (メチル水銀中毒)である。病因を表さない〈水俣病〉として病像を構築し、症候や病変のみでメチル水銀中毒を認定しようとする発想は、チッソ水俣工場からの汚染を基盤としたメチル水銀中毒事件を科学的に解明するには不適切と思われる。中毒事件である以上、本来は疫学を基礎に中毒診断を行い、実態を把握すべきである。

〈水俣病〉の呼称に関しては、入口紀男『「水俣病」は差別用語』(自由塾2021)、向井良人「『工場廃水に起因するメチル水銀中毒』を名付ける行為についての試論」(水俣病研究会編『日本におけるメチル水銀中毒事件研究2020』弦書房2020)を参照。

また〈水俣病〉という表記に関しては、有馬澄雄「チッソ社内研究と細川一」(水俣病研究会編『〈水俣病〉事件の発生・拡大は防止できた』弦書房2022)の注1を参照。

†4 (p.17, 19, 29, 30)

初期の〈水俣病〉研究では、原因物質が不明かつ重症患者が問題とされたので、感覚障害はあまり重視されなかった。しかも患者が示す感覚障害は、ポリニューロパチーと同じような四肢末端型が多く見られたため、現象論的把握で感覚障害の責任病巣は末梢神経の障害と単純に考えられた。「有機水銀説」の手がかりになったハンター・ボンフォード＆ラッセル(1940)、ハンター＆ラッセル(1954)の論文は、臨床的には触覚、痛覚に異常は認められず、振動覚、二点識別覚、立体覚などの感覚障害があり、中枢性の感覚障害を疑わせる所見であった。また病理学的検索は、「座骨神経、尺骨神経はすべて正常」と記載され、「初期の知覚の消失がみられたのは、……一過性の末梢神経炎によるもの……中心後回の病変は軽度で、知覚障害の原因ではない」としている。ラッテによる実験では「最初に末梢神経と脊髄後根が障害され、その後に脊髄後柱と小脳中葉の顆粒細胞層が障害された」と報告された(ハンター・ボンフォード＆ラッセル1940の紹介－永木譲治ら訳「メチル水銀化合物による中毒－前編 臨床症例」，神経内科，22(5)：484-495，1985.「後編 動物実験」，神経内科，22(6)：582-590，1985を参照。ハンター・ラッセル1954の紹介－阪南中央病院水俣病研究会「有機水銀化合物によるヒト大脳および小脳の局所的萎縮例」，水俣病問題研究(Ⅱ)，1981を参照)。鶴田和仁は、「症例も実験例も数が少なく、ヒトの障害との差異などについて、必ずしも発症機構の考察ができていなかった。ハンターらの報告が末梢神経障害を示唆していると読まれ、その後の研究に多大の影響を与えたのでは」と考察している。鶴田和仁「水俣病における感覚障害の文献的考察」(水俣病研究会編『水俣病研究』第2号，葦書房2000)を参照。

その後、本書で引用された松本英世や宮川太平によるラッテを使った実験的研究で、メチル水銀中毒の初期症状として末梢神経が傷害されると報告した。生物学的な種差が明らかでないにもかかわらず、その実験成績が無批判にヒトのメチル水銀中毒に適用され、1970年代には、〈水俣病〉は初期に末梢神経が傷害されて感覚障害が生じると理解されていた。その後 Berlin らの実験的研究などによって、メチル水銀による中毒症状には種差があり、ラッテやマウスでは初期に末梢神経が障害され、ネコなどでは小脳顆粒細胞が、ヒトなど霊長類では大脳皮質が傷害されることが明らかにされた(浴野成生：メチル水銀中毒症に関する意見書，1998．関西訴訟控訴審へ提出)。

日本の研究で、永木譲治は神経系疾患のない普通の人やポリニューロパチー患者との比較研究で、〈水俣病〉患者の末梢神経には異常がないことを確認した(永木譲治：水俣病に関する電気生理学的研究，1980．永木譲治・大西晃正・黒岩義五郎：慢性水俣病患者における腓腹神経の電気生理学的および組織定量的研究，臨床神経学，25(1)：581-587，1985)。その後、中西亮二、永木、鶴田和仁の体性感覚誘発電位の研究によって中枢に責任病巣があることが示唆された。さらに浴野成生・二宮正によって、ヒトのメチル水銀中毒による感覚障害の責任病巣は、大脳皮質体性感覚野の顆粒細胞層の障害であると明らかにされた(浴野・二宮論文2005, Ninomiya et al: Reappraisal of somatosensory disorders in methylmercury poisoning, Neurotoxicol. Teratol. 27(4): 643-653, 2005)。

しかしそれらの科学的知見は取り入れられず、その後もメチル水銀中毒による感覚障害は「末梢神経」の障害とされ、被害者が訴える症状の変動などは理屈に合わない「詐病」として切り捨てられている。こうした感覚障害の捉え方が被害者の認定と補償・救済に混乱を引き起こし、係争の原因となっている。

†5 (p.22)

「〔症例：浜○、57才、男〕」以下は、勝木・徳臣ら：水俣地方に発生した原因不明の中枢神経疾患－特に臨床的観察について，熊医会誌31(補1)：23-36，1957からの引用であるが、「8月20日熊大病院に入院」とあるのは原典の誤記で、正しくは9月20日入院である。

†6 (p.32, 75)

1970年『企業の責任』の発刊の段階では、〈水俣病〉の定義や認定審査における実際の運用を批判しても、「汚染を基盤としたメチル水銀中毒」という観点から新しい中毒概念を提出することができなかった。科学的観点から見れば、〈水俣病〉事件の構図はシンプルである。すなわち、チッソ水俣工場から廃水が無処理放出され、生態系破壊という環境汚染があって、廃水に含まれたメチル水銀で魚介類を汚染する。その魚介類を食したヒトがメチル水銀に曝露され、広範囲の地域で長期間にわたり莫大な数の人が中毒となった、というのが実態である。

すると実態把握には、第一に汚染の範囲、第二に汚染地域住民の魚食生活が問題となり、第三に魚介類を食べてメチル水銀に曝露した住民が訴える自覚症状(汚染地域住民全部がベース)、それを非汚染地区住民の自覚症状と比較し中毒の特徴を抽出する。そして第四に、その訴えは症状・病変として医学的(内科学的、神経学的、病理学的)にどう捕まえられるか、全身症状、そして神経症状は何か、病理学的な病変は何か、といったことが順次問題になる。そういう科学的実態把握のもとで、中毒被害者をどこまで・どのように救済するかが政治の課題となる。ところが実際は、中毒の事例として扱わず、〈水俣病〉という括りのもとに実態把握と救済課題が一体で論じられ、現在に至るも多くの裁判等で被害認定が争われている。

津田敏秀が指摘するように、初期の医学研究が病因物質の特定に誘導され、疫学的実態把握が進まなかったことがこの混乱の一つの原因である(津田敏秀『医学者は公害事件で何をしてきたのか』岩波書店2004ほか、精神神経学会による公式見解、1997-2004を参照)。被害を明らかにするには、遅くとも1960年、熊本大学医学部研究班による「有機水銀説」が精神神経学会で受け入れられた時点か、1961年ローマで開催された国際神経学会で承認の時点、あるいは1963年、メチル水銀が病因物質と判明した時点(入鹿山)で、疫学的方法論に立ち返って基礎的・実態調査研究を組織すべきであった。

† **7** (p.72)

1956年5月1日、当時チッソ水俣工場附属病院院長であった細川一は、小児科に入院してきた2人の姉妹の症状をみて、過去に診た2人の成人患者と同様な中枢神経症状を呈していることに驚いた。細川は、近所にも何人か類似症状の子供がいると母親から聞いたという野田兼喜小児科医長の報告を受け、水俣保健所(伊藤蓮雄所長)に調査の必要性を知らせた。現在はこの日を「公式確認」の日と呼んでいる。本書では随所に「正式発見」や「公式発見」と書かれているが、本書出版時にはこの表現の検討はなされなかった。随所にあるこの表記は、増補・新装版でもそのままとした。なお、松本勉の調査によると、「公式確認」という表現は、有馬澄雄編『水俣病－20年の研究と今後の課題』(青林舎1979)の「水俣病年表」で初めて使われた。

†８ (p.74)

熊本大学医学部に研究班ができたのは1956年８月のことで、研究の中心が現地から熊本大学研究班へと移った。その第一回報告会は、同年11月３日に行われた。熊本大学研究班編『水俣病－有機水銀中毒に関する研究』1966に従って、本書でも11月４日と記載されているが間違いである。

†９ (p.76)

本書の記述の「３月に伊藤が……ネコに水俣病を発症させている」との記述は間違いで、「４月４日に第１例ネコの発症に成功した」が正しい。伊藤蓮雄：水俣病の病理学的研究(第５報)－水俣湾内で獲った魚介類投与による猫の実験的水俣病発症について，熊本医会誌，31巻(補2)：282-289，1957を参照。

水俣湾産魚介類を食して「奇病」にかかることは初動調査で判明したが、行政対策や救済策を進めるために、湾産魚介類が毒性を持つかどうかの証明が必要とされた。一方、研究班に属す病理学者の武内忠男は、毒物実験で食中毒の病因物質の探索を目指した。自然発症ネコの病理検索で脳障害の特徴をつかみ、湾産魚介類で実験的に〈水俣病〉を再現できるかが課題となっていたが、成功しなかった。そこで武内は、水俣保健所長であった伊藤に、現地で湾産魚介類をネコに投与して実験を行うよう依頼した。伊藤は、保健所の一室にネコ飼育室を設け実験を行った。1957年３月25日より実験を始め、５例のネコを使って全例発症させることに成功した。第１例が４月４日に発症し、７月５日には５例目も発症した。その５匹のネコは、武内教室で病理検索され、その後の病因となった毒物検索の道を開いた。

すなわちこの実験は、湾内魚介類に〈水俣病〉病因物質が含まれることを実証した。このことで湾産魚介類の採捕禁止や食品衛生法適用へと進むはずであったが見送られ、汚染拡大と中毒被害者の増加を招いた。

† 10 (p.83)

有機水銀の分析が、いつから可能であったかは問題である。農芸化学の分野では、1957年に金沢らによって定性法ではあったが、ペーパークロマトグラフによるメチル水銀分析法が報告されていた(金沢純ら：有機水銀化合物のペーパークロマトグラフィー，農芸化学，31(12)：872-874，1957．金沢純ら：有機水銀化合物のペーパークロマトグラフィー，農薬検査所報告第5号，1959.3)。

1959年11月、チッソ技術部の川崎克彦は、汚染源で病因物質が含まれると考えられた精ドレン(アセトアルデヒド廃液)からメチル水銀を検出した。川崎が応用したのが、金沢らの方法であった。その結果は、すぐ技術部長へ報告されたが、対外的に秘密とされた。有馬澄雄「チッソ社内研究と細川一」(水俣病研究会編『〈水俣病〉事件の発生・拡大は防止できた』弦書房2022)を参照。この事実は、「優秀な分析技術力」を誇り最先端の分析機器をそろえたチッソ技術部は、もっと早期に自らの判断で〈水俣病〉病因物質のメチル水銀を捕まえることができたことを意味する。

† 11 (p.85)

「33年9月26日の水俣病綜合研究班報告会において、水俣病病理所見はハンター・ラッセルらによって報告された有機水銀中毒例とのみ完全に一致することが武内によって報告された。」という記述は、その事実がなく間違いである。後年、有馬が武内忠男教授に確かめた。世良完介研究班長から「マンガン、セレン、タリウムで二転三転しているのに、軽々しく新物質を出すな」と釘を刺され、その段階では発表できなかった。翌年2月か3月、データを積み上げて「水銀が注目される」と班で話したという。したがって、本書の記述をもとにした有馬編『水俣病－20年の研究と今日の課題』(青林舎1979)の「水俣病年表」も間違っている。水俣病研究会編『水俣病研究』第2号(葦書房2000)196頁で、以下のように訂正した。

「当時は、原因物質をめぐって各教室が先陣争いをしていた。そのため班会議で発表するのは慎重を要した。武内教授は有機水銀説実証のため、二、三の教室に非公式に協力を依頼する段階だった」。

この間違いは研究史の読みに関係するので、増補・新装版注の形で改めて訂正する。

† 12 (p.88)

1958年以来、水俣湾周辺の患者多発集落に〈水俣病〉と関連が疑われる脳性小児マヒ患者17人が見つかっていた。この17人の脳性小児マヒ様の重症患者たちは、のちに胎盤経由のメチル水銀中毒、いわゆる胎児性〈水俣病〉と判明した。

これは1958年２月７日、坂本しのぶら５人の患児に湯堂の坂本宅へ集ってもらい、現地の医師３人(細川一、松本芳、市川秀夫)が診察したことに始まる。

細川らの診察以来、患児は〈水俣病〉との関連が疑われていた。しかし小児科の検診や公衆衛生学的な検討でも、〈水俣病〉と診断するには決定的な証拠がないとされてきた。死亡解剖を行った一例について、病理所見をもとに1961年８月７日の水俣病患者診査会で「胎児性水俣病」と認めた。しかし、あとの16人は認めなかった。患者家族から「もう一人死なないと認めないのか」と批判されてきたが、1962年に２人目の患児が解剖に付され病理所見が出た。併せて、17人の患児についての原田らによる精神神経科の診察で得られた「同一原因による同一疾患」という臨床的観察の所見をもとに、1962年11月29日、水俣病患者診査会で17人全員がようやく「認定」された。

本書および年表ではこの経過を十分に捉えられていなかったので、以下に補足する。

1958年３月、国立公衆衛生院で細川が診察結果を報告し、「母乳経由で毒物を取った可能性」を指摘。

1958年３月７日、熊大喜田村正次公衆衛生学教授、患児５人について診察。

1958年７月４日、熊大長野祐憲小児科教授、湯堂・出月・茂道で脳性小児マヒ様患児９人を診察。

1958年７月12日、細川らの招きで、九州大学医学部遠城寺宗憲小児科教授、脳性マヒ患者を診察。２月診察の５人に加え、５人を診察(計10人)。

1959年３月、熊本大学研究班「熊本県水俣地方に発生した原因不明の中枢神経系疾患について(第３報)」を発刊。喜田村、脳性小児マヒ様の患者が水俣病患者多発地区に多発していることを指摘。

1960年３月、熊本大学研究班「熊本県水俣地方に発生した原因不明の中枢神経系疾患について(第４報)」を発刊。長野ほか：小児科領域における水俣病の研究 水俣病患児の臨床的観察　附 水俣地方に多発した脳性小児麻痺患者の調査成績、を発表。

1960年３月、柿田俊之：脳性小児麻痺に関する調査研究，熊本医会誌35(3)：287-311，1960.

1961年３月21日、水俣病患者多発地区に生まれた脳性麻痺様患児(岩坂良子)死亡。熊大病理学教室で病理解剖する。胎盤経由によるメチル水銀中毒－胎児性水俣病の存在を確認。

1961年７月８日、熊本医学会シンポジウム“水俣病”で、松本英世助手(病理学)、岩坂良子の「病理組織学的検査結果」を発表。

1961年８月７日、水俣病患者診査協議会、岩坂良子を胎児性〈水俣病〉と認定。

1962年9月15日、岩坂マリ亡くなる。熊大病理学教室で解剖に付される。

1962年11月25日、第36回熊本医学会総会。松本英世助教授、患児２人の病理所見を発表。原田正純(精神神経科講師)、17人の患児は「同一原因による同一疾患で先天性水俣病」と追加報告

1962年11月29日、水俣病患者診査会、脳性小児麻痺患者16人を胎児性と診定。

1963年３月、徳臣晴比古ら：水俣病の疫学　附 水俣病多発地区に認められる脳性小児麻痺患者について，神経進歩，7(2)：276，1963.

1964年6月、原田正純：水俣地区に集団発生した先天性・外因性精神薄弱－母体内で起った有機水銀中毒による神経精神障害“先天性水俣病”－，精神経誌，66(6)：429，1964.

1964年11月、武内忠男・松本英世・高屋豪瑩：脳性小児麻痺としてとりあつかわれた胎児性水俣病の病理学的研究，神経進歩，8(4)：867-883，1964.

胎児性の患者がどれほど生まれたかは、実際の処わかっていない。資料が公表さ

れないので詳細は不明であるが、「認定」患者は約60人と言われている。原田正純が生涯を通じて診断した胎児性患児は80人以上とされ、公式には全員は「認定」されていない。しかしこれらの患児は神経症状が強い患児群で、精神症状が前面に出た患児たちは含まれていないと指摘されている。

胎児性水俣病は、母体内の胎盤経由でメチル水銀が胎児の脳へと侵入し、障害を起こすという痛ましい事例である。一般的な脳性小児マヒ患者の発生率との比較や〈水俣病〉患者多発地域との重なり、患者発生との経年的相関などが問題となっていた。しかし、胎盤経由での毒物侵入はないとされていたので決定的証拠がなく、医学的にも結論が出せずにいた。2例の解剖所見で、メチル水銀の胎盤経由による中毒とようやく認められた。最近の研究では、胎盤が主な侵入経路と言われている。

メチル水銀による濃厚汚染時期には、生まれた胎児性患児の他に、母体中で中毒死して流産・死産となった人たちも多く見られた。板井八重子「有機水銀濃厚汚染地域における異常妊娠率の推移についての研究」(東京大学審査博士論文, 1993年4月18日学位授与)を参照。

†13 (p.88, 94, 258, 267, 269)

「同年2月には、細川は酢酸工場アセトアルデヒド工程の蒸溜排水中の水銀化合物の大部分がメチル水銀化合物であり、ネコに投与することによって水俣病が発症することを証明し、退職していった。」という記述は不正確である。本書執筆の時点では、チッソの社内研究の実態が正確につかめていなかった。1962年2月の社内レポート「精溜塔廃液について」は、技術部の石原俊一がまとめたものである。細川は直接関与していない。詳しくは、有馬澄雄「チッソ社内研究と細川一」(水俣病研究会編『〈水俣病〉事件の発生・拡大は防止できた』弦書房2022)を参照。

年表風に経過をまとめると、以下のようになる。

1957年5月、社内研究班が結成される。

1958年9月、アセトアルデヒド廃水の排水路を、百間港から八幡プールを経て水俣川河口へ変更。水俣川河口周辺が汚染され、半年後八幡周辺の漁民がつぎつぎに発症した。その後、メチル水銀を含んだ廃液は不知火海全域へと広がり、北へ南へと患者発生が拡がった。

1959年５月～８月、技術部は、水俣川河口産貝類のネコ投与実験を行い３匹とも発症したことで、アセトアルデヒド工程廃水が汚染源であると実証する。

1959年９月28日、技術部主導で６月18日に開始した百間排水直接投与ネコ実験(374号)で発症を確認したが、すぐに屠殺。この実験結果は、反論書では「発症せず」と記載された。

1959年10月６日、細川独自の判断による水銀使用２工程廃水直接投与ネコ実験で、アセトアルデヒド廃水を投与したネコ400号が発症する(７月21日から実験開始、10月24日屠殺解剖)。400号ネコの病理検索は九州大学医学部遠城寺宗知助教授に検索依頼。

1959年11月10日、技術部川崎克彦、アセトアルデヒド廃水(精ドレン)からメチル水銀を検出、技術部次長に報告。

1959年11月16日、遠城寺、400号ネコの病理検索結果を知らせる。

1959年11月30日、社内研究班会議、徳江毅技術部長、研究中止の方針を伝える。細川が希望した400号実験の追試を事実上禁止。

1960年８月から、栄転した西田栄一工場長との直談判で許可を取り、細川、アセトアルデヒド廃液投与実験を再開。いわゆるHI実験(400号実験の追試)

1961年３月、HI実験で、ほぼ全例ネコが発症することを確認。

1961年５月、技術部石原俊一、アセトアルデヒド廃水(精ドレン)からメチル水銀の抽出・同定にかかる。その後、附属病院小嶋照和とともに、廃液中のメチル水銀でネコとラッテによる確認実験。

1962年２月、石原「精溜塔廃液について」を技術部に提出。精ドレン中水銀化合物はメチル水銀で〈水俣病〉の原因物質とまとめる。CH_3Hg-が作用基で毒性を持つ。

1962年６月、石原、アセトアルデヒド廃水(精ドレン)中のメチル水銀は、CH_3HgClであることを確認する。

これらの社内研究は、現在に至るもチッソ自身からは発表されず、対外的に秘密のままである。遅くとも1959年6月頃には、アセトアルデヒド工場が汚染源であることをネコ実験でつかみ、10月には細川による400号実験で廃液中に病因物質が含まれることを再確認した。11月には、川崎の分析で廃液(精ドレン)中にメチル水銀が含まれることを、技術部は確認した。そして、11月30日に社内研究班会議で社内研究は中止された。しかし細川は諦めず、栄転する西田栄一工場長に直談判して、発表しないことを条件に400号実験の追試実験再開の了解を取った。1960年8月〜1961年3月にかけて細川による400号実験の追試・HI実験は成功し、アセトアルデヒド廃液中の水銀が病因物質であることを確認した。さらに技術部の石原は、1961年5月から研究を進め、精ドレン中のメチル水銀はCH_3Hg-グループであり、1962年6月には〈水俣病〉の病因物質がCH_3HgClであることを確認した。

社内研究による原因究明は、熊本大学医学部研究班の入鹿山によって、アセトアルデヒド工程反応管スラッジからCH_3HgClを抽出・同定するより半年以上も早かった。しかし、対外的に秘匿され病因物質究明や被害者救済には生かされなかった。

第一次訴訟でチッソは、アセトアルデヒド廃液中にメチル水銀が含まれることは入鹿山の発表まで全く知らなかったと主張した(被告第2準備書面1969.12.27)。

† 14 (p.90)

喜田村論文の要約引用がやや不正確で、昭和33年(1958年)が35年(1960年)に間違って記述されているので、以下引用部分を示す。同論文では、「酢酸工場廃水も昭和33年より同様に八幡地区へ流出されてより約半ケ年後に同地区に患者が続発し発生地域の拡大を見たことは、前述のごとく泥土あるいは魚貝、発症動物、患者臓器などに水銀とセレニウム、硫黄が異常に多量検出されることゝ併せ考えれば、極めて注目を要するところであらう。」となっている。

† 15 (p.95)

写真は原田正純の提供。キャプションに「昭和38年」(1963年)とあるが、立津政順・原田正純「子宮内中毒による精神薄弱」神経進歩, 12(1):183, 1968の図1キャプションには1964年とある。

†**16** (p.106, 164, 165)

チッソ水俣工場でアセトアルデヒド生産設備は1932年5月に稼働を始め、1968年5月18日に稼働停止した。本書には、生産スタートを1932年3月、稼働停止を1968年4月と記載があるが、それは間違いである。日本では7社8工場でアセトアルデヒドが生産されたが、チッソ水俣工場の生産量は日本で最大規模を誇った。

チッソ(株)が、カザレー式合成硫安製造法を導入し、それまで変成硫安の生産に使っていた原料カーバイドが不要となった。カーバイドの利用が課題になり、アセトアルデヒド生産に乗り出した。当時新興の化学工業であるアセチレン有機合成化学分野へ進出する意図で、1925年から研究を始め、その基幹製品であるアセトアルデヒドの生産を試みた。カーバイドに水を付加するとアセチレンが発生し、アセチレンに水を付加するとアセトアルデヒドが生成する。アセトアルデヒドはアセチレン有機合成化学の中間原料として重要で、合成酢酸はもちろん、酢酸ビニール、酢酸エチル、無水酢酸、酢酸繊維素、アセトンなどさまざまな誘導品が合成生産される。1932年3月には水俣工場で試験運転を始め、同年5月に稼働生産を始めた。ここから水俣工場は、肥料などの無機合成化学の分野ばかりでなく、アセチレン有機合成化学による総合化学工場として発展していった。それまでと同様、環境に配慮することなく廃棄物、とりわけ廃水は水俣湾や丸島漁港の方へと無処理のまま放流した。そのため汚染の量も質も増大し、漁民や周辺住民から何度も抗議され紛争が起きた。

太平洋戦争末期に、水俣工場は5次にわたる爆撃で壊滅的な被害を受けたが、戦後には政府による傾斜生産計画に従って早期に復活を遂げた。1946年には肥料部門の生産再開、1947年にはアセトアルデヒド・酢酸など有機部門の生産再開を果たした。1952年には、戦前の人造石油生産技術を応用して、それまで輸入に頼っていた塩化ビニールの可塑剤オクタノール・DOPの工業化に成功した。この新技術による生産は「造れば売れる」状態で、莫大な利潤をもたらし、戦後の経済発展を支えた。そのオクタノール・DOPの原料もアセトアルデヒドであり、合成技術の改変とスクラップ&ビルドを行いアセトアルデヒドの大増産を達成した。その結果、合成反応で副生するメチル水銀量を7～8倍に増大させ、急性で重症メチル水銀中毒(いわゆる水俣病)を多発させた。

†**17** (p.108)

本書では、出典として喜田村正次：水俣病の発生機序，神経進歩，13(1)：135-140, 1969から引用しているが、この図は２カ所に間違いがある。この図の元々の出典は、瀬辺恵鎧・喜田村正次ら：Acetylene接触加水反応に伴う副反応Ⅱ, 日薬理誌,63(4)：244-260，1967であり、この研究を一枚の図にまとめたものである。その際、引用にあたって喜田村が誤記したものと思われる。下図が正しい反応機構の図である。下図は、同じ雑誌に発表された、宇井純：衛生工学からみた水俣病(指定討論)，神経進歩，13(1)：141-144，1969に掲載されたものを参考にした。破線を付した２カ所が訂正箇所である。

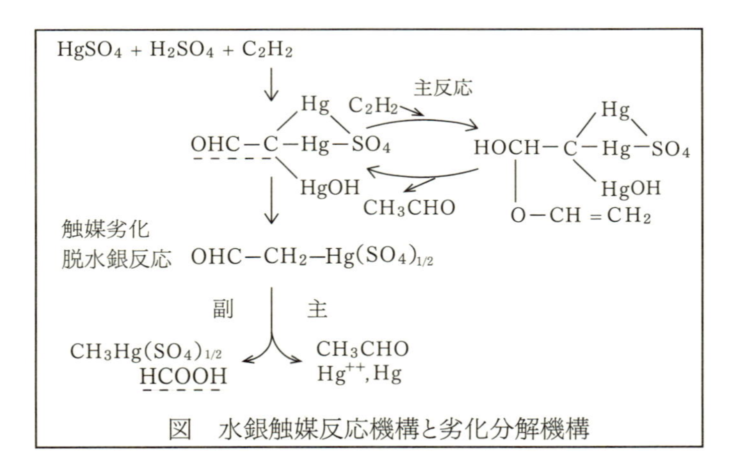

図　水銀触媒反応機構と劣化分解機構

†**18** (p.139, 143)

「北鮮」という表現は不適切ではないかとの指摘が、本書の発刊当初からあった。北部朝鮮、あるいは朝鮮半島北部という表記が妥当と思われる。

†**19** (p.141, 151)　Ⅲ－1, 2表

昭和7年の生産量に210トンとあるが、チッソ水俣工場技術部資料によると、実際には259トンが生産されている。椎野吉之助(元酢酸係長)の集計による。

† 20 (p.180)

「28年、31年を除き」とあるが、(昭和)25、32、33年も、ニポリットは表に入っていない。

† 21 (p.200)

「水俣湾の汚染」について、本書刊行の時点では、熊本県水産課の三好礼治係長による1952年の水俣湾汚染調査の復命書を入手分析できていなかった。

三好復命書は、熊本県の保存資料の中から深井純一(当時立命館大学産業社会学部)によって見つけ出されたものである。深井は、この資料の持つ意味を分析して公表した(宮本憲一編『公害都市の再生・水俣』筑摩書房1977所収、深井「第Ⅲ章　水俣病問題の行政責任」)。

1952年8月、熊本県水産課は水俣漁協の要請を受け現地調査に三好係長を派遣した。三好は、水俣湾の汚染状況調査とチッソや関係者への聞き取りなどを行った。復命書「新日本窒素肥料株式会社水俣工場廃水調査」は、一日で行った調査にしては簡にして要を得ている。調査と対策が必要と報告したが、熊本県上層部は動かなかった。水俣病研究会編『水俣病事件資料集・上下巻』(葦書房1996)に収録、併せて前記『資料集』上巻「事件前史」の解説を参照。

† 22 (p.210, 212, 240)

鳥貝(トリガイ)はカラス貝と別種の貝である。高級食材とされる。

† 23 (p.213)　Ⅲ−32表

百間の「飼った数」に2とあるが、引用の間違いであり、正しくは4である。

† 24 (p.218)

「廃水委員会」は正式には「廃水管理委員会」であり、1958年7月に水俣工場内に設置された。

†**25** (p.242)

「その日、チッソ水俣工場の付属病院に４人の患者が相ついで運びこまれ、診察に当った医師らはその類例をみない症状におどろき、ただちに水俣保健所に報告した」と本書では記載している。本書ばかりでなく、かなりな数の関連書が「1956年５月１日、細川一(当時水俣工場附属病院長)あるいは野田兼喜(同小児科医長)が水俣保健所に対し、４人の患者、あるいは４人の小児患者の発生を報告した」ことをもって公式確認と記載している。しかし、第一次資料は水俣保健所の火災(1958年10月)で失われたので、４人を特定できない。

水俣工場附属病院に田中姉妹が入院し、野田から「どうも原因がわからない」という依頼に、細川は田中姉妹を診た。そのため、４人のうち２人は田中姉妹である。細川は、1954年、55年に入院し、数カ月で原因不明のまま亡くなった２人の成人患者と症状がそっくりだったので、「類例ない疾患が発生している」と判断し、野田に保健所へ報告させた。細川カルテの分析から、過去に細川が診た成人患者２人を加えた４人ではないかと、有馬は推定している。しかし、野田が田中姉妹の母親田中アサヲから「近所にも同じ症状の子がいる」と聞いた子供が２人だったかもしれず、「患者４人」あるいは「子供４人」が誰であるか明確に示せないのが現状である。細川カルテは、水俣病研究会編『水俣病事件資料集・下』1996に収録、有馬「細川一論ノート３」暗河第９号、1975を参照。

†**26** (p.269)

メチル水銀は、生体中のタンパク質に結合すると、有機溶剤に容易に溶出しない。チッソは素案(「見解」第一報)では、「実験の部　1.　溶剤による黒貝中の水銀抽出試験」で実験データを示し、「くろ貝中の水銀は有機溶剤では抽出され難い」と結論づけていたが、10月に公表した「水俣病原因物質としての『有機水銀説』に対する見解」では、この実験データと結論を一切掲載しなかった。その上でチッソは、「有機溶剤に溶出しないので、原因は有機水銀ではない」と熊本大学研究班に反論した。

†**27** (p.271)

「新日窒水俣工場と同種の工場は全国で21ある」という鰐淵健之(当時熊本大学学長、食品衛生調査会・水俣食中毒特別部会長)の発言を補足する。

当時、塩化ビニール工場は全国で21カ所、アセトアルデヒド工場は７社８工場あった。鰐淵らは、水銀を使う工程として塩化ビニール工程があることはつかめたが、この段階で研究班はアセトアルデヒド工程のことは知らなかった。

水俣工場で触媒水銀を使う工程は二つあった。一つは塩化ビニール工程で、もう一つはアセトアルデヒド工程である。塩化ビニールは製品なので、生産量などを工場の外から知ることができたが、アセトアルデヒドはすべてが中間原料であり、合成法や生産量などは公表しないので外部からは知ることができなかった。1959年から1960年の段階では、熊大研究班は塩化ビニール工程で使う水銀が、生産量の経年的増大と重症患者の発生とが相関する点に注目し、汚染源として疑っていた。例えば1959年７月、研究班で「有機水銀説」が公表されたとき、武内はそのことを指摘した(武内忠男「主として病理学的にみた水俣病の原因についての観察」1959.7.22を参照。『水俣病事件資料集』に収録)。なお、塩化ビニール工程で使われる触媒水銀も、劣化して廃液中にメチル水銀として出ることがわかっている。

†**28** (p.320)

本書には、1955年稼働の「新５期設備(真空蒸発・真空分溜法)」のフローシートが掲載されている。この装置からもメチル水銀を含む廃液を流していたが、1953年頃から最重症のメチル水銀中毒患者が多発した背景には、1951年頃から水俣工場で進められた技術革新とスクラップ&ビルドがある。

チッソ水俣工場におけるアセトアルデヒドの生産方式は、独自技術で開発した「反応液循環法 (チッソは母液循環法と称した)」であり、1932年以降 36カ年の稼働期間を通じて基本的製法には変わりがない。これは、ドイツで開発された一般的な製法の「過剰アセチレン法」とは異なる。

水俣工場では、アセトアルデヒドと酢酸の合成設備をセットで建設し、１期、２期、…５期と称した。1932年から1953年頃まで稼働した１期から５期の旧設備は、常圧分溜・常圧精溜法であった。これら旧設備は連続式で運転されたが、反応液が劣化すると廃棄するために運転を止めなくてはならなかった。そこで、1951年から1958年にかけ、旧設備を運転しながらシステムをオートメーション化した改良新設備を建設した。このスクラップ&ビルドはスケールアップせずに達成され、1959年までに生産能力は6,000トンレベルから45,000トンレベルへと大増産を可能にした。そして、アセトアルデヒドはオクタノール・DOP、その他の中間原料として供給された。

1951年に能力を倍増した改良五期は、真空分溜・加圧精溜法であった。このシステムは、技術的に優秀な設備として専門誌(Othmer, Kon & Igarasi：Acetaldehyde by Chisso Process., Ind.Eng.Chem., 48(8):1258-1262, 1956)に紹介された。しかし実際の運転ではさまざまなトラブルが続き、最終的には破棄された。1953年８月に新設された６期設備以降は、真空分溜・真空精溜法(６期、新５期、７期)でアセトアルデヒドを生産した。本書に掲載された新５期フローシートは真空分溜・真空精溜法である(飯島孝『技術の黙示録』技術と人間1996、および西村肇・岡本達明『水俣病の科学』日本評論社2001、『水俣病の科学　増補版』日本評論社2006を参照)。

メチル水銀流出量が増大した要因として、以下の３点が考えられる。第一は、1951年に行われた助触媒の変更である。赤木洋勝による実験(赤木「メチル水銀生成試験」1991，現地研究会レポート)によって、助触媒をMnO_2からFeOに変更した結果、変更後は廃液中のメチル水銀量は７～８倍に増加した。第二は、スクラップ&ビルドの過程で廃棄物が増え、メチル水銀もさまざまな形で廃棄された。とくに、真空分溜・加圧精溜法の改良５期はトラブル続きで理論通りに運転できなかった(参考図を参照)。その結果、当設備からのメチル水銀流出が増大したと考えられる。第三に、アセトアルデヒド生産の絶対量が急激に増えたことに伴い、メチル水銀流出量も増えた。

以下参考のために、水俣工場のアセトアルデヒド生成法を略述する。① 20～25％の硫酸溶液中に触媒の酸化水銀を加えた加水反応液(母液)を生成器の中に入れる。② 反応効率を上げるために60～70℃の温度に保ったまま、反応液を軸流ポンプで生成器内を循環させる。③ 生成器の下部からアセチレンガスをブロアーで吹き込む。④ 吹き込まれたアセチレンガスが反応液中を上昇するに従い、水と反応してアセトアルデヒドに変化し反応液中に溶解する。⑤ 反応液中に溶解したアセトアルデヒドは生成器から真空分溜器に送られ、そこでアセトアルデヒドと水が蒸発し反応液が残る。⑥ 残った反応液は再び生成器に送られ循環再利用される。⑦ 真空分溜器内で蒸発した粗アルデヒド蒸気は、水蒸気、副生クロトン、水銀や有機水銀化合物が含まれるため、精溜塔に送りこれらを分離し、２度純化しアセトアルデヒドとして取り出す。水俣工場では、このような連続式のプロセスで合成した。

ちなみに「精ドレン」とは、第１精溜塔の塔底から出る廃水のことである。精ドレンに含まれる水銀化合物は、ほとんどがメチル水銀であった。

図　アセトアルデヒド合成設備(1955年:真空分溜・加圧精溜法)

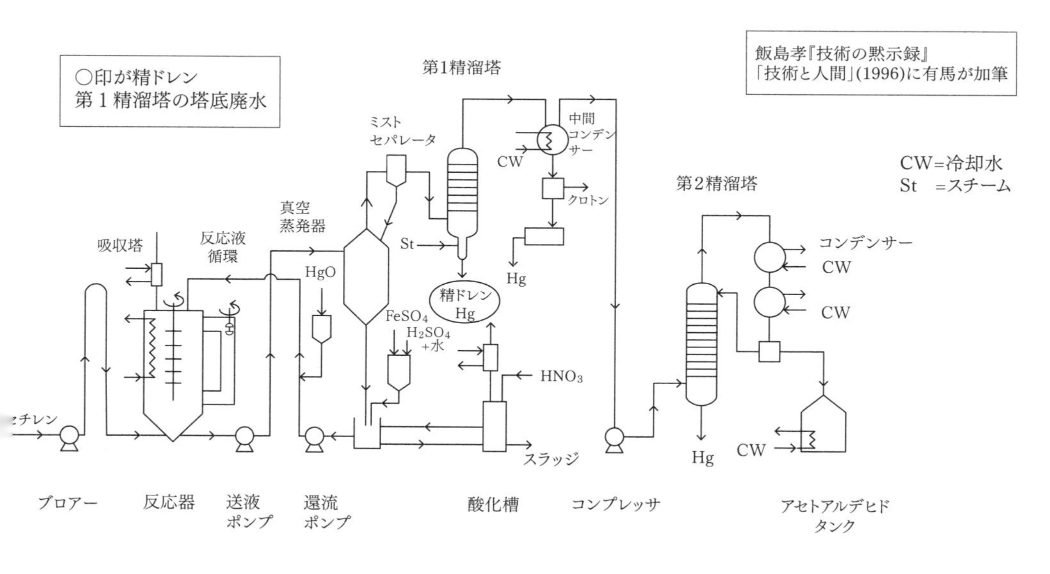

年表注

*1　初版本では3月となっているが、3月から試験運転、5月稼働開始である。

*2　灰岩工場の名称は「阿吾地工場」である。細川一は7月に阿吾地工場附属病院長となる。

*3　初版本では11月4日となっているが、第1回研究班会議は11月3日である。

*4　国立公衆衛生院の現地調査は、11月27日から12月2日まで行われた。

*5　初版本では1958年8月とあるが、結成は1957年8月1日で、当初の名称は「水俣奇病罹災者互助会」である。

*6　このとき武内は水銀については提案していない。編者注†11を参照。

*7　初版本では細川を水俣工場附属病院長と記載しているが、この当時は嘱託であったため、病院長の肩書きを外した。以下同様。

*8　初版本では細川が開始したと記載しているが、6月からの実験(ネコ374号・百間排水直接投与実験)は技術部が主体であったと考えられる。編者注†13を参照。

*9　初版本では10月7日とあるが、400号発症は10月6日であり、7日に細川が確認した。

*10　初版本では互助会の工場正門前座り込みは11月25日からとあるが、11月28日からである。

*11　通産省から「社内研究は中止し、年明け設置の総合的研究班で行うよう」に指示があり、技術部長が社内研究をやめることを社内研究班会議で指示した。これにより細川の400号実験の続行は事実上禁止された。

*12　初版本では細川が突き止めたとあるが、技術部石原の研究によるものである。編者注†13を参照。

*13　初版本では11月29日に発表とあるが、発表は11月25日である。1958年以来〈水俣病〉との関連が疑われていた17人の脳性小児マヒ患者について、1962年11月25日、第36回熊本医学会総会にて松本英世(病理学助教授)が患児2人の病理検索結果を発表し、母体の胎盤経由で起こった有機水銀中毒で胎児性水俣病と断定する。原田正純(精神神経科講師)は、17人の患児について「同一原因による同一疾患で先天性水俣病」と追加報告した。これらの病理学的および臨床学的研究に基づき、

1962年11月29日、水俣病患者診査会において激論の末16人を胎児性水俣病と認定し、17人全員がようやく「認定」された。編者注†12を参照。

＊14　初版本では稼働停止を４月と記載しているが、チッソ水俣工場でのアセチレン法アセトアルデヒドの生産は、千葉県五井に建設したエチレン法アセトアルデヒド(石油化学法)への移行に伴い、1968年５月18日をもって稼働停止した。全国に７社８工場あった同法の設備としては最後のものとなった。政府はチッソの同工程の稼働停止を待って、〈水俣病〉の原因企業を断定した。水俣における事件のいわゆる公式確認から12年後、新潟で第二のメチル水銀中毒事件が発覚して３年後のことだった。本書出版時には、チッソ水俣工場における同設備のスタートおよびストップ時期、各年毎の生産量も正確にはわかっていなかった。編者注†16を参照。

＊15　〈水俣病〉の感覚障害は、初版本の刊行時は末梢神経の傷害とされていたが、メチル水銀中毒に関する近年の研究では中枢神経(大脳体性感覚野)の傷害であることが判明している。編者注†4を参照。

水俣病認定患者名簿

伊東紀美代の指摘により、長井勇の生年月日、東正明の認定年月日を訂正した。

増補・新装版　あとがき

『水俣病にたいする企業の責任－チッソの不法行為』は、チッソによるメチル水銀中毒事件(いわゆる水俣病事件)を真正面から論じ、チッソの企業体質と加害責任を明らかにした最初の本です。重要な古典的著作であることを、あらためてしみじみと思います。多くの協力者を得て本書がリニューアルし、若い人たちに手渡せることを嬉しく思います。

水俣病研究会は、第一次訴訟(1969年6月～1973年3月)を理論的に支えるために結成されました。患者家族の少数派が提起した裁判は、待ったなしの状況で進行していました。そこへ、研究者やチッソの労働者など、職業や専門を異にする市民が手弁当で参集し、患者家族が受けた受難の深さや切迫した想いを全員が受け止めながら、チッソの責任を裁判でどう立証すべきか議論を深め研究を重ねました。

本書を読まれると了解できると思いますが、1970年の初版刊行時、この事件の主要課題は加害者チッソの責任をどう裁くかでした。チッソは操業にあたり除害措置を取らず環境を破壊し住民の生活と健康を奪いました。そして、以後文句は言わせないと涙金で「永久示談契約」を結ばせ、政治力で被害者を押さえ込みながら利潤追求に奔走しました。こうして、さまざまな汚染問題、果ては大規模なメチル水銀中毒事件を引き起こしました。

そもそも〈水俣病〉の病因物質は、無処理で放流された工場廃水中のメチル水銀です。それが地域住民にとって全く予想しない形で中毒死、あるいは重篤な障害を引き起こしました。しかしチッソは、アセトアルデヒド生産工程でメチル水銀が生成されること、そして〈水俣病〉が起こることは全く予見できなかったので責任はない、と裁判で主張しました。当時の学説・判例では、予見可能性がなければ責任を免れるという「過失論」が常識だったのです。

これに対し水俣病研究会では、メンバーが対等な立場で学際的な激論を重ねました。メチル水銀汚染による中毒(いわゆる水俣病)事件の実態と、原因企業チッソの加害責任をまとめ上げる作業は困難を極めましたが、スリリングともいえました。そして、「安全性の考え方」(武谷三男)をベースに、ドイツ法学を基礎としたそれまでの学説・判例を覆す画期的な過失論(安全確保義務論)を展開し、企業体質にまで遡ってチッソの責任を明らかにしました。本書は裁判の進行をにらみながら、きわめて短時日にまとめられました。この濃密で切迫した研究会に参加した当時、一番若いメンバーであった私は議論の一部始終を見聞きする機会を得て、その後の人生を決定づけられました。

1973年３月20日の熊本地裁判決は、「低額永久示談」というチッソの常套手段を否定します。1959年の「見舞金契約」は患者家族の窮迫に乗じて結ばせたものであり、公序良俗違反で無効としました。その上で、多種多様な化学毒物を使用する企業は安全第一で操業を行い、無害の証明がない限り廃棄物を工場外に出してはならないと原則を示し、住民に危害を加え環境を破壊してはならないとして、チッソの責任を断罪し損害賠償を認めました。これは水俣病研究会が提示した過失論「安全確保義務」を採用した判決で、操業には安全を確保し、廃棄物は研究調査して無害にすべしと、利潤を優先して環境と生命を顧みない企業活動に対して倫理規範を示すものでした。本書がなければ、この判決は導き出せなかったでしょう。チッソは控訴せず、判決は確定しました。少数派である訴訟派患者家族の突出した闘いがもたらしたこの判決は、原告以外の患者家族にも適用されることになりました。

判決後、事件は紆余曲折を辿り、長期間にわたって不知火海全域に汚染を拡大させたチッソおよび行政の責任と、その結果生じた膨大な中毒被害者をどう救済するかに主要課題は移りました。そこでは、事件に対する医学と行政の対応が問題でした。しかし実態調査をすべき責任を負う国・県の行政は、病因解明に関わった医学者で構成される認定審査会を設置することで、必要な実態調査を放棄しました。この認定制度は、1959年に見舞金契約を結ぶにあたりチッソの要請で設置されたことに始まります。企業の私的補償のために、公的機関で〈水俣病〉かどうかを審査するという奇妙な仕組みです。この認定審査では、「主要症状」(求心性視野狭窄、運動失調、構音障害、難聴、感覚障害など)がそろった被害者しか〈水俣病〉と認めず、多くの中毒被害者の訴えは無視されました。審査に関わった医学者は、認定制度のもとで厳格に審査することが「医学診断」であると強弁してきました。しかし、症状や病変の組み合わせに基づいて〈水俣病〉と診断する方法は、環境汚染によるメチル水銀曝露の中毒診断としては異常で、外国の研究者・衛生担当者には理解できない対応です。こうして、メチル水銀に曝露され中毒症状を持つ大多数の被害者は〈水俣病〉ではないとして切り捨てられました。国はその被害実態と診断の矛盾を、二度の解決策(1995年,2005年)で「ボーダーライン層」として政治的に収拾してきました。その対象となった人は7万人以上に上ります。これに対し、「厳密な審査」で認定された〈水俣病〉患者は、熊本、鹿児島、新潟の3県を足しても3,000人ほどに過ぎません。

本書の初版刊行から半世紀以上が経過した現在も、この事件はいまだに先が見えず混迷の中にあります。事件は補償と救済を中心に政治的・社会的な力学で展開し、幾多の係争が続いています。また、汚染による生命・健康被害の全貌はいまだに明らかにされず、将来に対する被害防止に関しても対応がお粗末な現状です。係争が絶えない原因を考えると、不知火海全域にわたる汚染と中毒被害の実態をどう把握するかという問題に行き着きます。汚染地域に暮らし魚介類を食べ続けて健康に不安を抱く人たちの疑問に応え、中毒理解の基礎的アプローチで以下に整理してみます。

第一に、汚染源工場におけるメチル水銀の副生と流出の実態。除害措置は取ったのか。汚染源工場の稼働停止後、海域に流され蓄積・残留した水銀化合物の挙動と汚染魚介類の動き。どう対処されたか。汚染の期間と範囲および汚染メカニズムの追跡。

第二に、漁業の実態・推移と魚介類の販路(行商ルートを含む)、魚食の実態。

これらの実態に基づく汚染範囲の割り出しと、メチル水銀に曝露された全住民の把握。

第三に、汚染地区住民が訴える自覚症状の把握(汚染のない一般住民のそれと比較した特徴)。

第四に、医師の診察による医科学的に客観的な所見の蓄積(全身症状や一般症状、神経症状、そして病理所見)。胎児性中毒の実態把握。

第五に、魚食を通じて侵入したメチル水銀が体内でどのように動き脳を傷害するか。人類が毒物に対し獲得してきたバリアーである脳血液関門・胎盤血液関門を通過して脳細胞をどう破壊するのか(生体内挙動)。個体差の影響。

第六に、環境中に放出された水銀化合物がどのように変化し(メチル化など)、地球上でどのように拡散・蓄積し循環するか(環境内動態)。

それらの基礎研究の上に立って、

第七に、病状に応じた対処方法と治療、そして将来の汚染を防止するための対策。

これらの実態を追求することが、被害者の犠牲に報いるせめてもの贖罪に違いありません。しかし日本での研究は、メチル水銀中毒に関する海外の研究成果を活かさず、上記第四レベルのうち重症者の臨床・病理の解析に終始してきました。行政として対策を進める国・県およびそれを支える医学者は、疫学に依らず個別的診断で把握した臨床症状あるいは病理所見の組み合わせによって中毒診断ができるかのように振る舞ってきました。この国では、そうして拾い上げた重症メチル水銀中毒被害者を〈水俣病〉と「認定」し、中毒被害者の大多数を切り捨ててきたのです。

なぜこのような歪な事件処理が行われてきたかは、医学的、科学的、そして法学的、政治学的に重要な解明課題ですが、明治以来進められてきた日本の近代化政策とも関わる問題であり、まだ十分に究明されていません。係争がなぜ起こり続けるのか、その本質に届く問いがまだ立てられていないと考えています。これらは、我々の前に課題として残っています。水俣病研究会は、日々新しい局面を迎える被害者の運動に寄り添いながらも独自に仕事を進めてきました。しかし、この事件の核心である行政と医学が果たした役割の解明は、ほとんど手つかずのまま残されています。水俣病研究会代表を長年つとめた富樫貞夫は、50年余にわたる研究会活動で、この課題すなわち「行政および医学の責任」を徹底的に究明できなかったことが心残りだと述懐しています。

この50年余の間に、水銀その他の化学物質による環境汚染は世界的に深刻さを増し、また日本においては福島第一原発事故にも終わりが見えません。水俣の事件では、汚染物質は環境中に放出されたのち、生物的・化学的・物理的条件により地球上に拡散するとともに、生体に濃縮されることが明らかにされました。原子力発電所事故に対する東京電力の補償問題や汚染水の処理問題では、こうした水俣の経験が全く活かされていないように見えます。このような状況に照らしたとき、本書は〈水俣病〉事件のみならず、幅広く環境問題について、現在そして未来への責任と施策を問う先駆的な書であるといえます。

ほとんどのメンバーが〈水俣病〉事件についてゼロの知識から出発しながら、短時日で達成された本書の濃密な内容は、現在でもまったく色あせず、知的刺激を発し続けています。本書を手に取り読んでくだされば、読者の皆さんにも納得していただけることと思います。

この〈増補・新装版〉の編集に携わったいま、私は、この事件の核心となる未解明部分をすこしでも明らかにして、次世代へ引き継がなくてはと痛切に考えています。本書の出版が、その一里塚となることを願ってやみません。

なお、凡例に記したように、この〈増補・新装版〉でも、被害者の方々のお名前を初版本と同様に敢えて実名で掲載しました。水俣病研究会では何度も検討を重ね、この決定に至りました。その当時、孤絶した状況で封じ込めと闘った被害者一人一人の存在を重く受け止め、お名前を歴史から消さないことが必要だと判断したからです。一人一人の存在の証であるお名前を残すことが、この事件の真実を後世に伝えていくことになると考えます。

謝辞

この増補・新装版の制作には、次の方々の御協力を得ました。

阿南満昭（水俣病研究会）、

慶田勝彦、下田健太郎、飯島力（以上、熊本大学大学院 人文社会科学研究部）、

塚本晋（熊本大学大学院 文学研究科歴史学専攻修了）、

川崎義仁（熊本大学大学院 文化学専攻歴史学研究コース）

ここに記して御礼を申し上げます。

2025年２月

水俣病研究会代表　　有馬澄雄

〈増補・新装版〉水俣病にたいする 企業の責任
―チッソの不法行為―

二〇二五年三月二十日初版第一刷発行

著　者　水俣病研究会

発行者　福元満治

発行所　石風社

福岡市中央区渡辺通二―三―二十四
電　話　〇九二(七一四)四八三八
FAX　〇九二(七二五)三四四〇
https://sekifusha.com/

印刷製本　シナノパブリッシングプレス

価格はカバーに表示しています。
落丁、乱丁本はおとりかえします。
ISBN978-4-88344-330-7　C0032

*表示価格は本体価格。定価は本体価格プラス税です。

中村 哲
医者 井戸を掘る アフガン旱魃（かんばつ）との闘い
***日本ジャーナリスト会議賞受賞**

「とにかく生きておれ！ 病気は後で治す」。百年に一度といわれる最悪の大旱魃に襲われたアフガニスタンで、現地住民、そして日本の青年たちとともに千の井戸をもって挑んだ医師の緊急レポート

【14刷】1800円

中村 哲
医者、用水路を拓く アフガンの大地から世界の虚構に挑む
***農村農業工学会著作賞受賞**

養老孟司氏ほか絶讃。「百の診療所より一本の用水路を」。百年に一度といわれる大旱魃と戦乱に見舞われたアフガニスタン農村の復興のため、全長二五・五キロに及ぶ灌漑用水路を建設する一日本人医師の苦闘と実践の記録

【10刷】1800円

石牟礼道子
[完全版] 石牟礼道子全詩集

時空を超え、生類との境界（あわい）を超え、石牟礼道子の吐息が聴こえる。02年度芸術選奨文部科学大臣賞受賞『はにかみの国』大幅増補。新たに発掘された作品を加え、全一一七篇を収録する四四四頁の大冊

3500円

渡辺京二
細部にやどる夢 私と西洋文学

少年の日々、退屈極まりなかった世界文学の名作古典が、なぜ、今読めるのか。ディケンズ、ゾラからブルガーコフ、オーウェルまで、小説を読む至福と作法について明晰自在に語る評論集

1500円

富樫貞夫
核心・〈水俣病〉事件史

水俣病の発生から、第一次水俣病訴訟の判決・直接交渉まで、水俣病事件の本質を根底的に追究し続けた一法学者が記す、渾身の書。
Ⅰ 水俣病の発見と行政の責任 Ⅱ 第二の水俣病と認定問題
Ⅲ チッソと国の罪と嘘

2500円

富樫貞夫
水俣病事件と法

水俣病問題の政治的決着を排す一法律学者渾身の証言集。水俣病事件に置ける企業、行政の犯罪に対し、安全性の考えに基づく新たな過失論で裁判理論を構築、未曾有の公害事件の法的責任を糺す

5000円

*読者の皆様へ　小社出版物が店頭にない場合は「地方・小出版流通センター扱」とご指定の上最寄りの書店にご注文下さい。なお、お急ぎの場合は直接小社宛ご注文下されば、代金後払いにてご送本致します（送料は不要です）。